普通高等教育"十一五"规划教材
2010年中国石油和化学工业优秀出版物奖二等奖

食品添加剂

李凤林　黄聪亮　余　蕾　主编

化学工业出版社
·北京·

本书是根据我国高等院校食品专业的教学特点，结合我国目前食品添加剂发展的实际情况进行编写的。全书共分13章，系统阐述了食品添加剂的定义、分类及发展状况、选用原则及各种食品添加剂的使用原理、性状、性能、安全性、制法、质量指标和用途，参照《中华人民共和国食品添加剂使用卫生标准》（GB 2760—1996）的分类方法，主要包括食品乳化剂、食品增稠剂、食品防腐剂、食品抗氧化剂、食品着色剂、食用香料香精、食品调味剂、食品护色剂和漂白剂、营养强化剂、食品用酶制剂及其他食品添加剂。本书内容丰富、通俗易懂、可读性强，适合作为各大专院校、高等职业院校食品相关专业的教材，亦可作为食品生产企业、食品科研机构有关人员的参考书。

图书在版编目（CIP）数据

食品添加剂/李凤林，黄聪亮，余蕾主编．—北京：化学工业出版社，2008.4（2023.9重印）
普通高等教育"十一五"规划教材
ISBN 978-7-122-02364-3

Ⅰ．食⋯ Ⅱ．①李⋯②黄⋯③余⋯ Ⅲ．食品添加剂-高等学校-教材 Ⅳ．TS202.3

中国版本图书馆 CIP 数据核字（2008）第 034802 号

责任编辑：赵玉清　　　　　　　　　文字编辑：杨欣欣
责任校对：周梦华　　　　　　　　　装帧设计：张　辉

出版发行：化学工业出版社（北京市东城区青年湖南街13号　邮政编码100011）
印　　装：北京虎彩文化传播有限公司
787mm×1092mm　1/16　印张 15¼　字数 374 千字　2023 年 9 月北京第 1 版第 10 次印刷

购书咨询：010-64518888　　　　　　售后服务：010-64518899
网　　址：http://www.cip.com.cn
凡购买本书，如有缺损质量问题，本社销售中心负责调换。

定　价：28.00元　　　　　　　　　　　　　　　　　　　　　版权所有　违者必究

编写人员名单

主　　编： 李凤林　吉林农业科技学院
　　　　　　黄聪亮　漳州职业技术学院
　　　　　　余　蕾　厦门海洋职业技术学院

副主编： 乔桂英　燕山大学
　　　　　　满丽莉　黑龙江农业经济职业学院
　　　　　　巩发永　西昌学院
　　　　　　项雷文　福建师范大学福清分校
　　　　　　王良玉　福建师范大学福清分校
　　　　　　余奇飞　漳州职业技术学院
　　　　　　谢绿珠　漳州市农业学校

参　　编： 史碧波　西昌学院
　　　　　　何明祥　福清市质量技术监督局
　　　　　　刘　波　吉林农业科技学院
　　　　　　李晓红　黑龙江农业经济职业学院
　　　　　　程维国　黑龙江农业经济职业学院
　　　　　　谢建华　漳州职业技术学院
　　　　　　韩阿火　漳州市农业学校
　　　　　　李应华　漯河职业技术学院

前　言

我国改革开放以来，居民生活水平大幅提升，生活节奏的加快，食品消费结构的变化，使人们对各类食品的色、香、味、形等方面的要求也愈来愈高。为改进食品的质量及色、香、味、形，一般在加工制作过程中要添加食品添加剂。随着食品工业的发展，食品添加剂已经成为现代食品工业不可缺少的一部分。食品添加剂是食品生产中最活跃、最有创造力的因素，对推动食品工业的发展起着十分重要的作用。食品添加剂的迅速发展，离不开食品、医药、化工等部门参与大量的研究开发工作，离不开生产厂家的不懈努力，离不开国际市场带来的新技术和新品种。

食品工业的发展在于革新工艺，创造出风味独特、品种多样、物耗较低、货架期长的各类食品。食品添加剂能改善食品的外观、风味，改善食物原来的品质，增加营养、提高质量、便于加工和延长保存期。近年来我国食品添加剂工业有了较大的发展，生产的食品添加剂无论是在品种上，还是在产量上都有显著提高，但与发达国家相比仍有很大差距。食品添加剂与人们的身体健康密切相关。为了保证人们身体健康，同时适应食品工业和日益广泛发展的国际贸易、交往的需要，学习和掌握食品添加剂的知识十分必要，在此基础上还必须加快食品添加剂的研制、开发和生产，以满足飞速发展的食品工业的需求。

本书各章节分别由以下作者完成：前言、第一、六章，李凤林；第二、四章，满丽莉；第三章，巩发永；第五章，黄聪亮；第七章，乔桂英、黄聪亮；第八章，谢绿珠；第九章，韩阿火；第十章，余奇飞；第十一、十二章，余蕾；第十三章，余蕾、项雷文、王良玉、何明祥。另外，刘波、李晓红、谢建华、史碧波、李应华、程维国等同志也参与了本书部分编写工作。

全书由李凤林修改、统稿。本书涉及的学科多、范围广，限于编写人员的水平和经验有限，书中难免有不当之处，蒙同行、专家和广大读者指正，我们将十分感谢。

作者

2007.12

目 录

第一章 食品添加剂概论 ... 1
第一节 食品添加剂的定义和分类 ... 1
一、食品添加剂的定义 ... 1
二、食品添加剂的分类 ... 2
第二节 食品添加剂的作用及选用原则 ... 4
一、食品添加剂在食品生产中的作用 ... 4
二、食品添加剂的危害问题 ... 5
三、食品添加剂的选用原则 ... 5
第三节 食品添加剂的毒理学评价 ... 7
一、食品添加剂毒理学评价的内容和方法 ... 7
二、毒性试验的四个阶段和内容 ... 7
三、食品添加剂毒理学评价程序 ... 10
第四节 食品添加剂的使用标准 ... 11
一、每日允许摄入量（ADI） ... 11
二、食品中最高允许量 ... 12
三、各种食品中的使用标准 ... 12
四、苯甲酸计算简例 ... 12
第五节 食品添加剂的发展历史、现状与趋势 ... 13
一、食品添加剂的发展历史 ... 13
二、食品添加剂的现状 ... 14
三、食品添加剂的发展趋势 ... 15
第六节 食品添加剂的名称、编码及缩略语 ... 17
一、名称 ... 17
二、编码 ... 17
三、缩略语 ... 17

第二章 食品乳化剂 ... 19
第一节 概述 ... 19
一、乳化剂的分类 ... 19
二、乳化剂的作用机理 ... 19
三、各种乳化剂在食品加工中的主要作用 ... 20
四、使用乳化剂的注意事项 ... 22
第二节 几种常用食品乳化剂 ... 22

第三章 食品增稠剂 ... 31
第一节 概述 ... 31
一、增稠剂的特性与分类 ... 31
二、增稠剂在食品加工中的作用 ... 31
三、增稠剂的发展现状和趋势 ... 34
第二节 动物来源的增稠剂 ... 35
第三节 植物来源的增稠剂 ... 38
第四节 微生物来源的增稠剂 ... 44
第五节 其他来源的增稠剂 ... 47

第四章 食品防腐剂 ... 51
第一节 概述 ... 51
一、食品防腐剂的分类 ... 51
二、微生物引起的食品变质 ... 51
三、防腐剂的抗菌原理 ... 52
第二节 几种常用食品防腐剂 ... 53
第三节 其他防腐剂简介 ... 61
第四节 食品防腐剂的合理使用 ... 62
一、食品防腐剂的使用范围及使用量 ... 62
二、使用注意事项 ... 63

第五章 食品抗氧化剂 ... 65
第一节 概述 ... 65
一、抗氧化剂的定义 ... 65

二、抗氧化剂的分类 …………… 65
  三、油脂酸败及脂肪的自动氧化 …… 66
  四、抗氧化剂的作用机理 ………… 66
  五、抗氧化剂使用注意事项 ……… 67
 第二节 油溶性抗氧化剂 ……………… 68
 第三节 水溶性抗氧化剂 ……………… 74
 第四节 兼溶性抗氧化剂 ……………… 79

第六章 食品着色剂 ……………………………………………………………………… 81
 第一节 概述 …………………………… 81
  一、色素的颜色与结构的关系 …… 81
  二、食用着色剂的分类 …………… 82
 第二节 人工合成着色剂 ……………… 83
  一、几种常用人工合成着色剂 …… 84
  二、人工合成着色剂的一般性质 … 88
  三、使用人工合成着色剂的注意事项 … 90
 第三节 食用天然着色剂 ……………… 91
  一、几种常用食用天然着色剂 …… 91
  二、其他食用天然着色剂简介 …… 101
  三、食用天然着色剂的特点 ……… 102
  四、食用天然着色剂的毒理评价及使用
     注意事项 ……………………… 103

第七章 食用香料、香精 …………………………………………………………………… 104
 第一节 概述 …………………………… 104
  一、香气和香味的关系 …………… 104
  二、香料、香精的化学结构 ……… 104
  三、香料、香精的使用功效 ……… 106
  四、香料、香精的使用原则 ……… 106
  五、香料、香精的安全性评价 …… 107
 第二节 食用香料 ……………………… 108
  一、食用香料的分类 ……………… 108
  二、天然香料 ……………………… 109
  三、合成香料 ……………………… 117
 第三节 食用香精 ……………………… 124
  一、食用香精的组成 ……………… 124
  二、食用香精的分类 ……………… 125
  三、液体香精 ……………………… 126
  四、固体香精 ……………………… 129
  五、食用香精的调香 ……………… 129

第八章 食品调味剂 ………………………………………………………………………… 131
 第一节 概述 …………………………… 131
  一、味觉与嗅觉的关系 …………… 131
  二、食品调味剂的分类 …………… 132
 第二节 甜味剂 ………………………… 133
  一、甜味剂的味感与化学结构的关系 … 133
  二、化学合成甜味剂 ……………… 133
  三、天然甜味剂 …………………… 136
  四、天然物的衍生物甜味剂 ……… 141
 第三节 酸味剂 ………………………… 145
  一、酸味与酸味剂分子结构的关系 … 145
  二、酸味剂在食品中的作用 ……… 145
  三、常用酸味剂 …………………… 146
  四、其他酸味剂 …………………… 150
 第四节 鲜味剂 ………………………… 151
  一、氨基酸类鲜味剂 ……………… 151
  二、核苷酸类鲜味剂 ……………… 153
  三、其他鲜味剂 …………………… 155

第九章 食品护色剂和漂白剂 ……………………………………………………………… 157
 第一节 护色剂 ………………………… 157
  一、食品护色剂的作用机理 ……… 157
  二、食品护色剂的安全问题 ……… 158
  三、亚硝酸盐类护色剂 …………… 159
  四、硝酸盐类护色剂 ……………… 160
  五、护色助剂 ……………………… 161
 第二节 漂白剂 ………………………… 161
  一、亚硫酸盐的作用 ……………… 162
  二、使用亚硫酸盐类漂白剂的注意事项 … 163
  三、几种常见的还原型漂白剂 …… 163

第十章 膨松剂 ……………………………………………………………………………… 166
 第一节 碱性膨松剂 …………………… 166
 第二节 酸性膨松剂 …………………… 168

第三节　复合膨松剂 …………………… 170
    一、复合膨松剂的组成 ………………… 170
    二、复合膨松剂原料中的酸性物质 …… 170
  三、复合膨松剂的配制 ………………… 171
  第四节　生物膨松剂 …………………… 171

第十一章　营养强化剂 ……………………………………………………………………… 173
  第一节　概述 …………………………… 173
    一、食品营养强化剂的概念及种类 …… 173
    二、食品营养强化剂的作用 …………… 173
    三、食品营养强化的基本原则 ………… 173
  第二节　维生素类营养强化剂 ………… 174
  第三节　氨基酸及含氮化合物类营养强化剂 … 181
  第四节　无机盐类及脂肪酸类营养强化剂 … 184
    一、钙盐类 ……………………………… 184
    二、铁盐类 ……………………………… 187
    三、碘盐类 ……………………………… 189
    四、硒盐类 ……………………………… 191
    五、锌盐类 ……………………………… 192
    六、铜盐类 ……………………………… 193
    七、脂肪酸类 …………………………… 194

第十二章　酶制剂 …………………………………………………………………………… 195
  第一节　概述 …………………………… 195
    一、酶的组成及催化特性 ……………… 195
    二、影响酶作用的因素 ………………… 195
    三、食品酶制剂的研究进展 …………… 196
  第二节　食品酶制剂的安全性 ………… 198
    一、食品酶制剂的安全性问题 ………… 198
    二、食品酶制剂的安全性要求 ………… 198
    三、食品用酶制剂安全评价程序 ……… 199
    四、食品用酶制剂生产使用卫生规定 … 199
  第三节　淀粉酶 ………………………… 200
    一、常用淀粉酶 ………………………… 200
    二、其他淀粉酶 ………………………… 201
  第四节　蛋白酶 ………………………… 202
    一、常用蛋白酶 ………………………… 202
    二、其他蛋白酶 ………………………… 204
  第五节　其他酶制剂 …………………… 205

第十三章　其他食品添加剂 ………………………………………………………………… 208
  第一节　消泡剂 ………………………… 208
  第二节　酸碱剂 ………………………… 210
  第三节　被膜剂 ………………………… 213
  第四节　水分保持剂和面粉处理剂 …… 216
    一、水分保持剂 ………………………… 216
    二、面粉处理剂 ………………………… 218
  第五节　稳定和凝固剂 ………………… 220
  第六节　抗结剂 ………………………… 224
  第七节　胶姆糖基础剂 ………………… 226
  第八节　助滤剂 ………………………… 228
  第九节　其他 …………………………… 230

参考文献 ……………………………………………………………………………………… 233

第一章 食品添加剂概论

食品是人们生活的必需要素,"民以食为天"这个道理是人所共知的。随着人民生活水平的提高和生活节奏的加快,人们对饮食提出了越来越高和越来越新的要求。一方面要求色、香、味、形俱佳,营养丰富;另一方面要求食用方便,清洁卫生,无毒无害,确保安全;此外,还要求适应快节奏和满足不同人群的消费需要。上述这些构成了促进食品工业发展的外部因素,而食品加工制造技术、食品原料和食品添加剂则构成了促进食品工业发展的内部因素。其中,食品添加剂是最活跃的因素,被誉为现代食品工业的灵魂。

第一节 食品添加剂的定义和分类

一、食品添加剂的定义

食品添加剂(food additives)通常是人们为了改善食品质量和保持或提高营养价值,在食品加工或贮藏过程中添加的少量天然或合成的物质。食品添加剂可以增强营养,改善色、香、味或质地,方便加工,延长货架期,使消费者更容易接受。它们具有某些特定的功能,既可以是单一成分,也可以是混合物。

有关食品添加剂的定义,由于各国及地区饮食习惯、加工方法、使用范围和种类的差异,因此在定义上有所不同。如日本在《食品卫生法》中对食品添加剂的规定是在生产食品的过程中,为生产食品或保存食品的需要,用混合、浸润等方法在食品里使用的物质统称为食品添加剂。美国的食品营养专家委员会规定,食品添加剂是用于生产、加工、贮存或包装且存在于食品中的物质或物质混合物,但并非属于食品的基本成分。欧盟规定,食品添加剂是指在食品制造、加工、准备、处理、包装、运输或贮藏过程中加入到食品中,直接或间接地成为食品的组成成分,其本身不构成食品的特性成分,并且本身不能被当作食品消费的物质。由于各国及地区对食品添加剂所做的解释或定义的出入,因此对食品添加剂所限制的范围、种类及其标准也有所差异。

联合国粮农组织(FAO)与世界卫生组织(WHO)联合组成的食品法规委员会(CAC)也曾于1983年对食品添加剂做过规定,认定食品添加剂本身通常不应作为食品消费,也不是食品中的典型成分,而无论其有无营养价值,它们在食品的制造、加工、调制、处理、装填、包装运输或保藏过程中,是出于技术方面的目的和要求,或者是为了改善食品的性质而有意加入食品中或者预期这些添加物质或其副产物会成为(直接或间接)食品的一部分物质。此定义既不包括污染物也不包括食品营养强化剂。

根据《中华人民共和国食品卫生法》附则中的规定,食品添加剂是指"为改善食品品质和色、香、味,以及为防腐和加工工艺的需要而加入食品中的化学合成或者天然物质"。此规定突出了对食品质量的提高或对食品加工条件的改善为目的特性定义划分。在我国,食品营养强化剂也属于食品添加剂。《食品卫生法》附则中规定，营养强化剂是指"为增强营养成分而加入食品中的天然的或者人工合成的属于天然营养素范围的食品添加剂"。此外，在食品加工和原料处理过程中，为使之能够顺利进行，还有可能应用某些辅助物质。这些物质本身与食品无关，如助滤、澄清、润滑、脱膜、脱色、脱皮、提取溶剂和发酵用营养物等，它们一般应在食品成品中除去而不应成为最终食品的成分，或仅有残留。对于这类物质特称之为食品加工助剂。

食品添加剂中不包括污染物。污染物是指在生产（包括谷物栽培、动物饲养和兽药使用）、制造、加工、调制、处理、充填、包装、运输和保藏等过程中，或是由于环境污染带入食品中的任何物质。但不包括昆虫碎体、动物毛发和其他外来物质，如残留农药和残留兽药等都属于污染物。

二、食品添加剂的分类

食品添加剂按其原料和生产方法可分为化学合成添加剂和天然食品添加剂。一般说除化学合成的添加剂外，其余的都可纳入天然食品添加剂，其来源有四条途径：取自于植物、取自于动物、利用酶法生产、利用微生物菌体生产。由于食品添加剂功能各异，有的一物多能，生产食品添加剂的有化工、医药、轻工等企业，使用食品添加剂的也不限于食品工业，所以食品添加剂按其用途的分类，世界各国至今也未有统一的标准。

根据美国联邦管理法规（CFR）的规定，美国对食品添加剂分类如表 1-1 所示。

表 1-1 美国对食品添加剂的分类

（1）直接添加剂（食品中直接添加的食品添加剂）
①保存料：脱氢醋酸、亚硝酸钠等
②涂料、软片和有关物质：吗啉、聚乙烯等
③特殊食品、营养添加剂：氨基酸、碘化钾、木糖醇等
④抗凝固剂：硅酸钙、二氧化硅等
⑤香料和有关物质：香料、肌苷酸二钠、奎宁等
⑥橡胶、口香糖基剂和有关物质：各种口香糖基剂
⑦特殊用途的添加剂：溴酸钾、氧化聚乙烯等
⑧多用添加剂：甘氨酸、聚山梨酸酯、二甲醚纤维素、石蜡油等
（2）第二次直接添加剂（在食品制造、加工等过程中，当助剂使用的食品添加物）
①食品处理用聚合物：离子交换树脂、聚乙烯吡咯烷酮等
②酵素、微生物：淀粉糖苷酶
③溶剂、润滑剂、脱模剂及有关物质：丙酮、异丙醇、己烷等
④特殊用途的添加剂：洗涤剂、各种防雾剂、硫酸甲基钠等
（3）间接添加剂（食品容器、包装剂的成分）
①黏结剂、涂层及其成分：各种黏结剂、丙烯酸酯聚合物涂料等
②纸、板纸及其成分：丙烯酰胺-丙烯酸树脂、各种螯合剂等
③聚合物：玻璃纸、丙烯酸塑料、聚氧乙烯等
④补助剂、制造助剂、杀菌剂：聚合物用抗氧化剂、增塑剂、保存剂、杀菌剂等
（4）用于食品的加工、制造等的放射线
①照射、照射源：处理食品用低 γ 射线，处理加工食品用紫外线等
②照射食品包装剂：照射包装食品用包装剂
（5）暂定认可添加剂（暂时规定认可或追加研究实施中的食品添加物）
①丙烯腈共聚物
②甘露糖醇
③溴化油
④糖精、糖精铵、糖精钙、糖精钠

日本在《食品卫生法规》(1985年)中,将食品添加剂分为30类。联合国粮农组织(FAO)和世界卫生组织(WHO)至今尚未正式对食品添加剂分类做出明确的规定。在1983年FAO/WHO的《食品添加剂》一书中,共分为20类,基本上均按用途分类,但其中乳化盐类(包括20种磷酸盐)、改性淀粉和磷酸盐类,则以产品分类,致使乳化盐类与磷酸盐类在品种上基本是重复的。在《FAO/WHO食品添加剂分类系统》(1984年)一书中,按用途分为95类,较突出的有螯合剂(33种)、溶剂(又分载体溶剂21种和萃取溶剂25种)和缓冲剂(46种)。这种分类过细,一方面使不少类别中仅有1~2个品种,另一方面又有某些类别中重复出现某一品种的情况。1994年,FAO/WHO又将食品添加剂分为40类。原欧洲经济共同体(EEC)对食品添加剂的分类较为简单,共分为9类,将许多属加工助剂性质的添加剂均列为第九类辅类中。这种分类法使按用途选择添加剂时有些困难。

我国在《食品添加剂使用卫生标准》(GB 2760—1996)中,将食品添加剂分为23类,分别为:酸度调节剂、抗结剂、消泡剂、抗氧化剂、漂白剂、膨松剂、胶姆糖基础剂、着色剂、护色剂、乳化剂、酶制剂、鲜味剂、面粉处理剂、被膜剂、水分保持剂、营养强化剂、防腐剂、稳定和凝固剂、甜味剂、增稠剂、其他、香料、加工助剂。每类添加剂中所包含的种类不同,少则几种(如抗结剂5种),多则达千种(如食用香料1027种),总数达1500多种。这一分类法更易于归纳食品添加剂,如它将酸味剂、碱性剂和盐类等归为一类,定名为酸度调节剂;将品质改良剂分为面粉处理剂和水分保持剂;将疏松剂和发色剂分别改名为膨松剂和护色剂,因而更合理。

另外,我国的《食品添加剂分类和代码》(GB 12493—1990)将食品添加剂分为21类,《食品添加剂使用卫生标准》(GB 2760—1996)的前21类即是根据此分类和代码来分的。但由于香料品种太多,该分类和代码明确规定不包括食用香精和香料在内。香料的分类与编码另有《食品香料分类与编码》(GB/T 14156—1993)。此外,在生产中,作为行业管理,还要考虑其规模和批量,有一定产量,并在食品行业中有一定地位才会列入管理的日程。从这个角度考虑,我国食品添加剂又分为7大类,即食用色素、食用香精、甜味剂、营养强化剂、防腐-抗氧-保鲜剂、增稠-乳化-品质改良剂、发酵制品(包括味精、柠檬酸、酶制剂、酵母、淀粉糖5大类)。

此外,食品添加剂还可按安全性评价来划分。联合国食品添加剂法规委员会(CCFA)曾在FAO/WHO食品添加剂联合专家委员会(JECFA)讨论的基础上将其分为A、B、C三类,每类再细分为两类。

① A类 JECFA已制定人体每日允许摄入量(ADI)和暂定ADI者,其中:

A_1类——经JECFA评价认为毒理学资料清楚,已制定出ADI值或者认为毒性有限无需规定ADI值者。

A_2类——JECFA已制定暂定ADI值,但毒理学资料不够完善,暂时许可用于食品者。

② B类 JECFA曾进行过安全性评价,但未建立ADI值,或者未进行过安全性评价者,其中:

B_1类——JECFA曾进行过评价,因毒理学资料不足未制定ADI者;

B_2类——JECFA未进行过评价者。

③ C类 JECFA认为在食品中使用不安全或应该严格限制作为某些食品的特殊用途者,其中:

C_1 类——JECFA 根据毒理学资料认为在食品中使用不安全者；

C_2 类——JECFA 认为应严格限制在某些食品中作特殊应用者。

由于食品添加剂的安全性随着毒理学及分析技术等的发展有可能发生变化，因此其所在的安全性评价类别也可能发生变化。例如糖精，原曾属 A_1 类，后因报告可使大鼠致癌，经 JECFA 评价，暂定 ADI 为 $1\sim2.5\text{mg/kg}$ 体重，而归为 A_2 类。直到 1993 年再次对其进行评价时，认为对人类无生理危害，制定 ADI 为 $1\sim5\text{mg/kg}$ 体重，又转为 A_1 类。因此，关于食品添加剂安全性评价分类的情况，应随时注意新的变化。

第二节 食品添加剂的作用及选用原则

一、食品添加剂在食品生产中的作用

食品添加剂大大促进了食品工业的发展，并被誉为现代食品工业的灵魂，这主要是它给食品工业带来许多好处，其主要作用大致如下。

1. 有利于食品的保藏，防止食品败坏变质

食品除少数物品（如食盐等）以外，几乎全部来自动植物。各种生鲜食品，在植物采收或动物屠宰后，若不能及时加工或加工不当，往往造成腐败变质，带来很大损失。防腐剂可以防止由微生物引起的食品腐败变质，延长食品的保存期，同时它还具有防止由微生物污染引起的食物中毒的作用。抗氧化剂则可阻止或推迟食品的氧化变质，以提高食品的稳定性和耐藏性，同时也可防止可能有害的油脂自动氧化产物的形成。此外，抗氧化剂还可用来防止食品，特别是水果、蔬菜的酶促褐变与非酶褐变，这同样对食品的保藏具有一定意义。

2. 改善食品的感官性状

食品的色、香、味、形态和质地等是衡量食品质量的重要指标。食品加工后有的退色、有的变色，风味和质地等也可有所改变。适当使用着色剂、护色剂、漂白剂、食用香料以及乳化剂、增稠剂等食品添加剂，可明显提高食品的感官质量，满足人们的不同需要。

3. 保持或提高食品的营养价值

食品应富有营养。食品防腐剂和抗氧化剂的应用，在防止食品腐败变质的同时，对保持食品的营养价值具有一定意义。食品加工往往还可能造成一定的营养素损失。在食品加工时适当地添加某些属于天然营养素范围的食品营养强化剂，可以大大提高食品的营养价值，这对防止营养不良和营养缺乏、促进营养平衡、提高人们健康水平具有重要意义。

4. 增加食品的品种和方便性

现在，不少超级市场有上万种以上的食品可供消费者选择。尽管这些食品的生产大多通过一定的包装及不同加工方法处理，但它们大都是防腐、抗氧、乳化、增稠，以及不同的着色、增香、调味乃至其他各种食品添加剂配合使用的结果。正是这些食品，尤其是方便食品的供应，给人们的生活和工作带来极大的方便。

5. 有利食品加工操作，适应工业生产的机械化和自动化

在食品加工中使用消泡剂、助滤剂、稳定剂和凝固剂等，可有利于食品的加工操作。例

如，当使用葡萄糖酸-δ-内酯作为豆腐凝固剂时，可有利于豆腐生产的机械化和自动化。

6. 满足其他特殊需要

食品应尽可能满足人们的不同需求。例如，糖尿病人不能吃糖，则可用无营养甜味剂或低热能甜味剂，如糖精或天冬酰苯丙氨酸甲酯，制成无糖食品供应。对于缺碘地区供给碘强化食盐，可防治当地居民的缺碘性甲状腺肿。

二、食品添加剂的危害问题

食品添加剂除上述有益作用外，也有一定的危害性，特别是有些品种本身尚有一定毒性。尽管早期人们没有足够的科学证据表明使用某些食品添加剂是否安全，但是在目前，除了某些偶发的事件外，几乎不再有引起急性或直接毒性作用的食品添加剂的应用。不过，人们仍一直关注食品添加剂可能给人体带来的种种危害。

1. 食品添加剂本身的危害

在20世纪50~60年代，陆续发现不少食用合成色素具有致癌、致畸作用。肉类腌制时常用的护色剂亚硝酸盐可与胺类物质生成强致癌物亚硝胺，据报告，亚硝酸盐在饮水中按50~100mg/kg体重剂量喂养动物，160~200天后全部动物致癌。

2. 掺杂作假

尽管掺杂作假并非都是由食品添加剂所引起，然而某些食品制造者为达到欺骗顾客、推销产品、谋取经济利益的目的，采取如用色素对质量低劣或腐败的食品着色的手段，以次充好。针对这种情况，我国《食品添加剂卫生管理办法》规定"禁止以掩盖食品腐败或以掺杂掺假、伪造为目的而使用食品添加剂。"

例如，1955年日本森永乳业公司把含有砷（As）的磷酸氢钠作为"乳质稳定剂"加入制作奶粉的牛奶中，使12344名婴儿中毒，其中130名婴儿因脑麻痹症而死亡。原因就是这种含有砷的磷酸氢钠与食品添加剂的磷酸氢钠在外观无差异。这是一个典型的工业品滥用食品添加剂的实例。

目前，经过JECFA、CCFA和各国政府的努力，在做了大量的工作后形成共识：一方面禁止使用那些对人体有害、对动物致癌和致畸，并有可能危害人类健康的添加剂品种；另一方面对那些有怀疑的品种，则继续进行更严格的毒理学检验以确定其是否可用、许可使用时的使用范围、最大使用量与残留量，以及建立更高标准的质量规格、分析检验方法等。

现有大多数食品添加剂已经过严格的毒理学试验和一定的安全性评价，所有新申报的食品添加剂必须经过严格的毒理学试验和一定的安全性评价才得以许可使用，因此可以认为，现已将食品添加剂的危害降到了最低水平。目前，国际上认为由食品产生的危害大多与食品添加剂无关。

三、食品添加剂的选用原则

随着食品工业的发展，人们食用的食品品种越来越多，追求的色、香、形、营养等质量越来越高，随食品进入人体的食品添加剂数量和种类也越来越多。日常生活中，普通人每天常摄入几十种食品添加剂（表1-2），因此食品添加剂的安全使用极为重要。

毒性较高的化学物质，在较小剂量时即能导致机体的损伤。但是毒物与非毒物之间并不存在着绝对的界限，毒性的高低只是相对的。所以，几乎所有的物质都具有毒性，只是在一

表 1-2　各种食品中使用的食品添加剂

食品	添加剂类型	添加剂品种
主食	品质改良剂	过氧化苯甲酰、过硫酸铵、溴酸钾、酶制剂、半胱氨酸、羧甲基纤维素钠
	乳化剂	硬脂酰乳酸钙、脂肪酸甘油酯、蔗糖脂肪酸酯、山梨糖醇酐脂肪酸酯
	抗氧化剂	二丁基羟基甲苯(BHT)、丁基羟基茴香醚(BHA)
	膨松剂	碳酸氢钠、碳酸氢铵
	着色剂	合成着色剂、天然着色剂
	香料	茴香
	防腐剂	丙酸钙、丙酸钠
	营养强化剂	维生素 A、维生素 B_1、维生素 B_2
豆腐	凝固剂	氯化钙、氯化镁、硫酸钙、葡萄糖酸-δ-内酯
	品质改良剂	聚磷酸钠、甘油脂肪酸酯、蔗糖脂肪酸酯
	消泡剂	聚二甲基硅氧烷
火腿香肠	护色剂	亚硝酸钠、硝酸钠
	护色助剂	烟酰胺、抗坏血酸钠、赤藻糖酸钠
	鲜味剂	L-谷氨酸钠、5′-肌苷酸钠、5′-鸟苷酸钠、琥珀酸钠
	防腐剂	山梨酸及其盐类
	营养强化剂	维生素 A、维生素 B_1、维生素 B_2
酱油	调味剂	氨基酸类、酵母抽提物
	防腐剂	对羟基苯甲酸乙酯、苯甲酸及其盐类
方便面	抗氧化剂	BHA、BHT
	营养强化剂	无机盐
	糊料	酪蛋白酸钠、聚丙烯酸钠
冰淇淋	乳化剂	脂肪酸甘油酯、蔗糖脂肪酸酯、山梨糖醇酐脂肪酸酯
	稳定剂	明胶、海藻酸钠、羧甲基纤维素钠
	香料	合成香料、天然香料、植物浸膏
	着色剂	β-胡萝卜素
	甜味剂	糖醇类、罗汉果甜味剂

定条件下，才引起人体的损伤。所谓条件，除化学物质本身的毒性外，还与机体的生化代谢，机能状态，物质进入身体的方式（经消化道、呼吸道、皮肤、黏膜）、时间、分布（一次食入或多次重复）等有关，其中剂量是一个重要条件。因此，化学物质毒性大小是以剂量大小相对地加以区别。

理想的食品添加剂应该是对人体有益无害的，但目前大多数食品添加剂系化学合成物质，故必然具有一定的毒性。因此，在使用食品添加剂时，除要了解政府制定的有关食品添加剂的卫生法规外，还要注意以下几点：

① 各种食品添加剂都必须经过一定的安全性毒理学评价。

② 鉴于有些食品添加剂具有一定毒性，应尽可能不用或少用，必须使用时应严格控制使用范围及使用量。

③ 使用添加剂应该保持和改进食品营养质量，而不能降低或破坏食品营养质量。

④ 使用添加剂不得用于掩盖食品变质、腐败等缺点或为了粗制滥造而降低应有良好的加工措施和卫生要求。

⑤ 食品添加剂应符合质量标准，不得含有有害杂质，不能超过允许限量。加入食品后应能被分析鉴定出来。

⑥ 选用食品添加剂时还要考虑价格低廉，使用方便、安全，易于贮存、运输和处理等因素。

第三节 食品添加剂的毒理学评价

食品添加剂的毒性是指其对机体造成损害的能力。毒性除与物质本身的化学结构和理化性质有关外，还与其有效浓度、作用时间、接触途径和部位、物质的相互作用与机体的机能状态等条件有关。因此，不论食品添加剂的毒性强弱、剂量大小，对人体均有一个剂量与效应关系的问题，即物质达到一定浓度或剂量水平，才显现毒害作用。通过毒理学评价要对食品添加剂进行安全性或毒性鉴定，对准用的食品添加剂确定在食品中无害的最大限量，对有害的物质提出禁用或放弃的理由，为制定食品添加剂使用卫生标准及有关法规提供毒理学依据。

一、食品添加剂毒理学评价的内容和方法

1. 毒理学评价的主要内容

① 食品添加剂的化学结构、理化性质和纯度，在食品中存在形式以及降解过程和降解产物。

② 食品添加剂随同食品被机体吸收后，在组织器官内的贮留分布、代谢转变及排泄状况。

③ 食品添加剂及其代谢产物在机体内引起的生物学变化，亦即对机体可能造成的毒害及其机理。包括急性毒性、慢性毒性、对生育繁殖的影响、胚胎毒性、致畸性、致突变性、致癌性、致敏性等方面。

2. 毒理学评价的方法

毒理学评价的主要方法包括人体观察及实验研究两方面。

（1）人体观察　人体观察固然可获得直接有效的数据；但基于人道的原因，原则上不应该有意识地对人体进行试验。如果由于治疗、嗜好、操作或偶发事件等原因，已有人体摄取该物质的情况，则应尽可能地收集来自人体的观察资料，通过流行病学调查方法，了解一般健康状况、发病率、症状或其他异常现象，或取得该物质对人体无害的数据资料。

（2）实验研究　实验研究除采用理化、生理或生化等方法进行必要的分析检验外，通常要通过动物毒性试验取得资料。动物毒性试验是迄今为止取得毒理学评价资料的最重要的手段。动物毒性试验在我国通常分为以下四个阶段的不同试验：①急性毒性试验；②遗传毒性试验、传统致畸试验、短期喂养试验；③亚慢性毒性试验——90天喂养试验、繁殖试验、代谢试验；④慢性毒性试验（包括致癌试验）。

急性中毒的危害是很明显的，急性毒性试验可在短时期内粗略地判断物质的毒性，但急性毒性试验有其意义也有其局限性，它不能作为安全评价的依据。因为有些物质，虽然急性毒性很低，但由于在人体中有蓄积作用，以至于可引起慢性中毒，甚至影响生育，引起怪胎或癌变等问题，对人体健康和后代的潜在威胁很大，应该予以高度重视。所以除了急性毒性试验之外，还需要进行慢性毒性试验及一系列特殊试验。在多数情况下只做急性、亚慢性等一般毒性试验，只当发生可疑情况时，才进行特殊试验。

二、毒性试验的四个阶段和内容

我国对食品添加剂的毒理学评价通常可划分为以下四个阶段的实验研究，并结合人群资

料进行。

1. 第一阶段：急性毒性试验

急性毒性试验是指投予一次较大剂量后，对其产生的作用所作的研究。通过急性毒性试验可考查摄入该物质后在短时间内所呈现的毒性，从而判定对动物的致死量（LD），常用的是半数致死量（LD_{50}），并可能指出动物的种间差异，而且可得到某些关于中毒症状和病理作用的资料。也就是说通过急性毒性试验，可初步了解受试物质的毒性强度和性质，并为蓄积性和亚慢性试验的剂量选择提供依据。

急性毒性试验观察期一般为1星期，重点是观察24～48h内的反应症状。如有迟发性中毒效应者，则要延长观察期至2～4星期。

半数致死量是通常用来粗略地衡量急性毒性高低的一个指标，是指能使一群试验动物中毒死亡一半所需的最低剂量，其单位是mg/kg体重。同一受试物质对各种动物的半数致死量是不一样的，给予方式不同其半数致死量也不一样，对食品添加剂来说，主要是需要经口LD_{50}。动物的种系、性别、年龄和实验条件的差异也会影响半数致死量。但相对地说半数致死量受动物的个体差异的影响最小，其数值比较稳定，比较有代表性；在不同条件下，同一受试物质的半数致死量仍有其一定的相似趋势，所以仍然可以相对地参照比较。

虽然人与动物不同，但是通过做多种动物的试验，一般地说，对多种动物毒性很低的物质，对人的毒性往往亦很低；而对多种动物的半数致死量都小的物质，则可认为将对人表现有很大的毒性。通常按经口LD_{50}的大小，将受试物质的急性毒性粗略地分级，见表1-3。若剂量大于5000mg/kg体重，而试验动物没有死亡时，说明急性毒性极低，可认为是相对无毒，就没有必要继续做致死量的精确测定。

表 1-3 经口 LD_{50} 与毒性分级

毒性级别	大白鼠 LD_{50}/(mg/kg体重)	毒性级别	大白鼠 LD_{50}/(mg/kg体重)
极毒	<1	低毒	501～5000
剧毒	1～50	相对无毒	5001～15000
中等毒	51～500	无毒	>15000

2. 第二阶段：遗传毒性试验、传统致畸试验、短期喂养试验

（1）遗传毒性试验 遗传毒性试验主要是指对致突变作用进行测试的试验。以致突变试验来定性表明受试物质是否有突变作用或潜在的致癌作用，进行筛选，可为代谢研究提供方法。遗传毒性试验的组合必须考虑原核细胞和真核细胞、生殖细胞与体细胞、体内和体外试验相结合的原则。

试验项目包括：①细菌致突变试验；鼠伤寒沙门菌/哺乳动物微粒体酶试验（Ames试验）为首选项目，必要时可另选和加选其他试验；②小鼠骨髓微核率测定和骨髓细胞染色体畸变分析；③小鼠精子畸形分析和睾丸染色体畸变分析；④其他备选遗传毒性试验。

（2）传统致畸试验 致畸试验是检查受试物质能否使动物仔代胎儿发生畸形的试验。有致畸作用的物质在胚胎发育期器官分化过程中影响了动物胚胎的正常发育而导致畸形。广义的畸形还包括不孕、胚胎发育迟缓和胚胎死亡等现象。但是一般来说这种致畸作用是无遗传性的。

通过致畸试验可取得畸胎发生率等数据。动物致畸试验结果推论于人要十分慎重。因动物种属、谱系与个体间均有较大差异。对动物有致畸作用者，并非对人一定也有致畸作用。

还要考虑实验剂量与人体实际摄入量之间的差异,因为有许多物质,使用大剂量时,几乎都可致畸,例如大剂量的维生素 A 和维生素 D 就有致畸作用。受试物质若对一种动物有致畸性,就应该警惕对人也可能存在致畸的危险。

(3)短期喂养试验 是对只需进行一、二阶段毒性试验的受试物质,在急性毒性试验的基础上,通过 30 天喂养试验,进一步了解其毒性作用,并可初步估计最大无作用剂量。如受试物需进行第三、四阶段毒性试验,可不进行此试验。

3. 第三阶段:亚慢性毒性试验、代谢试验

(1)亚慢性毒性试验 观察受试物质以不同剂量水平经较长期喂养后对动物的毒性作用性质和靶器官,并初步确定最大无作用剂量;了解受试物质对动物繁殖及对仔代的致畸作用,为慢性毒性和致癌试验的剂量选择提供依据。包括 90 天亚慢性毒性试验和繁殖试验,可采用同批染毒分批观察,也可根据受试化合物的性质,进行其中某一项试验。

90 天亚慢性毒性试验的观察指标因受试物及研究目的而有差异,一般可包括临床检查、血液学检查、生化学检查、脏器重量及病理学检查。

繁殖试验是检查受试物质对动物繁殖生育能力的影响的试验。可通过测定动物的受孕率、活产率、出生存活率、哺育成活率等指标,观察动物生育能力、妊娠过程、产后情况、母体及仔代发育状况等内容。繁殖试验除开始交配的亲代(F_0)外,一般需观察三代(F_1、F_2、F_3),即所谓三代繁殖试验。

(2)代谢试验(毒物动力学实验) 受试物质在体内可发生一系列复杂的生化变化。受试物质经胃肠道吸收后通过血液转运到全身各组织器官,再经过生物转化,由各种途径排出体外。因此,受试物质原形物在体内逐渐被代谢降解,而其代谢产物不断生成。测定灌胃后不同时间内受试物质原形物或其代谢物在血液、组织或排泄物中的含量,以了解该受试物质在动物体内的毒物动力学特征,包括吸收、分布、消除的特点,组织蓄积及可能作用的靶器官等;根据数学模型,求出各项毒物动力学参数。同时采用分离纯化方法确定主要代谢产物的化学结构,测试其毒性并推测受试物质在体内的具体代谢途径。通过实验的观察,对受试物质在体内的过程可做出正确评价,为阐明该受试物质的毒作用性质与程度提供科学依据。

我国提出的"食品安全毒理学评价程序"中要求,对于我国创制的化学物质,在进行最终评价时,至少应进行胃肠道吸收;测定血浓度,计算生物半衰期(进入机体的外来化学物质由体内消除一半所需的时间)和其他动力学指标;主要器官和组织中的分布;排泄(尿、粪、胆汁)等几项代谢方面的试验。有条件时,可进一步进行代谢产物的分离、鉴定。对于国际上许多国家已批准使用和毒性评价资料比较齐全的化学物质,可暂不要求进行代谢试验。对于属于人体正常成分的物质可不进行代谢研究。

4. 第四阶段:慢性毒性试验(包括致癌试验)

(1)慢性毒性试验 慢性毒性试验是研究在少量受试物质长期慢性作用下所呈现的毒性,从而可确定受试物质的最大无作用量和中毒阈剂量。慢性毒性试验在毒理研究中占有十分重要的地位,对于确定受试物质能否作为食品添加剂使用具有决定性的作用。所谓长期是指试验动物整个生命期的大部分或终生,有时可包括几代的试验。

最大无作用量(MNL),又称最大无效量、最大耐受量或最大安全量,是指长期摄入该受试物质仍无任何中毒表现的每日最大摄入剂量,其单位是 mg/kg 体重。它是提供食品添加剂长期(终生)摄入对本代健康无害,并对下代生长无影响的重要指标。中毒阈剂量就是最低中毒量,是指能引起机体某种最轻微中毒的最低剂量。慢性毒性试验的观察指标与亚慢

性毒性试验相同。

慢性毒性试验原则上宜选用接近人体代谢特点的试验动物,但因目前已掌握大、小白鼠各品系的特点及诱发肿瘤的敏感性,故可优先用于慢性毒性和致癌试验。用两种性别的大鼠或小鼠进行两年生命期慢性毒性试验和致癌试验,并结合在一个动物试验中。

(2) 致癌试验 致癌试验是检查受试物质及其代谢产物有无致癌或诱发肿瘤作用的试验。慢性毒性试验中进行病理学检查时,有无肿瘤出现亦为重要观察内容之一,致癌试验可与慢性毒性试验结合进行。但若受试物质的化学结构与已知致癌物近似或有可疑的致癌迹象,而且摄入量极微,往往不引起一般毒性表现,则应单独进行致癌试验。

致癌试验的重点是观察肿瘤出现的情况,主要包括肿瘤总发生率、各种主要肿瘤发生率和从开始摄入受试物质到出现肿瘤的时间(潜伏期)等内容。致癌试验除观察试验动物本身外,对其后代亦应注意,因有些致癌物质可通过胎盘或乳汁转移给下一代,一般认为致癌试验也应观察三代。

从食品卫生角度出发,凡发现对一种动物有致癌性者,原则上就不得作为食品添加剂使用。现在已经提出的致癌物中,和食品添加剂有关的,如亚硝胺类是受到严格控制;黄樟素和芳胺类合成色素是禁用的;无机物中的砷、铅、硒等污染物质的含量是作为质量指标而严加控制的。

三、食品添加剂毒理学评价程序

1. 一般食品添加剂的毒理学评价程序

根据我国"食品安全性毒理学评价程序",对一般食品添加剂的规定如下:

① 属毒理学资料比较完整、世界卫生组织已公布 ADI 或无需规定 ADI 者,需要进行急性毒性试验和一项致突变试验,首选 Ames 试验或小鼠骨髓微核试验。

② 属有一个国际组织或国家批准使用,但世界卫生组织未公布 ADI,或资料不完整者,在进行第一、二阶段毒性试验后作初步评价,再决定是否需进行进一步毒性试验。

③ 对于天然植物制取的单一组分,高纯度的添加剂,凡属新品种须先进行第一、二、三阶段毒性试验,凡属国外已批准使用的,则进行第一、二阶段毒性试验。

④ 进口食品添加剂,要求进口单位提供毒理学资料及出口国批准使用的资料,由省(直辖市、自治区)一级食品卫生监督检验机构提出意见,报卫生部食品卫生监督检验所审查后决定是否需要进行毒性试验。

2. 香料的毒理学评价程序

按我国"食品安全性毒理学评价程序"规定,对于香料,因其品种繁多、化学结构很不相同,且绝大多数香料的化学结构均存在于食品之中,用量又很少,故另行规定。

① 凡属世界卫生组织已批准使用或已制定 ADI 者,以及世界卫生组织、美国香料生产者协会(FEMA)、欧洲理事会(COE)和国际食用香料工业组织(IOFI)这四个国际组织中的两个或两个以上允许使用的,在进行急性毒性试验后,参照国外资料或规定进行评价。

② 凡属资料不全或只有一个国际组织批准的,先进行毒性试验和本程序所规定的致突变试验中的一项,经初步评价后再决定是否需要进行进一步的实验。

③ 凡属尚无资料可查,国际组织未允许使用的,先进行第一、二阶段毒性试验,经初步评价后决定是否需要进行进一步实验。

④ 用动植物可食部分提取的单一高纯度天然香料,如其化学结构及有关资料并未提示

具有不安全性的，一般不要求进行毒性试验。

第四节　食品添加剂的使用标准

使用标准是提供安全使用食品添加剂的定量指标。食品添加剂使用标准包括允许使用的食品添加剂品种、使用目的（用途）、使用范围（对象食品）以及最大使用量（或残留量），有的还注明使用方法。最大使用量以 g/kg 为单位。

制定使用标准要以食品添加剂使用情况的实际调查与毒理学评价为依据，对某一种或某一组食品添加剂来说，其制定标准的一般程序如图 1-1 所示。

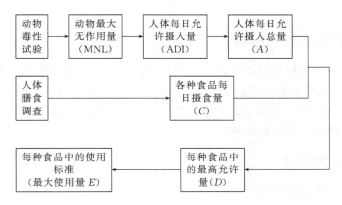

图 1-1　制定使用标准的一般程序

一、每日允许摄入量（ADI）

以体重为基础来表示的人体每日允许摄入量，就是指能够从每日膳食中摄取的量，此量根据现有已知事实，即使终身持续摄入，也不会显示出导致值得重视的危害。每日允许摄入量以 mg/kg 体重为单位。

人体每日允许摄入量可以由动物的最大无作用量推测而得。通过动物试验求得了动物的最大无作用量，这个剂量对动物是安全的，但将此数据引用于人时，必须加一个安全系数，这是考虑人和动物在抵抗力和敏感度上的差异，以及人群间老弱病幼个体的差异等因素。

安全系数一般定为 100 倍，但是也要按照实际情况适当变动。例如某种物质是食品的正常成分或是正常的中间代谢产物；又如当有足够资料证明在人体内某种物质因消化或代谢而转变成食品的正常成分或某种物质不被胃肠道吸收的情况；再如毒理的数据是来自于人体时，则可免除种属间外推的影响。这些情况有可能提供一个较低的安全系数。反之，在动物毒性试验观察期较短，毒理学资料不足等情况下，则要求增大安全系数，例如采用 200 倍甚至更高的安全系数。

把动物的最大无作用量（MNL）除以 100（安全系数）即可求得人体每日允许摄入量（ADI）。因为每日允许摄入量是以人体每千克体重的摄入质量（mg）表示的，那么成人的每人每日允许摄入总量（A），就可用每日允许摄入量（ADI）乘以平均体重而求得。

二、食品中最高允许量

严格地说人体每日允许摄入量，应包括某种物质从外界环境进入人体的总量，它进入的途径可能有食品、饮水和空气等。如果除食品外，该物质还有其他进入人体的来源时，则须确定来源于食品的该物质占人体对该物质总摄入量的比例。如果该物质除食品外并无其他进入人体的来源时，则该物质的每日允许摄入总量（A）就应该相当于各种食品中该物质的每日摄食总量（B），大多数食品添加剂是属于这种情况。

有了该物质的每日允许摄入总量（A）之后，还要根据人群的膳食调查，搞清膳食中含有该物质的各种食品的每日摄食量（C），就可以分别算出其中每种食品含有该物质的最高允许量（D）。

三、各种食品中的使用标准

某种食品添加剂在每种食品中的最大使用量（E）是其使用标准的主要内容。最大使用量（E）是根据上述相应的食品中的最高允许量（D）制定的。在某些情况下，二者可以相同，但为了人体安全起见，原则上总是希望食品中的最大使用量标准略低于最高允许量，具体要按照其毒性及使用等实际情况确定。

四、苯甲酸计算简例

以苯甲酸为例，简单计算如下。

（1）最大无作用量（MNL） 由大白鼠试验判定 MNL＝500mg/kg。

（2）每日允许摄入量（ADI） 根据 MNL，以安全系数为 100 推定于人：$ADI = MNL \times \frac{1}{100} = 500 \times \frac{1}{100} = 5 mg/kg$。

（3）每日允许摄入总量（A） 以平均体重 55 kg 的正常成人计算，苯甲酸的每人每日允许摄入总量为：$5 \times 55 = 275 mg/(人 \cdot 日)$。

（4）最大使用量（E） 若通过膳食调查，由表 1-4 所示，平均每人各种食品的每日摄食量（C）为：酱油 50g，醋 20g，汽水 250g，果汁 100g。

表 1-4 苯甲酸摄食总量计算表

食品种类	各种食品的每日摄食量(C)	各种食品中的最大使用量(E)	苯甲酸每日摄食总量(B)
酱油	50g	1g/kg	50mg/(人·日)
醋	20g	1g/kg	20mg/(人·日)
汽水	250g	0.2g/kg	50mg/(人·日)
果汁	100g	1g/kg	100mg/(人·日)
合计			220mg/(人·日)

由于有使用调查，可简单地以反推计算。先按实际使用情况设定各种食品中的最大使用量（E）分别为：酱油 1g/kg、醋 1g/kg、汽水 0.2g/kg、果汁 1g/kg。则计算得出苯甲酸每日摄食总量（B）为 220mg/(人·日)，此值低于每日允许摄入总量（A）275mg/(人·日) 的数值。所以，可以知道所设定的最大使用量（E）相应地低于最高允许量（D）。

假若上述计算结果每日摄食总量（B）高于每日允许摄入总量（A），则设定的最大使用量就有重新考虑的必要，必要时则要通盘考虑使用标准，例如限制其使用范围等。

第五节　食品添加剂的发展历史、现状与趋势

一、食品添加剂的发展历史

尽管食品添加剂一词提出不久，但人们实际使用食品添加剂的历史悠久。中国传统点制豆腐所使用的凝固剂盐卤，在公元25~220年的东汉时期就有应用，并一直流传至今。公元6世纪时北魏末年农业科学家贾思勰所著《齐民要术》中就曾记载从植物中提取天然色素予以应用的方法。作为肉制品防腐和护色用的亚硝酸盐，大约在800年前的南宋时就用于腊肉生产，并于公元13世纪传入欧洲。在国外，公元前1500年埃及墓碑上就描绘有糖果的着色。葡萄酒也已在公元前4世纪进行了人工着色。这些大都是天然物质的应用。

由于工业革命对食品和食品工业带来的巨大变化，导致人们提高了对食品的品种和质量的要求，其中包括对改善食品色、香、味等的要求。科学技术的发展则大大促进了人们为追求更好地保藏食品和改善食品色、香、味等所进行的，有关食品添加剂的知识和技术的应用。化学工业特别是合成化学工业的发展，更使食品添加剂进入一个新的加快发展的阶段，许多人工合成的化学品（如着色剂等）相继大量应用于食品加工。

正是由于人工化学合成食品添加剂在食品中的大量应用，人们很快意识到它可能会给人类健康带来危害，再加上毒理学和化学分析等科学技术的发展，20世纪相继发现不少食品添加剂对人体有害。随后还发现有的甚至可使动物致癌。这除了促使一些国家加强对食品添加剂的科学管理外，在某些国家和地区还出现了"食品安全化运动"和"消费者运动"等，提出禁止使用化学合成食品添加剂，恢复天然食品和使用天然食品添加剂等情况。与此同时，国际上则于1955年和1962年先后组织成立了"FAO/WHO联合食品添加剂专家委员会"（JECFA）和"食品添加剂法规委员会"（CCFA）。JECFA的成员都是由FAO和WHO分别聘请化学、食品化学、微生物学、食品工程学、食品行政管理以及毒理学等方面最具权威的专家，以个人身份出席，而且每次参加会议的成员可有所不同，视讨论的内容而定；CCFA由有关国家的政府代表和国际组织代表组成。JECFA自从1956年召开第一次会议以来，除1962年以外，每年开会一次，讨论食品添加剂的有关问题，尤其是确定ADI值和"食品添加剂的特性和纯度规格"。会议的意见和结论通过CCFA推荐给各有关国家和组织，从而使食品添加剂逐步走向健康发展的道路。我国于1980年、1983年、1984年和1985年4次派代表参加CCFA会议，并于1985年正式加入CCFA。CCFA从1988年起更名为"食品添加剂和污染物法规委员会"（CCFAC）。

我国全面、系统研究和管理食品添加剂起步较晚。尽管解放后不久便对食品加工生产中某些添加剂的使用有过一些规定，但是直到1973年成立"全国食品添加剂卫生标准科研协作组"，才开始全面研究食品添加剂有关问题。1977年由国家颁布《食品添加剂使用卫生标准》及《食品添加剂卫生管理办法》，开始对其进行全面管理。1980年组织成立"全国食品添加剂标准化技术委员会"，则将我国食品添加剂的标准化和国际化等推向更快发展的阶段。此后，由于我国食品添加剂工业的迅速发展，在1993年相继成立"中国食品科学技术学会食品添加剂分会"和"中国食品添加剂生产应用工业协会"，从而真正把我国食品添加剂事业推向世界，并和世界各国共同发展。

此外，为了加强行业管理，从1992年起，经原轻工部同意，国家民政部批准，以味精

(包括食用氨基酸)、柠檬酸(包括苹果酸、乳酸等食用有机酸)、酶制剂(包括工业和食品级)、酵母(包括各种单细胞蛋白)、淀粉糖(包括麦芽糖、饴糖、果葡糖、葡萄糖以及各种糖醇和深加工产品)5个行业,组建中国发酵工业协会。因此,食品添加剂中属发酵制品的,由中国发酵工业协会归口管理。

二、食品添加剂的现状

1. 国际食品添加剂的现状

国际上有关食品添加剂的权威机构是 FAO/WHO,其中 WHO 已同意使用的食品添加剂有1140余种,这当中香料400余种,各类添加剂700余种。但这两个组织所通过的决议均为建议,能否使用尚取决于各国的卫生管理部门。

美国对食品添加剂投入了大量的人力和财力进行研究,目前已发现食品添加剂约9万种,但被列入一般公认安全的(GRAS)物质名单者只有640余种,其中直接加入食品中的添加剂有270种,在生产过程中加入的120余种,而添加于包装材料等非直接加入食品的140余种。2005年出版的美国《食品用化学品法典》(FCC)共收载1077种质量规格标准。美国每年还拿出10亿美元进行新的食品添加剂品种的鉴定工作。欧洲共同体共同使用的食品添加剂有165种,该组织内各国还有自己国家的食品添加剂使用标准。例如英国,除有欧共体共用的食品添加剂使用卫生标准外,尚有本国批准使用的各类食品添加剂252种。日本使用的食品添加剂约1100种,2005年出版的日本《食品添加物公定书》(第七版)共收载416种标准规格。食品添加剂在工业发达国家及地区已形成了比较完整的研究开发、生产制造以及质量管理、卫生监督和销售应用体系。国际上使用食品添加剂最多的是焙烤业、清凉饮料、糖果和冷食四大行业。

2001年,全球食品添加剂的市场销售额为200余亿美元,其中最大一类产品是调味剂,脂肪代用品和营养强化剂是近10年来增长最快的产品。2006年,国际 RTS Recource Ltd "世界食品添加剂市场发展趋势"报告指出,2005年全球食品添加剂的市场销售额为303亿美元,五年增长12.9%,平均年增长为2.58%。2010年预计销售额为342亿美元,2006~2010年的五年间,平均年增长为2.25%。目前全球各类食品添加剂的总消费量已接近1000万吨,其中淀粉及其衍生产品的用量最多,约占50%。国外主要食品添加剂的消费数量见表1-5。

表1-5　2001年国外主要食品添加剂的消费情况　　　　　万吨

产品名称	消费数量	备注	产品名称	消费数量	备注
增稠稳定剂	520~540	最多是淀粉和改性淀粉	鲜味剂	155~160	主要是味精
甜味剂	35	最多是糖醇、山梨醇	维生素	4.5~5.5	主要是维生素C
色素	9亿美元	主要为天然或半天然产品	抗氧化剂	1.5	
脂肪代用品	4.5亿美元	美国用量最多	防腐剂	6.5	
酶制剂	5亿美元		乳化剂	40~42	主要是单甘酯和卵磷脂
酸味剂	85~90	主要是柠檬酸			

食品添加剂的消费水平与食品加工业和生活水平紧密相关。美国的食品添加剂消费量2001年已超过140万吨(不包括淀粉及其衍生物、香精、香料和调味剂)。西欧是全球第二大食品添加剂的消费地区,消费量已近500万吨,其中淀粉及其衍生物的数量高达404万吨。

2. 我国食品添加剂的现状

我国食品添加剂是随着食品工业的发展而迅速发展起来的新兴工业,经过近几十年的努力,在品种与数量上均有较快的增长。2006年,按我国《食品添加剂使用卫生标准》的规定,我国许可使用的食品添加剂的品种数为2047种,其中合成物质252种,可在各类食品中按生产需要适量使用的食品添加剂55种,食品用香料1531种(其中食品用天然香料329种、天然等同香料1009种、人工合成香料193种),食品工业用加工助剂114种,食品用酶制剂44种,胶姆糖基础剂51种。其中多数产品国内已可批量生产。

据统计,我国1998年食品添加剂总产量超过140万吨(包括发酵制品在内),产值约为140亿元,比上年增长10%,为1991年的2.8倍;1999年食品添加剂总产量达158万吨,产值超150亿元;2001年食品添加剂总产量达200万吨,产值约为180亿元;2005年食品添加剂总产量达379.5万吨,销售收入385亿元,比2001年增长2.14倍。

2001年我国食品添加剂主要品种的产量如下:味精(谷氨酸钠)74.5万吨;柠檬酸37万吨;酶制剂30万吨;营养性甜味剂19万吨;高倍甜味剂3.2万吨;营养强化剂8万吨;防腐抗氧剂7万吨;食用香精、香料4万吨;乳化剂、增稠剂4万吨;酵母4万吨;品质改良剂3.5万吨;其中谷氨酸钠、柠檬酸、维生素C、酵母等生物合成品达150万吨,产量居世界第一位。其次是天然提取物,包括天然色素、香料、甜味剂、水溶胶等。用石油化工原料纯化学合成的产物,如糖精、甜蜜素、合成色素等产量不到10万吨,产值20多亿元。

2005年食用香精香料总产量达6万吨,比2004年增长9%。随着我国方便食品的发展,调味料、香精的增长幅度将更大。2005年酸味剂中仅柠檬酸产量就达80万吨,占到全球产量的60%。2004年糖精生产3万吨,出口19281吨,占全球总额的2/3。在营养强化剂方面,我国是全球生产各种维生素品种较齐全的国家,也是全球产量最大、出口量最大的国家,维生素C生产技术达到世界领先水平。2004年我国食品添加剂中维生素类产品进出口情况见表1-6。

表1-6　2004年我国维生素类产品进出口量　　　　　　　　　　　　　　　　　　　　t

产　品	产　量	进口量	出口量	产　品	产　量	进口量	出口量
维生素 A	5000	641	2187	维生素 B_{12}	12.2	—	7.7
维生素 B_1	4000	—	3193	维生素 C	75000	—	67852
维生素 B_2	3000	—	600	维生素 E	30000	832	28200
维生素 B_6	3500	—	2754	氯化胆碱	160000	—	58000

三、食品添加剂的发展趋势

1. 重视开发天然色素,天然抗氧剂等食品添加剂

我国食品添加剂发展的方向是发展天然、营养、多功能的食品添加剂和食品配料。天然提取物,相对化学合成物而言更为安全,且很多天然提取物具有一定的生理活性和健康功能。近年来,我国这类功能性食品添加剂和配料的品种和产量逐渐上升,不仅是天然物提取的食品添加剂品种增加,而且原来用合成法生产的品种也转向开发从天然物中提取。

在着色剂方面,各国所用的合成品已减至10种左右,而天然色素已达到百余种。如日本1995年天然色素的耗用量达23604t,而合成色素仅用了186t,消费比例约为10:1。如β-胡萝卜素,过去市场上的商品主要是合成的,但近年从天然物中提取的β-胡萝卜素比例有所增加;又如苋菜红过去以合成法为主,后来又推出从苋菜提取的天然苋菜红。

加强对天然抗氧化剂物质的研究，以天然抗氧化剂逐步取代合成抗氧化剂也是今后的发展趋势。如维生素E，过去主要是合成的，近年来又开发了从油脂中提取的天然维生素E，天然维生素E抗氧化功能明显高于合成维生素E。很多香辛料具有抗氧化效果，日本在其抗氧化成分的提取与应用方面进行了较深入的研究。如从迷迭香中提取的迷迭香酚是一种天然、高效、无毒的抗氧化剂，抗氧化性能比BHA、BHT、PG、TBHQ强4倍以上。

2. 重视发展功能性食品添加剂

我国食品添加剂的分类中并没有功能性食品添加剂这一标注，但确实有不少兼具生理活性的功能性食品添加剂，它们已经分别列入了保健食品和药物的名单中，例如着色剂红曲、甜味剂甘草甜和木糖醇。在我国有些天然提取物或发酵法生产的等同天然物，并不是食品添加剂，可以作食品直接食用，或可以作为食品配料在食品中直接使用，如低聚异麦芽糖、低聚果糖、大豆低聚糖等。我国目前将这些食品配料视为功能性食品添加剂一样加以管理。重视发展功能性食品添加剂是今后食品添加剂发展的一个重要方向。

3. 采用高新技术开发生产食品添加剂

很多传统的食品添加剂本身有很好的使用效果，但由于在制造过程中，采用传统的脱色、过滤、交换、蒸发、蒸馏、结晶等净化精制技术，已经不能满足现代食品工业的要求，从而造成产品成本高，产品价格昂贵，使应用受到了限制，迫切需要采用一些高效节能的高新技术。如超临界萃取技术、分子蒸馏技术、膜分离技术、色谱分离技术等，均能提高产品纯度和收率，起到提高产品档次、降低产品成本、改善生产环境的多重作用。天然着色剂和香料对于光、热、氧、pH等的稳定性不如合成着色剂好，其纯度都不高，只有采用高新技术才能得到更高纯度、性能更稳定的产品。这些高档次产品才具有国际竞争能力。

4. 调整结构，加强应用技术研究

总体上看，我国食品添加剂工业是一个新兴产业，主要问题是小而分散。有的企业规模太小，无法保证产品质量，提高自己品牌的知名度也无从谈起。其次是有很多企业装备落后，管理水平低，因而产品质量不稳定，优级品比例低。在产品结构调整方面，研发重点要紧密围绕我国食品工业的发展方向，重视国内的潜在市场，采用先进技术降低成本，提高档次，增加品种。由于饮食习惯不同，从国外进口的某些食品添加剂品种，不一定能适合我国主食、副食、调料的实际需要。所以，从产品结构调整方面，要瞄准国内的巨大市场，去开发天然、营养、多功能的食品添加剂，另外我国农村人口多，农产品在贮运保存过程中的损失巨大，也应重视食品保鲜剂的研究。

国外食品添加剂企业均附设有先进的应用研究中心，如丹尼斯克、奎斯特等国际公司，其最终产品均有独立的现代化中试生产线，对用户无偿服务，且送货上门。食品添加剂的使用有严格的限定，食品添加剂企业在推销产品的同时，也需要帮助用户解决如何使用的问题，只有这样才能不断扩大自己的市场。所以食品添加剂行业，应加强应用技术研究，并争取做到为用户提供无偿技术服务。

总的来说，多年的改革开放为我国食品添加剂的发展奠定了坚实的基础，但和世界先进水平相比，还存在相当的差距，还不能满足快速发展的食品工业的需要，必须加快发展高质量的食品添加剂、食品配料的步伐，学习和引进国外高新技术及进口某些高档次产品，以便更好地推动我国食品工业的发展，提高我国食品的质量、档次，以适应日益增长的食品市场的需求。

第六节 食品添加剂的名称、编码及缩略语

一、名称

食品添加剂的中文名一般以 GB 2760—1996《食品添加剂使用卫生标准》所列为正名，这通常为其科学名称，而将其他名称如常用通俗名、化学名及英文缩写名等列于别名或又名内。英文名称则尽量参照美国《食品用化学品法典》（FCC Ⅳ）及联合国食品法规委员会有关文件所列为准。

二、编码

编码有利于检索和识别食品添加剂。一些国家和地区均有其各自的食品添加剂编码系统，并可在食品的标签上使用，以识别其所用食品添加剂。最早采用编码系统的是欧洲经济共同体（EEC），即现在的欧洲共同体（EC）。1984 年 CCFA 考虑在 EEC 编号系统的基础上发展成为国际编码系统（INS），1989 年国际编码系统被 CAC 采用，故 EEC 的编号基本与 INS 一致。

我国 1990 年颁布的《食品添加剂分类和代码》，对我国许可使用的食品添加剂，除香料外，均按其功能特征分类，并按其英文名称第一个字母的顺序列出。各具体食品添加剂品种则按其所属主要功能类别任意排列列出。该分类代码以五位数字表示，前二位数字码为类目标识，例如 01 代表酸度调节剂，02 代表抗结剂、03 代表消泡剂等。小数点后的三位数字则表示该类目中的编号代码，即具体食品添加剂品种的编码，如 01.001 代表酸度调节剂中的柠檬酸、02.001 代表抗结剂中的亚铁氰化钾等。香料则采用国际上对食品用香料分为天然香料、天然等同香料和人造香料三类的方法，分别以字母"N"、"I"和"A"为代表，并置于每一品种的号码前面。其中，天然香料编号按产品的通用名称，依中文笔画多寡排列；天然等同香料大体按化合物所含主要官能团（醇、醚、酚、醛、缩醛、酮、内酯、酸类、含硫含氮化合物、烃类及其衍生物与其他），再以通用名称的顺序排列（如甲、乙、丙、丁……）；人造香料的排列基本同天然等同香料。凡编号末尾有字母"T"者为暂时允许使用的品种。天然香料编号由 N001 开始，天然等同香料由 I1001 开始，按所含主要官能团分类，每一类后面都保留若干空号，便于今后不断补充；人造香料编号由 A3001 开始。

三、缩略语

ADI（acceptable daily intake）：每日允许摄入量，以每千克体重可摄入的质量（mg）表示，即 mg/kg 体重。

°Bé（Baumé）：波美度。

CAC（Codex Alimentarius Commission）：（联合国）食品法规委员会。

CCFA（Codex Committee on Food Additives）：（联合国）食品添加剂法规委员会。

CCFAC（Codex Committee on Food Additives and Contaminants）：（联合国）食品添加剂和污染物法规委员会（1988 年由 CCFA 改为 CCFAC）。

CFR（U. S. Code of Federal Regulation）：美国联邦法规汇编。

CI（Colour Index）：色素索引。

CE 或 COE（Council of Europe）：欧洲理事会。

DE（dextrose equivalent value）：葡萄糖当量值。

EBC（European Brewery Convention）欧洲啤酒酿造协会。

EC（European Community）：欧洲共同体。

E.C.（Enzyme Commission）：国际酶学委员会。

EEC（European Economic Community）：欧洲经济共同体。

EOA（The Essential Oil Association of USA）：美国精油协会。

FAO（Food and Agriculture Organization of the United Nations）：联合国食品与农业组织（联合国粮农组织）。

FCC（Food Chemical Codex）：（美国）《食品用化学品法典》。

FDA（Food and Drug Administration）：（美国）食品与药物管理局。

FEMA（Flavour Extract Manufacturer's Association）：（美国）香味料和萃取物制造者协会（香料生产者协会）。

GB：中华人民共和国国家标准。

GMP（good manufacturing practice）：良好生产规范。

GRAS（generally recognized as safe）：一般公认安全。

HG：中华人民共和国化学工业部标准。

HLB（hydophile-lipophile balance）：亲水、亲油平衡。

INS（international numbering system）：国际编码系统。

IOFI（International Organization of the Flavour Industry）：国际食用香料工业组织。

ISO（International Standard Organization）：国际标准组织。

I.U（international units）：国际单位。

JECFA（joint FAO/WHO Expert Committee on Food Additives）：FAO/WHO 联合食品添加剂专家委员会。

LD_{50}（50% lethal dose）：半数致死量。

LD（lethal dose）：致死剂量。

MRL（maximum residue limit）：最大残留限量。

MTDI（maximum tolerable daily intake）：每日最大允许摄入量。

MNL（maximum no-observable-effect level）：最大无作用量。

QB：中华人民共和国轻工业部标准。

USP（United States Pharmacopoeia）：美国药典。

WHO（World Health Organization）：（联合国）世界卫生组织。

第二章 食品乳化剂

第一节 概述

乳化剂是能改善（减小）乳化体中各构成相之间的表面张力，形成均匀分散体的物质，是一类具有亲水基和疏水基的表面活性剂。其亲水基一般是溶于水或能被水浸湿的基团，如羟基；其亲油基一般是与油脂结构中烷烃相似的碳氢化合物长链，可与油脂互溶。因此乳化剂能分别吸附在油和水两种相互排斥的相面上，形成薄分子层，降低两相的界面张力，从而使原来互不相溶的物质得以均匀混合，形成均质状态的分散体系，改变了原来的物理状态，进而改变食品的内部结构，简化和控制食品加工过程，提高感官和食用质量，延长货架寿命等。

一、乳化剂的分类

乳化剂有多种分类方法，具体如下。
1. 按其分子量大小分类
（1）小分子乳化剂　此类乳化剂乳化效力高，常用的乳化剂均属此类，如各种脂肪酸酯类乳化剂。
（2）高分子乳化剂　此类乳化剂的稳定效果好，主要是一些高分子化合物，如纤维素醚、淀粉丙二醇酯等。
2. 按其亲油亲水性分类
（1）亲油性乳化剂　一般指亲水亲油平衡值（HLB值）在3～6之间的乳化剂，如脂肪酸甘油酯类乳化剂、山梨醇酯类乳化剂等，易形成油包水型乳油液（用 W/O 或水/油表示）。
（2）亲水性乳化剂　一般指 HLB 值 9 以上的乳化剂，如低酯化度的蔗糖酯、吐温系列乳化剂、聚甘油酯类乳化剂等，易形成水包油型乳浊液（用 O/W 或油/水表示）。
3. 按其是否带有电荷分类
（1）离子型乳化剂　此类乳化剂品种较少，主要有硬脂酰乳酸钠、磷脂和改性磷脂以及一些离子性高分子化合物等。
（2）非离子型乳化剂　大多数食用乳化剂均属此类，如甘油酯类、山梨醇酯类、木糖醇酯类、蔗糖酯类等。

二、乳化剂的作用机理

乳化剂能使油和水均匀乳化是由于它们具有特殊分子结构，既有亲水基（易溶于水或被水所润湿的原子团，如—COOH、—OH 等），又有亲油基（亲油性基团如 R 等）。

1. 稳定作用

（1）界面吸附　由于乳化剂的两性结构，加入食品体系后立即吸附在油和水之间的界面上，形成许多吸附层和界面膜，以亲水基和亲油基把水和油互相连接起来，降低了界面张力，防止了油和水的相斥，提高了两相的乳化作用，并使形成的乳浊液稳定。

（2）定向排列　由于乳化剂吸附在界面上时，总是极性端与水结合，非极性端与油结合，故能定向排列在界面上。当使用足够的乳化剂时，在界面上的定向排列就更紧密，形成的界面膜就更牢固，乳浊液就越稳定。当乳化剂使用量不足时，就不能造成界面上的最紧密定向排列，因而乳浊液就不能稳定。

（3）形成胶团　乳化剂在油、水界面吸附，定向排列，降低界面的张力的过程中逐渐形成各种胶团。溶液内部生成的这些胶团，在食品加工中具有重要意义，它们可使一些不易溶于水的物质（如油）因进入胶团内而增加了其溶解度和分散性，有利于油和水的乳化。当乳化剂从单个分子状态溶于水时，它完全被水包围，亲油端被水排斥，亲水端被水吸引，然后一部分乳化剂分子吸附于界面形成定向排列的单分子膜，降低了界面张力，另一部分乳化剂分子的亲油基互相靠拢在一起，逐渐形成了胶团。

2. 抗老化保鲜作用

谷物食品的老化是由淀粉引起的，乳化剂是最理想的抗老化剂和保鲜剂。乳化剂被吸附在淀粉粒表面，产生水不溶性物质，抑制了水分的移动，也抑制了淀粉粒的膨胀，阻止了淀粉粒之间相互连接。随着温度的上升，乳化剂由 β 晶型变为 α 晶型，然后与水一起形成液体结晶的层状分散相向淀粉中浸透，与溶出淀粉粒外的直链淀粉和淀粉粒内的直链淀粉相互作用，乳化剂被紧紧地包在直链淀粉螺旋结构里形成强复合物，即直链淀粉在淀粉粒中被固定下来，向淀粉粒周围自由水中溶出的直链淀粉减少，乳化剂的亲油基进入直链淀粉螺旋结构形成不溶性复合物，防止了淀粉粒之间的再结晶而发生老化。

支链淀粉的直链状螺旋结构少，极不易形成复合物。乳化剂除与直链淀粉形成不溶性复合物产生抗老化作用外，还直接影响面团在水中的分布，间接防止老化。乳化剂在面团搅拌阶段吸附在淀粉粒表面及烘焙阶段形成复合物后，淀粉的吸水溶胀能力被降低，糊化温度被提高，从而使更多的水分向面筋转移，因而增加了面包心的柔软度，延迟了面包老化。

乳化剂的面团改良作用机理是它能与面筋蛋白质互相作用形成复合物，即乳化剂的亲水基结合麦胶蛋白质，亲油基结合麦谷蛋白质，使面筋蛋白质分子互相连接起来由小分子变成大分子，进而形成结构牢固细密的面筋网络，增强面团的持气性，增大制品体积。

三、各种乳化剂在食品加工中的主要作用

1. 乳化剂在食品配料中的作用

（1）对淀粉的络合作用　大多数乳化剂的分子中具有线形的脂肪酸长链，可以防止淀粉制品的老化、凝沉。这种作用以高纯度的单硬脂酸甘油酯最为明显。

（2）对蛋白质的络合作用　在焙烤制品中，乳化剂可强化面筋网络结构，防止因油水分离所造成的硬化，增加韧性和相抗拉力（如面条），以保持其柔软性，抑制水分蒸发，增大体积，改善口感（如馒头）。以二乙酰酒石酸甘油酯和硬脂酰乳酸钠（或钙）的效果最好。

(3) 对结晶物质结构的改善　在糖果、巧克力制品中，可通过乳化剂以控制固体脂肪结晶的形成、晶型和析出，防止糖果返砂、巧克力起霜，防止人造奶油、起酥油、巧克力乃至冰淇淋中粗大结晶的形成等。

(4) 发泡和充气作用　乳化剂中饱和脂肪酸链能稳定液态泡沫，故可用作打擦发泡剂。而具有不饱和脂肪链的乳化剂能抑制泡沫，可在乳品和蛋白加工中用作消泡剂。

(5) 润滑作用　饱和的单、双甘油酯对淀粉制品挤压时可获得优良的润滑性。在乳脂糖中加入 0.5%～1% 的单、双甘油酯可降低切块、拉条、包装、咀嚼时的强度和阻力。

(6) 破乳消泡作用　不同的乳化剂具有不同的乳化、破乳能力，而有时这种适当的破乳作用也是必需的。如在冰淇淋生产中，就需要使脂肪质点有所团聚，以获得较好的"干燥的"产品。

(7) 提高乳浊体的稳定性　在含脂饮料中，使原不能相溶的油相和水相成为均匀的悬浮乳浊体。为使乳浊体具有良好的稳定性，其中非连续相质点的大小必须进行很好的控制，质点愈小，稳定性就愈高。乳浊液的稳定性和外观质点大小之间的关系见表 2-1。

表 2-1　乳浊液的稳定性和外观质点大小之间的关系

非连续相质点大小/μm	稳定性	外观	非连续相质点大小/μm	稳定性	外观
<0.05	高度稳定	透明	1.0～10.0	乳状悬浮液	乳白色
0.05～0.1	优良	半透明	>10.0	很快破乳	粗糙
0.1～1.0	良好	蓝白色			

2. 乳化剂在各主要食品中的作用

(1) 面包、蛋糕类　防止面粉中直链淀粉的疏水作用，从而防止老化；降低面团黏度，便于操作；促使面筋组织的形成；提高发泡性，并使气孔分散、致密；促进起酥油乳化、分散，改善组织和口感。

(2) 饼干类　使起酥油乳化、分散，改善组织口感；提高面团亲水性，便于配料搅拌；提高发泡性，使气孔分散、致密。

(3) 面条类　减少成品水煮时淀粉的溶出，降低损失；增强弹性、吸水性和耐断性；提高面团的亲水性，降低面团黏度，便于操作。

(4) 鱼肉糜和香肠等　使所加的油脂乳化、分散；提高组织的均质性；有利于表面被膜的形成，以提高商品性和保存性。

(5) 糖果类　使所加油脂乳化、分散，提高口感的细腻性；可使表面起霜，防止与包装纸的粘连；防止砂糖结晶。

(6) 胶姆糖　提高胶基的亲水性，防止粘牙；使各组分均质；防止与包装纸的粘连。

(7) 果酱、果冻类　防止水分析出。

(8) 冷冻食品　改善疏水组分的析水现象，从而防止粗大冰结晶的形成。

(9) 豆腐　抑制发泡；提高豆浆的亲水性，使与豆渣充分分离，并因保水性的增强而使出浆率提高；提高固化成型后的保形能力。

(10) 巧克力　防止表面起霜，提高表面光泽度；降低黏度；提高耐热和保形能力。

(11) 冰淇淋　提高发泡能力；改善组织均匀性；提高耐热性，保持"干燥感"。

(12) 果汁露　促进冰结晶微小、稳定；提高发泡能力；提高耐热性。

（13）人造奶油及起酥油　使人造奶油中的水分乳化分离；提高起酥、分散能力；提高被加工物料的使用效果（指工业用人造奶油和起酥油）。

（14）奶粉、可可粉等粉状制品　防止结块、结团；提高温润时的分散性；提高脂肪的稳定性。

（15）蛋黄酱、调味料　促使油脂乳化、分散；提高组织的均匀度和成品的保存期。

四、使用乳化剂的注意事项

1. 乳化剂的合理选择

不同 HLB 值乳化剂可制备不同类型的乳液，合适的乳化剂是取得最佳效果的基本保证。

2. 乳化剂的复配使用

由于复合乳化剂具有协同效应，通常多采用复配型乳化剂，但在选择乳化剂"对"时，要考虑 HLB 高值与低值相差不要大于 5，否则得不到最佳稳定效果。

3. 乳状液的制备

乳化剂加入食品体系之前，应在水或油中充分分散或溶解，制成浆状或乳状液。乳状液的制备方法有 3 种。

① 乳化剂溶于水中，在激烈搅拌下加入油，先生成 O/W 型乳液，若欲得 W/O 型乳液，则继续加油至发生相变，此法用于 HLB 值较大的乳化剂。

② 乳化剂溶于加热的油中，加入水，开始得到 W/O 型乳液，再继续加水可得 O/W 型乳液，此法用于 HLB 值较小的乳化剂。

③ 轮流加液法。每次取少量油和水，轮流加入乳化剂。

第二节　几种常用食品乳化剂

1. 单硬脂酸甘油酯

单硬脂酸甘油酯，又称甘油单硬脂酸酯，简称单甘酯，分子式 $C_{21}H_{42}O_4$，相对分子质量 358.57，结构式如下：

$$\begin{array}{l} CH_2OOC(CH_2)_{16}CH_3 \\ | \\ HOHC \\ | \\ CH_2OH \end{array}$$

（1）性状　单硬脂酸甘油酯为微黄色蜡状固体物，凝固点不低于 54℃，不溶于水，与热水强烈振荡混合时可分散在其中，溶于乙醇、油和烃类，HLB 值为 3.8。

（2）性能　单硬脂酸甘油酯具有良好的亲油性，为 W/O 型乳化剂，由于本身的乳化性很强，也可作为 O/W 型乳化剂。

（3）毒性　美国食品与药物管理局将单硬脂酸甘油酯列为一般公认安全物质。FAO/WHO 规定，ADI 不作限制性规定。

单硬脂酸甘油酯经人体摄取后，在肠内完全水解，形成正常代谢的物质，对人体无害。

（4）制法及质量指标　单硬脂酸甘油酯采用酯化法制取：1mol 甘油与 1mol 硬脂酸，在催化剂（NaOH）存在下加热酯化而得。也可采用酯交换法制备：在 1mol 牛脂中加入 2mol 甘油，再加入 0.5%～1.0%催化剂 NaOH，在 200℃左右边加热边搅拌，经 2～3h 的充分酯交换反应即得。

按照我国食品添加剂单硬脂酸甘油酯质量标准（GB 15612—1995）的要求，应符合下列质量指标：含量≥90.0%，碘值≤4.0，凝固点60.0～70.0℃，重金属（以Pb计）≤0.0005%，砷（As）≤0.0001%，游离酸（以硬脂酸计）≤2.5%。

（5）应用　根据我国《食品添加剂使用卫生标准》（GB 2760—1996）中规定：单硬脂酸甘油酯可按生产需要适量用于各类食品。

实际生产中，单硬脂酸甘油酯在冷饮中使用能使各组分混合物均匀，抑制油脂上浮，成品口感细腻润滑，保形性好。

在饮料中使用由单硬脂酸甘油酯50份与蔗糖脂肪酸酯25份、山梨醇酐❶脂肪酸酯复配的乳化剂，可使饮料增香、浑浊化，并获得良好的色泽。

在食用油脂中加入0.6%的单硬脂酸甘油酯，即可用作糕点的起酥油，而且可以防止油水分离，防止煎炸时飞溅，改善涂抹性；和其他添加剂配伍性能好，广泛用于蛋糕油、面包油、月饼皮油、人造奶油等专用油脂。

在焙烤食品中，单硬脂酸甘油酯可使油脂在面团中分散均匀，使面包、蛋糕等糕点松软，内部海绵状气孔均匀，抑制淀粉回生，延长保质期。

此外，单硬脂酸甘油酯还可用于肉类制品、糖果、巧克力等制品中。

2. 三聚甘油单硬脂酸酯

三聚甘油单硬脂酸酯，分子式$C_{27}H_{54}O_8$，相对分子质量506.71，结构式如下：

$$CH_2-CH-CH_2-CH_2-CH-CH_2-CH_2-CH-CH_2-O-C-(CH_2)_{16}CH_3$$
$$\quad|\quad\ |\qquad\qquad\qquad\ |\qquad\qquad\qquad\ |\qquad\quad\ \|$$
$$OH\ OH\qquad\qquad\ OH\qquad\qquad\ OH\qquad\quad\ O$$

（1）性状　三聚甘油单硬脂酸酯为淡黄色蜡状固体，分散于水中，溶于乙醇等有机溶剂。

（2）性能　三聚甘油单硬脂酸酯为良好的乳化剂，用于面包、糕点生产中，能对面包组织起软化作用，能延续淀粉老化，保持面包柔软，延长保鲜期；可使糕点组织细腻滑爽、体积增大、质地干燥疏松，防止固相分离而导致质量劣变，本品还具有消泡能力。

（3）毒性　小鼠经口 LD_{50} 10000mg/kg。FAO/WHO（1994）规定，ADI 为 0～25000mg/kg。

（4）制法及质量指标　三聚甘油单硬脂酸酯的制法是将甘油进行控制缩合后，再与硬脂酸进行酯化反应而得。

按我国食品添加剂三聚甘油单硬脂酸酯质量标准（GB 13510—1992）的要求，应符合下列质量指标：酸值≤5.0mgKOH/g，皂化值120～135mgKOH/g，硫酸灰分≤1.0%，砷（以As计）≤0.0003%，重金属（以Pb计）≤0.001%，熔点53～58℃。

（5）应用　根据我国《食品添加剂使用卫生标准》（GB 2760—1996）中规定：三聚甘油单硬脂酸酯可用于面包、糕点，最大使用量为0.1g/kg；冰淇淋，最大使用量3.0g/kg。

三聚甘油单硬脂酸酯加入冰淇淋中，可使其各组分混合均匀，形成细密的气孔结构，膨胀率大，口感细腻、润滑，不易融化。加入方便面中，能加速水的润湿性和渗透性，使水分较快地渗入内部，方便食用。加入面条制品中，能增加生面的紧密性和提高面条的弹性，使之在煮沸时不易糊烂，减少成品中淀粉的损失，降低面团黏度，增进口感。

---

❶ 严格地讲，应称为"失水山梨醇"，但"醇酐"已成为习惯用法，沿用至今。"木糖醇酐"等情况相同。

加入米粉制品中，可使水分渗透性好，并增加米粉白度和柔韧性，改善口感。加入焙烤食品中，可使油脂在面团中均匀分散，使面包、糕点松软，富于弹性，并抑制面包水分释放，延长保鲜期。

3. 蔗糖脂肪酸酯

蔗糖脂肪酸酯，又名脂肪酸蔗糖酯，简称 SE，可细分为单脂肪酸酯、双脂肪酸酯和三脂肪酸酯。单脂肪酸酯结构式如下：

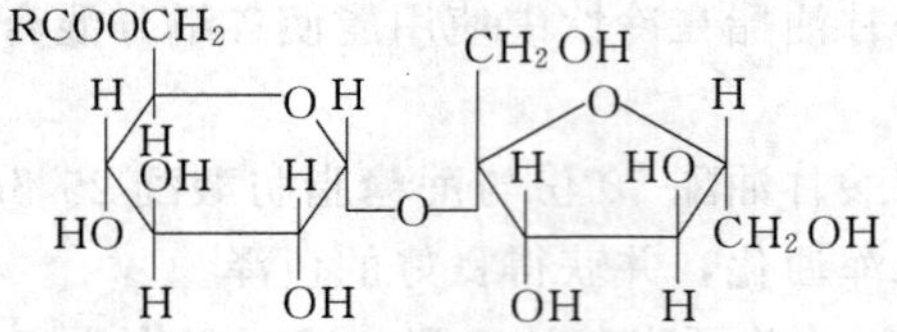

（1）性状　蔗糖脂肪酸酯由于酯化所用的脂肪酸的种类和酯化度的不同，可为白色至微黄色粉末，蜡状或块状物，也有的呈无色至浅黄色的稠状液体或凝胶。它一般无明显熔点，在120℃以下稳定，加热至145℃以上则分解。其 HLB 值在 3～15；单酯含量越多，HLB 值越高。HLB 值低的可用作 W/O 型乳化剂，HLB 值高的可用作 O/W 型乳化剂。

（2）性能　蔗糖酯是无毒、无味、无臭的物质，进入人体后经过消化转变为脂肪酸和蔗糖，为营养物质。市售的蔗糖酯商品均为单酯、双酯和三酯的混合物，在食品中常用的蔗糖硬脂酸酯，即为三种酯的混合物。蔗糖酯的 HLB 值范围很大，既可用于油脂和含油脂丰富的食品，也可用于非油脂和油脂含量少的食品，具有乳化、分散、润湿、发泡等一系列优异性能。

（3）毒性　大鼠经口 LD_{50} 为 39000mg/kg。FAO/WHO（1995）规定，ADI 暂定 0～20mg/kg。

（4）制法及质量指标　蔗糖脂肪酸酯可采用蔗糖与食用脂肪酸的甲酯和乙酯进行酯交换反应而得；还可以将蔗糖溶于二甲基甲酰胺，加入脂肪酸甲酯，在碱性催化剂存在下，减压、加热反应制得蔗糖酯粗品后，用乙醇进行重结晶干燥获得。

根据我国食品添加剂蔗糖脂肪酸酯质量标准（GB 8272—1987）的要求，应符合下列质量指标：酸值≤5.0mgKOH/g，二甲基甲酰胺≤0.00050%，砷（As）≤0.00010%，重金属（以 Pb 计）≤0.0020%，游离糖（以蔗糖计）≤10.0%，水分≤4.0%，灰分≤1.5%。

（5）应用　根据我国《食品添加剂使用卫生标准》（GB 2760—1996）中规定：蔗糖脂肪酸酯可用于肉制品、香肠、乳化香精、水果及鸡蛋保鲜、冰淇淋、糖果、面包，1.5g/kg；乳化天然色素，10.0g/kg。

实际生产中，蔗糖脂肪酸酯用于面包、蛋糕可防止老化，应使用 HLB 大于 11 的蔗糖酯，用量为小麦面粉的 0.2%～0.5%，还可提高发泡效果。用于饼干可提高起酥性、保水性和防老化性能，还能减小饼干在贮藏、运输过程中的破损并可以改善操作性，应使用 HLB 值为 7 的蔗糖酯，用量为 0.1%～0.5%。

用于人造奶油、起酥油、冰淇淋，可提高乳化稳定性，应使用低 HLB 值蔗糖酯，用量为人造奶油油脂量的 2%～5%，冰淇淋量的 0.1%～0.3%，起酥油油脂量的 0.008%～1.72%。

用于巧克力可抑制结晶、降低黏度，应使用 HLB 值为 3～9 的蔗糖酯，用量为

$0.2\%\sim1.0\%$。

用于胶姆糖基可使胶体易于捏合，能防止坚硬性随温度变化，可改善保香性，应使用 HLB 值为 $5\sim9$ 的蔗糖酯，用量为 $0.5\%\sim3\%$。

用于口香糖、奶糖可降低黏度，防止油析出或结晶，防止粘牙齿，应使用 HLB 值为 $2\sim4$ 的蔗糖酯，用量为 $5\%\sim10\%$。

此外，在饮料中添加蔗糖酯，可起着助溶、起浊、赋色和乳化分散等作用。用于速溶食品、固体饮料、速溶可可、奶粉等中可起助溶作用，减少沉淀。用于面条、通心粉可提高黏度、抗张力和得率，减小面汤的浑浊度（可与磷酸盐合用）。果酱、果馅中添加蔗糖酯能防止食品老化，使制品质地软化，还能有效地防止其所含的砂糖结晶及水分离析。在糖膏煮炼过程中加入蔗糖脂肪酸酯作为煮糖助剂，可提高精炼糖末段糖膏的煮糖效率和产糖率，缩短煮糖时间，还能降低废蜜纯度，改善产品质量和提高生产效率。

4. 木糖醇酐单硬脂酸酯

木糖醇酐单硬脂酸酯，又名失水木糖醇单硬脂酸酯，简称 LS-60M，分子式 $C_{23}H_{44}O_5$，相对分子质量为 400.58，结构式如下：

$$\begin{array}{c} \text{O} \\ \text{CH}_2\text{O}\text{—CH}\text{—CH}_2\text{—O}\text{—C}\text{—C}_{17}\text{O}_{35} \\ | \quad\quad | \\ \text{HC}\text{—}\text{—CH} \\ | \quad\quad | \\ \text{OH} \quad \text{OH} \end{array}$$

（1）性状　木糖醇酐单硬脂酸酯为淡黄色或棕黄色蜡状固体，无臭。溶于甲苯、二甲苯、酯、醇等多种有机溶剂。不溶于水，在热水中分散成乳状液。在常温下对酸、碱、盐稳定。

（2）性能　它为亲油性乳化剂，其性能与单硬脂酸甘油酯相似。

（3）毒性　小鼠经口 $LD_{50}>9500mg/kg$；大鼠经口 $LD_{50}>10000mg/kg$。

ADI 为 $25mg/kg$。

（4）制法及质量指标　木糖醇酐单硬脂酸酯由木糖醇或木糖醇母液与硬脂酸在氢氧化钠的催化下进行酯化反应而得。

按我国食品添加剂木糖醇酐单硬脂酸酯标准（GB 5426—1985），应符合下列质量指标：酸值 $\leqslant 8mgKOH/g$，皂化值 $140\sim160mgKOH/g$，羟值 $210\sim250mgKOH/g$，重金属（以 Pb 计）$\leqslant 0.001\%$，砷（以 As 计）$\leqslant 0.0002\%$，镍 $\leqslant 0.0003\%$。

（5）应用　根据我国《食品添加剂使用卫生标准》（GB 2760—1996）中规定：可用于果蔬保鲜（涂膜），按生产需要适量使用；果汁型饮料，$0.05g/kg$；植物蛋白饮料、牛奶、面包、氢化植物油、糕点、奶糖，$1.5g/kg$。

5. 双乙酰酒石酸单甘油酯

双乙酰酒石酸单甘油酯，又名二乙酰酒石酸单甘酯、双乙酰酒石酸脂肪酸甘油酯，简称 DATEM，分子式 $C_{29}H_{50}O_{11}$，相对分子质量 574.71，结构式如下：

$$\begin{array}{c} \text{OCOCH}_3 \quad \text{OCOCH}_3 \\ | \quad\quad\quad | \\ \text{CH}_2\text{—OCO—CH—CHCOOH} \\ | \\ \text{CHOH} \\ | \\ \text{CH}_2\text{OCO—(CH}_2)_{16}\text{—CH}_3 \end{array}$$

(1) 性状　双乙酰酒石酸单甘油酯为微黄色蜡块状物，如果制造时加入抗结剂如碳酸钙或磷酸三钙，则得到的产品为白色粉末状物。有微酸臭，能与油脂混溶。溶于甲醇、丙酮、乙酸乙酯，难溶于水、乙酸和其他醇，能分散在水中，有一定的抗水解性。3%的水溶液pH为2~3。

(2) 性能　双乙酰酒石酸单甘油酯具有良好的亲油性，为W/O型乳化剂，具有良好的发泡性能。

(3) 毒性　小鼠经口 LD_{50} >10000mg/kg。美国食品与药物管理局将其列为一般公认安全物质。FAO/WHO（1985）规定，ADI为0~50mg/kg。对小鼠骨髓微核试验（0.31~2.5g/kg）呈阴性，未发现有致突变性作用。

(4) 制法及质量指标　双乙酰酒石酸单甘油酯是由酒石酸与乙酸酐生成双乙酰酒石酸酐，在单甘油酯中加热反应制得。

双乙酰酒石酸单甘油酯应符合下列质量指标：皂化价470~500mgKOH/g，酸值70~100mgKOH/g，游离乙酸<3%，碘值<3，重金属（以Pb计）≤0.0005%，砷（As）≤0.0001%，铁（Fe）≤0.002%。

(5) 应用　根据我国《食品添加剂使用卫生标准》（GB 2760—1996）中规定：双乙酰酒石酸单甘油酯用于植脂性粉末，5.0g/kg；氢化植物油、搅打过的奶油、面包、糕点，10g/kg。

实际生产中，双乙酰酒石酸单甘油酯用于面包，能明显增大面包体积，用量0.4%~0.5%，通常是将双乙酰酒石酸单甘油酯与单脂肪酸甘油酯、硬脂酰乳酸钙等复配使用。用于蛋糕生产中，制出的蛋糕具有体积大、组织细腻、口感好的特点。

6. 聚氧乙烯山梨醇酐单硬脂酸酯

聚氧乙烯山梨醇酐单硬脂酸酯，又名聚山梨酸酯60、吐温60，其结构式如下：

$$H(CH_2CH_2O)_x-O-HC-CH-O-(CH_2CH_2O)_y H \quad O$$
$$H_2C \quad CH-O-(CH_2CH_2O)_z-C-C_{17}H_{35}$$
$$O \quad O(CH_2CH_2O)_z H$$

式中 $x+y+z=20$

(1) 性状　聚氧乙烯山梨醇酐单硬脂酸酯为浅黄色至橙色油状液体或凝胶体，有轻微特殊气味，味微苦。相对密度1.1，黏度0.6Pa·s。HLB值14.9，闪点>149℃，着火点>149℃。溶于水、异丙醇、乙醇、苯胺、乙酸、乙酯和甲苯，不溶于矿物油和植物油。

(2) 性能　聚氧乙烯山梨醇酐单硬脂酸酯为亲水性乳化剂，用于乳化可形成O/W型乳状液，通常与斯盘60复配使用可获得良好的乳化体系。

(3) 毒性　大鼠经口 LD_{50} 大于10000mg/kg。美国食品与药物管理局将其列为一般公认安全物质，无毒性。FAO/WHO（1994）规定，ADI为0~25mg/kg。

(4) 制法及质量指标　聚氧乙烯山梨醇酐单硬脂酸酯的制法是在130~140℃和催化剂 CH_3ONa 存在下，山梨醇酐单硬脂酸酯与环氧乙烷进行加成反应而得。

根据FAO/WHO（1982）的要求，聚氧乙烯山梨醇酐单硬脂酸酯应符合下列质量指标：氧乙烯含量为97.0%~103.0%，酸值≤2mgKOH/g，羟值81~96mgKOH/g，水分≤3%，重金属（以Pb计）≤0.001%，皂化值45~55mgKOH/g，灼烧残渣≤0.25%，砷（以As

计)≤0.0003%。

(5) 应用 根据我国《食品添加剂使用卫生标准》(GB 2760—1996) 中规定:聚氧乙烯山梨醇酐单硬脂酸酯可用于乳化香精,最大用量为 1.5g/kg;用于面包,最大用量为 2.5g/kg。

实际生产中,聚氧乙烯山梨醇酐单硬脂酸酯的防面包老化的效果比其他乳化剂好,其防老化效果与用量有关,当使用量为面粉量的 5% 时效果最好。使用聚氧乙烯山梨醇酐单硬脂酸酯还可以减小油脂用量。与甘油酸酯复配使用,可使面包体积增大。

在口香糖中加入聚氧乙烯山梨醇酐单硬脂酸酯可增强原料成分间的亲和性,在低温下即可起亲和作用,以免因加热而产生苦味;它还可防止口香糖粘牙,增高制品的可塑性和柔软性,改善口感,其用量为 0.4%。在巧克力中使用聚氧乙烯山梨醇酐单硬脂酸酯,可使巧克力结晶细致均一,并能防止油脂酸败和巧克力表面"起霜",还能改善制品光泽,改善风味。

7. 改性大豆磷脂

改性大豆磷脂,又名羟化卵磷脂,主要成分有磷酸胆碱、磷酸胆胺、磷脂酸和磷酸肌醇,结构式如下:

磷酸胆碱(卵磷脂)　　磷酸胆胺(脑磷脂)　　磷脂酸　　磷酸肌醇

(1) 性状 改性大豆磷脂为浅黄色至黄色粉末或颗粒状,有特殊的"漂白"味,部分溶于水,但在水中很容易形成乳浊液,比一般的磷脂更容易分散和水合。极易吸潮,易溶于动植物油,部分溶于乙醇。

(2) 性能 改性大豆磷脂具有良好的降低水油界面张力的性能,适用于制备 O/W 型乳浊液。

(3) 毒性 美国食品与药物管理局将其列为一般公认安全物质。FAO/WHO (1994) 规定,ADI 不能提出。FAO/WHO 专家委员会有报告指出,人日服卵磷脂 22~33g,连续 2~4 个月,无任何不良影响。卵磷脂是防治神经系统、心脏、肺和代谢疾病的药物,亦用于治疗全身无力和贫血等疾病,可促进药物吸收。有人日服卵磷脂 25~40g,连续数月后,胆固醇降低。本品为无毒性物质。

(4) 制法及质量指标 改性大豆磷脂是以天然磷脂为原料,经过氧化氢、过氧化苯甲酰、乳酸和氢氧化钠或是过氧化氢、乙酸和氢氧化钠羟基化后,再经物化处理、丙酮脱脂得到粉粒状无油无载体的改性大豆磷脂。

根据我国食品添加剂改性大豆磷脂质量标准(GB 12486—1990)的要求,应符合下列质量指标:丙酮不溶物≥95%,酸值≤38mgKOH/g,碘值 60~80,水分≤1.5%,重金属(以 Pb 计)≤0.001%,过氧化值≤50,砷(以 As 计)≤0.0003%,苯不溶物≤1.0%。

(5) 应用 根据我国《食品添加剂使用卫生标准》(GB 2760—1996) 中规定:改性大

豆磷脂可按生产需要适量用于各类食品。

实际生产中，改性大豆磷脂用于人造黄油（硬酯化、氢化油），起乳化、防溅、分散等作用，最大用量为 0.1%～0.35%。用于油脂乳化剂，起油水乳化作用，乳化油可以代替纯油脂，有改进食品质量、节约食品加工用油的效果。

在巧克力中添加 0.2%～0.3%，起保形、润湿作用，能防止因糖分的再结晶而引起的发花现象。糖果中添加 0.5%，特别是对含有坚果及蜂蜜的糖果，能防止渗油及渗液，对口香糖能起留香作用。

焙烤食品中添加量为面粉质量的 0.2%～0.3%，对饼干起到起酥、节油、赋形的作用。对中式点心起到保油止渗作用，改善过腻口感。对面包能起增大体积，改良内部结构及改善风味、口感等良好作用。用于方便面、通心粉，起到润湿分散、乳化、稳定作用。

8. 硬脂酰乳酸钠

硬脂酰乳酸钠，简称 SSL，分子式为 $C_{24}H_{43}NaO_6$，相对分子质量为 450.59，化学结构式如下：

$$C_{17}H_{35}-\underset{\underset{O}{\|}}{C}-O-\underset{\underset{CH_3}{|}}{CH}-\underset{\underset{O}{\|}}{C}-O-\underset{\underset{CH_3}{|}}{CH}-\underset{\underset{O}{\|}}{C}-O-Na$$

（1）性状　硬脂酰乳酸钠为白色或浅奶白色粉末或小球状物，有轻微焦糖味。有轻微的吸湿性。溶于乙醇和热的油脂，不溶于水，能分散于温水。

（2）性能　硬脂酰乳酸钠的 HLB 值约为 5.1，为亲油性乳化剂。具有改进面包体积，增加面包边壁的强度和防止面团塌下的效果，同时还有软化效果，为优异的面团调理剂。

（3）毒性　大鼠经口 LD_{50} 27760mg/kg。美国食品与药物管理局将其列为一般公认安全物质。FAO/WHO（1994）规定，ADI 为 0～20mg/kg。

（4）制法及质量指标　硬脂酰乳酸钠的制法是将乳酸及其聚合物用碱中和成钠盐，然后用硬脂酸进行酯化而得。

根据 FAO/WHO（1995）的要求，硬脂酰乳酸钠应符合下列质量指标：钠的质量分数 2.5%～5.0%；酸值 60～130mgKOH/g；重金属（以 Pb 计）≤0.0010%；酯值 90～190mgKOH/g；砷（以 As 计）≤0.0003%；总乳酸 15.0%～40.0%。

（5）应用　根据我国《食品添加剂使用卫生标准》（GB 2760—1996）中规定：硬脂酰乳酸钠可用于面包、糕点，最大用量为 2.0g/kg。

实际生产中，硬脂酰乳酸钠添加于面粉中，可增加面筋筋力，提高面团的机械稳定性，具有增加面包体积、改善组织结构、延续老化的功效。

9. 丙二醇脂肪酸酯

丙二醇脂肪酸酯，又名丙二醇单双酯，化学结构式如下：

$$\begin{array}{c} CH_3 \\ | \\ CH-OR_2 \\ | \\ CH_2-OR_1 \end{array}$$

式中，R_1 和 R_2 代表 1 个脂肪酸基团和氢（单酯），或 2 个脂肪酸基团（双酯）。

(1) 性状 丙二醇脂肪酸酯为白色至浅黄褐色的粉末、薄片、颗粒或蜡状块体,或为黏稠状液体,其颜色和形态与构成的脂肪酸的种类有关。无气味或稍有香气和滋味。纯丙二醇单硬脂酸酯的HLB值为3.4,为亲油性乳化剂,不溶于水,与热水激烈搅拌混合可乳化,溶于乙醇、乙酸乙酯、氯仿等有机溶剂。

(2) 性能 丙二醇脂肪酸酯亲油性较强,具有W/O乳化性能,它的乳化能力不很强,故很少单独使用,常与脂肪酸甘油酯复配使用,可提高乳化效果。

(3) 毒性 大鼠经口LD_{50}大于10000mg/kg。美国食品与药物管理局将其列为一般公认安全物质。FAO/WHO(1994)规定,ADI为0～25mg/kg。

(4) 制法及质量指标 丙二醇脂肪酸酯是以碳酸钾、生石灰和对甲苯磺酸(约0.1%)为催化剂,由丙二醇和脂肪酸在120～180℃下加热6～10h进行酯化反应,反应完毕后除去催化剂即得。

丙二醇脂肪酸酯的质量指标,按美国《食品用化学品法典》规定应为:酸值≤4mgKOH/g,砷(以As计)≤0.0003%,游离丙二醇≤1.5%,重金属(以Pb计)≤0.001%,羟值、碘值和皂化值合格,灼烧残渣≤0.5%,脂肪酸盐(按硬脂酸钾计)≤7%。

(5) 应用 根据我国《食品添加剂使用卫生标准》(GB 2760—1996)中规定:丙二醇脂肪酸酯可用于糕点,最大用量为2.0g/kg;用于复合调味料,最大用量为20.0g/kg。

丙二醇脂肪酸酯用于糕点,可缩短糕点、配合料的混调时间,改善制造过程,防止制品老化和增大制品体积。

10. 松香甘油酯(酯胶)

松香甘油酯,又名酯胶、甘油三松香酸酯,主要成分为枞酸三甘油酯,还有少量的枞酸二甘油酯和单甘油酯。其结构式如下:

$$\begin{array}{l} CH_2-OCOC_{19}H_{29} \\ | \\ CH-OCOC_{19}H_{29} \\ | \\ CH_2-OCOC_{19}H_{29} \end{array}$$

(1) 性状 松香甘油酯为黄色或浅褐色透明玻璃状物,质脆,无臭或微有臭味。不溶于水、低分子醇,溶于芳香族溶剂、烃、萜烯、酯、酮、橘油及大多数精油。

(2) 性能 松香甘油酯为亲油性乳化剂,具有稳定饮料的作用,可用于调整柑橘类精油的密度。

(3) 毒性 小鼠经口LD_{50}≥20000mg/kg。美国食品与药物管理局将酯胶列入一般公认安全物质。

(4) 制法及质量指标 松香甘油酯是由精制、纯化后的浅色木松香,在氮气保护下与食用级甘油进行反应而得。

根据我国食品添加剂松香甘油酯质量标准(GB 10287—1988)的要求,应符合下列质量指标:溶解度(与苯1:1),清,色泽(铁钴法)≤8,酸值3.0～9.0mgKOH/g,软化点(环球法)80.0～90.0℃,相对密度(d_{25}^{25})1.080～1.090,灰分≤0.1%,砷(以As计)≤0.0002%,重金属(以Pb计)≤0.002%。

(5) 应用 根据我国《食品添加剂使用卫生标准》(GB 2760—1996)中规定:松香甘油酯可用于胶姆糖基础剂,最大使用量为1.0g/kg;乳化香精,最大使用量为100/kg(相

当于碳酸饮料中含 0.1g/kg）

　　实际生产中，松香甘油酯可用作饮料的稳定剂，用量在成品饮料中不得超过 0.05%；在口香糖基础剂中作为咀嚼组分，用量不得超过 0.1%。在乳化香精中使用能增加橘油的相对密度，起乳化稳定作用。用作泡泡糖、口香糖的胶基，用量不超过 1.0g/kg。具有口感好、咀嚼柔软和细腻的特性。作为乳浊剂，可与不同的香精配合，制成不同的浑浊型饮料，是一种通用型的乳浊剂。

第三章 食品增稠剂

第一节 概述

增稠剂又叫增黏剂、胶凝剂等，是一类能提高食品黏度或形成凝胶的食品添加剂。在食品加工中可起到提高稠性、黏度、黏着力、凝胶形成能力、硬度、脆性、紧密度以及稳定乳化、悬浊体等作用，使食品获得所需各种形状和硬、软、脆、黏、稠等各种口感。增稠剂因有一定的黏度而具有分散、稳定作用，如稳定乳状液、悬浮液、泡沫等作用，并有与已被乳化的粒子相互作用的能力，使之成为分散的均匀相，故亦被称为稳定剂。此外，因增稠剂都属亲水性高分子化合物，可水化而形成高黏度的均相液，故亦称水溶胶、亲水胶体或食用胶。

一、增稠剂的特性与分类

1. 特性

增稠剂一般应具有以下特性：①在水中有一定溶解度；②在水中强烈溶胀，在一定温度范围内能迅速溶解或糊化；③水溶液有较大黏度，具有非牛顿流体的性质；④在一定条件下可形成凝胶和薄膜。

增稠剂因增加黏度而使乳化液得以稳定，但它们的单个分子并不同时具有乳化剂所特有的亲水、亲油性，因此，增稠剂不是真正的乳化剂。

2. 分类

增稠剂都属于大分子聚合物，在大分子链上，分布有一些酸性、中性或碱性的基团，使之具有各种不同的络合性能、耐热性、耐酸性、耐碱性、耐盐性等。世界上可供使用的增稠剂有60多个品种，列入我国GB 2760—1996中的增稠剂共39种。总体上可分为天然物和人工合成物两大类，主要的增稠剂及有关性状见表3-1。

（1）天然增稠剂　包括由海藻类所产生的胶及其盐类，如海藻酸、琼脂、卡拉胶等；由树木渗出液所形成的胶，如阿拉伯胶等；由植物种子所制得的胶，如瓜尔胶、槐豆胶等；由植物的某些组织制得的胶，如淀粉、果胶、魔芋胶等；由动物分泌或其组织制得的胶，如明胶、酪蛋白等；由微生物繁殖时所分泌的胶，如黄原胶、结冷胶等。

（2）化学合成的增稠剂　包括以天然增稠剂进行改性制得的物质，如海藻酸丙二醇酯、羧甲基纤维素钙、羧甲基纤维素钠、磷酸淀粉钠、乙醇酸淀粉钠等，以及纯粹以化学方法合成的物质，如聚丙烯酸钠等。

二、增稠剂在食品加工中的作用

食品增稠剂是食品工业中最重要的原料之一，它在食品加工中主要起稳定食品形态的作用，如悬浮稳定、光洁稳定、乳化稳定等。此外，它可以改善食品的触感及加工食品的色、

表 3-1　主要的增稠剂及有关性状

序号	名　称	ADI 值	耐热性	耐酸性	耐盐性	胶凝性	乳化稳定性	成模性	增稠性
	天然植物胶								
1	琼脂	不限	好	中		强	低	差	中
2	海藻酸	不特殊		好		好	中	差	中
3	海藻酸铵	不限		好		好	低	差	中
4	海藻酸钙	不特殊		好		好	低	差	中
5	海藻酸钾	不特殊		好		好	低	差	中
6	海藻酸钠	不特殊		好		好	低	差	中
7	卡拉胶	不特殊	好	中	好	好	中	好	中
8	琼芝属海藻制品	0～20	好	中	好	好	好	好	中
9	红藻胶	0～75	好	差		好			
10	果胶	不特殊	好	好	好	好	中	差	中
11	阿拉伯胶	不特殊	中	差	中	中	好	好	低
12	槐豆胶	不特殊	好	好	好	中	中	中	好
13	瓜尔胶	不特殊	好	中	中	差	差	差	强
14	刺梧桐胶	不特殊							
15	罗望子胶	—							
16	他拉胶	不特殊							
17	黄芪胶	不特殊					差	差	
18	魔芋胶	不特殊							好
19	田菁胶								
20	松胶	—					好	好	
21	印度树胶	未定							
22	沙蒿胶								
23	皂荚糖胶								
24	黄蜀葵胶								
25	亚麻籽胶								
	动物胶								
26	壳聚糖	—							
27	酪蛋白酸钠	不限							
28	食用明胶	不限	好	好	好	好	差	好	中
	微生物胶								
29	黄原胶	不特殊	好	好	好	差	好	中	强
30	结冷胶	不特殊	好	好	好	差	差	中	凝胶
31	普鲁兰胶		好	好	好	好	好	好	弱
	改性淀粉								
32	糊精(焙炒淀粉)	不特殊	好						好
33	β-环糊精	0～5							
34	乙酸淀粉	不特殊	好	好					
35	漂白淀粉	不特殊							
36	氧化淀粉	不特殊				好		好	好
37	酸处理淀粉	不特殊	好	中		好			
38	碱处理淀粉	不特殊							
39	酶处理淀粉	不特殊							
40	羟丙基淀粉醚	不特殊	差	好	好	糊化		好	好
41	磷酸淀粉钠	不限							
42	二淀粉甘油酯	未规定							
43	二淀粉磷酸酯	不特殊	好						
44	单淀粉磷酸酯	不特殊							
45	磷酸化二淀粉磷酸酯	不特殊							
46	羟丙基二淀粉甘油酯	未定				好			

续表

序号	名称	ADI值	耐热性	耐酸性	耐盐性	胶凝性	乳化稳定性	成模性	增稠性
47	羟丙基二淀粉磷酸酯	不特殊	好	好		好			好
48	乙酰化二淀粉己二酸酯	不特殊							
49	乙酰化二淀粉甘油酯	未定							
50	乙酰化二淀粉磷酸酯	不特殊							
51	羧甲基淀粉钠	不限	差	差			好		好
52	辛烯基琥珀酸淀粉钠	不特殊					好		
	其他合成品								
53	海藻酸丙二醇酯	0～70		强			强		
54	甲基纤维素	不特殊							
55	纤维素甲乙醚	不特殊							
56	羟丙基纤维素	不特殊							
57	羟丙基甲基纤维素	不特殊							
58	羧甲基纤维素钙	0～25							
59	羧甲基纤维素钠	不特殊	好	好		差	低	好	中
60	聚丙烯酸酯								
61	聚丙烯酸钠								
62	聚葡萄糖	不特殊							
63	磺基钠代丁二酸二辛酯	0～0.1							
64	溴化植物油	未定							

香、味和水相等的稳定性。一般认为增稠剂在食品加工中主要起以下几方面的作用。

1. 增稠、分散和稳定作用

食用增稠剂都是水溶性高分子，溶于水中有很大的黏度，使体系具有稠厚感。体系黏度增加后，体系中的分散相不容易聚集和凝聚，因而可以使分散体系稳定。增稠剂大多具有表面活性，可以吸附于分散相的表面，使其具有一定的亲水性而易于在水体系中分散。

增稠剂可以提高泡沫量及泡沫的稳定性，如啤酒泡沫及瓶壁产生"连鬓"均是使用了增稠剂的缘故。

2. 胶凝作用

有些增稠剂，如明胶、琼脂等溶液，在温热条件下为黏稠流体。当温度降低时，溶液分子连接成网状结构，溶剂和其他分散介质全部被包含在网状结构之中，整个体系形成了没有流动性的半固体，即凝胶。很多食品的加工都利用了增稠剂的这个性质，如果冻、奶冻等。有些离子型的水溶性高分子，如海藻酸钠，在有高价离子的存在下可以形成凝胶，而与温度没有关系。这对于加工很多特色食品都有益处。

3. 凝聚澄清作用

增稠剂是高分子物质，在一定条件下，可以同时吸附于多个分散介质体上使其凝聚而达到净化的目的。如在果汁中加入少量明胶，就可以得到澄清的果汁。

4. 保水作用

持水性增稠剂都是亲水性高分子，本身有较强的吸水性，将其施加于食品后，可以使食品保持一定的水分含量，从而使产品保持良好的口感。

5. 控制结晶

增稠剂可以赋予食品以较高的黏度，从而使体系不易结晶或使结晶细小。

6. 成膜、保鲜作用

食品增稠剂可以在食品表面形成一层保护性薄膜，保护食品不受氧气、微生物的作用。

食品增稠剂与食品表面活性剂并用，可以用于水果、蔬菜的保鲜。

三、增稠剂的发展现状和趋势

各种增稠剂在食品、制药及化妆品等许多产品中广泛以胶凝剂、稳定剂、乳化剂、成膜剂、持水剂、黏着剂、填充剂、悬浮剂、上光剂、冷冻-融化稳定剂等功能使用，大部分都是各种亲水胶体，它们均能溶于水或溶胀于水，并能形成一定黏度溶液的大分子物质。天然的各种亲水胶体物质广泛存在于自然界中，但是根据其特性、资源量、商业价值及生产成本，世界上已商品化生产及工业化大规模应用的亲水胶只是一小部分。自20世纪90年代以来，几乎所有的亲水胶体生产和销售厂商都争先恐后地推出据称能替代脂肪的复配胶产品，所用的原料包括黄原胶、结冷胶、变性淀粉、羧甲基纤维素、麦芽糊精、果胶、明胶、乳清蛋白、瓜尔胶、阿拉伯胶、槐豆胶、卡拉胶等及一些不同种类的乳化剂。形式不同，原料不同，脂肪取代机理却大同小异。

在过去10年内食用胶的生产及销售趋势是稳中有升，其原因除了食用胶的功能性外，另一个重要的原因是迎合市场需要的众多低脂、无脂及低热值产品的问世。采用人体无法消化吸收的类脂物质取代配方中的油脂，以水替代配方中的油，然后以多糖胶质控制水的流变性质来赋予食品类似脂肪的口感，这往往与使用食用胶有关。

近几十年来，增稠剂的研究已成为国内外碳水化合物或多糖方面的研究热点，有关各种新型增稠剂的结构组成、物化特性及其在食品工业中的应用研究报道比较多。预测增稠剂今后的研究趋势，则应以增稠剂的功能性为基点，以其在食品中的应用为方向来推断。

（1）深入研究增稠剂的"构效"关系 研究各种增稠剂的功能与结构之间的关系很有必要，但目前这方面的研究尤其是比较系统的研究报道还不多。这种研究可为今后寻找增稠剂的替代品、增稠剂的改性、人工化学合成提供化学理论基础。

（2）研究复合型增稠剂 以现有的允许用作食品添加剂的食用胶为基础原料，通过研究各种单体胶的性质特性、胶与胶之间及胶与电解质之间的反应行为，确定单体胶种类及各自比例，采用复合配制的方法从而产生无数种复合胶。然后以功能强度、限量、成本、使用方便性等为指标，优选其中比较理想的复合胶转化为商业化生产，满足食品工业市场的需求。

（3）加强对增稠剂的改性和人工合成研究 为改变目前部分单体胶功能性质的局限性，除了采取复合配制使用方法外，加强这些增稠剂自身的改性研究同样是一个研究方向，这样也可为增稠剂在食品工业中更好更广泛的应用开辟新途径。另外，目前大部分增稠剂（包括其衍生物）来源于天然产物（主要是来源植物和动物），很大程度上是"靠天吃饭"，同时食用胶天然资源正趋于减少，而目前通过人工合成得到的还不多，所以加强增稠剂人工合成研究就显得十分重要。

（4）深入研究增稠剂的生理功效 作为可溶性膳食纤维，更加深入研究各种增稠剂所具有的功效也是今后这方面研究的热点。尤其是对于那些产量大，应用广泛的增稠剂来说就显得十分重要，如果胶、卡拉胶、黄原胶和海藻胶等，这也符合当今食品添加剂天然、营养和多功能的发展潮流。

（5）研究开发生物增稠剂资源 经过较长时间的开发，目前从自然界的植物、动物中获得的食用胶已经十分有限，并且自然界植物、动物生产周期长，生产效率低，同时也不利于自然生态保护。而采用现代生物技术（如微生物发酵、基因工程等生物新技术）生产天然增稠剂就成为一个重要方向。实践也证明，已被开发应用的微生物增稠剂，如黄原胶、结冷胶和凝结多糖等，已为人类带来了巨大的经济和社会效益。

第二节 动物来源的增稠剂

相对于植物来源的增稠剂，从动物原料中提取获得的增稠剂种类较少，主要有蛋白质亲水胶（包括明胶、酪蛋白、酪蛋白酸钠、鱼胶、乳清浓缩蛋白和乳清分离蛋白、蛋清粉等）、甲壳素和壳聚糖等。尽管动物来源的增稠剂在增稠剂中的数量和地位远不及植物来源的增稠剂，但其中的明胶和甲壳素是在食品工业中应用相当广泛的两种食品添加剂，尤其是明胶，目前其在食品业中的需求量要大大超过大多数的植物胶（如槐豆胶和阿拉伯胶等）。随着食品工业的快速发展，动物胶在食品中的应用将会越来越广泛。

1. 明胶

明胶来源于广泛存在于动物皮、筋、骨骼中的胶原蛋白。胶原蛋白是构成各种动物皮、骨等结缔组织的主要成分，如果将动物的皮或骨经处理后，加热水解就可以获得胶原蛋白的水解产物——明胶，即胶原蛋白经不可逆的加热水解反应，使分子间键部分断裂后转变成水溶性的产物。明胶的分子既没有固定的结构，又没有固定的相对分子质量，但它们的相对分子质量都是简单的蛋白质相对分子质量的整数倍，并且往往是成几何级数系中的倍数。因此，商品明胶其实是许多胶质的混合物，它们的相对分子质量各不相同，自 15000～250000 不等，各种成分的量，一方面依赖于原料的性质，另一方面也与制造的方法有关。明胶的结构一般用下式来表示：

$$H_2N-\underset{\underset{R}{|}}{\overset{\overset{COOH}{|}}{C}}-H$$

R 为多肽基团

（1）性状 明胶为无色至白色或浅黄色、透明至半透明、微带光泽的脆性薄片或粉粒。几乎无臭、无味；相对密度 1.3～1.4；不溶于冷水，但能吸收 5～10 倍重量的冷水而膨胀软化，溶于热水，冷却后形成凝胶；可溶于醋酸及甘油、丙二醇等多元醇的水溶液内，不溶于乙醇、乙醚、氯仿及其他多数非极性有机溶剂。

（2）性能 明胶比琼脂的凝固力弱，含量在 5% 以下时不凝固。通常以 10%～15% 的溶液形成凝胶。凝胶化温度随浓度及共存盐类的种类、浓度、溶液的 pH 等因素而异。溶解温度与凝固温度相差很小，约 30℃ 溶解，20～25℃ 时凝固。其凝胶比琼脂柔软，富有弹性，口感柔软。其水溶液长时间沸煮后，因分解而性质发生变化，冷却后不再形成凝胶。明胶溶液如受甲醛作用，则变成不溶于水的不可逆凝胶。

（3）毒性 纯净的食用级明胶，本身是无毒的，应用时注意生产及贮存过程的卫生，防止受污染。FAO/WHO（2001）规定，ADI 不作限制性规定。

（4）制法及质量指标 明胶生产常用的方法有碱法、酸法和酶法三种。

碱法是将动物的骨和皮等用石灰乳液充分浸渍后，用盐酸中和，经水洗，于 60～70℃ 熬胶，再经防腐、漂白、凝冻、刨片、烘干而得，成品称"B 型明胶"或"碱法明胶"。

酸法是将原料在 pH 为 1～3 的冷硫酸液中酸化 2～8h，漂洗后水浸 24h，在 50～70℃ 下熬胶 4～8h，然后冻胶、挤条、干燥而成，成品称"A 型明胶"或"酸法明胶"。

酶法是用蛋白酶将原料皮酶解后用石灰处理 24h，经中和、熬胶、浓缩、凝冻、烘干而得。

根据我国食品添加剂食用明胶质量标准（GB 6783—1994）的要求，将食用明胶分成 A 型与 B 型以及骨类与皮类。再将每一类明胶都分为 A、B、C 三级，A 级为国际先进水平，B 级为国际一般水平，C 级为合格产品。具体见表 3-2。

表 3-2 食用明胶的质量标准（GB 6783—1994）

项 目	A 型 骨食用明胶			A 型 皮食用明胶			B 型 骨食用明胶			B 型 皮食用明胶		
	A级	B级	C级	A级	B级	C级	A级	B级	C级	A级	B级	C级
水分/% ≤						14						
凝冻强度(含水分12%的商品胶6.67%)/BLoomg ≥	220	160	100	240	180	100	220	180	100	200	160	100
勃氏黏度(6.67%,60℃)/mPa·s ≥	3.0	2.5	1.8	3.5	3.0	2.0	4.5	3.5	2.5	5.5	4.5	3.0
透明度/mm ≥	300	150	50	300	150	50	300	150	50	300	150	50
灰分/% ≤	1.0	2.0	2.0	1.0	2.0	2.0	1.0	2.0	2.0	1.0	2.0	2.0
二氧化硫/(mg/kg) ≤	40	100	150	40	100	150	40	100	150	40	100	150
pH			4.5～6.5						5.5～7.0			
等离子点,pH			7.0～9.0						4.7～5.2			
水不溶物/% ≤			0.2						0.2			
铬/(mg/kg) ≤			1.0			2.0			1.0			2.0
砷/(mg/kg) ≤			1						1			
重金属(以 Pb 计)/(mg/kg) ≤			50						50			
大肠菌群/(个/100g) ≤	30	30	150	30	30	150	30	30	150	30	30	150
细菌总数/(个/g) ≤	10^3	$5×10^3$	10^4	10^3	$5×10^3$	10^4	10^3	$5×10^3$	10^4	10^3	$5×10^3$	10^4
沙门菌			不得检出						不得检出			

（5）应用

根据我国《食品添加剂使用卫生标准》（GB 2760—1996）中规定：明胶可按生产需要适量用于各类食品。

冰淇淋制造时，明胶用做保护胶体来防止冰晶增大，使产品口感细腻，约添加 0.5%。酸奶、干酪等乳制品中添加约 0.25%，可防止水分析出，使质地细腻。

明胶还可用于制造甜食（主要成分是明胶）、软糖、奶糖、蛋白糖、巧克力等（添加量 1%～3.5%，最高达 12%）。在午餐肉、咸牛肉等罐头食品中也广泛使用明胶，可与肉汁中的水结合以保持产品外形、湿度和香味，添加肉的 1%～5%。明胶还用做酱油的增稠剂。

2. 甲壳素

甲壳素，又名甲壳质、几丁质，是 2-乙酰氨基-2-脱氧葡萄糖单体通过 β-1,4-糖苷键连结起来的直链多糖。分子式为 $(C_8H_{13}NO_5)_n$，结构式如下：

$$\left[\begin{array}{c} CH_2OH \\ H \quad \quad O \\ H \\ OH \quad H \\ H \quad NHCOCH_3 \end{array} \right]_n$$

甲壳素，在强碱条件或采用酶解作用下发生脱乙酰作用，使部分 2 位 C 上的—NHCOCH$_3$

基团脱乙酰后成为—NH_2，即成为壳聚糖；因其溶解性能大为改善，能溶于低酸度水溶液中，故又常称为可溶性甲壳素。

(1) 性状　甲壳素为白色至灰白色片状，无臭，无味，含氮约7%；不溶于水、酸、碱和有机溶剂，但在水中经高速搅拌，能吸水胀润。在水中能产生比微晶纤维素更好的分散相，并具有较强的吸附脂肪的能力。

(2) 性能　甲壳素的溶解过程是一种成盐过程。在溶液中，由脱去乙酰基的甲壳素生成的盐在接近中性时有最大的黏度。当氢离子浓度增加，黏度随之降低，但降幅很小。溶解于酸中的甲壳素如果放置时间过长，黏度则降低，这是甲壳素在酸性条件下部分发生水解的缘故。

壳聚糖的水溶液与酒精混合，少量的酒精会使黏度降低。酒精浓度增加到60%以上时，有凝胶生成；当酒精浓度超过80%，会生成不易破坏的大块凝胶。壳聚糖的水溶液当加入氯化钠时，黏度有不同程度的下降。壳聚糖溶液中加入1%氯化钠，可使黏度下降一半。壳聚糖溶于酸，当用碱中和后，会从水中析出。

(3) 毒性　小鼠经口 LD_{50} 大于 7500mg/kg。Ames试验，无致突变作用。

(4) 制法及质量指标　甲壳素的制法是将新鲜蟹壳、虾壳除去杂物，水洗，晒干，用盐酸除去钙等无机盐，再用氢氧化钠除去脂肪和蛋白质，经脱色、精制而成。

根据上海轻工专科学校技术报告（1991）的要求，甲壳素应符合下列质量指标：钙≤50mg/kg；氯化物（以Cl计）≤0.5%；干燥失重≤3%；pH为6.5～7.5；重金属（以Pb计）≤10mg/kg；灼烧残渣≤0.5%。

(5) 应用　根据我国《食品添加剂使用卫生标准》（GB 2760—1996）中规定：甲壳素可用于啤酒，最大使用量为0.4g/kg；食醋，最大用量为1.0g/kg；蛋黄酱、花生酱、芝麻酱、氢化植物油、冰淇淋、植脂性粉末，2.0g/kg；乳酸菌饮料，2.5g/kg；果酱，5.0g/kg。

实际生产中还可用作单宁去除剂，主要用于果汁、果酒等以防变色和除涩之用。也可用作黏结剂、上光剂、填充剂、增稠剂、稳定剂和乳化剂。

3. 酪蛋白酸钠

酪蛋白酸钠，又名酪朊酸钠、酪酸钠或干酪素，是牛乳中主要蛋白质酪蛋白的钠盐，是一种安全无害的增稠剂和乳化剂，因为酪蛋白酸钠含有人体所需的各种氨基酸，营养价值很高，也可作为营养强化剂使用。

(1) 性状　酪蛋白酸钠白色至淡黄色粒状、粉状或片状固体。无臭、无味或略有特异香气和味道。易溶于沸水，pH中性，水溶液加酸产生酪蛋白沉淀。相对分子质量75000～375000。

(2) 性能　酪蛋白酸钠因其分子中同时具有亲水基团和疏水基团，因而具有一定的乳化性。但其乳化性受一定的环境条件所影响，例如pH的变化即可明显影响其乳化性能。酪蛋白酸钠在等电点时的乳化力最小，低于等电点时其乳化力可增大，在碱性条件下其乳化力较大，且随pH增高而加大。

酪蛋白酸钠具有很好的起泡性，其起泡力随浓度增加而增大，当浓度在0.5%～0.8%的范围内，起泡力最大。钠、钙等离子的存在可降低其起泡力，但可增加其泡沫稳定性。

(3) 毒性　FAO/WHO（2001）规定，ADI不作限制性规定。

(4) 制法及质量指标　可用凝乳酶或酸沉淀法制得酪蛋白；酪蛋白在水中分散、膨润后的物质中加入氢氧化钠或碳酸氢钠的水溶液中和后经喷雾干燥或冷冻干燥而得。

按我国食品添加剂酪蛋白酸钠质量标准（GB 1902—1994）的要求，应符合下列质量指标：蛋白质≥90%；脂肪≤2.0%；乳糖≤1.0%；灰分≤6.0%；水分≤6.0%；pH 6.0～7.0；重金属（以Pb计）≤0.002%；砷（以As计）≤0.0002%；细菌总数≤30000个/g；大肠菌群≤40个/100g；致病菌，不得检出。

(5) 应用　根据我国《食品添加剂使用卫生标准》（GB 2760—1996）中规定：酪蛋白酸钠可按生产需要适量用于各类食品。酪蛋白酸钠可用于午餐肉、灌肠等肉制品，可以增加肉的结着力和持水性，改进肉制品质量，可以提高肉的利用率，降低生产成本。用于冰淇淋、人造奶油、酸乳饮料等乳制品中，作为增稠剂、乳化剂和稳定剂，可进一步提高制品的质量。酪蛋白酸钠还可用作高蛋白谷类食品、老人用食品、婴儿食品、糖尿病患者用食品等特殊食品的营养强化剂。

第三节　植物来源的增稠剂

植物是增稠剂最主要的来源，天然增稠剂中很大一部分来自于植物体。许多植物种子、树胶、根、茎或果皮中含有非淀粉多糖类物质，而不同植物所具有的非淀粉多糖含量、种类及性质各异，即使同一属植物，不同品种所含非淀粉多糖的成分、种类也很可能会有所不同。这些非淀粉多糖经常就是食用胶的来源。按照植物来源形式的不同，一般又可分为植物籽胶、植物树胶和其他类植物胶三类。植物籽胶由植物的籽实体中获得；植物树胶一般则由树木的树皮分泌而获得；而其他类植物胶则一般由植物的其他部位如果皮、根、茎等处获得的。此外从天然海藻中提取的海藻胶也可看作是植物来源的增稠剂，重要的商品天然海藻胶主要有来自红藻的卡拉胶、红藻胶、琼脂和来自褐藻的海藻酸及其钠、钾、铵和钙盐。

植物来源的增稠剂作为食品胶中重要组成部分，有着增稠、胶凝、能充当膳食纤维、乳化稳定、悬浮分散等许多功能，这使它在食品工业中有广泛的应用。

1. 瓜尔胶

瓜尔胶，又名瓜尔豆胶、胍尔胶，是目前国际上较为廉价而又广泛应用的食用胶体之一。瓜尔胶是从瓜尔豆种子中分离出来的一种可食用的多糖类化合物。近年来，通过化学改性的方法大大提高了瓜尔胶的分散性、黏度、水化速率和溶液透明度等特性，使得瓜尔胶的应用价值得到进一步提升。瓜尔胶为天然高分子亲水胶体，主要由半乳糖和甘露糖聚合而成，属于天然半乳甘露聚糖，相对分子质量20万～30万，结构式如下：

(1) 性状　瓜尔胶为白色至浅黄褐色自由流动的粉末，接近无臭，能分散在热或冷的水中形成黏稠液，1%水溶液的黏度约3000mPa·s，添加少量四硼酸钠则转变成凝胶。分散于冷水中约2h后呈现很强黏度，以后黏度逐渐增大，24h达到最高点；黏稠力为淀粉糊的5～8

倍，加热则迅速达到最高黏度；水溶液为中性，pH 6～8 黏度最高，pH 10 以上则迅速降低；pH 6.0～3.5 范围内随 pH 降低，黏度亦降低；pH 3.5 以下黏度又增大。

(2) 性能　瓜尔胶与某些线性多糖，如黄原胶、琼脂、卡拉胶等发生较强的吸附作用，使黏度大大提高。与槐豆胶的作用较弱，黏度提高少。在低离子强度下，瓜尔胶与阴离子聚合物及与阴离子表面活性剂之间有很强的黏性协同作用。使用时先使其湿润，在充分搅拌下使其溶解，否则易结块。

(3) 毒性　大鼠经口 LD_{50} 7060mg/kg。美国食品与药物管理局将瓜尔胶列为一般公认安全物质。FAO/WHO（2001）规定，ADI 无需规定。

(4) 制法及质量指标　瓜尔胶是由豆科植物瓜尔豆的种子去皮、去胚芽后的胚乳部分，干燥粉碎后加水，进行加压水解，然后用 20% 乙醇沉淀，离心分离后干燥、粉碎而成。

根据 FAO/WHO（1995）的要求，瓜尔胶应符合下列质量指标：干燥失重≤15%；灰分≤1.5%；酸不溶物≤7%；硼酸盐，不得检出；蛋白质≤10%；淀粉，不得检出；砷（以 As 计）≤0.0003%；重金属（以 Pb 计）≤0.002%；铅≤0.0005%。

(5) 应用　根据我国《食品添加剂使用卫生标准》（GB 2760—1996）中规定：瓜尔胶可按生产需要适量用于各类食品。

在食品工业上瓜尔豆胶主要用作增稠剂、持水剂，也可用作悬浮剂、分散剂、黏结剂等，还能防止脱水收缩，增强质地和口感，通常单独或与其他食用胶复配使用。用于色拉酱、肉汁中起增稠作用；用于面包和糕点中可起到持水的作用；用于冰淇淋中使产品融化缓慢；面制品中增进口感；方便面里防止吸油过多；烘焙制品中延长老化时间；肉制品内作黏合剂；也用于奶酪中增加涂布性等。

2. 阿拉伯胶

阿拉伯树胶来源于豆科的金合欢树属的树干渗出物，因此也称金合欢胶。阿拉伯胶主要成分为高分子多糖类及其钙、镁和钾盐。一般由 D-半乳糖（36.8%）、L-阿拉伯糖（30.3%）、L-鼠李糖（11.4%）、D-葡萄糖醛酸（13.8%）组成。相对分子质量 25 万～100 万。

(1) 性状　阿拉伯胶为浅白色至淡黄褐色半透明块状，或为白色至橙棕色粒状或粉末，无臭、无味。在水中可逐渐溶解成呈酸性的黏稠状液体，在常温下都有可能调制出 50% 浓度的胶液，是典型的"高浓低黏"型胶体，不溶于乙醇及大多数有机溶剂。5% 水溶液的黏度低于 $5×10^{-3}$Pa·s，25% 水溶液的黏度 0.08～0.14Pa·s（25℃）。因为阿拉伯胶结构上带有酸性基团，溶液的自然 pH 也呈弱酸性，一般为 pH4～5 之间（含量 25%）。溶液的最大黏度在 pH5～5.5 附近，但 pH 在 4～8 范围内变化对其阿拉伯胶性状影响不大，具有酸环境下较稳定的特性。当 pH 低于 3 时，结构上酸性基团的离子状态趋于减少，从而使得溶解度下降，黏度下降。

(2) 性能　由于阿拉伯胶结构上带有部分蛋白物质及鼠李糖，使得阿拉伯胶有非常良好的亲水亲油性，是非常好的天然水包油型乳化稳定剂。但不同树种来源的阿拉伯胶其乳化稳定效果有差别。一般规律是：鼠李糖含量高、含氮量高的胶体，其乳化稳定性能更好些。一般性加热不会引起胶的性质改变，但长时间高温加热会使得胶体分子降解，导致乳化性能下降。阿拉伯胶能与大部分天然胶和淀粉相互兼容，在较低 pH 条件下，阿拉伯胶与明胶能形成聚凝软胶用来包裹油溶性物质。

(3) 毒性　兔子经口 LD_{50} 8g/kg。美国食品与药物管理局将阿拉伯胶列为一般公认安全物质。FAO/WHO（2001）规定，ADI 不作特殊规定。

(4) 制法及质量指标　阿拉伯胶是从阿拉伯胶树或亲缘种金合欢属树的茎和枝割流收集胶状渗出物,除去杂质后经干燥并粉碎而成。前者成品比后者脆。

根据 FAO/WHO(1982)的要求,阿拉伯胶应符合下列质量指标:干燥失重≤15%,总灰分≤6%,酸不溶灰分≤0.5%,酸不溶物≤1%,砷(以 As 计)≤0.0003%,铅≤0.001%,重金属(以 Pb 计)≤0.004%。

(5) 应用　根据我国《食品添加剂使用卫生标准》(GB 2760—1996)中规定:阿拉伯胶可按生产需要适量用于各类食品。

阿拉伯胶具有良好的乳化特性,特别适合于水包油型乳化体系,广泛用于乳化香精中作乳化稳定剂。柠檬、柑橘油和其他饮料中香料的乳化剂就是利用阿拉伯胶的乳化能力。

阿拉伯胶作为驻香剂用于喷雾干燥的香料时,可形成难透过的、包围香料颗粒的薄膜,减少香料氧化变味和蒸发,防止香料从空气中吸潮或吸收其他气体而影响香味。

阿拉伯胶还具有良好的成膜特性,作为微胶囊成膜剂用于将香精油或其他液体原料转换成粉末形式,可以延长风味品质并防止氧化;也用作烘焙制品的香精载体。在啤酒酿造业中还可用作泡沫稳定剂等。

3. 果胶

天然果胶类物质以原果胶、果胶、果胶酸的形态广泛存在于植物的果实、根、茎、叶中,是细胞壁的一种组成成分,它们伴随纤维素而存在,构成相邻细胞中间层黏结物,使植物组织细胞紧紧黏结在一起。原果胶是不溶于水的物质,但可在酸、碱、盐等化学试剂及酶的作用下,加水分解转变成水溶性果胶。果胶本质上是一种线形的多糖聚合物,含有数百至约 1000 个脱水半乳糖醛酸残基,其相应的平均相对分子质量为 50000~150000,结构式如下:

(1) 性状　果胶为白色或带黄色或浅灰色、浅棕色的粗粉至细粉,几无臭,口感黏滑。溶于 20 倍水,形成乳白色黏稠状胶态溶液,呈弱酸性。耐热性强,几乎不溶于乙醇及其他有机溶剂。用乙醇、甘油、砂糖糖浆湿润,或与 3 倍以上的砂糖混合可提高溶解性。在酸性溶液中比在碱性溶液中稳定。

(2) 性能　果胶上的羧基可被甲醇酯化,一般甲氧基含量≥7%(酯化度 42.9%)者称为高酯果胶,甲氧基含量≤7%者称为低酯果胶。高酯果胶水溶液在可溶性糖(如蔗糖)含量≥60%,pH 在 2.6~3.4 范围能形成非可逆凝胶,胶凝能力随甲氧基含量增加而增大,其羧基的主要部分为甲酯形式,使用性能随酯化度和聚合度而异。低酯果胶中,一部分甲酯转变成伯酰胺,不受糖、酸含量的影响,但须与 Ca^{2+}、Mg^{2+} 等二价金属离子交联才能形成凝胶(因热、搅拌而可逆)。

(3) 毒性　果胶是由植物中提取的天然食品添加剂,对人体无毒害,安全性比较高。低酯果胶在体内有排除重金属的作用。FAO/WHO(2001)规定,ADI 不作特殊规定。

(4) 制法及质量指标　水溶性果胶的生产按提取方法不同,有酸法、微生物法、金属盐析法、酒精沉淀法、喷雾干燥法、离子交换法和膜分离法。离子交换法和膜分离法尚在研究之中；酒精沉淀法能量消耗大；金属盐析法产品中会夹带少量无机盐，影响产品质量。因此果胶制备方法主要采用酸法和微生物法。

酸法一般采用盐酸、硝酸等无机酸加热浸取果皮中的果胶，然后用乙醇从提取物中将果胶沉淀出来，再经过滤、烘干和磨碎得成品。

微生物法，目前正在开发利用寻状丝孢酵母等微生物使果胶从果皮中游离出来后，经分离，用乙醇从母液中沉淀出果胶，再用丙酮洗涤、干燥后得成品。

按我国食品添加剂果胶质量标准（GBN 246—1985）的要求，应符合下列质量指标：胶凝度（下陷法）1.30±5，干燥失重≤12%，灰分≤7%，pH值2.8±0.2，砷（以As计）≤0.0002%，重金属（以Pb计）≤0.0015%。

（5）应用　根据我国《食品添加剂使用卫生标准》（GB 2760—1996）中规定：果胶可按生产需要适量用于各类食品。

果胶可用于果酱、果冻的制造；防止糕点硬化；改进干酪质量；制造果汁粉等。高酯果胶主要用于酸性的果酱、果冻、凝胶软糖、糖果馅芯以及乳酸菌饮料等。低酯果胶主要用于一般的或低酸味的果酱、果冻、凝胶软糖以及冷冻甜点，色拉调味酱，冰淇淋、酸奶等。

4. 卡拉胶

卡拉胶，又名角叉菜胶、鹿角藻胶、爱尔兰苔菜胶，是由半乳糖及脱水半乳糖所组成的多糖类硫酸酯的钙、钾、钠、铵盐。由于其中硫酸酯结合形态的不同，产生了7种主要类型的卡拉胶：κ-型、ι-型、λ-型、γ-型、υ-型、ξ-型、μ-型。工业主要生产和使用的是前3种。

κ-卡拉胶主要是D-吡喃半乳糖-4-硫酸盐和3,6-脱水-D-半乳糖的交替聚合物。ι-卡拉胶与κ-卡拉胶相似，不同的是3,6-脱水-D-半乳糖的硫酸化位于C_2。λ-卡拉胶中，其交替的单体单元主要为D-吡喃半乳糖-2-硫酸盐（1,3-键合）和D-吡喃半乳糖-2,6-二硫酸盐（1,4-键合）。它们的结构式如下：

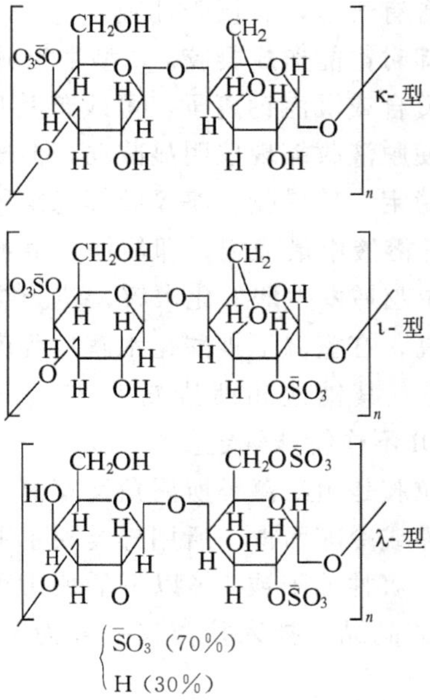

（1）性状　卡拉胶为白色或浅褐色颗粒或粉末，无臭或微臭，口感黏滑。溶于约80℃水，形成黏性、透明或轻微乳白色的易流动溶液。如先用乙醇、甘油或饱和蔗糖水溶液浸湿，则较易分散于水中。与30倍的水煮沸10min的溶液，冷却后即成胶体。与水结合黏度增加，与蛋白质反应起乳化作用，使乳化液稳定。1%水溶液的黏度为0.225Pa·s（pH=7.0）。

（2）性能　卡拉胶水溶液相当黏稠，其黏度比琼脂大。盐可降低卡拉胶溶液的黏度，这是因为盐能降低酯或硫酸根之间的静电引力的缘故。温度升高，黏度降低。若加热是在pH为9的最佳稳定状态下进行，且勿使其发生热降解，则温度降低，黏度又上升。这种变化是可逆的。

κ-卡拉胶的水凝胶受到切变力作用发生的破坏是不可逆的，无触变性。而在牛奶中加入低浓度κ-卡拉胶时，卡拉胶与牛奶蛋白复合形成弱凝胶，当受到切变力作用时则发生断裂，切变力除去后，又重新形成凝胶，显示出触变特性。

卡拉胶仅在有钾离子（κ-型、ι-型）或钙离子（ι-型）存在时才能形成具有热可逆性的凝胶。卡拉胶的凝胶强度不及琼脂，但透明度较其高。卡拉胶的凝固性受某些阳离子（如钾、铷、铯、铵、钙等）影响。加入一种或几种该类阳离子，能显著提高凝固性，且在一定范围内，凝固性随阳离子浓度增加而升高。对κ-卡拉胶，钾的作用比钙的作用大，称之为钾敏卡拉胶；而对ι-卡拉胶，则钙的作用较钾的大，故称其为钙敏卡拉胶。纯钾敏卡拉胶具有良好的弹性、黏性和透明度，而混入钙离子后会使其变脆。卡拉胶中加入钠离子，能使凝胶变脆而易碎。大量钠离子的存在能干扰卡拉胶的胶凝作用，且使形成的凝胶的强度降低。ι-卡拉胶与钙离子能形成完全不脱水收缩的、富有弹性的和非常黏的凝胶，它是唯一的冷冻-融化稳定型卡拉胶。

κ-卡拉胶凝胶的表面易发生胶液收缩。这种现象是由于卡拉胶溶胶在胶凝过程中加入的阳离子过量造成的，因此阳离子的用量要适度。κ-卡拉胶与ι-卡拉胶混用时，可提高凝胶的弹性又能防止脱水收缩。槐豆胶与卡拉胶混用可使凝胶变得更富有弹性而不脆，这两种胶有协同效应。κ-卡拉胶与黄原胶共用也能克服卡拉胶凝胶的脱水收缩缺陷，还能使其疏松、增黏且富有弹性，缺点是凝胶中含有气泡，有损于外观。

溶于热牛奶的卡拉胶，冷却时都能形成凝胶。κ-型牛奶凝胶性脆，极易脱液收缩，加入磷酸盐、碳酸盐或柠檬酸盐来螯合或沉淀钙离子，可改善其物理性质。ι-型牛奶凝胶也发生脱液收缩，加入焦磷酸四钠可使脱液收缩现象明显减弱，但凝胶变得柔软。

干燥的粉末状卡拉胶相当稳定，较果胶、海藻胶等稳定得多。在中性和碱性溶液中，卡拉胶稳定，特别是在pH为9的溶液中最稳定，即使加热也不水解。而在酸性溶液中，特别是在pH小于4的溶液中，卡拉胶易发生酸催化水解，使凝胶强度和黏度都下降。凝胶状卡拉胶较溶液状的卡拉胶稳定性高，在室温下被酸化水解的程度也较小。

（3）毒性　大鼠经口 LD_{50}（其钠盐和钙盐混入25%玉米油乳浊液）5.1～6.2g/kg。FAO/WHO（2001）规定，ADI不作特殊规定。

（4）制法及质量指标　卡拉胶是由红藻类所属角叉菜等植物，经稀碱液加热萃取或热水萃取，用醇类沉淀，经滚筒干燥或冷冻而得。所用醇类限于甲醇、乙醇和异丙醇，以滚筒干燥法回收卡拉胶时，须添加单、双甘油酯或5%以下的聚山梨酸酯80作为滚筒剥离剂。其商品可用糖类稀释成符合标准的制品，拌入盐类（一般为KCl）以取得特殊的凝胶或增稠特性。

根据FAO/WHO（2001）的要求，卡拉胶应符合下列质量指标：干燥失重≤12%，总灰分（干基）15%～40%，酸不溶灰分≤2%，酸不溶物≤2%，硫酸盐（以 SO_4 计）15%～

40%（干基），砷（以 As 计）≤0.000 3%，铅≤0.001%，重金属（以 Pb 计）≤0.004%，残留溶剂≤1%，1.5%溶液的黏度≤5×10^{-3}Pa·s（于75℃）

(5) 应用　根据我国《食品添加剂使用卫生标准》（GB 2760—1996）中规定：果胶可按生产需要适量用于各类食品。

实际生产中，卡拉胶主要用作胶凝、增稠、稳定和持水剂。在布丁、酸奶、掼奶油、冰淇淋、奶酪中用作增稠稳定剂；在红肠、洋火腿生产中用作持水剂；在奶制品饮料中用作悬浮剂；果冻中用作胶凝剂等。

5. 琼脂

琼脂，又名琼胶、洋菜、冻粉，为一种复杂的水溶性多糖类物质，是从红藻类植物-石花菜及其他数种红藻类植物中浸出，并经干燥得到的。相对分子质量为 10 万～12 万，基本结构式如下：

(1) 性状　琼脂为无色透明或类白色至淡黄色半透明细长薄片，或为鳞片状无色或淡黄色粉末，无臭，味淡，口感黏滑。不溶于冷水，溶于沸水。含水时柔软而带韧性，不易折断；干燥后发脆，而易碎。在冷水中浸泡，缓缓吸水膨润软化，吸水率可达 20 倍；在沸水中极易分散成溶胶，溶胶呈中性反应。食后不被酶分解，几乎无营养价值。0.5%低含量的溶胶，冷却后也能形成坚实的凝胶。1%的琼脂溶胶在 42℃固化，其凝胶即使在 94℃也不融化，有很强的弹性。琼脂溶胶的凝固温度很高，一般在 35℃即可变为凝胶。

琼脂的品质以凝胶能力衡量：优质琼脂，0.1%的溶液即可胶凝；一般品质的，胶凝含量应低于 0.4%；较差的，含量在 0.6%以上才能胶凝。

(2) 性能　琼脂凝胶质硬，用于食品加工可使制品具有明确形状，但其组织粗糙，表皮易收缩起皱，质地发脆。当与卡拉胶复配使用时，可克服这些缺陷，得到柔软、有弹性的制品。琼脂与糊精、蔗糖复配使用时，凝胶的强度升高；而与海藻酸钠、淀粉复配使用，凝胶强度则下降；与明胶复配使用，可轻度降低其凝胶的破裂强度。

琼脂耐热，但长时间，特别是在酸性条件下长时间加热，可失去胶凝能力。琼脂的耐酸性高于明胶和淀粉，低于果胶和海藻酸丙二醇酯。

(3) 毒性　小鼠经口 LD$_{50}$ 16000mg/kg；大鼠经口 LD$_{50}$ 11000mg/kg。美国食品与药物管理局将琼脂列为一般公认安全物质。FAO/WHO（1994）规定，ADI 不作限制性规定。

(4) 制法及质量指标　琼脂是石花菜、江蓠等红藻类的细胞壁的一种黏性组成物。制造条状琼脂时，用碱液作预处理，水洗除碱，然后用硫酸或乙酸在 120℃、约 0.1MPa、pH 3.5～4.5 条件下加热水解，水解液经过滤净化后在 15～20℃下冷却凝固，凝胶切条后在 0～10℃下晾干即成。制造粉状琼脂时，在凝胶切条后于-13℃下冻结，分离，溶解，用水调成 6%～7%的溶胶，然后在 85℃下喷雾干燥即得。为改善产品的品质，可用碱液处理，除去部分硫酸酯基，以增加 3,6-脱水-L-半乳糖的含量。

根据我国食品添加剂琼脂质量标准（GB 8319—1987）的要求，应符合下列质量指标：干燥失重≤22%；灼烧残渣≤5%；水不溶物≤1%；砷（以 As 计）≤0.0001%；重金属

（以 Pb 计）≤0.004%。

(5) 应用　根据我国《食品添加剂使用卫生标准》（GB 2760—1996）中规定：琼脂可按生产需要适量用于各类食品。

琼脂在我国食用较早，主要作凉拌菜使用。在食品工业中作为增稠剂，用于糖果生产中主要制造琼脂软糖，用量一般为 1.5%。使用时先加水浸泡，以加速其溶解，浸泡时间约 10h，生产软糖时用水量为琼脂的 20 倍左右。

在果酱生产中，使用琼脂可增加果酱的黏度。如制作柑橘酱时，加入量为 0.6%（以全部橘肉、橘汁计）；制作菠萝酱时，加入量为 0.8%（以碎果肉计）；制作高糖菠萝酱时，加入量为 0.3%（以碎果肉计）。在冰淇淋生产中，使用琼脂可改善冰淇淋的组织状态，提高冰淇淋的黏度和膨胀率，防止冰晶析出，使制品组织细腻柔滑，使用量在 0.3%左右。在制作以小豆馅为主的甜食，如羊羹、栗子羹等中添加琼脂。由于琼脂凝胶的黏着性、弹性、持水性和保形性，对形成制品的感官质量和理化质量起重要作用。添加量一般为小豆馅的 1%左右。在制作果冻时，添加 0.3%～1.8%的琼脂，可使制品凝胶坚脆。

第四节　微生物来源的增稠剂

微生物来源的增稠剂主要是微生物在生长代谢过程中，在不同的外部条件下产生的各种多糖。与植物和动物多糖相比，微生物多糖的生产受到地理环境、气候、自然灾害等因素的影响较小，产量及质量都很稳定，而且性价比较高，因此引起了人们的广泛关注，并被加以研究和应用。目前已商业开发应用的主要有黄原胶、结冷胶、凝胶多糖、葡聚糖、小核菌葡聚糖等，但是被国际食品立法机构允许广泛用作食品添加剂的微生物代谢胶迄今为止只有黄原胶和结冷胶。

1. 黄原胶

黄原胶，又名黄胶、汉生胶，是由黄单胞杆菌发酵产生的细胞外酸性杂多糖。是由 D-葡萄糖、D-甘露糖和 D-葡萄糖醛酸按 2:2:1 组成的多糖类高分子化合物，相对分子质量在 100 万以上，结构式如下：

(1) 性状　黄原胶为浅黄色至白色可流动粉末，稍带臭味。易溶于冷、热水中，溶液中性，耐冻结和解冻，不溶于乙醇。遇水分散、乳化变成稳定的亲水性黏稠胶体。

黄原胶有巨大的分子链，主链上每隔两个葡萄糖就有一个支链，这使分子自身可以交联、缠绕成各种线圈状，分子间靠氢键又可以形成双螺旋状，螺旋状结构还可以形成螺旋聚合体。这些网络结构是控制水的流动性、增稠性的主要原因。在溶液里，黄原胶分子的螺旋共聚体还可以构成类似蜂窝状的结构支持固相颗粒、溶滴、气泡，使黄原胶具有很高的悬浮能力和乳化稳定能力。

（2）性能　黄原胶易溶于冷水和热水，它是具有多侧链线形结构的多羟基化合物，其羟基能与水分子相结合，形成较稳定的网状结构，而且在很低的浓度下仍具有较高的黏度。如质量分数为1%时，流体黏度相当于明胶的10倍左右，增稠效果显著。

黄原胶具有独特的剪切稀释性能，当施加一定的剪切力时，流体黏度迅速下降，而除去剪切力后，流体又恢复原有黏度，且这种变化是可逆的。这种流变性能，使黄原胶具有独特的乳化稳定性能。

黄原胶在一个相当大的温度范围内（-18~80℃），基本保持原有的黏度及性能，具有稳定可靠的增稠效果和冻融稳定效果。黄原胶溶液的黏度基本不受酸、碱的影响，在pH 1~13范围内，能保持原有性能。黄原胶与各种盐类有着良好的兼容性，与高浓度的糖或盐类共存时，能形成稳定的增稠体系，并保持原有的流变性。与其他化学物质（酸、碱、表面活性剂、防腐剂等）均有令人满意的兼容性。

（3）毒性　黄原胶是采用天然物质为原料，经发酵精制而成的生物高聚物，美国食品与药物管理局将其列为一般公认安全物质。FAO/WHO（2001）规定，ADI不作限制性规定。

（4）制法及质量指标　黄原胶的制法是将含有1%~5%的葡萄糖和无机盐的培养基调整至pH为6.0~7.0加入野油菜黄单胞杆菌接种体，培养50~100h，得到4~12Pa·s的高黏度液体。杀菌后，加入异丙醇或乙醇使其沉淀，再用异丙醇或乙醇精制后干燥、粉碎而得。

根据我国食品添加剂黄原胶质量标准（GB 13886—1992）的要求，应符合下列质量指标：粒度，全部通过80目筛；黏度≥600mPa·s；剪切性能值≥6.0；干燥失重≤13%；灰分≤13%；总氮≤1.7%；砷（以As计）≤0.0003%；重金属（以Pb计）≤0.001%。

（5）应用　根据我国《食品添加剂使用卫生标准》（GB 2760—1996）中规定：黄原胶可用于饮料，最大使用量1.0g/kg；面包、乳制品、肉制品、果酱、果冻、花色酱汁，2.0g/kg；面条、糕点、饼干、起酥油、速溶咖啡、鱼制品、雪糕、冰棍、冰淇淋，10.0g/kg

黄原胶在食品工业中是理想的增稠剂、乳化剂和成型剂，用途极为广泛。黄原胶作为蛋糕的品质改良剂，可以增大蛋糕的体积，改善蛋糕的结构，使蛋糕的孔隙大小均匀，富有弹性，并延迟老化，延长蛋糕的货架寿命。奶油制品、乳制品中添加少量黄原胶，可使产品结构坚实、易切片，更易于香味释放，口感细腻清爽。用于饮料，可使饮料具有优良的口感，赋予饮料爽口的特性，使果汁型饮料中的不溶性成分形成良好的悬浮液，保持液体均匀不分层。加入啤酒中可使其产泡效果极佳。黄原胶还广泛用于罐头、火腿肠、饼干、点心、方便面、果冻和肉制品等食品中。

2. 结冷胶

结冷胶，又名凯可胶、洁冷胶，是近年来最有发展前景的微生物多糖之一，是继黄原胶之后，又一个能广泛应用于食品工业的微生物代谢胶。由葡萄糖、葡萄糖醛酸和鼠李糖按2∶1∶1的比例，四个单糖为重复结构单元所组成的线形多聚糖。在天然的高乙酰结构中有乙酰基和甘油酸基存在，它们都位于同一个葡萄糖基上，且平均每一个重复结构有一个甘油酸基，而每两个重复结构有一个乙酰基。经用KOH皂化后，即转变成低乙酰结冷胶。脱乙酰结冷胶的平均相对分子质量为5×10^5。其中的葡萄糖醛酸可被钾、钠、钙和镁盐中和成盐。另含发酵生产时所产生的少量氮。

(1) 性状　结冷胶干粉呈米黄色，无特殊的滋味和气味，约于150℃不经熔化而分解。不溶于非极性有机溶剂，溶于热水及去离子水，水溶液呈中性。

(2) 性能　结冷胶多糖的水溶液具有高黏性和热稳定性，在低浓度0.05%～0.25%下就可形成热可逆凝胶，在水溶液中形成凝胶的强度、稳定性与其乙酰化程度及溶液中阳离子类型和浓度有关。结冷胶对Ca^{2+}、Mg^{2+}特别敏感，且形成的凝胶要比K^+、Na^+等一价离子有效，K^+、Na^+也能促使结冷胶形成凝胶，但它们所需的浓度比Ca^{2+}、Mg^{2+}等二价离子大25倍。

结冷胶还具有显著的温度滞后性，一般胶凝温度在20～50℃之间，而胶熔温度介于65～120℃之间，具体温度取决于凝胶生成时的条件。结冷胶一般在pH 4～1.0之间较稳定，但以pH4.0～7.5条件下性能最好。结冷胶不易酶解，酶对结冷胶溶液的黏度及凝胶强度无影响，而且结冷胶的胶体具有非常好的透明性及结实性，所以结冷胶可代替琼脂作为微生物培养基的胶凝剂。结冷胶也适合与其他胶体一起使用。

(3) 毒性　大鼠经口LD_{50} 5000mg/kg。美国食品与药物管理局将其列为一般公认安全物质。FAO/WHO (2001) 规定，ADI不作限制性规定。

(4) 制法及质量指标　结冷胶的制法是由假单胞杆菌在由葡萄糖、玉米糖浆、磷酸盐、蛋白质、硝酸盐和微量元素组成的液体培养基中培养2天，得到一种天然、高乙酰基结冷胶。这时得到的结冷胶在其葡萄糖基上结有半个乙酰基和半个甘油酸基，由于乙酰基的存在会严重影响其凝胶特性，故需在所得的醪液中加入氢氧化钾使呈碱性，以脱去乙酰基和甘油基，以取得低乙酰基结冷胶。然后加热、过滤，用异丙醇醇析而得脱乙酰基的澄清结冷胶。

根据FAO/WHO (1993) 的要求，结冷胶应符合下列质量指标：含量（以干基计）为3.3%～6.8%；干燥失重≤15.0%；总灰分4.0%～15.0%；砷（以As计）≤0.0003%；铅≤0.0005%；重金属（以Pb计）≤0.003%；氮≤3.0%；异丙醇≤0.075%；杂菌数≤10000个/g；酵母菌和霉菌≤300个/g；大肠杆菌和沙门菌，不得检出。

(5) 应用　根据我国《食品添加剂使用卫生标准》(GB 2760—1996) 中规定：结冷胶可按生产需要适量用于各类食品。

实际生产中，结冷胶有着用量低，透明度高，香气释放能力强，耐酸、耐酶等优点，在各类食品中广泛应用。主要作为增稠剂、稳定剂，目前已逐步代替琼脂、卡拉胶使用。

在食品工业中，结冷胶不仅仅是作为一种胶凝剂，更重要的是它可提供优良的质地和口感，并且结冷胶的凝胶是一种脆性胶，对剪切力非常敏感，食用时有入口即化的感觉。结冷胶具有良好的风味释放性和在较宽pH范围内稳定的特性，它可用于改进食品组织结构、液体营养品的物理稳定性、食品烹调和贮藏中的持水能力。结冷胶与其他食品胶有良好的配伍性，以增进其稳定性或改变其组织结构。此外，它还可以改良淀粉，使其获得最佳的质构特征和稳定性。

结冷胶可用于饮料、面包、乳制品、肉制品、面条、糕点、饼干、起酥油、速溶咖啡、鱼制品、雪糕、冰淇淋等食品中，可用作生产低固形物含量果酱及果冻的胶凝剂，也可用于软糖、甜食及宠物罐头中。如结冷胶应用于中华面、荞麦面和切面等面制品时，可以增强面条的硬度、弹性、黏度，也有改善口感、抑制热水溶胀，减少断条和减轻汤汁浑浊等作用；结冷胶作为稳定剂（与其他稳定剂复配使用效果更好）应用于冰淇淋中可提高其保形性；结冷胶在糕点如蛋糕、奶酪饼中添加，具有保湿、保鲜和保形的效果。

以结冷胶为悬浮剂主剂的饮料不仅悬浮效果十分理想，并且它耐酸性强，在饮料贮藏过程中表现出很好的稳定性,而这是其他用来作悬浮剂的植物胶体所不具备的优点。脱乙酰结冷胶也被用在微生物培养基上替代琼脂,透明度优于琼脂胶;此外,脱乙酰结冷胶凝胶良好的透明性与结实性,也可用在植物组织培养方面。

第五节 其他来源的增稠剂

1. 羧甲基纤维素钠

羧甲基纤维素钠,又名纤维素胶、改性纤维素,简称CMC,是由多个纤维二糖构成的天然高分子化合物,是最主要的离子型纤维素胶。

纤维素大分子的每个葡萄糖单元中有3个羟基,其羟基由羧甲基醚化。如果平均一个羟基参与反应,醚化度DS=1,最大醚化度DS=3,平均醚化度一般为0.4~1.5,相对分子质量≥1.7万。DS=1的CMC的理想单元结构如下:

$$\begin{array}{c} CH_2OCH_2COONa \\ \text{(结构式)} \end{array}$$

（1）性状　羧甲基纤维素钠为白色或淡黄色纤维状或颗粒状粉末物,无臭,无味。有吸湿性,易分散于水而成为溶液。不溶于乙醇、乙醚、丙酮、氯仿等有机溶剂。羧基的醚化度直接影响羧甲基纤维素钠的性质,当醚化度在0.3以上时,可溶于碱水溶液;当醚化度为0.5~0.8时,溶液呈酸性,不沉淀。羧甲基纤维素钠的水溶液的黏度随pH、聚合度而异。pH的影响因酸的种类和醚化度而不同,一般在pH 3以下则成为游离酸,生成沉淀。羧甲基纤维素钠的黏度随葡萄糖聚合度的增加而增大,其水溶液对热不稳定,黏度随温度的升高而降低。

（2）性能　羧甲基纤维素钠具有黏性、稳定性、保护胶体性、薄膜形成性等,为良好的食品添加剂。羧甲基纤维素钠可与某些蛋白质发生胶溶作用,这一点在食品工业中的应用相当重要。但其易受盐类的影响而减弱其作用效果。羧甲基纤维素钠的增稠稳定性能在与明胶、黄原胶、卡拉胶、海藻酸钠、果胶等绝大多数亲水性胶配合时具有明显的协同增效作用。

（3）毒性　小鼠经口LD_{50} 27000mg/kg。美国食品与药物管理局将其列为一般公认安全物质。FAO/WHO (2001) 规定,ADI不作限制性规定。

（4）制法及质量指标　羧甲基纤维素钠的制法是用氢氧化钠处理纤维素形成碱纤维素,再与一氯醋酸钠混合,经熟化数日 (20~30℃) 得粗制品,再用酸或异丙醇精制而得。

根据我国食品添加剂羧甲基纤维素钠质量标准 (GB 1904—1989) 的要求,按其水溶液黏度的高低分为三类,FH6特高、FH6、FM6。应符合下列质量指标:2%溶液黏度,FH6特高为1.2Pa·s,FH6为0.8~1.2Pa·s,FM6为0.3~0.8Pa·s;钠含量 (Na) 为6.5%~8.5%;pH为6.0~8.5;水分≤10.0%;氯化物 (以NaCl计)≤1.8%;重金属 (以Pb计)≤0.002%;铁≤0.03%;砷 (以As计)≤0.0002%。

（5）应用　根据我国《食品添加剂使用卫生标准》(GB 2760—1996) 中规定:羧甲基纤维素钠可用于方便面,5.0g/kg;非固体饮料,1.2g/kg;冰棍、雪糕、冰淇淋、糕点、饼干、果冻、膨化食品，根据生产需要适量使用。

羧甲基纤维素钠用于冰淇淋生产，可改善其保水性及组织结构（0.3%～0.5%），但需与海藻酸钠等合用。用于速煮面生产，可使产品均匀，结构改善，容易控制水分，便于操作。添加于果酱、奶油等可改善涂抹性，对果酱、调味酱的用量为0.5%～1%。在面包、蛋糕等生产中添加0.1%，可防止水分蒸发、老化。

羧甲基纤维素钠还用作粉末油脂、香料等的固形剂，其用量为20%～60%（CMC水溶液中拌入油脂、香料等，充分乳化、干燥、粉碎而成）。

2. 海藻酸丙二醇酯

海藻酸丙二醇酯，又名藻酸丙二醇酯、藻酸丙二酯、褐藻酸丙二醇酯等，简称PGA。是由海藻酸的部分羧基被丙二醇酯化，部分羧基被适当的碱中和生成的酯类化合物。分子式为$(C_9H_{14}O_7)_n$，相对分子质量为1万～2.5万，基本结构式如下：

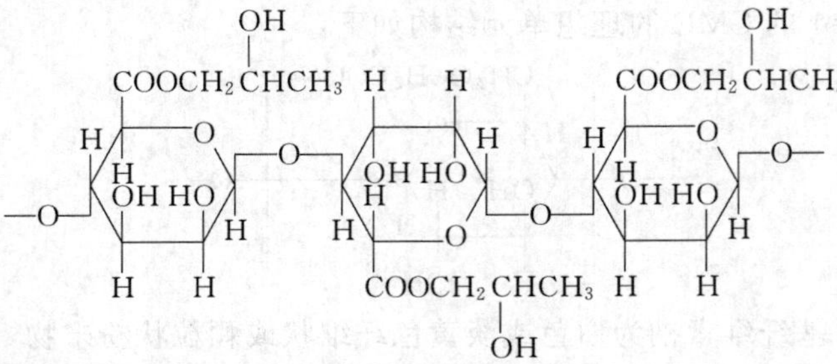

（1）性状　海藻酸丙二醇酯为白色或淡黄白色的粉末状物，几乎无臭或稍有芳香味，易吸湿。易溶于冷水、温水及稀有机酸溶液，形成黏稠状胶体溶液。不溶于甲醇、乙醇、苯等有机溶剂。水溶液在60℃以下稳定，但煮沸则黏度急剧降低。1%水溶液在pH3～4的酸性环境下仍然十分稳定，不会产生絮状沉淀，尤其适用于pH为2～7的各种食品。耐盐析，在高浓度电解质溶液中也不盐析。抗金属盐的能力较强。

（2）性能　海藻酸丙二醇酯分子中存在亲脂基，有乳化性及独特的稳泡作用。在酸性条件下，有良好的稳定蛋白作用，且其黏度随酸浓度增高而增大。在高温下长时间放置，会逐渐变成不可溶物质。

（3）毒性　大鼠经口LD_{50} 7200mg/kg。FAO/WHO（1994）规定，ADI为0～70mg/kg。

（4）制法及质量指标　海藻酸丙二醇酯的制法是由海藻酸与环氧丙烷，以碱为催化剂，在加压下于70℃进行反应，生成，然后用甲醇洗涤，经压榨后，加以干燥、粉碎而得。

根据我国食品添加剂海藻酸丙二醇酯质量标准（GB 10616—1989）的要求，应符合下列质量指标：酯化度≥75.0%，不溶性灰分≤1.5%，干燥失重≤20.0%，砷（As）≤0.0002%，重金属（以Pb计）≤0.002%，铅（Pb）≤0.001%。

（5）应用　根据我国《食品添加剂使用卫生标准》（GB 2760—1996）中规定：可用于啤酒、饮料，最大使用量0.3g/kg；冰淇淋，1.0g/kg；乳化香精，2.0g/kg；乳制品、果汁，3.0g/kg；胶姆糖、巧克力、炼乳、氢化植物油、沙司、植物蛋白饮料，5.0g/kg。

实际生产中，海藻酸丙二醇酯既可用作增稠剂，也可作乳化稳定剂。

3. 羧甲基淀粉钠

羧甲基淀粉钠，又名羧甲基淀粉和淀粉乙醇酸钠，简称CMS。它是淀粉的衍生物，其基本骨架是由葡萄糖聚合而成，葡萄糖的长链中以α-1,4-糖苷键相结合。相对分子质量为$241.6n$（n为100～2000），结构式如下：

$$\left[\begin{array}{c}CH_2OCH_2COONa\\ \text{(糖环结构)}\end{array}\right]_n$$

(1) 性状　羧甲基淀粉钠为淀粉状白色粉末，无臭，无味，在常温下溶于水，形成透明的黏稠胶体溶液。它的吸水性极强，吸水后体积可膨胀 200～300 倍；较一般的淀粉难水解；不溶于甲醇、乙醇和其他有机溶剂。1%水溶液的 pH 为 6.7～7.0。水溶液呈酸性时，稳定性较差；呈碱性时，较稳定。

(2) 性能　羧甲基淀粉钠水溶液有较高的松密度。溶液呈酸性时，能生成不溶于水的游离酸，溶液的黏度下降；溶液为碱性时，呈稳定状态，黏度不发生变化。溶液中加入金属盐时，则生成不溶于水的相应盐。因此，羧甲基淀粉钠不适合用作强酸性食品的增稠剂。其水溶液不宜在 80℃以上长时间加热，以免黏度降低。水溶液长时间暴露在大气中，会部分被细菌分解，也能使黏度降低。

(3) 毒性　小鼠经口 $LD_{50}>15000mg/kg$。FAO/WHO（1984）规定，ADI 不作限制性规定。

(4) 制法及质量指标　羧甲基淀粉钠是将淀粉用氢氧化钠处理，生成碱淀粉，再与一氯乙酸或丙烯腈反应而成。然后用硫酸洗除残存的一氯乙酸钠和氢氧化钠，再经脱水、干燥即得。

根据 FAO/WHO（1977）的要求，羧甲基淀粉钠应符合下列质量指标：不溶性灰分（以干基计）≤10.0%；砷（以 As 计）≤0.0003%；重金属（以 Pb 计）≤0.004%；干燥失重≤20%。

(5) 应用　根据我国《食品添加剂使用卫生标准》（GB 2760—1996）中规定：羧甲基淀粉钠可用于面包，最大使用量 0.02g/kg；冰淇淋，0.06g/kg；酱类、果酱，0.1g/kg。

实际生产中，羧甲基淀粉钠可用作食品增稠剂、稳定剂和乳化剂。由于其水溶液易被细菌部分分解，易受 α-淀粉酶作用，易液化，黏度降低。因此很少用于番茄酱、果酱等。

4. β-环状糊精

β-环状糊精，又名 β-环糊精、环麦芽七糖、环七糊精，简称 β-CD。是环状低聚糖同系物，由 7 个葡萄糖单体经 α-1,4-糖苷键结合生成的环状物。分子式为 $(C_6H_{10}O_5)_7$，相对分子质量为 1135，结构式如下：

(1) 性状　β-环状糊精为白色结晶性粉末，无臭，稍甜，溶于水，难溶于甲醇、乙醇、丙酮，熔点 290～305℃，内径（分子空隙）0.7～0.8nm，比旋光度 $[\alpha]_D^{25}+165.5°$。在碱性水溶液中稳定，遇酸则缓慢水解，其碘络合物呈黄色，结晶形状呈板状。

(2) 性能　β-环状糊精溶解度较大，在水溶液中可以同时与亲水性物质和疏水性物质结合,持水性较高;同时,β-环状糊精不易吸潮,化学性质稳定,能改变物料的物理化学性质,掩盖物料中的苦涩味和异味,不易受酶、酸、碱及热等环境因素的作用而分解。β-环状糊精在环状结构的中心具有疏水性空穴,因此它能与很多种有机化合物形成包合物,使其对氧、光、热、酸、碱的抵抗能力大大增强。另外,由于β-环状糊精还具有缓释和增溶作用,因此在工业领域得到广泛应用。

(3) 毒性　大、小鼠经口均 LD_{50} 大于 20000mg/kg。Ames 试验、微核试验及小鼠睾丸染色体畸变试验,未见有致突变作用。FAO/WHO(1994)规定,暂定 ADI 为 0～6mg/kg。

(4) 制法及质量指标　β-环状糊精是先将淀粉糊化,然后经微生物产生的环状葡萄糖基转移酶作用,经脱色、压缩、结晶、分离而制得。

根据我国食品添加剂 β-环状糊精质量标准(QB 1613—1992)的要求,应符合下列质量指标:含量≥95%(总糖中);总糖≥86.5%;水分≤13%;灰分≤0.5%;重金属(以 Pb 计)≤0.002%;砷(以 As 计)≤0.0001%。

(5) 应用　根据我国《食品添加剂使用卫生标准》(GB 2760—1996)中规定:β-环状糊精可用于烘烤食品,最大使用量为 2.5g/kg;用于汤料,为 100g/kg。

β-环状糊精的特殊的分子结构和性状,使其成为微胶囊技术中广泛应用的壁材。在食品工业中,主要用作稳定剂和加工助剂。

实际生产中,可用于包埋易挥发的香料、天然色素等物质使其稳定;也可用于乳化油性食品、去除异味;用于果蔬罐头,可防止汁液产生白色浑浊等。

第四章 食品防腐剂

第一节 概述

食品防腐剂是一类以保护食品原有性质和营养价值为目的的食品添加剂。食品防腐剂须具备的条件：一是符合食品卫生标准；二是防腐效果好，在低浓度下仍有抑菌作用；三是性质稳定，不与食品成分发生不良化学反应；四是本身无刺激异味；五是使用方便，价格合理。

一、食品防腐剂的分类

1. 按照作用分类

食品防腐剂按作用可分为杀菌剂和抑菌剂两类。具有杀死微生物作用的食品添加剂称为杀菌剂，能抑制微生物生长繁殖的添加剂称为抑菌剂。但是二者常因浓度高低、作用时间长短和微生物种类等不同而有时很难区分，所以多数情况下通称防腐剂。

2. 按照组分和来源分类

食品防腐剂按组分和来源可分为：有机防腐剂、无机防腐剂、生物防腐剂。

有机防腐剂主要包括苯甲酸及其盐类、山梨酸及其盐类、对羟基苯甲酸酯类、丙酸及其盐类、单辛酸甘油酯、双乙酸钠及脱氢乙酸等。其中苯甲酸及其盐类、山梨酸及其盐类、丙酸及其盐类只能通过未解离分子及盐类转变成相应的酸后，才能起抗菌作用，因此它们在低 pH 的食品里最为有效。从本质上讲，它们在中性 pH 的食品里是无效的，所以也称这一类为酸型防腐剂，是目前食品中最常用的防腐剂。

无机防腐剂主要包括亚硫酸及其盐类、亚硝酸盐类、各种来源的二氧化碳等。其中亚硝酸盐能抑制肉毒梭状芽孢杆菌生长，防止肉类中毒，但它又具有维持肉类颜色的作用，主要作为护色剂使用。亚硫酸盐类具有酸性防腐剂的特性，但主要作为漂白剂来使用。

生物防腐剂主要指由微生物产生的具有防腐作用的物质，以乳酸链球菌素和纳他霉素、甲壳素、鱼精蛋白为代表。

二、微生物引起的食品变质

1. 食品腐败

食品腐败变质是指食品受微生物污染，在适合的条件下，微生物的迅速繁殖导致食品的外观和内在发生劣变而失去食用价值的现象。食品发生腐败，在感观上丧失食品原有的色泽，产生各种颜色，发出腐臭气味，呈现不良滋味。如糖类食品呈现酸味，蛋白质类食品呈现苦味和涩味，食品组织发生软化，生着白毛，产生黏液物。从微观上讲，微生物代谢分泌的酶类对食品的蛋白质、肽类、胨、氨基酸等含氮有机物进行分解产生多种低分子化合物，如酚、吲哚、腐胺、尸胺、粪臭素、脂肪酸等，然后进一步分解成硫化氢、硫酸、氨、甲烷、二氧化碳等，在这一系列分解过程中产生大量毒性物质，并散发出令人厌恶的恶臭味。某些分解脂肪的微生物能分解食品中的脂肪而导致其酸败变质。

造成食品腐败的微生物主要有以下7种菌属：假单胞菌属、黄色杆菌属、无色杆菌属、变形杆菌属、梭状芽孢杆菌属和小球菌属。

2. 食品霉变

食品霉变是指霉菌在代谢过程中分泌出大量糖酶，使食品中的碳水化合物分解而导致的食品变质。食品霉变后，外观颜色改变，营养成分破坏，且染有霉味。若霉变是由产毒霉菌造成的，则产生的毒素对人体健康有严重影响，如黄曲霉毒素可导致癌症发生，所以防止食品的霉变十分必要。

危害较大的引起食品霉变的霉菌主要有7种：毛霉属的总状毛霉、大毛霉，根霉属的黑根霉，曲霉属的黄曲霉、灰绿曲霉、黑曲霉，青霉属的灰绿青霉。

3. 食品发酵

食品发酵是微生物代谢所产生的氧化还原酶促使食品中所含的糖发生不完全氧化而引起的变质现象。食品常见的发酵有酒精发酵、醋酸发酵、乳酸发酵和丁酸发酵。

酒精发酵是食品中的己糖在酵母作用下降解为乙醇的过程。水果、蔬菜、果汁、果酱和果蔬罐头等食品发生酒精发酵时，都产生酒味。

醋酸发酵是食品中己糖经酒精发酵生成乙醇，进一步在醋酸杆菌作用下氧化为醋酸。食品发生醋酸发酵时，不但质量变劣，严重时完全失去食用价值。某些低度酒类、饮料（如果酒、啤酒、黄酒、果汁）和蔬菜罐头等常常发生醋酸发酵。

乳酸发酵是食品中的己糖在乳酸菌作用下产生乳酸，使食品变酸的现象。鲜奶和奶制品易发生这种酸变而变质。

丁酸发酵是食品中的己糖在丁酸菌作用下产生丁酸的现象。丁酸污染食品发出一种令人厌恶的气味。鲜奶、奶酪、豌豆类食品发生这种酸变时，食品质量严重下降。

防止食品腐败变质可采用物理方法处理（如冷冻、干制、腌渍、烟熏、加热、辐射等），然而最有效的办法是使用防腐剂。

三、防腐剂的抗菌原理

食品防腐剂对食品防腐的原理是抑制或延缓微生物增殖，从而有效地防止食品的腐败或延缓食品的腐败时间，食品防腐剂对细菌的抑制作用可以通过影响细胞的亚结构而实现。这些亚结构包括细胞壁、细胞膜，与代谢有关的酶、蛋白质合成系统及遗传物质。由于每个亚结构对于菌体而言都是必需的，因此食品防腐剂只要作用于其中一个亚结构便可达到抑菌的目的。食品防腐剂的作用机理可以概述为以下四个方面。

（1）对微生物细胞壁和细胞膜产生一定的效应　如乳酸链球菌素，当孢子发芽膨胀时，乳酸链球菌素作为阳离子表面活性剂影响细菌孢膜和抑制革兰阳性细菌的孢壁质合成。对营养细胞的作用点是细胞质膜，它可以使细胞质膜中巯基失活，可使最重要的细胞物质，如三磷酸腺苷渗出，更严重时可导致细胞溶解。

（2）对细胞原生质部分的遗传机制产生效应。

（3）使细胞中蛋白质变性　如亚硫酸盐能使蛋白质中的二硫键断裂，从而导致细胞蛋白质产生变性。

(4) 干扰细胞中酶的活力　如亚硫酸盐可以通过三种不同的途径对酶的活性进行抑制：一是因为蛋白质中含有大量的羰基、巯基等反应基团，亚硫酸盐对二硫键的断裂与酶抑制作用之间有直接的联系，尤其是对那些极少含有二硫键的细胞间酶；二是亚硫酸盐可以和含有敏感基团的反应底物或反应产物作用，从而影响酶的活性；三是许多酶都有与之相连的辅酶，这些辅酶与酶的催化作用密切相关。亚硫酸盐可以抑制磷酸吡哆醛、焦磷酸硫胺素等物质中的辅酶，使它们失活将会导致那些敏感的微组织中的中间代谢机制丧失活性。

第二节　几种常用食品防腐剂

防腐剂的使用仅是对某些残留细菌或微生物的繁殖起到延缓或抑制作用，实际上防腐剂的使用，往往结合一定的杀菌处理和密封或隔绝等措施，来达到防腐或保鲜的目的。随着食品添加剂的不断开发与相应毒理试验的研究进展，添加剂的种类及其使用范围也在不断地进行调整和变化。有些传统的防腐剂如硼酸、硼砂、甲醛、水杨酸、萘酚、碳酸二甲酯已不再列入食品添加剂名单中，并被禁止在食品加工中使用。

1. 苯甲酸

苯甲酸，又名安息香酸，分子式为 $C_7H_6O_2$，相对分子质量为 122.12，其结构式如下：

(1) 性状　苯甲酸为白色有丝光的鳞片状结晶或针状结晶，或单斜棱晶，质轻，无味或微有安息香或苯甲醛的气味。在热空气中微挥发，于 100℃ 左右升华，能与水汽同时挥发。苯甲酸的化学性质稳定，有吸湿性，在常温下难溶于水，溶于热水、乙醇、氯仿、乙醚、丙酮、二硫化碳和挥发性及非挥发性油中；微溶于己烷。苯甲酸的相对密度 1.2659，熔点 122.4℃，沸点 249.2℃。

(2) 性能　苯甲酸为一元芳香羧酸，酸性较弱，25% 水溶液的 pH 为 2.8，其杀菌、抑菌效力随介质的酸度增高而增强。在碱性介质中则失去杀菌、抑菌作用。pH 为 3.5 时，0.125% 的溶液在 1h 内可杀死葡萄球菌和其他菌；pH 为 4.5 时，对一般菌类的抑制最小含量约为 0.1%；pH 为 5 时，即使 5% 的溶液，杀菌效果也不可靠；其防腐的最适 pH 为 2.5~4.0。

苯甲酸亲油性大，易透过细胞膜，进入细胞体内，从而干扰了微生物细胞膜的通透性，抑制细胞膜对氨基酸的吸收。进入细胞体内的苯甲酸分子，电离酸化细胞内的碱储，并能抑制细胞的呼吸酶系的活性，使三羧酸循环中乙酰辅酶 A→乙酰醋酸及乙酰草酸→柠檬酸之间循环过程难于进行，从而起到食品防腐作用。

(3) 毒性　大鼠经口 LD_{50} 2700~4440mg/kg。美国食品与药物管理局将其列为一般公认安全物质。FAO/WHO（1994）规定，ADI 为 0~5mg/kg。

苯甲酸入口后，经小肠吸收进入肝脏内，在酶的催化下大部分在 9~15h 内与甘氨酸化合成马尿酸，剩余部分与葡萄糖醛酸化合形成葡萄糖苷酸而解毒，并全部进入肾脏，最后从尿排出。是比较安全的防腐剂，按添加剂使用卫生标准使用，目前还未发现任何有毒作用。

(4) 制法及质量指标　苯甲酸以前是由安息香胶、秘鲁香胶制得的，现在是以工业化方法制得。工业制法主要是甲苯经氯化，再进行水解；或甲苯直接氧化；也可采用邻苯二甲酸在蒸气和催化剂的作用下失去一个羧基制得。

根据我国食品添加剂苯甲酸质量标准（GB 1901—1994）的要求，应符合下列质量指标：含量（以干基计）≥99.5%，干燥失重≤0.5%，熔点为121～123℃，重金属（以Pb计）≤0.001%，砷（以As计）≤0.0002%，氯化物（以Cl计）≤0.014%。

（5）应用　根据我国《食品添加剂使用卫生标准》（GB 2760—1996）中规定：苯甲酸对碳酸饮料最大使用量为0.2g/kg；低盐酱菜和酱类为0.5g/kg；葡萄酒、果酒、软饮料糖为0.8g/kg；酱油、食醋、果酱（不包括罐头）、果汁（果味）型饮料为1.0g/kg；食品工业用塑料桶装浓缩果蔬汁为2g/kg。苯甲酸和苯甲酸钠同时使用时，以苯甲酸计不得超过最大使用量。

苯甲酸在酱油、清凉饮料中与对羟基苯甲酸酯类一起使用效果更好。由于苯甲酸在水中溶解度低，实际使用时，主要应用苯甲酸钠。

2. 苯甲酸钠

苯甲酸钠，又名安息香酸钠，分子式$C_7H_5O_2Na$，相对分子质量144.11，结构式如下：

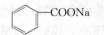

（1）性状　苯甲酸钠为白色颗粒或晶体粉末，无臭或微带安息香气味，味微甜。有收敛性，在空气中稳定。易溶于水，其水溶液的pH为8。溶于乙醇。

（2）性能　苯甲酸钠的防腐作用机理与苯甲酸相同，但防腐效果小于苯甲酸，pH为3.5时，0.05%的溶液能完全防止酵母生长；pH为6.5时，溶液的浓度需要提高至2.5%方能有此效果，这是因为苯甲酸钠只有在游离出苯甲酸的条件下才能发挥防腐作用。在较强酸性食品中，苯甲酸钠的防腐效果好。苯甲酸钠1.18g的防腐效能相当于1.0g苯甲酸。

（3）毒性　大鼠经口LD_{50} 2700mg/kg。美国食品与药物管理局将其列为一般公认安全物质。FAO/WHO（1994）规定，ADI为0～5mg/kg。

人体对苯甲酸钠的解毒机理与对苯甲酸相同。

（4）制法及质量指标　工业上，苯甲酸钠是由苯甲酸和碳酸钠（或碳酸氢钠）在水溶液中进行中和反应生成盐，再经脱色、过滤、浓缩、结晶、干燥、粉碎而制得。

根据我国食品添加剂苯甲酸钠质量标准（GB 1902—1994）的要求，应符合下列质量指标：含量（以$C_7H_5O_2Na$干基计）≥99.0%，干燥失重≤1.5%，重金属（以Pb计）≤0.001%，砷（以As计）≤0.0002%，硫酸盐（以SO_4计）≤0.1%，氯化物（以Cl计）≤0.050%。

（5）应用　根据我国《食品添加剂使用卫生标准》（GB 2760—1996）中规定：苯甲酸钠的用途及使用量同苯甲酸。使用苯甲酸钠，亦以苯甲酸计，不得超过用量。

苯甲酸钠易溶于水，使用时较苯甲酸方便。此外苯甲酸钠尚可用于胶姆糖配料。

3. 山梨酸

山梨酸，又名2,4-己二烯酸、花楸酸，分子式为$C_6H_8O_2$，相对分子质量为112.13，结构式如下：

$$CH_3CH=CHCH=CHCOOH$$

（1）性状　山梨酸为无色针状结晶或白色晶体粉末，无臭或微带刺激性臭味。熔点132～135℃，沸点228℃（分解）。耐光、耐热性好，在140℃下加热3h无变化，长期暴露在空气中则被氧化而变色。难溶于水，溶于乙醇、乙醚、丙二醇、花生油、甘油、冰醋酸、丙酮等。

（2）性能　山梨酸是使用最多的防腐剂，大多数国家都使用。山梨酸具有良好的防霉性能，它对霉菌、酵母菌和好气性细菌的生长发育起抑制作用，而对嫌气性细菌几乎无效。山梨酸为酸型防腐剂，在酸性介质中对微生物有良好的抑制作用，随pH增大防腐效果减小，pH为8时丧失防腐作用，适用于pH在5.5以下的食品防腐。

山梨酸的抑菌作用机理是它与微生物的酶系统的巯基相结合，从而破坏许多重要酶系统的作用，此外它还能干扰传递机能，如细胞色素C对氧的传递以及细胞膜表面能量传递的功能，抑制微生物增殖，达到防腐的目的。

（3）毒性　大鼠经口 LD_{50} 10500mg/kg。FAO/WHO（1994）规定，ADI为0～25mg/kg（山梨酸及其钾、钠、钙盐的总量，以山梨酸计）。

山梨酸参与人体内新陈代谢所发生的变化和产生的热效应与同碳数的饱和及不饱和脂肪酸无差异，其分子中存在共轭双键，但无特异的代谢效果。山梨酸经口在肠内吸收，不从尿中排出。

（4）制法及质量指标　山梨酸的制法是将丁烯醛与乙烯酮在三氯化硼催化下进行反应制得粗品，然后在水中进行再结晶精制，即得食品添加剂级山梨酸。亦可由丁烯醛与丙酮反应制得。

根据我国食品添加剂山梨酸质量标准（GB 1905—2000）的要求，应符合下列质量指标：含量（以 $C_6H_8O_2$ 干基计）为99.0%～101.0%，灼烧残渣（或灰分）≤0.2%，熔点132～135℃，重金属（以Pb计）≤0.001%，砷（以As计）≤0.0002%，水分≤0.5%，硫酸盐（以 SO_4 计）≤0.1%。

（5）应用　根据我国《食品添加剂使用卫生标准》（GB 2760—1996）中规定：山梨酸可用于肉、鱼、蛋、禽类制品，最大使用量为0.075g/kg；果、蔬菜保鲜、碳酸饮料，0.2g/kg；胶原蛋白肠衣、低盐酱菜、酱类、蜜饯、果汁（味）型饮料、果冻，0.5g/kg；葡萄酒、果酒，0.6g/kg；食品工业用塑料桶装浓缩果蔬汁，2.0g/kg（以山梨酸计）；酱油、食醋、果酱、氢化植物油、软糖、鱼干制品、即食豆制食品、糕点、馅、面包、蛋糕、月饼、即食海蜇、乳酸菌饮料，1.0g/kg。

山梨酸难溶于水，使用时先将其溶于乙醇或碳酸氢钠、碳酸氢钾的溶液中；溶解山梨酸时不得使用铜、铁容器和与铜铁接触；为防止山梨酸挥发，在食品生产中应先加热食品，然后加山梨酸。

山梨酸在食品被严重污染，微生物数量过高的情况下，不仅不能抑制微生物繁殖，反而会成为微生物的营养物质、加速食品腐败，因此，应特别注意食品卫生。

4. 山梨酸钾

山梨酸钾，又名2,4-己二烯酸钾，分子式为 $C_6H_7KO_2$，相对分子质量为150.22。结构式如下：

$$CH_3CH=CHCH=CHCOOK$$

（1）性状　山梨酸钾为白色至浅黄色鳞片状结晶、晶体颗粒或晶体粉末，无臭或微有臭味，长期暴露在空气中易吸潮、被氧化分解而变色。相对密度（d_{30}^{25}）1.363，熔点270℃（分解）。易溶于水，溶于丙二醇、乙醇。1%山梨酸钾水溶液的pH为7～8。

（2）性能　山梨酸钾有很强的抑制腐败菌和霉菌的作用，其毒性远低于其他防腐剂，已成为广泛使用的防腐剂。在酸性介质中山梨酸钾能充分发挥防腐作用，在中性条件下防腐作用小。山梨酸钾的抑菌作用机理与山梨酸相同。

（3）毒性　大鼠经口 LD_{50} 4920mg/kg；小鼠静脉注射 LD_{50} 1300mg/kg。FAO/WHO

(1994)规定,ADI为0～25mg/kg(以山梨酸计)。其他参照山梨酸。

(4) 制法及质量标准 山梨酸钾由碳酸钾或氢氧化钾中和山梨酸而制得。

根据我国食品添加剂山梨酸钾质量标准(GB 13736—1992)的要求,应符合下列质量指标:含量(以 $C_6H_7KO_2$ 干基计)98.0%～102.0%;干燥失重(或水分)≤1%;重金属(以 Pb 计)≤0.001%;砷(以 As 计)≤0.0003%;氯化物(以 Cl 计)≤0.018%,硫酸盐(以 SO_4 计)≤0.038%;醛类(以甲醛计)≤0.1%。

(5) 应用 根据我国《食品添加剂使用卫生标准》(GB 2760—1996)中规定:山梨酸钾的使用范围和最大使用量参见山梨酸。此外,还可用于胶姆糖配料。

山梨酸钾较山梨酸易溶于水,且溶解状态稳定,使用方便,其1%水溶液的pH为7～8,所以在使用时有可能引起食品的碱度升高,需加以注意。使用山梨酸钾时,1g山梨酸钾相当于0.746g山梨酸,即1g山梨酸相当于1.33g山梨酸钾。

山梨酸钾在贮存时应注意遮光,防湿,包装完整,不破不漏,严禁毒物污染。在酸牛奶饮料生产中添加山梨酸钾,可使该产品在冷藏箱中保存4周,品质风味不变。

5. 丙酸钠

丙酸钠,分子式 $C_3H_5O_2Na$,相对分子质量96.06,结构式为:

$$CH_3-CH_2-COONa$$

(1) 性状 丙酸钠为白色结晶或白色晶体粉末或颗粒,无臭或微带特殊臭味。易溶于水,溶于乙醇,微溶于丙酮。在空气中吸潮。在10%的丙酸钠水溶液中加入等量的稀硫酸,加热后产生有丙酸臭味的气体。

(2) 性能 丙酸钠对霉菌有良好的抑制效能,对细菌抑制作用较小,对酵母菌无抑制作用。丙酸钠是酸型防腐剂,起防腐作用的主要是未解离的丙酸,所以应在酸性范围内使用。如用于面包发酵,可抑制杂菌生长及乳酪制品防霉等。丙酸是一元羧酸,它是以抑制微生物合成β-丙氨酸而起抗菌作用的,故在丙酸钠中加入少量β-丙氨酸,其抗菌作用即被抵消;然而对棒状曲菌、枯草杆菌、假单胞杆菌等却仍有抑制作用。

(3) 毒性 小鼠经口 LD_{50} 5100mg/kg;小鼠经口 LD_{50} 6300mg/kg。FAO/WHO(1994)规定,ADI无需规定。

丙酸是人体正常代谢的中间产物,可被代谢和利用,安全无毒。

(4) 制法及质量指标 丙酸钠的制法是在加热条件下,丙酸与碳酸钠发生中和反应生成丙酸钠;也可采取丙酸与氢氧化钠进行中和反应制取。

根据我国食品添加剂丙酸钠质量标准(GB 7656—1987)的要求,应符合下列质量指标:含量(以干基计)≥99.0%,干燥失重≤1.0%,重金属(以 Pb 计)≤0.001%,砷(以 As 计)≤0.0003%,游离碱(以 Na_2CO_3 计)≤0.15%,铁(以 Fe 计)≤0.003%。

(5) 应用 根据我国《食品添加剂使用卫生标准》(GB 2760—1996)中规定:丙酸钠可用于糕点,最大使用量为2.5g/kg(以丙酸计);杨梅罐头加工工艺,50.0g/kg(以丙酸计)。

日本和美国在面包和西式糕点制造中,丙酸钠的最大使用量低于2.5g/kg。在面包里使用丙酸钠会减弱酵母的功能,面包发泡稍差些。

6. 丙酸钙

丙酸钙,分子式为 $C_6H_{10}CaO_4 \cdot nH_2O$ ($n=0,1$),相对分子质量为186.23(无水物),204.24(一水物),结构式如下:

$$(CH_3-CH_2-\overset{\overset{O}{\|}}{C}-O)_2Ca \cdot nH_2O$$

(1) 性状　丙酸钙为白色结晶或白色晶体粉末或颗粒，无臭或微带丙酸气味。用作食品添加剂的丙酸钙为一水盐，对光和热稳定，有吸湿性。易溶于水，不溶于乙醇、醚类。在10%丙酸钙水溶液中加入等量的稀硫酸，加热能放出丙酸的特殊气味。丙酸钙呈碱性，其10%水溶液的pH为8～10。

(2) 性能　丙酸钙在酸性介质中游离出丙酸，发挥抑菌作用。丙酸钙抑制霉菌的有效剂量较丙酸钠小，但它能降低化学膨松剂的作用。丙酸钙的优点在于糕点、面包和乳酪中使用它可补充食品中的钙质，且能抑制面团发酵时枯草杆菌的繁殖。pH为5.0时，最小抑菌浓度为0.01%；pH为5.8时需要0.188%；最适pH应低于5.5；其他参照丙酸钠。

(3) 毒性　小鼠经口 LD_{50} 3340mg/kg。FAO/WHO（1994）规定，ADI无需规定。

(4) 制法及质量指标　丙酸钙是丙酸与碳酸钙或氢氧化钙进行中和反应制得。

根据我国食品添加剂丙酸钙质量标准（GB 6225—1986）的要求，应符合下列质量指标：含量（以干基计）≥99.0%，干燥失重≤9.5%，重金属（以Pb计）≤0.001%，砷（以As计）≤0.0002%，pH（水溶液）7～9，水不溶物≤0.15%，游离酸（以丙酸计）≤0.10%，游离碱（以氢氧化钠计）≤0.06%，氟化物（以F计）≤0.003%，镁（以MgO计）≤0.4%。

(5) 应用　根据我国《食品添加剂使用卫生标准》（GB 2760—1996）中规定：丙酸钙可用于生面湿制品（切面、馄饨皮），最大使用量为0.25g/kg（以丙酸计）；面包、食醋、酱油、糕点、豆制食品，最大使用量为2.5g/kg（以丙酸计）。

7. 对羟基苯甲酸乙酯

对羟基苯甲酸乙酯，又名尼泊金乙酯，分子式 $C_9H_{10}O_3$，相对分子质量166.18，结构式为：

<chemical structure: 对羟基苯甲酸乙酯>

(1) 性状　对羟基苯甲酸乙酯为无色细小结晶或白色晶体粉末，几乎无味，稍有麻舌感的涩味，耐光和热，熔点116～118℃，沸点297～298℃。不亲水，无吸湿性。微溶于水，易溶于乙醇、丙二醇、花生油。

(2) 性能　对羟基苯甲酸乙酯对霉菌、酵母有较强的抑制作用，对细菌特别是革兰阴性杆菌和乳酸菌的抑制作用较弱，其抗菌作用较苯甲酸和山梨酸强。对羟基苯甲酸酯类的抗菌能力是由其未电离的分子决定的，所以其抗菌效果不像酸性防腐剂那样易受pH变化的影响。在pH为4～8的范围内有较好的抗菌效果。

对羟基苯甲酸酯类的抗菌机理为：抑制微生物细胞的呼吸酶系统与电子传递酶系统的活性，以及破坏微生物的细胞膜结构。

(3) 毒性　小鼠经口 LD_{50} 5000mg/kg；狗经口 LD_{50} 5000mg/kg。FAO/WHO（1994）规定，ADI为0～0.01g/kg。

小鼠发生对羟基苯甲酸乙酯中毒后，呈现动作失调、麻痹等现象，但恢复很快，约30min恢复正常。对羟基苯甲酸乙酯的毒性低于苯甲酸。

(4) 制法及质量指标　对羟基苯甲酸乙酯的制法是在加压条件下，使苯酚钾与二氧化碳反应制得对羟基苯甲酸，然后将对羟基苯甲酸与乙醇在硫酸存在下进行酯化反应而得。

根据我国食品添加剂对羟基苯甲酸乙酯质量标准（GB 8850—1988）的要求，应符合下列质量指标：含量（以干基计）$\geq 99.0\%$；干燥失重$\leq 0.5\%$；灼烧残渣$\leq 0.05\%$；熔点115～118℃；重金属（以 Pb 计）$\leq 0.001\%$；砷（以 As 计）$\leq 0.0001\%$；硫酸盐（以 SO_4 计）$\leq 0.024\%$。

(5) 应用　根据我国《食品添加剂使用卫生标准》（GB 2760—1996）中规定：对羟基苯甲酸乙酯最大使用量，用于果蔬保鲜，0.012g/kg；食醋，0.10g/kg；碳酸饮料，0.20g/kg；果汁（果味）型饮料、果酱（不包括罐头）、酱油、酱醋，0.25g/kg；糕点馅，0.5g/kg（单一用或混合用总量）；蛋黄馅，0.20g/kg。

由于对羟基苯甲酸乙酯的水溶性较低，使用时通常先将它们溶于氢氧化钠、乙酸或乙醇溶液后再添加。

实际生产中，对羟基苯甲酸酯类在脂肪制品、乳制品、鱼肉制品、饮料及糖果中均有应用。但在较高浓度下可感觉其气味，因此在成品中的浓度一般在0.05%以下。

8. 脱氢乙酸

脱氢乙酸，又名脱氢醋酸，简称 DHA，分子式 $C_8H_8O_4$，相对分子质量 168.14，结构式如下：

(1) 性状　脱氢乙酸为无色至白色针状或片状结晶，或为白色或淡黄色的晶体粉末，无臭，几乎无味，无刺激性。熔点 109～112℃，易升华，沸点 270℃。其饱和水溶液（0.1%，25℃）的 pH 为 4，难溶于水，溶于苛性碱的水溶液，溶于乙醇。无吸湿性，加热能随水蒸气挥发，对热稳定，在光的直射下微变黄，0.001%水溶液的最大吸收波长为 $229\mu m \pm 2\mu m$。在脱氢乙酸的乙醇溶液中加水和乙酸铜溶液，生成带白紫色的沉淀。

(2) 性能　脱氢乙酸有较强的广谱抗菌能力，其对霉菌和酵母的抗菌能力特强，0.1%的浓度即可有效地抑制霉菌，而抑制细菌的有效浓度为 0.4%。对热稳定，在 120℃下加热 20min 抗菌作用无变化。脱氢乙酸的抗菌作用不受 pH 变化影响，也不受其他因素影响。

(3) 毒性　大鼠经口 LD_{50} 1000mg/kg。给猴每日以 0.05g/kg 和 0.1g/kg 的剂量投药，喂养 1 年未发现异变。在大鼠的饲料中加入 0.02%、0.05% 和 0.1% 的量，连续喂养 2 年，未发现大鼠有任何变化。

(4) 制法及质量指标　脱氢乙酸可由乙酰乙酸乙酯在碳酸氢钠作用下制得，也可由双乙烯酮在催化剂存在下的惰性溶剂中进行二聚反应制得。

根据我国食品添加剂脱氢乙酸质量标准（GB 8819—1988）的要求，应符合下列质量指标：含量（以干基计）$\geq 98.0\%$，熔点为 109～112℃，重金属（以 Pb 计）$\leq 0.001\%$，砷（以 As 计）$\leq 0.0003\%$，干燥失重$\leq 1\%$，灼烧残渣$\leq 0.1\%$。

(5) 应用　根据我国《食品添加剂使用卫生标准》（GB 2760—1996）中规定：脱氢乙酸可用于腐乳、酱菜、原汁橘浆，最大使用量为 0.30g/kg。

脱氢乙酸在水中溶解度低，使用时，可以乙醇先溶解后再添加。实际生产中，也可作为杀菌剂用于处理新鲜蔬菜、水果。

9. 过氧化氢

过氧化氢，又名双氧水，分子式为 H_2O_2，相对分子质量为 34.01。

（1）性状　过氧化氢为无色透明液体，无臭，微有刺激性臭味。纯的过氧化氢的相对密度 1.463，熔点 －89℃，沸点 151.4℃。可与水任意混溶。30%～35%的过氧化氢水溶液呈酸性，用水稀释后加稀硫酸和高锰酸钾溶液，则起泡，高锰酸钾的紫红色消失。过氧化氢遇有机物会分解，光、热能促进其分解，产生氧。接触皮肤能导致皮肤水肿，高浓度溶液能引起化学烧伤。

（2）性能　过氧化氢分解生成的氧具有很强的氧化作用和杀菌作用，在碱性条件下作用力较强。

（3）毒性　大鼠皮内注射 LD_{50} 约 700mg/kg。

高浓度过氧化氢有刺激性和腐蚀性，吸入气体的浓度在 $0.26g/cm^3$ 时会引起支气管炎、肺气肿，严重时可导致死亡。低浓度的气体，因分解快，作用时间短，而不表现出毒性。在食品生产中残留在食品中的过氧化氢，经加热很容易分解除去。

1980 年日本发现过氧化氢有致癌作用，故食品中不能残留。过氧化氢与淀粉能形成环氧化物，因此对其使用范围和用量都应加以限制。

（4）制法及质量指标　过氧化氢可由电解法和非电解法制得。电解法是采取电解硫酸和硫酸铵的混合溶液，得到过二硫酸盐，后者经水解生成过氧化氢，用此法得到的过氧化氢经过分馏可制得 30%～35%的过氧化氢溶液。非电解法目前工业上还用乙基蒽醌法制取过氧化氢，以钯作催化剂，在苯溶液中用氢还原乙基蒽醌得到蒽醇，蒽醇被氧化时生成原来的蒽酮和过氧化氢，当反应进行到苯溶液中的过氧化氢浓度达 5.5g/L 时，用水抽取出，得到 18%的过氧化氢水溶液，然后进行减压蒸馏得到高浓度过氧化氢溶液。

根据 FAO/WHO（1992）的要求，过氧化氢应符合下列质量指标：含量（由销售者规定）30%～50%，酸度（以 H_2SO_4 计）≤0.03%，蒸发残渣≤0.006%，磷酸盐（以 PO_4 计）≤0.005%，重金属（以 Pb 计）≤0.001%，砷（以 As 计）≤0.0003%，铁（以 Fe 计）≤0.00005%，锡（以 Sn 计）≤0.001%。

（5）应用　根据我国《食品添加剂使用卫生标准》（GB 2760—1996）中规定：过氧化氢可用于生鲜乳保鲜，最大使用量 0.3%过氧化氢 2.0mg/L＋硫氰化钠 15.0mg/L，生牛乳保鲜限于黑龙江、内蒙古地区使用，如要扩大使用地区，必须省级卫生部门报请卫生部审核批准并按农业部有关实施规范执行；袋装豆腐干，最大使用量 0.86g/L，且残留不得检出。

按 FAO/WHO 规定，过氧化氢仅限于牛奶防腐的紧急措施之用。

使用过氧化氢时不得与铁、铜、铝等接触，应采用陶器、玻璃、不锈钢和聚乙烯塑料等容器。过氧化氢除用作防腐剂外，还可用作漂白剂、氧化剂和淀粉变性剂。近年来，过氧化氢广泛用于纸塑无菌包装材料，在包装前杀菌之用。

10. 乳酸链球菌素

乳酸链球菌素，亦称乳酸链球菌肽，分子式为 $C_{143}H_{228}N_{42}O_{37}S_7$，平均相对分子质量为 3348，结构式如下：

```
                              Dha                              Ala—Leu
                    Ile      Leu       S              Gly        Met
             H—Ile—Dhb—Ala       Ala—Abu    Ala—Lys—Abu         Gly
                            S             |              S—Ala
                              Pro—Gly                      |
                                                          Asn
                                                           |
                                                          Met
                                               S           |
                                   His—Ala    Abu—Lys
             HO—Lys—Dha—Val—His—Ile—Ser—Ala    Abu—Ala
                                          S
```

式中：Abu＝α-氨基丁酸；Ala＝丙氨酸；Asn＝天冬酰胺；Dha＝脱氢丙氨酸；Dhb＝β-甲基脱氢丙氨酸；Gly＝氨基乙酸；His＝组氨酸；Ile＝异亮氨酸；Leu＝亮氨酸；Lys＝赖氨酸；Met＝蛋氨酸；Pro＝脯氨酸；Ser＝丝氨酸；Val＝缬氨酸。

(1) 性状　乳酸链球菌素为白色或略带黄色的易流动粉末，略带咸味。在水中的溶解度随 pH 的下降而提高，pH 为 2.5 时，溶解度为 12％；pH 为 5.0 时，溶解度为 4％；在 pH 大于或等于 7 时，几乎不溶解。产品中由于含有乳蛋白，其水溶液呈轻微的浑浊状。

乳酸链球菌素在酸性条件下最稳定。热稳定性：在 pH 小于 2.0 的稀盐酸中可经 115.6℃灭菌而不失活；当 pH 超过 4.0 时，特别是在加热条件下，它在水溶液中的分解速度加快，活力降低；如在 pH 等于 5.0 时，灭菌后丧失 40％活力；pH 等于 6.8 时，灭菌后丧失 90％活力。但当乳酸链球菌素加于食品中后，由于受到牛奶、肉汤等中的大分子的保护，其稳定性显著增高。

(2) 性能　乳酸链球菌素的抗菌谱较窄，只能抑制或杀灭革兰阳性细菌，如乳酸杆菌、链球菌、芽孢杆菌、梭状芽孢杆菌及其他厌氧性形成芽孢的细菌等，对革兰阴性菌、酵母和霉菌无杀灭作用。在一般情况下，400IU/mL（即 10mg/kg）的乳酸链球菌素即可杀灭绝大多数革兰阳性细菌。如将乳酸链球菌素制剂与能抑制霉菌、酵母菌或需氧细菌的防腐剂复配使用可使抗菌谱扩宽。乳酸链球菌素能使一些细菌对热敏感性增高，并且还有一定的辅助杀菌作用。

乳酸链球菌素的抑菌机理是作为阳离子表面活性剂能影响细菌胞膜和抑制革兰阳性菌胞壁质的合成。一般不能杀死细菌孢子，但当孢子发芽膨胀时，会对乳酸链球菌素增加敏感而被杀死。

(3) 毒性　小鼠经口 LD_{50} 9.26g/kg（雄性），6.81g/kg（雌性）。美国食品与药物管理局将其列为一般公认安全物质。FAO/WHO（1994）规定，ADI 为 33000IU/kg。

乳酸链球菌素是多肽类，食用后在消化道内很快被蛋白质水解酶消化成氨基酸，不会改变肠道内正常菌群，以及引起常用其他抗生素会出现的耐药性，更不会与其他抗生素发生交叉抗性。其安全性很高。

(4) 制法及质量指标　乳酸链球菌素是由乳酸链球菌菌体在受控条件下得到的发酵醪液，再经蒸汽喷射杀菌、由压缩空气泡沫浓缩或酸化、盐析后喷雾干燥而得。

根据美国《食品用化学品法典》的要求，乳酸链球菌素应符合下列质量指标：含量≥900IU/mg；重金属（以 Pb 计）≤0.001％；干燥失重≤3.0％；需氧菌平板计数≤10g；大肠杆菌和沙门菌均阴性；氯化钠≥50％。

(5) 应用 根据我国《食品添加剂使用卫生标准》(GB 2760—1996)中规定：乳酸链球菌素可用于罐头、植物蛋白饮料，最大使用量 0.2g/kg；乳制品、肉制品，最大使用量 0.5g/kg。

由于乳酸链球菌素水溶性差，使用时应先用 0.02mol/L 的盐酸溶液溶解，然后再加到食品中。其为肽类物质，应注意蛋白酶对它的分解作用。

实际生产中，由于乳酸链球菌素能增强一些细菌对热的敏感性，而且它在小范围内也有辅助杀菌作用，因此在食品中添加，能降低食品灭菌温度和缩短食品灭菌时间，并能有效地延长食品保藏时间。

第三节 其他防腐剂简介

我国食品添加剂使用卫生标准 GB 2760—1996 公布的防腐剂有 32 个品种，批准使用的防腐剂除以上介绍的 10 种外，其余具体见表 4-1。

表 4-1 国家法定使用的防腐剂

食品添加剂名称（代码）	使用范围	最大使用量/(g/kg)	备 注
对羟基苯甲酸丙酯 (17.008)	果蔬保鲜	0.012	以对羟基苯甲酸计
	食醋	0.10	
	碳酸饮料	0.20	
	果汁(果味)型饮料、果酱(不包括罐头)、酱油、酱料	0.25	
	糕点馅	0.5(单一用或混合用总量)	
	蛋黄馅	0.20	
乙氧基喹(17.010)	苹果保鲜	按生产需要适量使用	残留量≤1mg/kg
仲丁胺(17.011)	水果保鲜	按生产需要适量使用	残留量：柑橘（果肉）≤0.005mg/kg；荔枝（果肉）≤0.009mg/kg；苹果（果肉）≤0.001mg/kg
桂醛(17.012)	水果保鲜	按生产需要适量使用	残留量≤0.3mg/kg
双乙酸钠(17.013)	谷物、即食豆制食品	1.0	残留量≤0.03g/kg
	大米保鲜	0.20	
二氧化碳(酒精发酵法)(17.014)	碳酸饮料、汽酒类	按生产需要适量使用	
二氧化碳(石灰窑法)(17.015)	碳酸饮料、汽酒类	按生产需要适量使用	
二氧化碳(合成氨尾气法)(17.016)	碳酸饮料、汽酒类	按生产需要适量使用	
二氧化碳(甲醇裂解法)(17.017)	碳酸饮料、汽酒类	按生产需要适量使用	甲醇应<50μg/kg
噻苯咪唑(17.018)	水果保鲜	0.02	

续表

食品添加剂名称（代码）	使用范围	最大使用量/(g/kg)	备注
乙萘酚(17.021)	柑橘保鲜	0.1	残留量≤70mg/kg
联苯醚(17.022)	柑橘保鲜	3.0	残留量≤12mg/kg
2-苯基苯酚钠盐(17.023)	柑橘保鲜	0.95	残留量≤12mg/kg
2-苯基苯酚(17.024)	柑橘保鲜	1.0	残留量≤12mg/kg
五碳双缩醛（戊二醛）(17.025)	果、蔬保藏	0.05	残留量≤5mg/kg
十二烷基二甲基溴化铵（新洁尔灭）(17.026)	果、蔬保藏	0.07	
2,4-二氯苯氧乙酸(17.027)	果、蔬保藏	0.01	残留量≤2.0mg/kg
稳定态二氧化氯	果、蔬保藏	0.01	
	鱼类加工	0.05（水溶液）	
丙酸(17.000)	粮食	1.8	
纳他霉素(17.000)	乳酪、肉制品（肉汤、西式火腿）、广式月饼、糕点表面、果汁原浆表面、易发霉食品	0.2~0.3	悬浮液喷雾或浸泡 残留量<10mg/kg
	沙拉酱	0.02	
	发酵酒	10mg/L	
	加工器皿表面	10mg/kg	
液体二氧化碳（催化法）(17.000)	按 GB 2760—1996 有关二氧化碳规定执行		
单辛酸甘油酯(17.000)	肉肠	0.5	
	豆馅、蛋糕、月饼、湿切面	1.0	

第四节 食品防腐剂的合理使用

为了正确有效地使用防腐剂，应该充分地了解引起食品腐败的微生物的种类，不同防腐剂的性质以及影响防腐效果的各种因素，这样就可以按照食品的保藏状态和预期保藏时间，来确定所用防腐剂的品种、用量及使用方法。

一、食品防腐剂的使用范围及使用量

对于含糖量较高、容易腐败或贮存期较长的食品（如酱油、醋、果汁、果酱、人造奶油、面包、糕点、酱菜等），通常有必要使用防腐剂。否则，容易被微生物污染引起食品败坏，甚至在食用后产生食物中毒。罐头食品通常不使用防腐剂，主要原因是在加工过程中，经过高温杀菌，在密闭的罐内已达到无菌状态，这样便能达到食品保存的目的。在用量上，防腐剂使用量太少不能达到抑菌防腐的目的，使用量过大则可能对人体健康有害。此外，冬天气温低，对微生物生长不利，某些食品如酱油、醋等可少用或不用防腐剂。总之，对于防腐剂的使用范围和使用量，一定要在严格遵守我国食品添加剂使用卫生标准的前提下，通过试验来选定。

二、使用注意事项

使用防腐剂前，一定要确定哪些食品需要添加防腐剂，并且应该添加哪种防腐剂，能不用的尽量不用或少用。对于所选用的防腐剂，应保证质量合格。为了避免使用过量，还应查明食品原料、配料是否含有防腐剂。使用时，为了使防腐剂在食品中充分发挥作用，应注意以下几点。

1. 正确和合理地使用防腐剂

使用防腐剂时，首先应对不同类型的食品性质，不同保藏条件的要求等有全方位的了解，才能正确地去选择和使用有效的防腐剂。

① 首先要全面了解所使用的防腐剂的杀菌和抑菌谱，使用的最低浓度和该食品可能携带的腐败菌种类及其性质等，以便做到有针对性地使用。

② 要全面了解所用防腐剂本身的性状，其中包括溶解性、pH、对光和热的稳定性等，以便做到正确和合理地使用。

③ 要了解食品本身的性质、食品加工的条件、贮藏的环境、期限等对防腐剂效果的影响，以便使所用的食品防腐剂能起到最有效的作用。

正确和合理地使用各类防腐剂，除需要注意以上三方面的问题外，尤其需要正确地了解以下几个具体的因素。

（1）防腐剂的溶解性及其分散性　在食品防腐剂使用时，首先要确定被使用的对象。有些食品的腐败仅发生在食品的外部，如水果、蔬菜、冷藏类食品等，此时的防腐剂应具有很好的分散性，即均匀地分散在食品的表面，而对其溶解性的要求并不高。对罐头、饮料、焙烤食品等，则要求所用的防腐剂应具有很好的分散性，即能很好地溶解而均匀地分散于食品中。当使用易溶于水的防腐剂时，可用水先将其溶解后再加入食品中。对难溶或不溶于水的防腐剂，则可以先将其溶解于其他可食用的溶剂中后再添加到食品中去。对于那些在其他可食用溶剂中仍难以溶解或不溶的防腐剂，则可以采用化学方法进行适当的改性，使之能溶解或分散。另外，还特别要注意防腐剂在食品中不同相中的分散性。

（2）pH 和水分活度　当在含水的食品体系中，所使用的防腐剂有些会处于解离平衡的状态，如有一类酸型的防腐剂，除解离出的氢离子起防腐作用外，更主要的是靠未解离的酸对微生物起作用，故这类防腐剂在使用过程中，要使未解离的浓度为最高，这类防腐剂在 pH 低时效果最佳。

当在水中加入电介质，或加入可溶性物质，都可以降低水的活度，这对防腐剂能产生增效作用。通常细菌生存的水分活度在 0.9 以上，而霉菌一般在 0.7 以上，故在水分活度高的情况下，大多数细菌方能生长，因此，通过降低水的活度对食品的防腐是有效的。

总之，通过对 pH、水分活度的控制，以及添加防腐剂的配合作用，可以大大地提高食品的防腐作用。

（3）防腐剂的抑菌范围及其复配作用　防腐剂的抑菌范围包含着两个方面的意思，一是指防腐剂使用时食品的染菌程度；二是指食品中的细菌能否被防腐剂抑制。一般说来，食品被细菌污染的程度越高，则防腐剂的防腐效果就越差，通常防腐剂应在食品中细菌的诱导期之前和期间加入才能有效。如果防腐剂是在细菌进入增殖的对数期加入，则防腐的效果明显变差，所以食品防腐剂的加入应尽可能早，这样除防腐的效果好以外，其添加的防腐剂量也可相应地减少。

在食品防腐剂添加的过程中，首先应该了解防腐剂抑菌的作用范围。因为，还没有一种防腐剂能抑制所有的菌类。另外，许多微生物经长期使用某一类防腐剂后，往往会产生耐药性。为了克服这一缺点，可以对一些防腐剂进行适当的复配使用，从而扩大其抑菌作用的范围，减少一些微生物产生抗菌性的作用，以提高防腐剂抑菌作用的效果。但在防腐剂复配使用的过程中，可能会产生三种不同的作用：一是能增效或协同效应；二是能增加或相加效应；三是产生对抗或拮抗效应。前两者是有利的，而最后者是不利的。由此可以看出，并不是所有的防腐剂都可以进行复配使用，能否复配使用，还需进行多方面的研究和探索。

2. 防腐剂与其他防腐方法相结合

为了提高食品防腐的效果，在添加防腐剂的同时，可以采用适当的其他措施来提高食品防腐的效果，这对工业生产是非常重要的，目前主要可以采取下列几项措施。

（1）防腐剂的使用与加热方式相结合　在食品中添加防腐剂之后，灭菌的温度在某些情况下比没有添加防腐剂的低得多，且灭菌时间也短，如将山梨酸或苯甲酸等防腐剂与加热方式相结合，可使酵母菌失活的时间缩短30%～80%。在56℃的条件下使酵母菌的数量减至原来的1/50，需要杀菌90min。对此，如果在加热之前添加0.01%的对羟基苯甲酸丁酯，只需要杀菌48min即可。

（2）防腐剂的使用与冷冻方式相结合　通常采用冷冻的方式可以直接限制微生物的增殖。在适当添加防腐剂和结合冷冻的条件下，能起到室温下添加大剂量的防腐剂才能起防腐作用的效果。

（3）防腐剂的使用与辐照方式相结合　在食品的辐照保藏中，防腐剂的使用与辐照之间存在着增效的作用，如在水果、蔬菜、乳制品等产品中，在使用山梨酸防腐剂的同时可以减少辐照的剂量，从而减少和防止食品因辐照而产生的副作用，提高食品的品质，降低加工的能耗等，但辐照的剂量最低不得低于杀死微生物所需的最低剂量。

3. 食品中的成分对防腐剂作用的影响

防腐剂对食品防腐的效果往往受到食品原料和食品中其他成分的影响。在食品中，有些成分，如香辛料、调味料等均具有一定的抗菌作用。食品中的成分影响较大的为盐类、糖类和酒精等，这些成分均能对食品的防腐起有利的作用，因为这些成分主要能降低食品中的水分活度。但也有些食品成分会与防腐剂产生物理、化学作用，从而降低防腐剂自身的使用效果，或产生副作用，如二氧化硫和亚硫酸盐能与食品中的醛、酮、糖类等反应，而亚硝酸盐可能转变成毒性较大的亚硝胺。另外，有些防腐剂还会被微生物所利用，如有机防腐剂可能被食品中的微生物分解或成为微生物生长的碳源，如山梨酸能被乳酸菌还原成山梨糖醇，从而被微生物所利用。

第五章　食品抗氧化剂

第一节　概　述

一、抗氧化剂的定义

抗氧化剂是指能防止或延缓食品氧化，提高食品的稳定性和延长贮存期的食品添加剂。

食品的变质除了受微生物的作用而发生腐败变质外，还会和空气中的氧气发生氧化反应，导致食品中的油脂酸败、退色、褐变、风味变劣及维生素破坏等，甚至产生有害物质，从而降低食品质量和营养价值，误食这类食品有时甚至会引起食物中毒，危及人体健康。

防止食品发生氧化变质的方法有物理法和化学法等。物理法是指对食品原料、加工环节及成品采用低温、避光、隔氧或充氮包装等方法；化学法是指在食品中添加抗氧化剂。具有抗氧化作用的物质有很多，但可用于食品的抗氧化剂应具备以下条件：①具有优良的抗氧化效果；②本身及分解产物都无毒无害；③稳定性好，与食品可以共存，对食品的感官性质（包括色、香、味等）没有影响；④使用方便，价格便宜。

目前，美国允许使用的食品抗氧化剂为 24 种，德国为 12 种，英国及日本各为 11 种，加拿大及法国均为 8 种，我国 GB 2760—1996 规定允许使用的食品抗氧化剂为 15 种，包括丁基羟基茴香醚（BHA）、二丁基羟基甲苯（BHT）、没食子酸丙酯（PG）、D-异抗坏血酸钠、茶多酚、植酸、叔丁基对苯二酚（TBHQ）、甘草抗氧化物、抗坏血酸钙、脑磷脂、抗坏血酸棕榈酸酯、硫代二丙酸二月桂酯、4-己基间苯二酚、抗坏血酸及迷迭香提取物等。2004 年增补竹叶抗氧化物。其他可用作抗氧化剂的如生育酚（维生素 E）列入营养强化剂，葡萄糖氧化酶列入酶制剂中。

二、抗氧化剂的分类

目前，对食品抗氧化剂的分类尚没有一个统一的标准。由于分类依据不同，就会产生不同的分类结果。

抗氧化剂按来源可分为人工合成抗氧化剂（如 BHA、BHT、PG 等）和天然抗氧化剂（如茶多酚、植酸等）。

抗氧化剂按溶解性可分为油溶性、水溶性和兼溶性三类。油溶性抗氧化剂有 BHA、BHT 等；水溶性抗氧化剂有抗坏血酸、茶多酚等；兼溶性抗氧化剂有抗坏血酸棕榈酸酯等。

抗氧化剂按照作用方式可分为自由基吸收剂、金属离子螯合剂、氧清除剂、过氧化物分解剂、酶抗氧化剂、紫外线吸收剂或单线态氧淬灭剂等。

自由基吸收剂主要是指在油脂氧化中能够阻断自由基链锁反应的物质，它们一般为酚类化合物，具有电子给予体的作用，如 BHA、TBHQ、生育酚等。

酶抗氧化剂有葡萄糖氧化酶、超氧化物歧化酶（SOD）、过氧化氢酶、谷胱甘肽氧化酶等酶制剂，它们的作用是可以除去氧（如葡萄糖氧化酶）或消除来自于食物的过氧化物（如 SOD）等。目前我国未将这类酶抗氧化剂列入食品抗氧化剂范围内，而是编入酶制剂部分。

三、油脂酸败及脂肪的自动氧化

脂肪是由脂肪酸和甘油组成，脂肪酸的种类很多，可分为饱和脂肪酸和不饱和脂肪酸两类。脂肪的性质与其所含的脂肪酸种类有很大关系。在常温下，含不饱和脂肪酸多的植物脂肪为液态，习惯上称为油。而含饱和脂肪酸多的动物脂肪在同样条件下为固态，习惯上称为脂。我们通常所说的油脂，既包括植物油也包括动物脂。

天然油脂暴露在空气中会自发地进行氧化，发生性质与风味的改变，通常我们称之为酸败，即油脂变哈，又称哈败，主要由脂肪的自动氧化所引起。

油脂的自动氧化是油脂及油基食品败坏的主要原因。它的自动氧化遵循游离基（自由基）反应机制。它可以分成以下三个阶段（式中 RH 代表脂肪或脂肪酸分子，R·、·H、·OOH、ROO·代表不同的游离基，ROOH 为氢过氧化物）：

第一阶段：引发

$$RH + O_2 \xrightarrow{催化剂} R\cdot + \cdot OOH$$

$$RH \xrightarrow{催化剂} R\cdot + \cdot H$$

本阶段主要产生自由基，作用缓慢。但在光、热、金属离子等的存在下则较易进行。

第二阶段：传播

$$R\cdot + O_2 \longrightarrow ROO\cdot$$

$$ROO\cdot + RH \longrightarrow R\cdot + ROOH$$

这个阶段进行较快，如果有金属离子存在则反应更快。

第三阶段：终止

$$ROO\cdot + R\cdot \longrightarrow ROOR$$

$$R\cdot + R\cdot \longrightarrow RR$$

这个阶段是自由基之间相互结合产生稳定的化合物。这个阶段大多在油脂已酸败后发生。

随着反应的进行，更多的脂肪酸分子转变成过氧化物。过氧化物继续分解产生低级醛、酮和羧酸，这些物质有令人不愉快的气味。

四、抗氧化剂的作用机理

由于抗氧化剂种类较多，抗氧化剂的作用比较复杂，存在着多种可能性，归纳起来大致有以下几种：

① 通过抗氧化剂的还原反应，降低食品内部及其周围的氧含量。有些抗氧化剂如抗坏血酸与异抗坏血酸本身极易被氧化，能使食品中的氧首先与其反应，从而避免了油脂的氧化。

② 抗氧化剂释放出氢原子与油脂自动氧化反应产生的过氧化物结合，中断链锁反应，

从而阻止氧化过程继续进行。

③ 通过破坏、减弱氧化酶的活性，使其不能催化氧化反应的进行。

④ 将能催化及引起氧化反应的物质封闭，如络合能催化氧化反应的金属离子等。

在这四种抗氧化作用中，主要的是第二种，即终止自动氧化反应的链式传递。例如抗氧化剂 DHA、BHT 等酚类化合物，它们均能提供氢原子与油脂自动氧化所产生的游离基结合，终止链式反应的传递。它的作用机理用通式可表示如下（AH 表示抗氧化剂）：

$$ROO\cdot + AH \longrightarrow ROOH + A\cdot$$
$$R\cdot + AH \longrightarrow RH + A\cdot$$

抗氧化剂的游离基 $A\cdot$ 没有活性，不能引起链式反应的传递，却能参与一些终止反应。例如：

$$A\cdot + A\cdot \longrightarrow AA$$
$$ROO\cdot + A\cdot \longrightarrow ROOA$$

有一些物质本身虽没有抗氧化作用，但与酚型抗氧化剂如 BHA、BHT 等并用时，却能增强抗氧化剂的抗氧化效果，这些物质统称为抗氧化增效剂。常用的增效剂有柠檬酸、磷酸、酒石酸、植酸、乙二胺四乙酸二钠等。一般认为这些物质能与促进油脂自动氧化反应的微量金属离子生成螯合物，从而对促进氧化的金属离子起钝化作用。也有人认为增效剂（指酸性物质，用 SH 表示）可与抗氧化剂反应的产物基团（$A\cdot$）作用，使抗氧化剂（AH）获得再生。

$$A\cdot + SH \longrightarrow AH + S$$

一般酚型抗氧化剂，可依其使用量的 1～1/2 使用柠檬酸等有机酸作为增效剂。

酶促氧化褐变是食品中酚氧化酶催化酚类物质发生氧化形成醌及其聚合物的一类反应。由于反应生成了黑色素类物质，使食品的颜色加深，从而影响了食品的外观质量。

发生酶促氧化褐变需要三个条件：酚氧化酶、氧和适当的酚类物质。这三个条件缺一不可。因此抑制食品酶促氧化褐变便可从这三个条件考虑。由于从食品中除去酚类物质的可能性较小，可以采用的主要措施就是破坏和抑制酚氧化酶的活性及消除氧。若在食品中添加适量的抗氧化剂，通过还原作用，消耗掉食品体系中的氧，就可起到防止食品的酶促氧化褐变。

五、抗氧化剂使用注意事项

1. 充分了解抗氧化剂的性能

由于不同的抗氧化剂对食品的抗氧化效果不同，当确定这种食品需要添加抗氧化剂后，应该在充分了解抗氧化剂性能的基础上，选择最适宜的抗氧化剂品种。最好是通过试验来确定。

2. 正确掌握抗氧化剂的添加时机

抗氧化剂只能阻碍氧化作用，延缓食品开始氧化败坏的时间，并不能改变已经败坏的后果，因此，在使用抗氧化剂时，应当在食品处于新鲜状态和未发生氧化变质之前使用，才能充分发挥抗氧化剂的作用。这一点对于油脂尤其重要。

油脂的氧化酸败是一种自发的链式反应，在链式反应的诱发期之前添加抗氧化剂，即能阻断过氧化物的产生，切断反应链，发挥抗氧化剂的功效，达到阻止氧化的目的。否则，抗氧化剂添加过迟，在油脂已经发生氧化反应生成过氧化物后添加，即使添加较多量的抗氧化剂，也不能有效地阻断油脂的氧化链式反应，而且可能发生相反的作用。因为抗氧化剂本身极易被氧化，被氧化了的抗氧化剂反而可能促进油脂的氧化。

3. 抗氧化剂及增效剂、稳定剂的复配使用

在油溶性抗氧化剂使用时，往往是两种或两种以上的抗氧化剂复配使用，或者是抗氧化剂与柠檬酸、抗坏血酸等增效剂复配使用，这样会大大增加抗氧化效果。

在使用酚类抗氧化剂的同时复配使用某酸性物质，能够显著提高抗氧化剂的作用效果。另外，使用抗氧化剂时若能与食品稳定剂同时使用也会取得良好的效果。含脂率低的食品使用油溶性抗氧化剂时，配合使用必要的乳化剂，也是发挥其抗氧化作用的一种措施。

4. 选择合适的添加量

使用抗氧化剂的浓度要适当。虽然抗氧化剂浓度较大时，抗氧化效果较好，但它们之间并不成正比。由于抗氧化剂的溶解度、毒性等问题，油溶性抗氧化剂的使用浓度一般不超过0.02%，如果浓度过大，除了造成使用困难外，还会引起不良作用。水溶性抗氧化剂的使用浓度相对较高，一般不超过0.1%。

5. 控制影响抗氧化剂作用效果的因素

要使抗氧化剂充分发挥作用，就要控制影响抗氧化剂作用效果的因素。影响抗氧化剂作用效果的因素主要有光、热、氧、金属离子及抗氧化剂在食品中的分散性。

光（紫外光）、热能促进抗氧化剂分解挥发而失效。如油溶性抗氧化剂 BHA、BHT 和 PG 经加热，特别是在油炸等高温下很容易分解，它们在大豆油中加热至 170℃，其完全分解的时间分别是 BHA 90min、BHT 60min、PG 30min。BHA 在 70℃、BHT 在 100℃ 以上加热会迅速升华挥发。

氧气是导致食品氧化变质的最主要因素，也是导致抗氧化剂失效的主要因素。在食品内部或食品周围氧浓度大，就会使抗氧化剂迅速氧化而失去作用。因此，在使用抗氧化剂的同时，还应采取充氮或真空密封包装，以降低氧的浓度和隔绝环境中的氧，使抗氧化剂更好地发挥作用。

铜、铁等重金属离子是促进氧化的催化剂，它们的存在会促进抗氧化剂迅速被氧化而失去作用。另外，某些油溶性抗氧化剂遇到金属离子，特别是在高温下，颜色会变深。所以，在食品加工中应尽量避免这些金属离子混入食品，或同时使用螯合这些金属离子的增效剂。

抗氧化剂使用的剂量一般都很少。所以，在使用时必须使之十分均匀地分散在食品中，才能充分发挥其抗氧化作用。

第二节 油溶性抗氧化剂

油溶性抗氧化剂是指能溶于油脂，对油脂和含油脂的食品起到良好抗氧化作用的物质。常用的有丁基羟基茴香醚（BHA）、二丁基羟基甲苯（BHT）、没食子酸丙酯（PG），天然的有愈疮树脂、生育酚混合浓缩物等。

1. 丁基羟基茴香醚

丁基羟基茴香醚，又名叔丁基-4-羟基茴香醚、丁基大茴香醚，简称 BHA，为两种成分（3-BHA 和 2-BHA）的混合物。分子式为 $C_{11}H_{16}O_2$，相对分子质量为 180.25，结构式如下：

$$\text{3-BHA} \qquad \text{2-BHA}$$

(1) 性状　丁基羟基茴香醚为白色至浅黄色蜡状固体，有轻微特异臭。市售品为两种成分的混合物，一般 3-BHA 的含量为 90% 以上。熔点 48～63℃，沸点 264～270℃（98kPa），不溶于水，易溶于乙醇、丙二醇及各类油脂。对热稳定，在弱碱性条件下也不易被破坏。

(2) 性能　丁基羟基茴香醚的抗氧化作用是由它放出氢原子阻断油脂自动氧化而实现的。

BHA 对动物脂肪的抗氧化性较强，对不饱和的植物油的抗氧化性较弱。3-BHA 的抗氧化效果比 2-BHA 高 1.5～2 倍。BHA 用量为 0.02% 时较用量为 0.01% 的抗氧化效果增高 10%，但用量超过 0.02% 时，其抗氧化效果反而下降。BHA 可单独使用，也可与其他抗氧化剂共同使用。单独用于起酥油，其效果不如 BHT、TBHQ，但在乳剂中效果比 BHT 好。

BHA 可以在油煎或烘烤的温度下使用，并在此过程中随油进入食品中，从而对食品起到抗氧化作用。广泛应用于低脂食品如谷物食品特别是早餐谷物、面包、速煮饼等。BHA 具有一定的熏蒸性，因此可以将其加到食品包装材料中或将其乳浊液洒到食品包装上，而对食品起抗氧化作用。BHA 还具有较强的抗菌能力，用 0.015% 的 BHA 可抑制金黄色葡萄球菌，用 0.028% 的 BHA 可阻止寄生曲霉孢子的生长和阻碍黄曲霉毒素的生成。

(3) 毒性　小鼠经口 LD_{50} 1100mg/kg（雄性）；1300mg/kg（雌性）。FAO/WHO（1994）规定，ADI 为 0～0.5mg/kg

JECFA 1989 年认为，BHA 在膳食中以 20g/kg 连续给予大鼠经口 6～12 个月，大鼠前胃肯定产生鳞状细胞癌；给予 1.25g/kg 时，可有轻微增生；给予 1.0g/kg 时，不增生。对猪食道的影响可疑，且用量比大鼠大。对狗无有害作用。对人无需进一步研究。

(4) 制法及质量指标　BHA 的制法主要有两种方法，一种是以磷酸为催化剂，对苯二酚和叔丁醇在 101℃ 条件下反应，生成中间体叔丁基对苯二酚，然后在锌粉存在下，与硫酸二甲酯反应而制得。另一种是对羟基茴香醚与叔丁醇在磷酸或硫酸作用下，发生烷基化反应而生成丁基羟基茴香醚；反应生成物先用水洗，再用 10%NaOH 溶液洗涤，经减压蒸馏、重结晶即得成品。

按照我国食品添加剂丁基羟基茴香醚的质量标准（GB 1916—1980）的要求，应符合下列质量指标：熔点为 48～63℃；灼烧残渣≤0.05%；砷（以 As 计）≤0.002%；重金属（以 Pb 计）≤0.0005%。

(5) 应用　根据我国《食品添加剂使用卫生标准》（GB 2760—1996）中规定：BHA 可用于食用油脂、油炸食品、干鱼制品、饼干、方便面、速煮米、果仁罐头、腌腊肉制品、早餐谷类食品，最大使用量为 0.2g/kg。BHA 与 BHT、PG 混合使用时，其中 BHT 与 BHA 总量不得超过 0.10g/kg，PG 不得超过 0.05g/kg。BHA 与 BHT 混合使用时，总量不得超过 0.2g/kg（使用量均以脂肪计）。此外，也可用于胶姆糖配料。

实际生产中，BHA 广泛用于各种食品，如油脂、含油食品和食品包装材料。BHA 在食品中的用量见表 5-1。

表 5-1 BHA 应用食品的种类及用量

食品品种	用量[①]/%	食品品种	用量[①]/%
动物油	0.001~0.01	植物油	0.002~0.02
焙烤食品	0.01~0.04(按脂肪计)	谷物食品	0.005~0.02
豆浆粉	0.001	精炼油	0.01~0.1
口香糖基质	可达 0.1	糖果	可达 0.1(按脂肪计)
食品包装材料	0.02~0.1		

① 一般是 BHA 与没食子酸酯、柠檬酸结合使用。

2. 二丁基羟基甲苯

二丁基羟基甲苯，又名 2,6-二叔丁基对甲酚，简称 BHT，分子式为 $C_{15}H_{24}O$，相对分子质量为 220.36，结构式如下：

$$(CH_3)_3C \underset{\underset{CH_3}{}}{\overset{OH}{\underset{}{\bigcirc}}} C(CH_3)_3$$

(1) 性状 二丁基羟基甲苯为无色结晶或白色晶体粉末，无臭、无味，熔点 69.5~71.5℃，沸点 265℃。它的化学稳定性好，对热相当稳定，抗氧化效果好，与金属离子反应不着色。它不溶于水、甘油，易溶于乙醇、丙酮、甲醇、苯、矿物油、大豆油、棉籽油、猪脂等。

(2) 性能 二丁基羟基甲苯的抗氧化作用是由于其自身发生自动氧化而实现的。

BHT 稳定性高，抗氧化能力强，在食品中的应用与 BHA 基本相同，但其抗氧化能力不如 BHA。BHT 遇热抗氧化效果不受影响，不像 PG 那样遇铁离子发生呈色反应。在猪脂中加入 0.01% 的 BHT，能使其氧化诱导期延长 2 倍。BHT 与柠檬酸、抗坏血酸或 BHA 复配使用，能显著提高抗氧化效果。BHT 与 BHA 或 TBHQ 混合使用，其效果超过单独使用。但其对 PG 无增效作用。

BHT 能有效地延缓植物油的氧化酸败，改善油煎快餐食品的贮藏期。在起酥油中有效。BHT 无最适宜浓度，随 BHT 浓度增高，油脂的稳定性也提高。但在较高浓度时，油脂的稳定性提高速率变小，且浓度达 0.02% 以上时，会引入酚气味。

BHT 价格低廉，为 BHA 的 1/5~1/8，可用作主要抗氧化剂。目前它是我国生产量最大的抗氧化剂之一。

(3) 毒性 大鼠经口 LD_{50} 2.0g/kg。美国食品与药物管理局将 BHT 列为一般公认安全的物质。FAO/WHO (1994) 规定，ADI 为 0~0.3mg/kg。

(4) 制法及质量指标 二丁基羟基甲苯的制法是由对甲酚和叔丁醇以浓硫酸为催化剂、氧化铝为脱水剂制得。

按照我国食品添加剂二丁基羟基甲苯的质量标准（GB 1900—1980）的要求，应符合下列质量指标：熔点为 69.0~70.0℃；水分≤0.1%；灼烧残渣≤0.01%；硫酸盐（以 SO_4 计）≤0.002%；重金属（以 Pb 计）≤0.0004%；砷（以 As 计）≤0.0001%；游离酚（以对甲酚计）<0.02%。

(5) 应用 根据我国《食品添加剂使用卫生标准》（GB 2760—1996）中规定：二丁基羟基甲苯可用于食用油脂、油炸食品、干鱼制品、饼干、方便面、速煮米、果仁罐头、腌腊肉制品、早餐谷类食品，最大使用量为 0.2g/kg。BHT 与 BHA 混合使用时，总量不得超过 0.2g/kg；BHT 和 BHA 与 PG 混合使用时，BHA、BHT 总量不得超过 0.1g/kg，PG 不得超过 0.05g/kg。最大使用量以脂肪计。此外，也可用于胶姆糖配料。

实际生产中，BHT 广泛用于各种食品。BHT 在食品中的用量见表 5-2。

表 5-2　BHT 应用食品的种类及用量

食品品种	用量①/%	食品品种	用量①/%
动物油	0.001～0.01	植物油	0.002～0.02
焙烤食品	0.01～0.04（按脂肪计）	谷物食品	0.005～0.02
脱水豆浆	0.001	香精油	0.01～0.1
口香糖基质	达到 0.1	食品包装材料	0.02～0.1

① 通常与 BHA、没食子酸酯、柠檬酸配合使用。

用于油脂，BHT 对于动物脂比 BHA 有效。如果猪脂装在纸容器中且又与纸直接接触，则 BHT 将特别有效，使用含量 0.005%～0.02%。在焙烤食品或油炸食品中，BHT 的携带进入能力不如 BHA；在各种谷物食品和低脂肪食品中，BHT 的作用与 BHA 相同，并广泛使用。

对于肉制品，BHT 可有效延缓猪肉中正铁血红素的催化氧化。BHA 和 BHT 配合使用，对鲤鱼、鸡肉、猪排和冷冻熏猪肉片有效。对于奶制品，0.008%BHT 可用于稳定牛奶。用 BHT 和 PG 的混合物比单独使用 BHT 更有效。奶粉中加入 BHT 后，在冲制时可散发出一些酚的气味。另外，BHT 加入口香糖基质中，可防止其由于氧化而引起变味、发硬和变脆。

3. 叔丁基对苯二酚

叔丁基对苯二酚，又名叔丁基氢醌，简称 TBHQ，分子式为 $C_{10}H_{14}O_2$，相对分子质量为 166.22，结构式如下：

（1）性状　叔丁基对苯二酚为白色粉状结晶，有特殊气味，熔点 126.5～128.5℃，沸点 300℃。易溶于乙醇和乙醚，可溶于油脂，不溶于水。对热稳定，遇铁、铜等金属离子不形成有色物质，但在见光或碱性条件下可呈粉红色。

（2）性能　叔丁基对苯二酚有较强的抗氧化能力。对植物油而言，抗氧化能力顺序为 TBHQ>PG>BHT>BHA；对动物油脂而言，抗氧化能力顺序为 TBHQ>PG>BHA>BHT。

TBHQ 对稳定油脂的颜色和气味没有作用。在焙烤食品中它没有"携带进入"能力，与 BHA 混合使用时可改善此性质，但在油炸食品中具有这种能力。

TBHQ 对其他的抗氧化剂和螯合剂有增效作用，在其他酚类抗氧化剂都不起作用的油脂中，它还是有效的。柠檬酸的加入可增强其抗氧化活性。在植物油、膨松油和动物油脂中，TBHQ 一般与柠檬酸结合使用。

TBHQ 除具抗氧化作用外还有一定的抗菌作用，对细菌、酵母的最低抑制浓度为 0.005%～0.01%，对霉菌为 0.005%～0.028%。NaCl 对其抗菌作用有增效作用。在酸性条件下，TBHQ 的抑菌作用较强，如对变形杆菌，在 pH 等于 5.5 时 0.02% 的 TBHQ 即可完全抑制；而在 pH 等于 7.5 时，0.035% 也不能完全抑制。

(3) 毒性　大鼠经口 LD_{50} 700～1000m/kg。FAO/WHO（1994）规定，ADI 暂定为 0～0.2mg/kg。

(4) 制法及质量指标　叔丁基对苯二酚有两种制法。一种是用等物质的量的对苯二酚和叔丁醇以甲苯为溶剂，用 85% 硫酸作催化剂，在 90～100℃ 条件下反应后，热的甲苯层被分出，经蒸馏除去溶剂后再进行热过滤除去异构体，滤液冷却后得到 TBHQ。另一种制法是用等物质的量的对苯二酚和异丁烯在 85% 磷酸催化下，以甲苯为溶剂，于 105℃ 反应，分出甲苯层冷却后可得到含有少量杂质的 TBHQ。用热水进行重结晶即可得到产品。

根据 FAO/WHO（1995）的要求，TBHQ 符合下列质量指标：含量≥99.0%；砷（以 As 计）≤0.0003%；特丁基对苯醌≤0.2%；2,5-二叔丁基氢醌≤0.2%；重金属（以 Pb 计）≤0.001%；氢醌≤0.1%；熔点为 126.5～128.5℃；甲苯≤0.0025%。

(5) 应用　根据我国《食品添加剂使用卫生标准》（GB 2760—1996）中规定：叔丁基对苯二酚可用于食用油脂、油炸食品、干鱼制品、饼干、方便面、速煮米、干果罐头、腌肉制品，最大使用量为 0.2g/kg。

实际生产中，TBHQ 对各种粗制和精炼油的作用等于或超过 BHA、BHT、PG。在棉籽油、豆油和红花油中特别有效。它对氢化豆油、液体膨松油也有效。TBHQ 与 PG 配合，对于焙烤用油和生花生油有很好的作用。它与维生素 E 配合对于人造黄油有效。0.02% 的 TBHQ 可将橄榄油的抗氧化稳定性从 7h 提高到 12h，与柠檬酸配合可提高到 58h。

TBHQ 对于延缓柠檬油、橘油和薄荷油的氧化酸败也比 BHA 和 PG 更有效。在猪油中 TBHQ、BHA、BHT 和 PG 的抗氧化活性比较见表 5-3。

表 5-3　在猪油中 TBHQ、BHA、BHT 和 PG 抗氧化活性比较（活性氧方法）

处理	AOM 值（过氧化物浓度达到 20mmol/kg 的时间）/h	处理	AOM 值（过氧化物浓度达到 20mmol/kg 的时间）/h
对照	4		
0.005 TBHQ	23	0.005 BHA	27
0.010 TBHQ	38	0.010 BHA	36
0.020 TBHQ	55	0.020 BHA	42
0.005 BHT	12	0.005 PG	12
0.010 BHT	18	0.010 PG	20
0.020 BHT	33	0.020 PG	42

对于肉制品，TBHQ 可有效地延长冷冻馅饼产生腐败气味的时间。TBHQ 和 BHA 配合使用，可防止切块猪肉和牛肉退色，也可防止腐败气味的产生。它对于鱼和肉制作的馅也有效。

使用时，可以直接将 TBHQ 加入到已经加热的油脂中，充分搅拌，使 TBHQ 分散均匀。也可先将 TBHQ 溶解在少量的油脂中制成 TBHQ 浓缩液，再加入到大量油脂中或以计量器把 TBHQ 浓缩液加入到油脂流经管道里，这时，管道内应能够产生足够的湍流使 TBHQ 均匀分散。

4. 没食子酸丙酯

没食子酸丙酯，又名棓酸丙酯，简称 PG，分子式为 $C_{10}H_{12}O_5$，相对分子质量为

212.21，结构式如下：

$$\text{(HO)}_3\text{C}_6\text{H}_2\text{—COOCH}_2\text{CH}_2\text{CH}_3$$

(1) 性状　没食子酸丙酯为白色至淡褐色结晶性粉末或乳白色针状结晶，无臭，稍有苦味，水溶液无味。0.25%水溶液 pH 为 5.5 左右。易与铜、铁离子反应呈紫色或暗绿色。有吸湿性，光照可促进其分解。在水溶液中结晶可得一水合物，在 105℃ 即可失水变成无水物。熔点 146～150℃，对热较敏感，在熔点时即分解，因此应用于食品中其稳定性较差。对金属离子（如铜、铁）可生成有色的复合物。难溶于水，易溶于乙醇、丙二醇、甘油等。对油脂的溶解度与对水的溶解度差不多。

(2) 性能　没食子酸丙酯对植物油的抗氧化作用良好，与 BHA、维生素 E、TBHQ、棕榈酸抗坏血酸酯、抗坏血酸、柠檬酸等混合使用，均有使抗氧能力增强的协同作用。对猪油的抗氧化作用较 BHA 或 BHT 强。PG 加增效剂柠檬酸时，其抗氧化作用更强，但不如 PG 与 BHA、BHT 混合使用时的抗氧化作用强。混合使用时加增效剂柠檬酸，则抗氧化作用最好。

PG 可与铁离子生成紫色的配合物，从而引起食物变色。因此没食子酸丙酯总是与一种金属螯合剂配合使用，例如与柠檬酸配合使用，可防止变色。

PG 的抗氧化活性有一个最适的浓度，当用量超过这个浓度时，它即成为氧化强化剂起助氧化的作用。

(3) 毒性　大鼠经口 LD_{50} 2600mg/kg。美国食品与药物管理局将其列为一般公认安全物质。FAO/WHO（1994）规定，ADI 为 0～1.4mg/kg。

没食子酸丙酯在机体内水解，大部分没食子酸变成 4-O-甲基没食子酸，内聚成葡萄糖醛酸，随尿排出体外。

(4) 制法及质量指标　没食子酸丙酯的制法是将正丙醇与没食子酸在硫酸催化下，加热到 120℃ 进行酯化，然后用碳酸钠中和，去除溶剂，用活性炭脱色，最后用蒸馏水或乙醇水溶液进行重结晶，可制得成品。

按我国食品添加剂没食子酸丙酯质量标准（GB 3263—1982）的要求，应符合下列质量指标：含量（以 $C_{10}H_{12}O_5$ 计）为 98%～102%；干燥失重≤0.5%；砷（以 As 计）≤0.0003%；重金属（以 Pb 计）≤0.001%；熔点为 146～150℃；灼烧残渣≤0.1%。

(5) 应用　根据我国《食品添加剂使用卫生标准》（GB 2760—1996）中规定：没食子酸丙酯可用于食用油脂、油炸食品、干鱼制品、饼干、方便面、速煮米、果仁罐头、腌腊肉制品，最大使用量 0.1g/kg；与 BHA、BHT 混合使用时，BHA、BHT 总量不得超过 0.1g/kg，没食子酸丙酯不得超过 0.05g/kg。最大使用量以脂肪计。此外也可用于胶姆糖配料。

实际生产中，没食子酸酯对于稳定动物油、豆油、棉籽油、棕榈油和氢化植物油很有效。没食子酸酯对香精油也有效；0.05% 的 PG、0.05% 的 BHA、0.05% 的 BHT 混合使用，对于稳定橘油有效；0.1% 的 PG 是柠檬油的适宜抗氧化剂。

没食子酸丙酯能保护新鲜牛肉的色素和类脂化合物。PG 与 BHA 和抗坏血酸柠檬酸酯或抗坏血酸结合使用可延长牛肉的货架期。PG 也可延长鸡肉的保质期。

PG 单独使用或与 BHA 和柠檬酸结合使用,均对糖果制作中使用的鲜奶油有保护作用。PG、BHA 和 BHT 结合使用,对于提高带壳的核桃抗氧化稳定性有效。喷雾干燥和泡沫干燥的全脂奶粉,0.02% 的 PG 可延长其货架期三倍。0.01% 的 PG 也能提高喷雾干燥的全脂奶粉的稳定性。但没食子酸酯不能延长充气包装的全脂奶粉的货架期。

第三节 水溶性抗氧化剂

水溶性抗氧化剂能够溶于水,主要用于防止食品氧化变色,常用的有抗坏血酸、异抗坏血酸及其盐、植酸、茶多酚等。

1. L-抗坏血酸

L-抗坏血酸,又名维生素 C,分子式为 $C_6H_8O_6$,相对分子质量为 176.13,结构式如下:

(1) 性状 L-抗坏血酸为白色或略带淡黄色的结晶或粉末,无臭,味酸;遇光颜色逐渐变深;干燥状态比较稳定,但水溶液很快被氧化分解,在中性或碱性溶液中尤其。熔点 190~192℃(分解)。易溶于水,溶于乙醇,不溶于苯,乙醚等溶剂。旋光度 $[\alpha]_D^{20}+21°\sim+22°$。

抗坏血酸的水溶液易被热、光等显著破坏,特别是在碱性及重金属存在时更促进其破坏,在使用时必须注意避免从水及容器中混入金属和与空气接触。

(2) 性能 L-抗坏血酸作为食品抗氧化剂可以清除氧,抑制对氧敏感的食物成分的氧化;将系统的氧化还原电势移向还原的范围;产生酚类或脂溶性的抗氧化剂;维持疏基以—SH 形式存在;对螯合剂起增效作用;还原不受欢迎的氧化产物。在这些体系中抗坏血酸被氧化成脱氢抗坏血酸,并失去抗氧化作用。

L-抗坏血酸还具有治疗坏血病、解毒及维护毛细血管通透性等作用,可作为营养强化剂使用。

(3) 毒性 大鼠经口 $LD_{50}>5000mg/kg$。FAO/WHO(1994)规定,ADI 为 0~15mg/kg。

(4) 制法及质量指标 L-抗坏血酸的制法是以葡萄糖为原料,在镍催化下加压氧化成山梨醇,再经醋酸杆菌发酵氧化成 L-山梨糖,在浓硫酸催化下与丙酮反应生成双丙酮-L-山梨糖,在碱性条件下经高锰酸钾氧化成 L-抗坏血酸。

根据我国食品添加剂抗坏血酸质量标准(GB 14754—1993)的要求,L-抗坏血酸应符合下列质量指标:含量≥99.0%,旋光度 $[\alpha]_D^{25}+20.5°\sim+21.5°$,灼烧残渣≤0.1%,砷(以 As 计)≤0.0003%,重金属(以 Pb 计)≤0.001%。

(5) 应用 根据我国《食品添加剂使用卫生标准》(GB 2760—1996)中规定:L-抗坏血酸可用于啤酒,最大使用量为 0.04g/kg;用于发酵面制品,0.2g/kg。

抗坏血酸在许多食品中用作抗氧化剂,包括加工过的水果、蔬菜、肉、鱼、干果、软饮料和饮料。在各种食品中的使用量见表 5-4。

实际生产中,L-抗坏血酸用于油脂中可延迟油脂氧化过程。在 75℃,将 0.025%~0.1% 的抗坏血酸加入到含有 α-维生素 E 的猪油中可有效地提高其诱导期。

表 5-4　L-抗坏血酸应用食品的种类及用量

食品品种	用量/%	食品品种	用量/%
果汁	0.005~0.02	软饮料	0.005~0.03
柠檬油	0.01	酒	0.005~0.015
啤酒	0.002~0.006	冷藏水果	0.03~0.045
罐装水果	0.025~0.04	罐装蔬菜	0.1
鲜肉	0.02~0.05	加工肉	0.02~0.05
奶粉	0.02~0.2		

用于水果和蔬菜，可抑制加工水果的褐变，可保持其色泽和风味。用于罐装蘑菇，抗坏血酸与螯合剂（如 EDTA）一起加入，效果更好。

用于肉制品，可有效地防止鲜肉或肉制品退色，防止熟肉制品腐败；用抗坏血酸溶液对猪肉表面进行喷淋或浸沾，可延缓其表面退色及延缓鲜肉中脂类化合物的氧化，可保持冷冻猪肉的红色长达 6 个星期；抗坏血酸和聚磷酸盐的组合物可延缓熟猪肉腐败；聚磷酸钠和抗坏血酸的组合物可延缓冷冻加工猪肉中脂类化合物的氧化；BHA 或 PG 与抗坏血酸配合使用，可延长在透氧膜中冷冻贮藏的生牛肉中的脂类化合物和色素的氧化，时间可达 8 年之久。在肉制品中，抗坏血酸催化亚硝基肌红蛋白的生成，促进氧化氮的产生，因而减少了亚硝酸盐的浓度，并且保护了亚硝酰肌红蛋白免于氧化。加入螯合剂，如 EDTA 和聚磷酸盐，可提高抗坏血酸的作用效果。抗坏血酸也可抑制肉制品中亚硝胺的生成。

L-抗坏血酸用于奶制品，可延缓全脂奶粉不良气味的产生。在喷雾干燥前，每升牛奶中加入 200~250mg 的抗坏血酸和 100mg 的柠檬酸钠，便可保护其脂类化合物和维生素 A、维生素 D，甚至在延长其贮藏期之后仍有保护作用。抗坏血酸可将鲜奶油的贮藏期提高到 3 个月。在牛脂中抗坏血酸作为抗氧化剂和抗水解剂也很有效。

在瓶装和罐装的碳酸饮料中，L-抗坏血酸被用作氧清除剂，防止饮料变味和变色。它保护瓶装饮料中的胡萝卜素暴露于阳光下时不退色。用于啤酒可防止其氧化变浑、变味、颜色变暗和退色，也可提高酒的香味和透明度。

2. 异抗坏血酸钠

异抗坏血酸钠，又名异维生素 C 钠、D-抗坏血酸钠、赤藓糖酸钠，为抗坏血酸钠的同分异构体。分子式为 $C_6H_7NaO_6 \cdot H_2O$，相对分子质量为 216.12，结构式如下：

$$\begin{array}{c}\text{H}_2\text{C—OH}\\ \text{HO—}\overset{|}{\text{C}}\text{—H}\\ \end{array}\underset{\underset{\text{NaO}}{|}}{\bigcirc}\underset{\text{OH}}{\overset{\text{O}}{\diagup}} \cdot H_2O$$

(1) 性状　异抗坏血酸钠为白色至黄白色晶体颗粒或晶体粉末，无臭，微有咸味，熔点 200℃ 以上（分解）。在干燥状态下暴露在空气中相当稳定，但在水溶液中，当有空气、金属、热、光时，则发生氧化。它易溶于水，几乎不溶于乙醇，2% 水溶液的 pH 为 6.5~8.0。它的水溶液在碱性条件下，尤其是在有铁和铜等金属存在下易氧化。

(2) 性能　异抗坏血酸钠耐热性差，还原能力强，其抗氧化能力远远超过 L-抗坏血酸，价格便宜，无强化维生素 C 的作用，但不会阻碍人体对 L-抗坏血酸的吸收和运用。

在肉制品中异抗坏血酸钠与亚硝酸钠配合使用，可提高肉制品的成色效果，又可防止肉质氧化变色。此外它还能加强亚硝酸钠抗肉毒杆菌的效能，并能减少亚硝胺的产生。

(3) 毒性　大鼠经口 LD_{50} 15g/kg；小鼠经口 LD_{50} 9.4g/kg。美国食品与药物管理局

(1984) 将其列为一般公认安全物质。FAO/WHO (1994) 规定，ADI 无需规定。

(4) 制法及质量指标　异抗坏血酸钠是以葡萄糖为原料，接种假单胞菌属的荧光杆菌，经通气发酵，得 α-酮葡萄糖酸钙，经酸化、除钙后，加甲醇和少量硫酸进行酯化，得到固体葡萄糖酸甲酯。将酯溶解在甲醇中，加入金属钠，混合物加热生成异抗坏血酸钠盐沉淀，分离后，再经精制即可得到产品。

按我国食品添加剂异抗坏血酸钠质量标准（GB 8273—1987）的要求，应符合下列质量指标：含量 $\geqslant 98.0\%$；旋光度 $[\alpha]_D^{25} +95.5° \sim +98.0°$；砷（以 As 计）$\leqslant 0.0003\%$；重金属（以 Pb 计）$\leqslant 0.002\%$；pH 为 5.5～8.0。

(5) 应用　根据我国《食品添加剂使用卫生标准》（GB 2760—1996）中规定：异抗坏血酸钠可用于啤酒，最大使用量 0.04g/kg；葡萄酒、果汁饮料，最大使用量 0.15g/kg；肉制品，最大使用量 0.5g/kg；果蔬罐头、肉类罐头、果酱、冷冻鱼，最大使用量 1.0g/kg。

实际生产中，异抗坏血酸钠主要作为抗氧化剂和防腐保鲜剂广泛应用于食品中。

在肉制品腌制过程中，可用来代替维生素 C，作为护色助剂，同时可减少亚硝酸钠的用量，并保证产品质量。

在水果加工过程中，特别是去皮、破碎或解冻时，由于酶促褐变，易氧化变色；添加异抗坏血酸钠代替维生素 C 进行浸泡，或加到成品的汤汁中，可以防止水果变色。

也可用于蔬菜的保鲜。如用 0.01% 的异抗坏血酸钠溶液浸泡黄瓜 15min，或喷雾 0.1% 的异抗坏血酸钠溶液，晾干后密封于塑料袋中，室温下可保鲜 20 天左右。

异抗坏血酸钠的使用应尽可能在密闭条件下（罐头，特别是浅色罐头制品，香肠等）进行，以充分发挥其作用。如不在密闭条件下使用，应考虑与其他条件配合，以取得最佳效果。

3. 植酸

植酸，又名肌醇六磷酸、环己六醇六磷酸酯，简称 PA，分子式为 $C_6H_{18}O_{24}P_6$，相对分子质量为 660.08，结构式如下：

$$\begin{array}{c}
\text{(OH)}_2\text{P}(\text{O})\text{O}-\text{C}_6\text{H}_6-\text{OP}(\text{O})(\text{OH})_2 \\
\end{array}$$

(1) 性状　植酸为淡黄色或黄褐色黏稠液体，易溶于水、96% 乙醇、甘油和丙酮，难溶于无水乙醇和甲醇，不溶于苯、氯仿和乙醚等。水溶液为强酸性，0.7% 溶液的 pH 为 1.7。易受热分解，在 120℃ 以下短时间加热或浓度较高时较稳定。

(2) 性能　植酸有很强的抗氧化能力，与维生素 E 混合使用，具有协同的抗氧化效果。

植酸对金属离子有螯合作用，在低 pH 下可定量沉淀 Fe^{3+}。中等 pH 或高 pH 下可与所有的其他多价阳离子形成可溶性配合物。它能显著地抑制维生素 C 的氧化。

植酸是食品中抑制铁催化类脂氧化的最有效的试剂之一。对于肉类制品，它可从带负电荷的磷脂中清除肌红蛋白衍生的铁，防止自动氧化和异味的生成。

(3) 毒性　小鼠经口 LD_{50} 4300mg/kg（雌性）；3160mg/kg（雄性）。

植酸为天然产物，多年食用证明对人无毒害作用。日本规定可不予限制。但也有人认为它能螯合微量金属离子，有不利之处，应予注意。

(4) 制法及质量指标　植酸的制法是将米糠、麸皮等用2%盐酸溶液浸提制得菲丁，再以菲丁制得植酸。

根据我国食品添加剂植酸质量标准（HG 2683—1995）的要求，应符合下列质量指标：含量≥50%；无机磷（以P计）≤0.02%；氯化物（以Cl计）≤0.02%；硫酸盐（以SO_4计）≤0.02%；钙盐（以Ca计）≤0.02%；砷（以As计）≤0.0003%；重金属（以Pb计）≤0.003%。

(5) 应用　根据我国《食品添加剂使用卫生标准》（GB 2760—1996）中规定：植酸用于对虾保鲜，可按生产需要适量使用，允许残留量为20mg/kg；用于食用油脂、果蔬制品、果蔬汁饮料和肉制品，最大使用量为0.2g/kg。

实际生产中，植酸常作为抗氧化剂及金属离子螯合剂用来防止食品的氧化、褐变或退色。

用于腌制品或卤煮鱼、虾的调味液，在制作过程中添加0.1%～0.3%的植酸，可防止产品褐变或退色。用作植物油的抗氧化剂，如对大豆油等植物油添加0.01%即非常有效。用于鲑、蟹、虾等水产罐头，可防止产生鸟粪石结晶，其最少添加量为0.1～0.25g/罐。虾、蟹等水产罐头，添加0.3%～0.5%植酸可完全防止发生硫化氢黑变。也可用作罐头的防腐涂膜。

植酸还可用于制酒工业的除金属剂、油脂的精炼、水的软化剂、水果和蔬菜的保鲜及保健饮料快速止渴剂。

4. 茶多酚

茶多酚，又名抗氧灵、维多酚、防哈灵，是茶叶中所含的一类多羟基酚类化合物，简称TP，主要化学成分为儿茶素类（黄烷醇类）、黄酮及黄酮醇类、花青素类、酚酸及缩酚酸类、聚合酚类等化合物的复合体。其中儿茶素类化合物为茶多酚的主体成分，占茶多酚总量的65%～80%。儿茶素类化合物主要包括儿茶素（EC）、没食子儿茶素（EGC）、儿茶素没食子酸酯（ECG）和没食子儿茶素没食子酸酯（EGCG）4种物质。

茶多酚在茶叶中的含量因茶叶的种类不同而有所区别。一般情况下。各大茶类中，茶多酚含量：绿茶＞乌龙茶＞红茶；以季节而论，夏秋茶高于春茶。以绿茶及其副产物为原料提取的多酚类物质中，茶多酚含量大于95%，其中儿茶素类占70%～80%，黄酮化合物占4%～10%，没食子酸0.3%～0.4%，氨基酸0.2%～0.5%，总糖0.5%～1.0%，叶绿素（以脱镁叶绿素为主）0.01%～0.05%。

(1) 性状　茶多酚为淡黄至茶褐色略带茶香的水溶液、粉状固体或结晶，具涩味，易溶于水、乙醇、乙酸乙酯，微溶于油脂。耐热性及耐酸性好，在pH2～7范围内均十分稳定。略有吸潮性，水溶液pH 3～4。在碱性条件下易氧化褐变。遇铁离子生成绿黑色化合物。

(2) 性能　茶多酚具有较强的抗氧化作用，尤其酯型儿茶素EGCG，其还原性甚至可达L-抗坏血酸的100倍。4种主要儿茶素化合物中，抗氧化能力为EGCG＞EGC＞ECG＞EC＞BHA，且抗氧化性能随温度的升高而增强。其对动物油脂的抗氧化效果优于对植物油脂的效果。与维生素E、维生素C、卵磷脂、柠檬酸等配合使用，具有明显的增效作用，也可与其他抗氧化剂联合使用。

茶多酚除具抗氧化作用外，还具有抑菌作用，如对葡萄球菌、大肠杆菌、枯草杆菌等均有抑制作用。其对细菌的最低抑制含量为 0.005%～0.1%。

茶多酚可吸附食品中的异味，因此具有一定的除臭作用，可将高糖食品中的"酸尾"消失，使口感甘爽。对食品中的色素具有保护作用，它既可起到天然色素的作用，又可防止食品退色。茶多酚还具有抑制亚硝酸盐的形成和积累作用。

据报道，茶多酚对细菌有广泛的抑制作用，抑制作用明显；对霉菌的抑菌作用较明显；而对酵母不明显。含量为 0.08%～0.1% 时，对真菌、酵母、乳酸菌及醋酸菌等无抑制作用。可有效地抑制口腔中引起龋齿的口腔变异链球菌，防龋齿的效果比氟化物好。另外，茶多酚具有抗氧化、抗突变、抗癌变、抗衰老、清除自由基、降血压与胆固醇等生物学功能。

因茶多酚在碱性条件下易氧化聚合，故勿在碱性条件下使用。

(3) 毒性　大鼠经口 LD_{50} 2496mg/kg±326mg/kg。Ames 试验、骨髓微核试验和骨髓细胞染色体畸变试验表明，在 1/20 LD_{50} 浓度内均无不良影响，无任何副作用。

(4) 制法及质量指标　茶多酚是以茶及其副产物为原料，经提取、精制而得。

根据我国食品添加剂茶多酚质量标准（QB 2154—1995）的要求，其质量指标见表 5-5。

表 5-5　茶多酚的质量指标（QB 2154—1995）

项　目		粉　状			浸膏
		TP-Ⅰ	TP-Ⅱ	TP-Ⅲ	TP-Ⅳ
含量/%	≥	90	60	30	20
水分/%	≤	6.0	6.0	6.0	40.0
总灰分/%	≤	0.3	2.0	2.0	2.0
砷（以 As 计）/%	≤	0.0002	0.0002	0.0002	0.0002
重金属（以 Pb 计）/%	≤	0.0010	0.0010	0.0010	0.0010
咖啡碱/%	≤	4.0	—	—	—

(5) 应用　根据我国《食品添加剂使用卫生标准》（GB 2760—1996）中规定：茶多酚用于含油脂酱料，最大使用量 0.1g/kg；油炸食品、方便面，0.2g/kg；肉制品、鱼制品，0.3g/kg；油脂、火腿、糕点及其馅料，0.4g/kg（以油脂中儿茶素计）。

实际生产中，茶多酚主要作为抗氧化剂、防腐剂使用。广泛用于动植物油脂、水产品、饮料、糖果、乳制品、油炸食品、调味品、化妆品及功能性食品的抗氧化、防腐保鲜、护色、保护维生素、消除异味、改善食品风味等。

添加 0.005%～0.05% 的茶多酚可有效地抑制各种动植物油的酸败。用 0.05%～0.2% 茶多酚溶液浸泡各种肉制品 5～10min，或将其喷洒在各种肉制品表面，可防止肉制品的氧化酸败和防腐。茶多酚还可有效地保护水果、蔬菜中的天然色素及维生素，添加量为 0.03%～0.8%。

此外，在鱼、虾等水产品的加工和保鲜过程中使用茶多酚，可起到抗氧化、防腐败、防褐变、防退色和消除臭味等作用。在焙烤食品、糖果中添加 0.005%～0.2%，乳制品中添加 0.01%～0.05%，油炸食品中添加 0.01%～0.02% 的茶多酚，能有效地发挥其抗氧化作用。

茶多酚使用时，在水基食品中可将茶多酚溶于水直接使用。对油脂、鱼、肉等食品，可先将茶多酚溶于食用乙醇后使用。也可将茶多酚制成乳液使用。水产品和部分肉制品可采用浸入法或喷涂法。

第四节 兼溶性抗氧化剂

兼溶性抗氧化剂目前生产的主要是 L-抗坏血酸棕榈酸酯。

L-抗坏血酸棕榈酸酯，又名 L-抗坏血酸软脂酸酯，简称 AP，分子式 $C_{22}H_{38}O_7$，相对分子质量 414.54，结构式如下：

$$\text{结构式}$$

（1）性状　L-抗坏血酸棕榈酸酯为白色或黄白色粉末，略有柑橘气味，易溶于乙醇，可溶于水和植物油，熔点 107～117℃，热稳定性比 L-抗坏血酸好。

（2）性能　L-抗坏血酸棕榈酸酯抗氧化性能基本同 L-抗坏血酸。

（3）毒性　美国食品与药物管理局将 L-抗坏血酸棕榈酸酯列为一般公认安全物质。FAO/WHO（1994）规定，ADI 为 0～1.25mg/kg（以抗坏血酸棕榈酸酯或抗坏血酸硬脂酸酯计，或者为二者总和）。

（4）制法及质量指标　L-抗坏血酸棕榈酸酯是由棕榈酸与 L-抗坏血酸酯化而得。棕榈酸与过量 L-抗坏血酸在室温和过量的 95% 硫酸存在下，反应 16～24h 后，分离产物，即可得到产品，收率可达 40%～50%。

根据我国食品添加剂 L-抗坏血酸棕榈酸酯质量标准（GB 16314—1994）的要求，应符合下列质量指标：含量（以干基计）≥95.0%；旋光度 $[\alpha]_D^{25}+21°～+24°$；灼烧残渣≤0.1%；干燥失重≤2.0%；熔点为 107～117℃；砷（以 As 计）≤0.0003%；重金属（以 Pb 计）≤0.001%。

（5）应用　根据我国《食品添加剂使用卫生标准》（GB 2760—1996）中规定：L-抗坏血酸棕榈酸酯可用于含油脂食品、方便面、食用油脂、氢化植物油、面包，最大使用量 0.2g/kg；用于婴儿配方食品，0.01g/kg（以油脂中抗坏血酸计）。

实际生产中，L-抗坏血酸棕榈酸酯既可作为抗氧化剂单独使用，也可作为其他抗氧化剂特别是维生素 E 的增效剂。商品混合抗氧化剂含有软脂酸抗坏血酸酯、维生素 E、卵磷脂等成分。其中，卵磷脂是 L-抗坏血酸棕榈酸酯的溶剂，也是增效剂。L-抗坏血酸棕榈酸酯保护油炸食品用油和油炸食品的能力非常强。其抗氧化活性比 BHA 及 BHT 都强，但比 PG 弱。

L-抗坏血酸棕榈酸酯可按计算量直接加入油中，也可先将其溶于乙醇中后再加入，或者先将其溶解在一种特殊的油（如八油酸十甘油酯）中。用最后一种方法，在油中的溶解度可达 0.05%。经测定，其浓度达到 0.003%～5.0% 的范围，就能提高其抗氧化活性。对由维生素 E、卵磷脂、柠檬酸、没食子酸辛酯组成的混合物，L-抗坏血酸棕榈酸酯有很强的增效作用。

L-抗坏血酸棕榈酸酯用于植物油，无论是单独使用还是与维生素 E 和卵磷脂结合使用，都有效。0.01% 的 L-抗坏血酸棕榈酸酯可延长大部分植物油的货架期。在豆油中 0.01% 的 L-抗坏血酸棕榈酸酯比 0.02% 的 BHA 和 BHT 更有效。L-抗坏血酸棕榈酸酯和其他几种抗氧化剂在四种植物油中的抗氧化活性（45℃）对比见表 5-6。

表 5-6　几种抗氧化剂在植物油中的抗氧化活性比较

抗氧化剂	过氧化物值达 70mmol/kg 所用的时间/d			
	红花油	葵花油	花生油	玉米油
对照	7	6	15	12
AP(0.01%)	11	10	26	21
AP+PG+TDPA①（各 0.01%）	25	22	46	31
BHA(0.02%)	8	8	15	15
BHT(0.02%)	10	9	15	13
PG(0.02%)	16	19	26	21

① TDPA：硫代二丙酸。

在动物脂肪中，如牛脂、猪脂和鸡脂中，dl-α-维生素 E 和 L-抗坏血酸棕榈酸酯的配合对延缓氧化是非常有效的。将 500mg/kg 的 L-抗坏血酸棕榈酸酯和 100mg/kg 的 dl-α-维生 E 掺入到牛脂中，在处理中可减少氧化胆固醇的生成。

在 20℃、37℃、47℃条件下，L-抗坏血酸棕榈酸酯可延长喷雾干燥奶粉的保质期 50%～70%。0.01% 的柠檬酸能提高 L-抗坏血酸棕榈酸酯的抗氧化活性，可配合使用。

第六章 食品着色剂

第一节 概 述

以食品着色为主要目的的食品添加剂称食品着色剂,也称色素。

食品的色泽是人们对于食品食用前的第一个感性接触,是人们辨别食品优劣、产生喜厌的先导,也是食品质量的一个重要指标。食品的色感好,对增进食欲也有很大作用;同时,食品天然的颜色,还反映其一定的营养成分,如在白色食物中多含碳水化合物、植物蛋白、植物油成分;红色食物多含动物蛋白、脂肪、不饱和脂肪酸、维生素、微量元素等成分;绿色食物中多含纤维素、维生素、微量元素;黑色、棕色食物中多含有调节人体功能、健身祛病的成分,如氨基酸、矿物质、B族维生素等。天然食品大都具有悦目的色泽,但这些色泽在加工过程中,因光、热、氧气及化学药剂等因素的影响,会出现退色或变色现象,使食品感官质量下降。因此,为了维持及改善食品色泽,在食品加工生产中,大都需要进行人工着色,以获得令人满意的食品。

一、色素的颜色与结构的关系

不同的物质能吸收不同波长的光,如果它所吸收的光,其波长在可见区以外,那么这种物质看起来是白色的;如果它所吸收的光,波长是在可见区,那么,它所显示出的颜色,即为被反射光的颜色,即吸收光的补色。例如,物质选择地吸收绿色光,它显现的颜色为紫色。

食品的主要色素都属于有机化合物,构成有机化合物的各原子之间大都以共价键连接起来。而根据分子轨道理论,构成有机化合物的各原子的原子轨道相互组合而形成分子轨道,分子轨道主要是 s 轨道和 p 轨道,它们是成键轨道,能量级比较低;与它们相应还组成了 s^* 轨道和 p^* 轨道,这两轨道为反键轨道。在通常的情况下,电子是填充在低能级的成键轨道上,而反键轨道是空着的。此外成键的 s 轨道在能量上低于成键的 p 轨道。与此相反,反键的 s^* 轨道的能级却高于反键的 p^* 轨道。除成键轨道和反键轨道外,有的原子轨道被保留下来,这种轨道称为非键轨道,以"n"轨道来表示。处于 n 轨道上的电子为不成键电子。

一般地说,当化合物吸收光能时,即电子吸收光子时,电子就会从能量较低的轨道(基态)跃迁至能量较高的轨道(激发态)。根据电子跃迁理论,可产生如下的一些跃迁:$s \rightarrow s^*$、$p \rightarrow p^*$、$n \rightarrow p^*$ 等。表 6-1 列出电子激发类型与光的波长及相应的能量。

表 6-1 激发各种分子轨道中电子的光波长及相应的能量与激发类型的关系

激发类型	吸收(激发)光的波长 λ/nm	吸收光的能量 $E/\times 10^{19}$ J
$s \rightarrow s^*$	150	1.32
$p \rightarrow p^*$	165	1.20
$n \rightarrow p^*$	280	0.70

凡是有机化合物分子在紫外和可见光区域内（200～700nm）有吸收峰的基团都称为生色团，如 >C=C< 、 >C=O 、—CHO、—COOH、—N=N—、—NO₂、>C=S 等均是。分子中含有1个生色团的物质，其吸收波段一般在200～400nm之间，故仍为无色的。如果在化合物分子中有2个或2个以上的生色团共轭形成大 π 键时，则引起电子 p→p* 跃迁的能量显著降低，其最大吸收波长移向近紫外区或可见区，即这时化合物吸收较长波长的光。当物质吸收可见区域波长的光时，该化合物便呈现颜色。共轭多烯类化合物的吸收光波长与共轭双键数的关系列于表6-2。

表 6-2 共轭多烯化合物吸收光的波长与双键数的关系

体　系	化　合　物	波长 λ/nm	颜色	双键数
>C—C<	乙烷	135	无色	无
CH=CH	乙烯	185	无色	1
CH₂=CH—CH=CH₂	1,3-丁二烯	217	无色	2
⁺CH=CH⁺₃	己三烯	258	无色	3
⁺CH=CH⁺₄	二甲基辛四烯	296	淡黄色	4
⁺CH=CH⁺₅	维生素 A	335	淡黄色	5
⁺CH=CH⁺₈	二氢-β-胡萝卜素	415	橙色	8
⁺CH=CH⁺₁₁	番茄红素	470	红色	11
⁺CH=CH⁺₁₅	去氢番茄红素	504	紫色	15

从表6-2可看出，烷烃分子中所有的分子轨道都是 s 轨道，在基态下，电子处于成键轨道上，当吸收1个相当能量的光子后，1个电子由成键轨道跃迁至反键轨道上 s→s*，这种跃迁所需的能量最大，因此相应的波长较短，处于远紫外区而不显色。在乙烯分子中不仅有 s 轨道，还有能级较高的 p 轨道。当 p 电子吸收1个能量较低的光子后，即可由 p 轨道跃迁至 p* 轨道上。由于 p→p* 跃迁的能量稍小于 s→s* 跃迁，所以吸收光的波长稍长些，但仍处于远紫外区，因此乙烯也是无色的。在丁二烯中，由于2个双键共轭而形成共轭体系，电子在这种共轭轨道中易于运动，能量较高，所以这种共轭成键轨道的能级高于孤立的 p 轨道。因此，当这种共轭体系吸收光子引起电子由成键轨道跃迁至反键轨道，较未共轭时要容易，其跃迁所吸收光的波长相应要长些，处于近紫外区。随着共轭双键数目的增多，吸收光波长向可见区域移动。因共轭体系越大，电子跃迁所需的能量越小，吸收光的波长越长，以致进入可见区域，使化合物变为有色。

化合物中有些基团，如—OH、—OR、—NH₃、—SH、—Cl、—Br 等，它们本身吸收光的波长处于远紫外区，但这些基团接于共轭体系上时，可使共轭体系吸收光的波长向长波方向移动，这类基团称为助色基（助色团）。助色团的未共用电子对处于非键轨道（n 轨道）上，n 轨道上的电子具有较高的能量，只要吸收较低的光能即可跃迁至反键轨道上，因此使吸收波长出现在可见区域。

生色团与助色团相互作用能引起化合物分子结构发生改变，而化合物的电子光谱对这种结构改变极为敏感。伴随着结构改变，吸收特征谱发生显著位移，以及谱带强度与标准值比较也发生变化。

二、食用着色剂的分类

常用的食品着色剂有60种左右，按来源不同，可分为天然的和人工合成的两类。按照溶解性质的不同，食用着色剂可分为水溶性的和油溶性两类。但溶解性是可以改变的，如β-胡萝卜素不溶于水，在脂肪为主的食品中溶解也较慢，且易受氧化；但经工艺处理后，则变为既可溶于水、油，又可延缓氧化。

1. 人工合成着色剂

人工合成的着色剂主要指用人工化学合成方法所制得的有机色素，按其化学结构又可分为偶氮类和非偶氮类两类。前者有苋菜红、柠檬黄等，后者有赤藓红和亮蓝等。人工合成的着色剂具有色泽鲜艳，着色力强，稳定性高，无臭无味，易溶解，易调色，成本低，价格廉等优点。但人工合成的着色剂多为由焦油所含的具有苯环、萘环等物质合成制得的，所以有一定的毒性，消费者倾向于购买用天然色素生产的食品。目前世界各国允许使用的人工合成着色剂几乎全是水溶性的。此外在许可使用的食用合成着色剂中，还包括它们各自的色淀。色淀是由水溶性着色剂沉淀在许可使用的不溶性基质（通常为氧化铝）上所制备的特殊着色剂。

我国许可使用的食用合成着色剂有苋菜红、胭脂红、赤藓红、新红、诱惑红、柠檬黄、日落黄、亮蓝、靛蓝和它们各自的铝色淀，以及酸性红、β-胡萝卜素、二氧化钛等。其中β-胡萝卜素是用化学方法合成的、在化学结构上与自然界发现的完全相同的色素。二氧化钛，是由矿物材料进一步加工制成。

近来，由于食用合成着色剂的安全性问题，各国实际使用的品种数逐渐减少。不过目前各国普遍使用的品种安全性甚好。

2. 食用天然着色剂

食用天然着色剂是来自天然物，且大多是可食资源，利用一定的加工方法所获得的有机着色剂。它们主要是由植物组织中提取，也包括来自动物和微生物的一些色素，品种甚多。它们的色素含量和稳定性等一般不如人工合成品，不过，人们对其安全感比合成色素高，尤其是对来自水果、蔬菜等食物的天然色素，不少品种还有一定的营养价值，有的更具有疗效性能，故其使用范围和限用量都比合成着色剂宽，近来发展很快，各国许可使用的品种和用量均在不断增加。

常用的食用天然着色剂有叶绿素铜钠、姜黄、甜菜红、虫胶色素、辣椒红素、红花黄色素、红曲色素、β-胡萝卜素、栀子色素、胭脂树橙、葡萄皮色素、紫胶色素等。新开发的有玫瑰茄红、越橘红、玉米黄、高粱红、辣椒黄、黑豆红、茄子紫等。

此外，最近还有人将人工化学合成，在化学结构上与自然界发现的色素完全相同的有机色素（如β-胡萝卜素等）归为第三类食用色素，即天然等同的色素（nature-identical colours）。

第二节 人工合成着色剂

人工合成食用着色剂一般色泽鲜艳、着色力强、坚牢度大、性质稳定、价格低廉，曾获得广泛的应用。但由于人工合成食用着色剂多属于焦油染料，无营养，对人体有害，其毒性（主要是本身的化学性质）可直接对人体健康造成危害，或者在人体代谢活动中产生有害物质，会产生致癌性等安全问题，现全世界允许使用的仅约37种，其中美国7种，日本10种，德国10种，英国18种，我国允许用于食品的合成着色剂及其铝色淀共20多种。各国允许使用的品种有所不同，但经过多年的淘汰，目前允许使用的人工合成着色剂还是比较安全的。

一、几种常用人工合成着色剂

1. 苋菜红

苋菜红,又名食用赤色2号(日本)、食用红色9号、酸性红、杨梅红、鸡冠花红、蓝光酸性红,为水溶性偶氮类着色剂。化学名称1-($4'$-磺基-$1'$-萘偶氮)-2-萘酚-3,6-二磺酸三钠盐,分子式为$C_{20}H_{11}N_2Na_3O_{10}S_3$,相对分子质量为604.48,结构式如下:

(1) 性状　苋菜红为紫红色均匀粉末,无臭,耐光、耐热性强(105℃),易溶于水,0.01%的水溶液呈玫瑰红色,可溶于甘油及丙二醇,不溶于油脂等其他有机溶剂。最大吸收波长为520nm±2nm,耐细菌性差,耐酸性良好,对柠檬酸、酒石酸等稳定,遇碱变为暗红色。与铜、铁等金属接触易退色,易被细菌分解。耐氧化,还原性差。

(2) 性能　苋菜红在浓硫酸中呈紫色,稀释后呈桃红色;在浓硝酸中呈亮红色;在盐酸中呈棕色,发生黑色沉淀。由于对氧化-还原作用敏感,故不适合于在发酵食品中使用。若制品中色素含量高,则色素粉末有带黑的倾向。又由于粉末的状态或水分的影响,即使是同一批制品,其粉末的颜色也可有些差异,但如配制溶液的浓度相同,其溶液的颜色是一定的。苋菜红着色力较弱。

(3) 毒性　小鼠经口$LD_{50}>10000$mg/kg。大鼠腹腔注射$LD_{50}>1000$mg/kg。

苋菜红多年来公认其安全性高,并被世界各国普遍使用。慢性毒性试验对肝脏、肾脏的毒性均很低。但也有一些相反的报道,1968年有报道称苋菜红有致癌性,1970年有报道称苋菜红降低生育力,产生畸胎,至今尚无最后结论,仍在继续进行长期的动物毒性试验。1972年FAO/WHO联合食品添加剂专家委员会将其ADI值从0~1.5mg/kg修改为暂定0~0.75mg/kg。1984年该委员会根据所收集到的资料再次进行评价,规定其ADI为0~0.5mg/kg。

(4) 制法及质量指标　苋菜红的制法是由1-氨基萘-4-磺酸经重氮化后与2-萘酚-3,6-二磺酸偶合,经盐析,精制而得。

按我国食品添加剂苋菜红质量标准(GB 4479.1—1999)的要求,分为特浓度级(苋菜红85)和高浓度级(苋菜红60),应符合下列质量指标:特浓度级,含量≥85%;干燥失重、氯化物及硫酸盐总量≤15%;水不溶物≤0.30%;副染料≤3.0%;砷(以As计)≤0.0001%;重金属(以Pb计)≤0.001%。高浓度级,含量≥60%;干燥失重≤10%;氯化物及硫酸盐含量≤5%;水不溶物≤0.30%;副染料≤3.0%;砷(以As计)≤0.0001%;重金属(以Pb计)≤0.001%。

(5) 应用　根据我国《食品添加剂使用卫生标准》(GB 2760—1996)中规定:苋菜红可用于山楂制品、樱桃制品、果味型饮料、果汁型饮料、汽水、配制酒、糖果、糕点上彩装、红绿丝、罐头、浓缩果汁、青梅、对虾片,最大使用量为0.05g/kg。人工合成着色剂混合使用时,应根据最大使用量按比例折算,红绿丝的使用量可加倍,果味粉着色剂加入量按稀释倍数的50%加入,婴儿代乳食品不得使用。

苋菜红使用时，一般可分为混合与涂刷两种，混合法适应于液态与酱状或膏状食品，即将欲着色的食品与着色剂混合并搅拌均匀。例如制造糖果时，可在熬糖后冷却时加入糖膏中并混匀。涂刷法系对不可搅拌的固态食品应用，这可将色素预先溶于一定的溶剂（如水）中，而后再涂刷于欲着色的食品表面，糕点装潢印色可用此法。

2. 胭脂红

胭脂红，又名食用赤色102号（日本）、食用红色7号、丽春红4R、大红、亮猩红，为水溶性偶氮类着色剂。化学名称 1-(4′-磺基-1′-萘偶氮)-2-萘酚-6,8-二磺酸三钠盐，分子式为 $C_{20}H_{11}N_2Na_3O_{10}S_3$，相对分子质量 604.48，结构式如下：

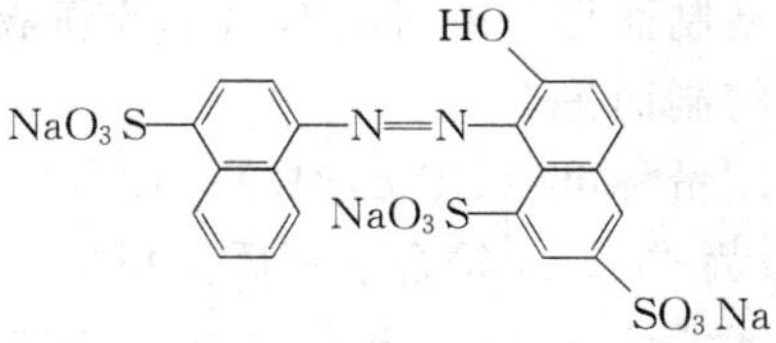

（1）性状　胭脂红为红色至深红色均匀颗粒或粉末，无臭。耐光性、耐酸性较好，耐热性强（105℃）、耐还原性差；耐细菌性较差。溶于水，水溶液呈红色；溶于甘油，微溶于酒精，不溶于油脂；最大吸收波长 508nm±2nm。对柠檬酸、酒石酸稳定；遇碱变为褐色。

（2）性能　着色性能与苋菜红相似。

（3）毒性　小鼠经口 LD_{50} 19300mg/kg。大鼠经口 LD_{50} >8000mg/kg。FAO/WHO（1984）规定，ADI 为 0~4mg/kg。

目前，除美国不许可使用外，绝大多数国家许可使用。

（4）制法及质量指标　胭脂红的制法是由 1-萘胺-4-磺酸经重氮化后，与 2-萘酚-6,8-二磺酸在碱性介质中偶合，生成胭脂红，加食盐盐析、精制而得。

根据我国食品添加剂胭脂红质量标准（GB 4480.1—1994）的要求，应符合下列质量指标：含量≥82％；干燥失重≤10％；水不溶物≤0.2％；异丙醚萃取物≤0.3％；副染料≤3％；砷（As）≤0.0001％；重金属（以 Pb 计）≤0.001％。

（5）应用　根据我国《食品添加剂使用卫生标准》（GB 2760—1996）中规定：胭脂红的使用范围和最大使用量与苋菜红相同，还可用于糖果色衣、豆奶饮料，最大使用量为 0.1g/kg；红肠肠衣，最大使用量为 0.025g/kg，残留量为 0.01g/kg；其余参见苋菜红。2005年增补品种，用于乳饮料最大使用量 0.05g/kg。

3. 柠檬黄

柠檬黄，又名食用黄色5号（日本）、食用黄色4号、酒石黄、酸性淡黄，为水溶性偶氮类着色剂。化学名称 3-羟基-5-羟基-1-(4′-磺基苯基)-4-(4′-磺基苯偶氮)-邻氮茂三钠盐，分子式 $C_{16}H_9N_4Na_3O_9S_2$，相对分子质量 534.37，结构式如下：

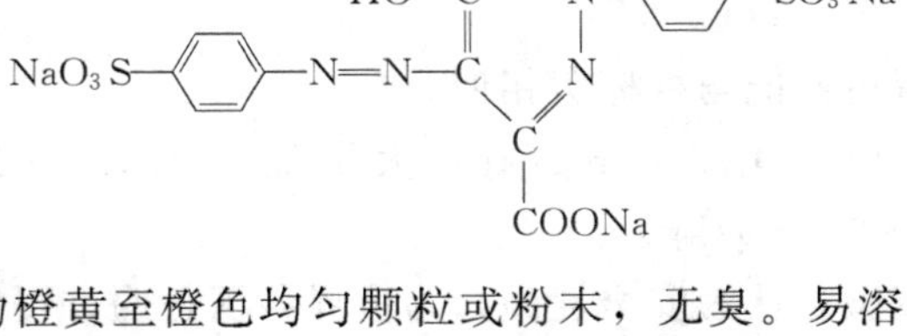

（1）性状　柠檬黄为橙黄至橙色均匀颗粒或粉末，无臭。易溶于水，0.1％水溶液呈黄色；溶于甘油、丙二醇，微溶于酒精，不溶于脂肪。耐光性、耐热（105℃）性、耐酸性和耐盐性强，耐氧化性较弱，遇碱微变红，还原时退色。最大吸收波长428nm±2nm。

（2）性能　柠檬黄在酒石酸、柠檬酸中稳定，是着色剂中最稳定的一种，可与其他色素复配使用，匹配性好。它是食用黄色素中使用最多的，应用广泛，占全部食用色素使用量的1/4以上。易着色，坚牢度高。

（3）毒性　小鼠经口 LD_{50} 12750mg/kg。大鼠经口 $LD_{50}>2000$mg/kg。FAO/WHO（1985）规定，ADI 为 0~7.5mg/kg。

柠檬黄经长期动物试验表明安全性高，为世界各国普遍许可使用。

（4）制法及质量指标　柠檬黄的制法是由苯肼对磺酸与双羟基酒石酸钠缩合，碱化后生成柠檬黄，然后用食盐盐析、精制而得。或者将对氨基苯磺酸重氮化，然后与羟基吡唑酮偶合生成柠檬黄，用食盐盐析、精制而得。

按我国食品添加剂柠檬黄质量标准（GB 4481.1—1999）的要求，柠檬黄分为特浓度级（柠檬黄85）和高浓度级（柠檬黄60），应符合下列质量指标：高浓度级（柠檬黄60）含量≥60%，特浓度级（柠檬黄85）含量≥85%；干燥失重（135℃）≤10%；水不溶物≤0.3%；异同丙醚萃取物≤0.3%；副染料≤1.0%；砷（以As计）≤0.0001%；重金属（以Pb计）≤0.001%。

（5）应用　根据我国《食品添加剂使用卫生标准》（GB 2760—1996）中规定：柠檬黄可用于果味型饮料（液、固体）、果汁型饮料、汽水、配制酒、糖果、糕点上彩装、红绿丝、罐头、浓缩果汁、青梅、对虾片，最大使用量为 0.1g/kg；豆奶饮料，最大使用量为 0.05mg/kg；红绿丝的使用量可加倍；果味粉着色剂加入量按稀释倍数的 50% 加入；冰淇淋，最大使用量为 0.01965mg/kg。2003年增补品种，用于风味炼乳最大使用量 0.05g/kg；固体方便调料、固体复合调味料≤0.2g/kg（液体按稀释倍数减少使用量）。2005年增补品种，用于蛋糕夹心最大使用量 0.05g/kg。

4. 日落黄

日落黄，又名食用黄色5号（日本）、食用黄色3号、夕阳黄、橘黄、晚霞黄，为水溶性偶氮类着色剂。化学名称 1-(4'-磺基-1'-苯偶氮)-2-萘酚-6-磺酸二钠盐，分子式 $C_{16}H_{10}N_2Na_2O_7S_2$，相对分子质量 452.37，结构式如下：

（1）性状　日落黄为橙红色颗粒或粉末，无臭。耐光、耐热性（205℃）强，易吸湿。易溶于水，0.1%水溶液呈橙黄色；溶于甘油、丙二醇，微溶于乙醇，不溶于油脂。在柠檬酸、酒石酸中稳定，耐酸性强；遇碱呈红褐色，耐碱性尚好；还原时退色。最大吸收波长482nm±2nm。

（2）性能　日落黄着色性能与柠檬黄相似。

（3）毒性　小鼠经口 LD_{50} 2000mg/kg；大鼠经口 $LD_{50}>2000$mg/kg。FAO/WHO（1994）规定，ADI 为 0~2.5mg/kg。

日落黄经长期动物试验，认为安全性高，为世界各国普遍许可使用。

（4）制法及质量指标　日落黄的制法是将对氨基苯磺酸重氮化后，在碱性条件下与2-

萘酚-6-磺酸相偶合生成日落黄，然后用食盐盐析、过滤、精制而得。

按我国食品添加剂柠檬黄质量标准（GB 6227.1—1999）的要求，分高浓度级（日落黄60）和特浓度级（日落黄85），应符合下列质量指标：高浓度级含量≥60%，特浓度级含量≥85%；干燥失重（135℃）≤10%；水不溶物≤0.2%；异丙醚萃取物≤0.2%；砷（以As计）≤0.0001%；铅（以Pb计）≤0.001%；副染料≤4.0%。

（5）应用 根据我国《食品添加剂使用卫生标准》（GB 2760—1996）中规定：日落黄可用于果味型饮料（液、固体）、果汁型饮料、汽水、配制酒、糖果、糕点上彩装、红绿丝、罐头、浓缩果汁、青梅、对虾片，最大使用量为 0.1g/kg；风味酸乳饮料，最大使用量为 0.05g/kg；糖果色衣，最大使用量为 0.165g/kg；冰淇淋，最大使用量为 0.0887g/kg。红绿丝的使用量可加倍；果味粉着色剂加入量按稀释倍数的 50% 加入。2003 年增补，用于风味炼乳≤0.05g/kg。2005 年增补品种，用于半固体复合调味料（除外蛋黄酱、沙拉酱），最大使用量 0.5g/kg。

5. 靛蓝

靛蓝，又名食品蓝1号、食用青色2号、食品蓝、酸性靛蓝、磺化靛蓝，为水溶性非偶氮类着色剂。化学名称 3,3′-二氧-2,2′-联吲哚基-5,5′-二磺酸二钠盐，分子式 $C_{16}H_8N_2Na_2O_8S_2$，相对分子质量 466.36，结构式如下：

（1）性状 靛蓝为蓝色到暗青色颗粒或粉末，无臭。熔点（分解点）390℃，于300℃升华。其水溶液呈深蓝色。在水中的溶解度低于其他食用合成色素，溶于甘油、丙二醇，不溶于乙醇和油脂。耐热性、耐光性、耐碱性、耐氧化性、耐盐性和耐细菌性均较差。还原时退色，如用次硫酸钠或葡萄糖等还原，则成为靛白。最大吸收波长 610nm±2nm。

（2）性能 靛蓝易着色，有独特的色调，使用广泛。

（3）毒性 小鼠经口 LD_{50} 2500mg/kg。大鼠经口 LD_{50} 2000mg/kg。FAO/WHO（1994）规定，ADI 为 0～5mg/kg。

靛蓝经长期动物试验表明安全性高，为世界各国普遍许可使用。

（4）制法及质量指标 靛蓝的制法是将靛蓝粉用硫酸磺化，以碳酸钠中和，然后用硫酸钠或食盐进行盐析，再精制即得。

根据 FAO/WHO（1984）的要求，靛蓝应符合下列质量指标：含量≥85%；水不溶物≤0.3%；氯化物和硫酸盐≤7%；砷≤0.0002%；锌≤0.02%；铬≤0.0025%；铁≤0.05%；重金属（以 Pb 计）≤0.004%；其他色素限度以下；干燥失重≤10%。

（5）应用 根据我国《食品添加剂使用卫生标准》（GB 2760—1996）中规定：靛蓝可用于腌制小菜、果汁（味）饮料类、碳酸饮料、配制酒、糖果、糕点上彩装、染色樱桃罐头（装饰用）、青梅、糖果包衣，最大使用量为 0.1g/kg；红绿丝，最大使用量为 0.2g/kg。

靛蓝色泽比亮蓝暗，染着性、稳定性、溶解度也较差，实际应用较少。

6. 亮蓝

亮蓝，又名食用蓝色1号（日本）、食用蓝色2号，属水溶性非偶氮类着色剂。分子式

$C_{37}H_{34}N_2Na_2O_9S_3$，相对分子质量 792.86，结构式如下：

(1) 性状　亮蓝为有金属光泽的深紫色至青铜色颗粒或粉末，无臭。易溶于水，水溶液呈亮蓝色；可溶于乙醇、丙二醇和甘油。耐光性、耐热性、耐酸性、耐盐性和耐微生物性很好，耐碱性和耐氧化还原特性较佳。弱酸时呈青色，强酸时呈黄色，在沸腾碱液中呈紫色。

(2) 性能　亮蓝的色度极强，通常都是与其他食用着色剂配合使用，使用量小，在 0.0005%～0.01%之间。

(3) 毒性　大鼠经口 LD_{50}＞2000mg/kg。FAO/WHO（1994）规定，ADI 为 0～12.5mg/kg。

亮蓝经长期动物试验表明安全性高，为世界各国普遍许可使用。

(4) 制法及质量指标　亮蓝的制法是将苯甲醛邻磺酸与乙基苄基苯胺磺酸缩合后，用重铬酸钠或二氧化铅将其氧化成色素，中和后用硫酸钠盐析，再经精制即得。

按我国食品添加剂亮蓝质量标准（GB 7655.1—2005）的要求，应符合下列质量指标：含量≥85%；干燥失重≤10.0%；水不溶物≤0.2%；副染料≤6.0%；氯化物及硫酸盐≤4.0%；砷（以 As 计）≤0.0001%；重金属（以 Pb 计）≤0.001%；铬≤0.005%；锰≤0.005%。

(5) 应用　根据我国《食品添加剂使用卫生标准》（GB 2760—1996）中规定：亮蓝可用于果味型饮料（液、固体）、果汁型饮料、汽水、配制酒、糖果、糕点上彩装、红绿丝、罐头、浓缩果汁、青梅、对虾片，最大使用量为 0.025g/kg；冰淇淋，最大使用量为 0.021999g/kg。红绿丝的使用量可加倍；果味粉着色剂加入量按稀释倍数的 50%加入。2003 年增补品种，用于风味炼乳≤0.025g/kg；用于糖果≤0.3g/kg。

二、人工合成着色剂的一般性质

选用人工合成着色剂，首先应考虑无害。此外，通常需要考虑的是在水、乙醇或其他混合介质中有较高的溶解度，坚牢度好，不易受食品加工中的某些成分（如酸、碱、盐、膨松剂及防腐剂等）的影响，不被细菌侵蚀，对光和热稳定，以及具有令人满意的色彩。人工合成着色剂的一般性质如下：

1. 溶解度

最重要的溶剂是水、醇（特别是乙醇和甘油）以及植物油。油溶性人工合成着色剂一般毒性较大，现在很少作食用，在实际应用时可以用非油溶性人工合成着色剂的乳化、分散来达到着色的目的。

温度对水溶性着色剂的溶解度影响很大，一般是溶解度随温度的上升而增加，但增加的多少依着色剂的不同而不同。

水的pH及食盐等盐类亦对溶解度有影响。在pH低的情况下，溶解度降低，有形成色素酸的倾向，而盐类可以发生盐析作用，降低其溶解度。

此外，水的硬度高则易变成难溶解的色淀。人工合成着色剂除溶于水外，还大多可以溶于丙二醇、甘油等一些有机溶剂，但其溶解度大多低于水。

2. 染着性

食品的着色可以分成两种情况，一种是使之在液体或酱状的食品基质中溶解，混合成分散状态，另一种是染着在食品的表面。后者要求对基质有一定的染着性，希望能染着在蛋白质、淀粉以及其他糖类等上面。不同着色剂的染着性不同，柠檬黄染着性较弱，易析出。

3. 坚牢度

坚牢度是衡量食用着色剂品质的重要指标，系指其在所染着的物质上对周围环境（或介质）抵抗程度的一种量度，色素的坚牢度主要决定于它们自己的化学结构及所染着的基质等因素，但在应用时由于操作不当也容易降低其坚牢度。衡量着色剂的坚牢度有如下几项：

（1）耐热性 由于食品在加工过程中，多数要进行加热处理，所以食用着色剂的耐热性是个重要问题，着色剂的耐热性与共存的物质（如糖类、食盐、酸、碱等）有关；当与上述物质共存时，多促使其变色、退色。靛蓝、胭脂红耐热性较弱；柠檬黄、日落黄耐热性较强。

（2）耐酸性 需要考虑食用着色剂耐酸性的有果汁、水果罐头、果酱、糖果、饮料、配制酒等，特别是醋渍食品与乳酸发酵食品更为重要。人工合成着色剂在酸性强的水溶液中，可能形成色素酸沉淀或引起变色。靛蓝的耐酸性较弱，而柠檬黄、日落黄的耐酸性较强。

（3）耐碱性 一般食品的pH大多在酸性范围内，但对使用碱性膨松剂的糕点类，则要考虑食用着色剂的耐碱性的问题。而且，这些食品都是需经高温处理的，所以这种影响也越大。柠檬黄耐碱性较强而胭脂红则较弱。

（4）耐氧化性 人工合成着色剂的耐氧化性，与空气的自然氧化，氧化酶的影响，含游离氯或残存次氯酸钠的用水，共存的重金属离子等有关。氧蒽类色素耐氧化性比较强，而偶氮类色素或其他色素一般比较弱。这一性质对果汁、人造奶油等油脂制品影响较大。

（5）耐还原性 添加到食品中的人工合成着色剂可受到还原作用而退色。这种现象可在发酵食品的加工过程中，或在食品制造、贮藏等过程中由于微生物的作用而引起，亦可由金属容器（铁、铝等）与酸的反应或金属容器与食盐的电位差所引起。此外，抗坏血酸与亚硫酸盐等添加剂亦具有还原作用。在这方面氧蒽类色素相当稳定，靛类及偶氮类色素不稳定。

（6）耐紫外线（日光）性 随着食品加工技术的发展，现在大量使用透光性薄膜包装食品，而紫外线可以使食品的品质变劣，所以耐紫外线性也是应当考虑的问题。人工合成着色剂的耐紫外线性，随着制造食品使用的水的性质（pH、硬度、重金属离子的含量等）及与色素共存物质的种类不同，其稳定性可有相当的差异。靛蓝的耐紫外线性较弱，而柠檬黄，日落黄的耐紫外线性较强。

（7）耐盐性 需要考虑人工合成着色剂耐盐性问题的主要是腌渍制品。柠檬黄在盐浓度20°Bé以上仍比较稳定，靛蓝在1～2°Bé即不稳定。

（8）耐细菌性 不同人工合成着色剂对细菌的稳定性不同。柠檬黄、日落黄耐细菌性较强，而靛蓝则较弱。

三、使用人工合成着色剂的注意事项

1. 着色剂溶液的配制

直接使用人工合成着色剂粉末不易使之在食品中分布均匀，可能形成着色剂斑点，所以最好用适当的溶剂溶解，配制成溶液应用。一般使用为1%～10%，过浓则难于调节色调。配制时着色剂的称量必须准确。此外，溶液应该按每次的用量配制，因为配好的溶液久置后易析出沉淀。又由于温度对溶解度的影响，着色剂的浓溶液在夏天配好后，贮存于冰箱或是到了冬天，亦会有着色剂析出，如胭脂红的水溶液在长期放置后会变成黑色。配制水溶液所使用的水，通常应将其煮沸，冷却后再用，或者应用蒸馏水或经离子交换树脂处理后的水。配制溶液时应尽可能避免使用金属器具，剩余的溶液保存时应避免日光直射，最好在冷暗处密封保存。

2. 色调的选择与拼色

色调的选择应考虑消费者对食品的色、香方面的认识，即应该选择与食品原有色彩相似的或与食品的名称一致的色调。

我国规定允许使用的人工合成着色剂。它们分属红、黄、蓝三种基本色，为满足食品加工生产中着色的需要，可选择其中2种或3种拼成不同的色谱。基本方法是由基本色拼配成二次色，或再拼成三次色，其过程可用表示如下：

不同的色调由不同的着色剂按不同比例拼配而成，如表6-3所示。

表6-3　几种色调的拼配比例　　　　　　　　　　　　　　　%

色调	苋菜红	胭脂红	柠檬黄	日落黄	靛蓝	亮蓝
橘红		40	60			
大红	50	50				
杨梅红	60	40				
番茄红	93	7				
草莓红	73		27			
蛋黄	2		93	5		
绿色			72			28
苹果绿			45		55	
紫色	68					32
葡萄紫	40				60	
葡萄酒	75		20			5
小豆	43		32		25	
巧克力	36		48		16	

各种人工合成着色剂溶解于不同溶剂中可能产生不同的色调和强度，尤其是在使用两种或数种人工合成着色剂拼色时，情况更为显著。例如某一定比例的红、黄、蓝三色的混合物，在水溶液中色较黄，而在50%酒精中则色较红。各种酒类因酒精含量的不同，溶解后的色调也各不相同，故需要按照其酒精含量及色调强度的需要进行拼色。此外，食品在着色时是潮湿的，当水分蒸发多，逐渐干燥时，着色剂亦会随着较集中于表层，造成所谓"浓缩影响"，特别是在这种食品和着色剂的亲和力低时更为显著。拼色中各种着色剂对日光的稳

定性不同，退色快慢也各不相同，如靛蓝退色较快，柠檬黄则不易退色。由于影响色调的因素很多，在应用时必须通过具体实践，灵活掌握。

第三节 食用天然着色剂

食用天然着色剂一般稳定性较差，着色力弱，分散性不好，使用剂量大，还可能带有异味，价格也较高，但天然着色剂的最大优点是安全性较高，而且天然资源丰富，有的天然着色剂还具有一定的营养价值和药理作用。

食用天然着色剂主要是由植物组织中提取，也包括来自动物和微生物的一些着色剂。植物着色剂有胡萝卜素、叶绿素、姜黄等，微生物着色剂有核黄素及红曲色素等，动物着色剂有虫胶色素等。从化学结构上分，食用天然着色剂则可分为类胡萝卜类色素、卟啉类色素、酮类色素、醌类色素以及 β-花青素、黄素类色素等。此外，食用天然着色剂中还包括一部分无机着色剂，但由于这类着色剂都是一些金属或类金属等盐类，一般毒性较大，很少应用。

我国《食品添加剂使用卫生标准》（GB 2760—1996）中允许使用的天然色素已有 40 余种。

一、几种常用食用天然着色剂

1. 红曲米

红曲米，又名红曲、赤曲、红米、褐米，是我国自古以来传统使用的天然着色剂，安全性高，现在许多亚洲国家均有应用。它是将稻米蒸熟后接种红曲霉发酵制得，而其上的色素是由红曲霉菌丝产生的，共六种成分，分为红色、黄色和紫色三种颜色，其结构式如下：

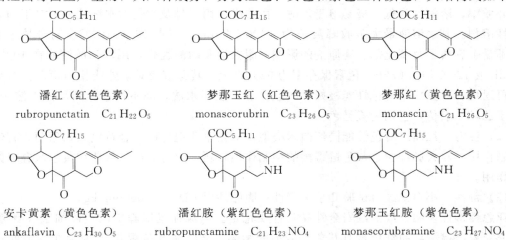

潘红（红色色素）　　　　梦那玉红（红色色素）．　　　梦那红（黄色色素）
rubropunctatin　$C_{21}H_{22}O_5$　monascorubrin　$C_{23}H_{26}O_5$　monascin　$C_{21}H_{26}O_5$

安卡黄素（黄色色素）　　潘红胺（紫红色色素）　　　梦那玉红胺（紫色色素）
ankaflavin　$C_{23}H_{30}O_5$　rubropunctamine　$C_{21}H_{23}NO_4$　monascorubramine　$C_{23}H_{27}NO_4$

（1）性状　红曲米为棕红色到紫红色的整米粒或碎末，断面呈粉红色，质轻而脆，微有酸味，无霉变，无虫蛀。溶于热水、酸、碱溶液。溶液浅薄时呈鲜红色，深厚时带黑褐色并有荧光。溶于苯，呈橘黄色；微溶于石油醚，呈黄色；易溶于氯仿，呈红色。耐酸性、耐碱性、耐热性、耐光性均好。几乎不受金属离子，对氧化、还原作用也稳定，遇氯易呈褐色。

（2）性能　红曲米对蛋白质着色性好。有些食品能使其褐变或退色。

（3）毒性　小鼠腹腔注射 LD_{50} 6900mg/kg。以 20g/kg 的剂量对小鼠投药，无死亡。安全性高，为无毒品。

(4) 制法及质量指标　红曲米由发酵法制取。将稻米（籼稻、粳稻、糯米）加水浸泡，蒸煮至熟，打散，冷却到45℃，接种紫红曲霉或安卡红曲霉或巴克红曲霉等，经发酵制成。

按我国食品添加红曲米质量标准（GB 4926—1985）的要求，应符合下列质量指标：色价（注：用70%酒精稀释，用1cm比色杯在波长505nm处测得的吸光度，用70%酒精作对照，乘以稀释倍数）一级≥800，二级≥500；水分≤12.0%；砷（As）≤0.0001%；六六六≤0.00003%；DDT≤0.00002%；黄曲霉毒素 B_1 ≤0.00005mg/kg。

(5) 应用　根据我国《食品添加剂使用卫生标准》（GB 2760—1996）中规定：红曲米可用于配制酒、糖果、熟肉制品、腐乳的着色，按正常生产需要添加。现主要用于腐乳的生产，此外也用于酱菜、糕点、香肠、火腿等的着色。部分食品中的用量如下：辣椒酱0.6%～1.0%，甜酱1.4%～3%，腐乳2%，酱鸡、酱鸭1%，番茄酱中用量为0.5%～2%。用于风味酸奶，最大使用量0.8g/kg。2003年增补品种，用于风味炼乳按生产需要适量使用。

我国自古以来就利用红曲米着色各种食品，例如用它造红曲黄酒，香肠着色，酱、腐乳和粉蒸肉着色等。现在将它制成着色剂用于各种调味品、糕点、禽类和火腿等食品中。

2. 红曲红

红曲红，又名红曲色素，可由红曲深层培养或从红曲米中提取制得。红曲红有多种色素成分，一般粗制品含有18种成分，其主要着色成分为潘红（红色色素）$C_{21}H_{22}O_5$，相对分子质量354.40；梦那红（黄色色素）$C_{21}H_{26}O_5$，相对分子质量358.43；梦那玉红（红色色素）$C_{23}H_{26}O_5$，相对分子质量382.46；安卡黄素（黄色色素）$C_{23}H_{30}O_5$，相对分子质量386.49；潘红胺（紫红色色素）$C_{21}H_{23}NO_4$，相对分子质量339.39；梦那玉红胺（紫色色素）$C_{23}H_{27}NO_4$，相对分子质量367.44。化学结构同红曲米。

(1) 性状　红曲红为深红色粉末，略带异臭。易溶于中性及偏碱性水溶液，在pH 4.0以下介质中，溶解度降低。极易溶于乙醇、丙二醇、丙三醇及它们的水溶液。不溶于油脂及非极性溶剂。其水溶液最大吸收峰波长为（490±2）nm。熔点165～190℃。对环境pH稳定，不受金属离子及氧化剂、还原剂的影响。耐热性及耐酸性强，用其乙醇溶液在100℃加热1.5h或120℃加热0.5h，色素保存率为92%以上。其醇溶液对紫外线相当稳定，但日光直射可退色。对蛋白质着色性能极好，一旦染着，虽经水洗，亦不掉色。结晶品不溶于水，可溶于乙醇、氯仿，色调为橙红色。

(2) 性能　红曲红着色性能同红曲米类似。对枯草芽孢杆菌、金黄色葡萄球菌具有较强的抑制作用，对大肠杆菌、灰色链霉菌的抑制作用较弱，而对酵母、霉菌和黄色八叠球菌无抑制作用。

(3) 毒性　小白鼠经口试验几乎无毒性；腹腔注射LD_{50}为7000mg/kg。

亚急性毒性表明，红曲红安全性高且性质稳定。以雌性老鼠脾中的免疫细胞T细胞作为研究对象，检测红曲红色素对其免疫能力的影响。将红曲红色素与T细胞在特定的板上进行共同培养，生长一段时间后进行细胞计数。实验结果得出，红曲红色素应该被看作是潜在的免疫抑制剂。

(4) 制法及质量指标　红曲红是将红曲米用酒精浸提、过滤、精制、干燥得到粉末状物；或由红曲霉液体深层发酵液中抽提、精制、干燥而得。

按我国食品添加红曲红质量标准（GB 15961—1995）的要求，红曲红分固体培养物和液体培养物，固体培养物有膏状和粉末状，应符合下列质量指标：吸光度，膏状品≥20、粉状品≥90、液体培养物≥50；灰分，膏状品≤1%、粉状品≤7.4%；水分，液体培养物≤

6.0%；砷（以 As 计），膏状品≤0.0002%、粉状品≤0.0005%、液体培养物≤0.0001%；铅（以 Pb 计），膏状品≤0.0003%、粉状品≤0.001%、液体培养物≤0.0005%；菌落总数，膏状品≤20 个/g；大肠菌群，膏状品≤30 个/100g。

（5）应用 根据我国《食品添加剂使用卫生标准》（GB 2760—1996）中规定：红曲红用于配制酒、糖果、熟肉制品、腐乳、雪糕、冰棍、饼干、果冻、膨化食品、调味酱中，可按生产需要适量使用。用于风味酸奶，最大使用量 0.8g/kg。

实际生产中，红曲红可用于食醋、酱油、豆酱和豆腐乳等调味品的生产中。如在豆腐乳制作中，通过添加红曲，制出的腐乳色泽红艳、口感细腻、香味浓厚。红曲的添加量还可根据不同消费者的要求而调制成色泽深浅不同的系列产品，如红曲酱腐乳，既有红曲腐乳的风味，又具有酱腐乳特有的酱香味。

在腌制蔬菜中，为获得诱人的色泽，传统生产中常用酱油作为着色剂。现在红曲红也用于腌制蔬菜，外加着色剂通过物理吸附作用渗入蔬菜内部。蔬菜细胞在腌制加工过程中细胞膜变成全透性膜，蔬菜细胞通过吸附其他辅料中的着色剂而改变原来的颜色。

在面包生产中添加红曲水浸提液时，其添加量的不同对红曲面包色、香、味和口感的影响不大，仅随着添加量的增加，颜色渐变深红。尤其在香味方面，品香清新独特。

在肉制品加工中，常用亚硝酸盐作护色剂来保持肉制品的良好色泽及防腐。但是亚硝酸盐毒性较强，摄入量大可使血红蛋白中 Fe^{2+} 氧化成 Fe^{3+}，失去携氧能力，引起急性亚硝酸盐中毒，更严重的是亚硝酸盐可转化成强致癌性的亚硝胺，极大地影响食品的安全性。研究证明，红曲红可代替传统食品添加剂如亚硝酸盐和胭脂红。将红曲红加入香肠中，在 4℃下保存三个月，其稳定性介于 92%～98%。加入红曲红的产品随着添加量的增加，风味也有所改善。除了风味有所改善外，加入红曲红的产品质构比对照组更宜人。当加入至猪肉产品中时，它表现出比传统着色剂（如亚硝酸盐）更佳的着色效果。

此外，红曲红还可应用于其他食品中。如在辣椒酱中加入 0.6%～1%，甜酱中加入 0.4%～3%，腐乳中加入 0.2%，酱鸡、酱鸭中加入 0.1%，果酒中加入 0.2%～1%，水产品中加入 0.5%～1%，糕点中加入 0.5%～2% 的红曲红，可使产品具有诱人色泽。但红曲红不宜用于豆制品、新鲜蔬菜、水果、鲜鱼和海带等食品中。

3. 甜菜红

甜菜红，又名甜菜根红，是由红甜菜所得的有色化合物的总称。红甜菜是甜菜的一种变种，为食用甜菜，我国俗称紫菜头，每年栽种两次，产量较高，含色素量多，是水溶性食用红色素的良好来源。

甜菜红系由红色的甜菜花青和黄色的甜菜黄素所组成。甜菜花青中主要的甜菜苷占红色素的 75%～95%，其余尚有甜菜苷配基、前甜菜苷和它们的 C_{15} 异构体。主要的黄色素是甜菜黄素Ⅰ和甜菜黄素Ⅱ。甜菜苷的分子式为 $C_{24}H_{26}N_2O_{13}$，相对分子质量 550.48，结构式如下：

(1) 性状　甜菜红为红色至红紫色液体，膏状或固体粉末，有异臭。溶于水、50%乙醇和丙二醇水溶液，难溶于无水乙醇、丙二醇和乙酸，不溶于乙醚、丙酮、氯仿、苯、甘油和油脂等有机溶剂。水溶液呈红至紫红色，色泽鲜艳，在波长535nm附近有最大吸收峰。pH 4~7时呈色稳定，在碱性条件下变成黄色。耐光性随溶液pH的减小而降低；在中性区域和偏碱时，耐光性较好。耐热性差。金属离子和水分活度对其稳定性也有一定影响，如Fe^{3+}、Cu^{2+}含量高时可发生褐变。甜菜汁的成分对甜菜苷有一定的保护作用。耐还原性差，随着亚硫酸钠的增加和作用时间延长，甜菜红素残存率降低加快。某些氯化物如漂白粉、次氯酸钠等可使甜菜红苷退色。添加抗氧化剂如L-抗坏血酸50%~100%可防止光劣化。

(2) 性能　甜菜红对食品染着性好，且由于绝大多食品的pH都在3.0~7.0之间，而其颜色在此pH区间不发生变化，故用甜菜红做食品着色剂时，食品的色泽不会受pH的影响。在生产低水分活性的食品时，使用甜菜红可收到满意的染着和色泽持久的效果。与其他着色剂比较，在食品加工和贮存过程中，甜菜红是比较稳定的。甜菜红能使食品着成杨梅或玫瑰的鲜红颜色。

(3) 毒性　红甜菜是人们长期食用的一种蔬菜，对人体健康无不良影响，而甜菜红是甜菜的成分之一，故可认为不具有毒性。甜菜苷在药理学上属惰性物质，无突诱变性。

1976年FAO/WHO联合食品添加剂专家委员会（JECFA）曾规定其暂定ADI无需规定。1982年考虑到应用较广且已有纯品甜菜苷出现，而毒理学资料不足，故撤销其暂定ADI。1987年JECFA第31次会议再次评价，确定其ADI无需规定。

(4) 制法及质量指标　甜菜红的制法是将红甜菜根先用2%亚硫酸氢钠液热烫（95~98℃）10~15min，灭菌，然后用水浸提，提取液经浓缩得深红色浆料或干燥制成红色粉末。制造过程中应除去天然存在的盐类、糖类和蛋白质。可添加食品级柠檬酸、乳酸或L-抗坏血酸，以调节pH和保持其稳定。

按我国食品添加甜菜红质量标准（GB 1902—1994）的要求，甜菜红应符合下列指标：吸光度（1%，1cm，535nm）≥3.0；pH为4.0~6.0；干燥失重≤10.0%；灼烧残渣≤14.0%；砷（以As计）≤0.0002%；铅≤0.0005%。

(5) 应用　根据我国《食品添加剂使用卫生标准》（GB 2760—1996）中规定：甜菜红可用于果味型饮料（液、固体）、果汁型饮料、汽水、配制酒、糖果、糕点上彩装、红绿丝、罐头、浓缩果汁、青梅、冰淇淋、雪糕、甜果冻、威夫饼干夹心，按正常生产需要使用。因甜菜红对光、热和水分活度敏感，故适合于对不需要高温加工和短期贮存的干燥食品着色。用于冰棍等冷食着色时，用量约为0.5g/kg，对于糖果等需要热加工的食品，在凉糖中或热处理后加入，用量为：水果硬糖1g/kg，琼脂软糖0.5g/kg。1997年增补品种规定，用于风味酸奶，最大使用量为0.8g/kg。

此外，还可用于色拉调味料、卤汁、软饮料等。用于婴幼儿食品着色时，须严格控制硝酸盐含量。

4. 辣椒红

辣椒红，又名辣椒红色素、辣椒油树脂，是从辣椒中提取的天然着色剂。主要着色成分为辣椒红素（Ⅰ）和辣椒玉红素（Ⅱ），属类胡萝卜素。此外，还含有一定量非着色成分辣椒素（Ⅲ）。

（Ⅰ）辣椒红素：分子式为$C_{40}H_{56}O_3$，相对分子质量584.85。

(Ⅱ) 辣椒玉红素：分子式为 $C_{40}H_{56}O_4$，相对分子质量 600.85。

(Ⅲ) 辣椒素：目前做知的呈辣味组分有 14 种，其基本结构骨架相同，只是侧链的 R 基团有差异。

(1) 性状　辣椒红为深红色黏性油状液体。依来源和制法不同，具有不同程度的辣味。在石油醚（汽油）中最大吸收峰波长为 475.5nm，在正己烷中为 504nm，在二硫化碳中为 503nm 和 542nm，在苯中为 486nm 和 519nm。可任意溶解于丙酮、氯仿、正己烷、食用油。易溶于乙醇，稍难溶于丙三醇，不溶于水。辣椒红耐光性差，波长 210～440nm，特别是 285nm 紫外光可促使其退色。对热稳定，160℃加热 2h 几乎不退色。Fe^{3+}、Cu^{2+}、Co^{2+} 可使之退色。遇 Al^{3+}、Sn^{2+}、Pb^{2+} 发生沉淀，此外，几乎不受其他离子影响。着色力强。色调因稀释浓度不同由浅黄至橙红色。

(2) 性能　由于辣椒红油溶性好，乳化分散性、耐热性及耐酸性均好，故应用于经高温处理的肉类食品，有良好的着色能力，如用于椒酱肉、辣味鸡等罐头食品有良好的着色效果。

(3) 毒性　小鼠经口 $LD_{50}>75000mg/kg$，小鼠腹腔注射 $LD_{50}>50000mg/kg$。

辣椒红为天然色素，无毒性，安全性高，现各国均许可使用。

(4) 制法及质量指标　辣椒红的制法是将茄科植物辣椒的成熟干燥果实的果皮粉碎后，用乙醇、丙酮、异丙醇或正己烷抽提，滤液经纯化加工而制得。

按我国食品添加剂辣椒红质量标准（GB 10783—1996）的要求，辣椒红应符合下列指标：吸光度（1%，1cm，460nm）≥50，重金属（以 Pb 计）≤0.003%；砷（以 As 计）≤0.0003%，灰分≤1.0%，辣椒素≤0.5%，正己烷残留量≤0.005%。

(5) 应用　根据我国《食品添加剂使用卫生标准》（GB 2760—1996）中规定：辣椒红可用于罐头食品、酱料、冰棍、冰淇淋、雪糕、饼干、熟肉制品、人造蟹肉，按正常生产需要添加。在罐头食品中,主要用于传统的肉、禽类罐头的生产;用于糕点上彩装时,可在奶油中添加辣椒红 30~80g/kg。

辣椒红在国外亦可制成具有一定辣味的品种对食品进行调色、调味。在日本,辣椒红用于油脂食品、调味汁、水产加工品、蔬菜制品、果汁、冰淇淋等,用量为 0.5~2g/kg。

5. 姜黄

姜黄由多年生草本植物姜黄的块茎制成,主要着色成分是姜黄素,主要由以下三个组分组成:姜黄素(Ⅰ)、脱甲氧基姜黄素(Ⅱ)、双脱甲氧基姜黄素(Ⅲ),结构式如下:

(Ⅰ)姜黄素:$R_1=R_2=OCH_3$,分子式为 $C_{21}H_{20}O_6$,相对分子质量 368.39。

(Ⅱ)脱甲氧基姜黄素:$R_1=OCH_3$、$R_2=H$,分子式为 $C_{20}H_{18}O_5$,相对分子质量 338.39。

(Ⅲ)双脱甲氧基姜黄素:$R_1=R_2=H$,分子式为 $C_{19}H_{16}O_4$,相对分子质量 308.39。

(1)性状　姜黄为橙黄色至黄褐色粉末,具有姜黄特有的香辛气味,味微苦。内含姜黄素 1%~5%。耐光性、耐热性较差。不溶于冷水,易溶于酒精、丙二醇、冰醋酸和碱溶液。在中性和酸性溶液中呈黄色,在碱溶液中呈红褐色。不易被还原。易与铁离子结合而变色。遇钼、钛、钽等金属离子,由黄变为红褐色。在酒精溶液中最大吸收波长 425nm。

(2)性能　姜黄着色性能较好,特别是对蛋白质的着色力较强。

(3)毒性　小鼠经口 $LD_{50}>2000mg/kg$。姜黄属无毒性色素,目前世界各国均允许使用。JECFA1986 年认为姜黄是食品,不规定 ADI。

(4)制法及质量指标　姜黄的制法是将蘘荷科多年生草本植物姜黄的根茎经清洗、干燥、粉碎、过筛制成粉,即姜黄粉——姜黄。

根据 FAO/WHO（1982）规定,姜黄应符合下列质量指标:干燥失重≤10%;总灰分≤7%;酸不溶性灰分≤1.5%;铬不得检出;铅≤0.0003%;人造色素物质阴性。

(5)应用　根据我国《食品添加剂使用卫生标准》(GB 2760—1996)中规定:姜黄可用于果汁(味)型饮料类、碳酸饮料、配制酒、糖果、糕点上彩装、青梅、红绿丝、调味类罐头、冰棍,使用量按生产需要适量使用。面包、糕点、酱腌菜,使用量按姜黄素计为 0.01g/kg。用于风味酸奶,使用量为 0.40g/kg。2005 年增补品种,用于雪糕最大使用量 0.15g/kg(以姜黄素计);油炸薯片、膨化食品,最大使用量 0.2g/kg(以姜黄素计)。

姜黄有特殊的香辛味,食品生产中使用较少,一般多用于调味品,如咖喱粉。制备着色溶液时,要先用少量酒精溶解后再用水稀释使用。因其对光稳定性差,使用时应注意避光。为避免变色,最好与六偏磷酸钠、酸式焦磷酸钠同用。

6. 姜黄素

姜黄素又名姜黄色素。化学结构、分子式等见姜黄。

(1)性状　姜黄素为橙黄色结晶性粉末,具有姜黄特有的香辛气味,熔点约 183℃。溶于乙醇和丙二醇,易溶于冰乙酸和碱性溶液,不溶于冷水和乙醚。中性或酸性条件下呈黄色，碱性条件下呈红褐色。对光十分敏感，日光照射使黄色迅速变浅，但不影响其色调。对热较稳定。与金属离子，尤其是铁离子可以结合成螯合物，导致变色。易受氧化而变色，但耐还原性好。

(2) 着色性能　同姜黄类似。

(3) 毒性　FAO/WHO（1995年）暂定为ADI 0~1mg/kg。

(4) 制法及质量指标　姜黄素的制法是将姜黄粉用丙二醇或酒精浸提，得液体色素液，再将其过滤、浓缩、干燥制膏或精制成结晶。

按我国食品添加剂姜黄素质量标准（QB 1415—1991）的要求，应符合下列指标：吸光度（1%，1cm，425nm）$\geqslant$1450；灼烧残渣$\leqslant$4%；砷（以As计）$\leqslant$0.0003%；铅$\leqslant$0.0005%；重金属（以Pb计）$\leqslant$0.004%。

(5) 应用　根据我国《食品添加剂使用卫生标准》（GB 2760—1996）中规定：姜黄素可用于糖果、冰淇淋、碳酸饮料、果冻，最大使用量为0.01g/kg。也可用于萝卜干和咖喱粉中。

使用时要先将姜黄素用少量95%酒精溶解，再加水稀释成所需浓度使用。用于透明饮料时，要先乳化再使用。因姜黄素及其溶液耐光性差，需避光保存。

7. 栀子黄

栀子黄，又名藏花素，俗称黄栀子，为栀子中的黄色色素。分子式为$C_{44}H_{64}O_{24}$，相对分子质量976.97，结构式如下：

(1) 性状　栀子黄为橙黄色膏状或红棕色结晶粉末，微臭。易溶于水，溶于乙醇和丙二醇，不溶于油脂。水溶液呈弱酸性或中性，其色调几乎不受环境pH变化的影响。pH为4.0~6.0或8.0~11.0时，栀子黄比β-胡萝卜素稳定，特别是偏碱性条件下黄色更鲜艳。中性或偏碱性时，该色素耐光性、耐热性均较好，而偏酸性时较差，易发生褐变。耐金属离子（除铁离子外）较好。铁离子有使其变黑的倾向。耐盐性、耐还原性、耐微生物性均较好。糖对栀子黄有稳定作用。在水溶液中稳定性较差，会变成褐色，在酸性条件下尤为显著。

(2) 性能　栀子黄在碱性条件下黄色色调鲜明，对蛋白质和淀粉染着效果较好，即对亲水性食品有良好的染着力。

(3) 毒性　小鼠经口LD_{50} 22000mg/kg，雄性大鼠经口LD_{50} 4640mg/kg，雌性大鼠经口LD_{50} 3160g/kg。蓄积性、致突变试验表明有弱蓄积性，无致突变作用。为无毒性、安全性高的着色剂。

(4) 制法及质量指标　栀子黄的制法是将栀子去皮粉碎后用水浸提，提取液经过滤、煮沸（杀菌）、再过滤后进行真空浓缩或喷雾干燥即得。亦可用藏红花为原料，干燥后用乙醚热浸，再用7%的乙醇冷浸，添加95%乙醇放置后析出油状物，然后再用乙醇、乙醚热溶液处理得到晶体。

按我国食品添加剂栀子黄标准（GB 7912—1987）要求，应符合下列质量指标：吸光度（1%，1cm，440nm），粉末状≥24，膏状≥15；干燥失重，粉末状≤7%，膏状≤50%；灰分，粉末状≤9%，膏状≤5%；砷（以 As 计），粉末状≤0.0002%，膏状≤0.0001%；铅（Pb），粉末状≤0.0003%，膏状≤0.0002%；重金属（以 Pb 计），粉末状≤0.001%，膏状≤0.001%。

(5) 应用　根据我国《食品添加剂使用卫生标准》（GB 2760—1996）中规定：栀子黄可用于饮料、配制酒、糕点、糕点上彩装、糖果、冰棍、雪糕、冰淇淋、蜜饯、膨化食品、果冻、广东面饼，最大使用量为 0.3g/kg。

8. β-胡萝卜素

β-胡萝卜素是胡萝卜素中一种最普通的异构体。胡萝卜素广泛存在于动植物中，以胡萝卜、南瓜、辣椒等蔬菜中含量最多，水果、谷物、蛋黄、奶油中的含量也比较丰富。它有3种异构体，α-、β-、γ-胡萝卜素，其中以 β-胡萝卜素最为重要。β-胡萝卜素的分子式是 $C_{40}H_{56}$，相对分子质量 536.88，结构式如下：

(1) 性状　β-胡萝卜素为紫红色结晶或结晶性粉末。不溶于水、丙二醇、甘油、酸和碱，难溶于乙醇、丙酮，溶于二氧化硫、苯、氯仿、石油醚和橄榄油等植物油。熔点为176～182℃。色调在低浓度时呈黄色，在高浓度时呈橙红色。在一般食品的 pH 范围内（pH 2～7）较稳定，且不受还原物质的影响。但对光和氧不稳定，受微量金属、不饱和脂肪酸、过氧化物等影响易氧化，铁离子可促进其退色。β-胡萝卜素结晶在 CO_2 或 N_2 中贮存，温度低于20℃时可长期保存，但在45℃的空气中贮存六周后几乎完全被破坏。其油脂溶液及悬浮液在正常条件下很稳定。

α-、β-、γ-胡萝卜素在人体内均表现出维生素 A 的生理活性，所以称之为维生素 A 原。在人体内由于酶的作用，β-胡萝卜素分子中间裂解，理论上 1 分子 β-胡萝卜素可生成 2 分子维生素 A。但经测定其效能证明，其活性只接近 1 分子维生素 A。而 α-和 γ-胡萝卜素的活性大致只为 β-胡萝卜素的 1/2。最大吸收波长 455nm±1nm。

(2) 性能　β-胡萝卜素为非极性物质和油溶性色素，对油脂性食品着色性能良好，如用于人造奶油、奶油、干酪等。

(3) 毒性　狗经口 LD_{50} 8000mg/kg。β-胡萝卜素安全性高，目前 JECFA 尚未制定 ADI。

人体摄取 β-胡萝卜素后有 30%～90%由粪便排出，若溶于油中，人体吸收较好，成人可吸收 10%～41%，儿童 50%～60%。以人试验，15 人每日进食 β-胡萝卜素 600mg 连续 3 个月，1 个月后血清中胡萝卜素量由 1.28mg/L 上升至 3.08mg/L，而维生素 A 无变化，未发现维生素 A 过多症。个别人每日吃胡萝卜而导致皮肤发黄，乳汁中出现 β-胡萝卜素的现象。

(4) 制法及质量指标　天然 β-胡萝卜素的制法是以盐藻为原料用物理方法提取。也可采用发酵法制得。β-胡萝卜素还可采取合成法制备，β-紫罗兰酮经过 C_{14}、C_{16}、C_{19} 的各种醛，进行格利雅反应，使 2 分子结合成 β-C_{40}-二酚，再经脱水和加氢而得。

人工化学合成 β-胡萝卜素，日本将其作为合成着色剂，但欧美各国将其视为天然着色剂或天然等同着色剂。

按我国食品添加剂天然 β-胡萝卜素质量标准（QB 1414—1991）的要求，应符合下列质量指标：含量≥90%；吸光度比值，$A_{455}/A_{483}=1.14\sim1.18$，$A_{455}/A_{340}=10$；熔点 167~175℃；硫酸灰分≤0.2%；砷≤0.0003%；重金属（以 Pb 计）≤0.001%；汞（以 Hg 计）≤0.3mg/kg；镉≤0.3mg/kg；溶解试验（10g/L）澄清透明。

按我国食品添加剂 β-胡萝卜素质量标准（GB 8821—1988）的要求，应符合下列质量指标：吸光度比值，$A_{455\times10}/A_{340}\geq15$，$A_{455}/A_{483}=1.14\sim1,18$；含量（以 $C_{40}H_{56}$ 计）为 96.0%~101.0%；砷盐（以 As 计）≤0.0003%；重金属（以 Pb 计）≤0.001%；熔点（分解点）176~182℃；灼烧残渣≤0.2%；溶解试验（1g/100mL）澄清。

（5）应用 根据我国《食品添加剂使用卫生标准》（GB 2760—1996）中规定：β-胡萝卜素可用于人造黄油，最大使用量为 0.1g/kg；奶油、膨化食品，最大使用量为 0.2g/kg；宝宝乐，最大使用量为 10g/kg；面包、冰淇淋、蛋糕、饮料、果冻、糖果、雪糕、冰棍，可按正常生产需要添加；植脂性粉末，最大使用量为 0.05g/kg。

目前 β-胡萝卜素用作黄色着色剂在国外广泛用于奶油、人造奶油、起酥油、干酪、焙烤制品、糖果、冰淇淋、通心粉、汤汁、饮料等食品中，其用量以纯着色剂计最低为 2~50mg/kg，用于各种干酪的着色时，最大用量为 0.6mg/kg。β-胡萝卜素还可用于食品油脂的着色，以恢复其色泽，其用量可按正常生产需要添加。

β-胡萝卜素用于油性食品时，常将其溶解于棉籽油之类的食用油或悬浮制剂（含量 30%）中，经稀释后即可使用。在果汁中与维生素 C 合用，可提高稳定性。为使其能分散于水中，可以甲基纤维素等做为保护胶体制成胶粒化制剂，广泛用于橘汁等果汁饮料、清凉饮料、糕点、冰淇淋、干酪等。

β-胡萝卜素除作为着色剂使用外，还具有食品的营养强化作用。

9. 叶绿素铜钠盐

叶绿素铜钠盐，又名叶绿素铜钠，是叶绿素铜钠 a 和叶绿素铜钠 b 的混合物。a 盐分子式 $C_{34}H_{30}CuN_4Na_2O_5$，相对分子质量 684.17；b 盐分子式 $C_{34}H_{28}CuN_4Na_2O_6$，相对分子质量 698.15，结构式如下：

a 盐 R＝CH_3
b 盐 R＝CHO

（1）性状 叶绿素铜钠为墨绿色粉末，无臭或略臭。易溶于水，水溶液呈蓝绿色，透明、无沉淀。1%溶液 pH 为 9.5~10.2，当 pH 在 6.5 以下时，遇钙可产生沉淀。略溶于乙醇和氯仿，几乎不溶于乙醚和石油醚。叶绿素铜钠耐光性比叶绿素强，加热至 110℃以上则分解。

(2) 性能　叶绿素铜钠着色坚牢度强，色彩鲜艳，但在酸性食品或含钙食品中使用时产生沉淀，遇硬水亦生成不溶性盐而影响着色和彩色。

(3) 毒性　小鼠经口 LD_{50} > 10000mg/kg。大鼠腹腔注射 1000mg/kg。FAO/WHO (1994) 规定，ADI 为 0～15mg/kg。

叶绿素铜钠经动物试验表明安全性高，除美国外，世界其他各国普遍许可使用。日本按化学合成品对待。

(4) 制法及质量指标　叶绿素铜钠的制法是以干燥的蚕沙或植物为原料，用酒精或丙酮等提取出叶绿素，然后使之与硫酸铜或氯化铜作用，铜取代出叶绿素中的镁，再将其用苛性钠溶液皂化，制成膏状物或进一步制成粉末。

根据我国食品添加剂叶绿素铜钠质量标准 (GB 3262—1982) 要求，应符合下列质量指标：干燥失重≤4.0%；pH 为 9.0～10.7；吸光度（1%，1cm，405nm）≥568；消光比值 3.2～4.0；总铜 (Cu) 为 4.0～6.0，游离铜 (Cu) ≤0.025%；砷（以 As 计）≤0.0002%；铅 (Pb) ≤0.0005%；硫酸灰分≤36%。

(5) 应用　根据我国《食品添加剂使用卫生标准》(GB 2760—1996) 中规定：叶绿素铜钠可用于果味型饮料（液、固体）、果汁型饮料、汽水、配制酒、糖果、罐头、果冻、冰淇淋、冰棍、糕点上彩装、雪糕、饼干，最大使用量为 0.5g/kg。

10. 焦糖色素

焦糖色素，又名酱色、焦糖色，是糖类物质在高温下脱水、分解和聚合而成，故为许多不同化合物的复杂混合物，其中某些为胶质聚集体。在生产过程中，按其是否加用酸、碱、盐等的不同，可分成普通焦糖、苛性亚硫酸盐焦糖、氨法焦糖、亚硫酸铵焦糖四类。我国允许使用的是普通焦糖、氨法焦糖、亚硫酸铵焦糖。

(1) 性状　焦糖色素为深褐色的黑色液体或固体，有特殊的甜香气和愉快的焦苦味。易溶于水，不溶于通常的有机溶剂及油脂。水溶液呈红棕色，透明无浑浊或沉淀。对光和热稳定。具有胶体特性，有等电点。其 pH 依制造方法和产品不同而异，通常在 3～4.5。

(2) 性能　以砂糖为原料制得的酱色，对酸、盐的稳定性好，红色色度高，着色力低。以淀粉或葡萄糖为原料者，在生产酱色时可采用酸、碱或盐类做催化剂，凡以碱做催化剂制得的产品耐碱性强，红色色度高，对酸和盐不稳定；而用酸做催化剂制得者，对酸和盐稳定，红色色度高，但着色力低。

(3) 毒性　小鼠经口 LD_{50} > 10000mg/kg。大鼠经口 LD_{50} > 15000mg/kg。美国食品与药物管理局将酱色列为一般公认安全物。FAO/WHO (1994) 规定，ADI 值，普通焦糖色无需规定、氨法焦糖 0～200mg/kg、亚硫酸铵焦糖 0～200mg/kg。

(4) 制法及质量指标　以食品级糖类如葡萄糖、果糖、蔗糖、转化糖、麦芽糖浆、玉米糖浆、糖蜜、淀粉水解物等为原料，在 121℃ 以上高温下加热（或加压）使之焦化，并进一步处理制得。

普通焦糖：用或不用酸或碱，但不用铵或亚硫酸盐化合物加热制得。所用的酸可以是食品级的硫酸、亚硫酸、磷酸、乙酸和柠檬酸。所用的碱可以是氢氧化钠、氢氧化钾、氢氧化钙。

苛性亚硫酸盐焦糖：在亚硫酸盐存在下，用或不用酸或碱，但不使用铵化合物加热制得。

氨法焦糖：在铵化合物存在下，用或不用酸或碱，但不使用亚硫酸盐加热制得。

亚硫酸铵焦糖：在亚硫酸盐和铵化合物二者存在下，用或不用酸或碱加热制得。

根据我国食品添加剂焦糖色质量标准（GB 8817—1988）要求，焦糖色有固体（氨法焦糖）和液体2种，应符合下列质量指标：色率（EBC单位），固体≥46000、液体≥23000；水分，固体≤3.0%；氨态氮，固体≤0.20%、液体≤0.50%；二氧化硫，固体≤0.10%、液体≤0.10%；砷（以As计）≤0.0003%；铅≤0.0005%；重金属（以Pb计）≤0.001%；4-甲基咪唑≤0.02%。

(5) 应用 根据我国《食品添加剂使用卫生标准》（GB 2760—1996）中规定：不加铵盐和加铵盐生产焦糖色素均可用于罐头、糖果、饮料、冰淇淋、酱油、醋、冰棍、雪糕和饼干，并按正常生产需要添加。

亚硫酸铵法焦糖可按正常生产需要用于黄酒、葡萄酒中。具体用量，酱油和醋为2%～5%，红烧肉、鱼等罐头为6.6g/kg。国外还常用于糖浆、果酱、果冻、卤汁等的着色，尤其大量用于啤酒和可乐饮料的着色和调香。对果酱、果冻的最大使用量为0.2g/kg。单独或与其他着色剂并用。

二、其他食用天然着色剂简介

食用天然着色剂种类很多，除上述品种以外，根据我国《食品添加剂使用卫生标准》（GB 2760—1996）规定，允许使用的天然着色剂还有以下36种，具体见表6-4。

表6-4 其他食用天然着色剂的种类

着色剂名称	用途
紫胶红	用于罐头食品、酱料、冰棍、冰淇淋、雪糕、饼干、熟肉制品、人造蟹肉，按正常生产需要添加
红花黄	用于果味型饮料(液、固体)、果汁型饮料、汽水、配制酒、糖果、糕点上彩装、红绿丝、罐头、浓缩果汁、青梅、冰淇淋、冰棍、蜜饯、果冻,最大使用量为0.2g/kg
玉米黄	用于人造奶油、糖果,最大使用量为5.0g/kg
可可壳色素	用于汽水、配制酒,最大使用量为1.0g/kg;可乐型饮料,最大使用量为2.0g/kg;糖果和糕点上彩装,最大使用量为3.0g/kg;豆乳、饮料,最大使用量为0.25g/kg;冰淇淋、饼干,最大使用量为0.04g/kg
越橘红	用于果汁(味)饮料类、冰淇淋,可按生产需要适量使用
辣椒红(辣椒油树脂)	用于冰淇淋、糕点上彩装、雪糕、冰棍、饼干、熟肉制品、人造蟹肉、酱料、糖果,按生产需要适量使用
辣椒橙	又名椒橙素。使用范围及使用量参见辣椒红
红米红	用于冰淇淋、糖果、配制酒,可按生产需要适量使用
菊花黄浸膏	用于果汁(味)饮料类、糖果、糕点上彩装,最大使用量为0.3g/kg
黑豆红	用于果汁(味)饮料类、糖果、配制酒、糕点上彩装,最大使用量为0.8g/kg
高粱红	用于熟肉制品、果冻、糕点上彩装、饼干、膨化食品、雪糕、冰棍,最大使用量0.4g/kg
萝卜红	用于果汁(味)饮料类、糖果、配制酒、果酱、调味酱、蜜饯、糕点上彩装、糕点、冰棍、雪糕、果冻,可按生产需要适量使用
落葵红	用于糖果≤0.1g/kg;碳酸饮料≤0.13g/kg;糕点上彩装≤0.2g/kg;果冻≤0.25g/kg
黑加仑红	用于碳酸饮料、起泡葡萄酒、黑加仑酒、糕点上彩装,可按生产需要适量使用
栀子蓝	用于果汁(味)饮料类、配制酒、糕点上彩装,最大使用量为0.2g/kg;用于糖果、果酱,最大使用量为0.3g/kg
沙棘黄	用于氢化植物油,最大使用量1.0g/kg;用于糕点上彩装,最大使用量1.5g/kg

续表

着色剂名称	用 途
玫瑰茄红	用于果汁(味)饮料类、配制酒、糖果,可按生产需要适量使用
橡子壳棕	用于配制酒≤0.3g/kg;用于可乐型饮料≤1.0g/kg
NP红	用于果酒≤3.0g/kg;果汁(味)饮料、碳酸饮料、果酱、冰棍≤4.0g/kg;糕点上彩装≤10.0g/kg
多穗壳棕	用于糖果、冰淇淋、配制酒≤0.4g/kg;用于可乐型饮料≤1.0g/kg
桑葚红	用于果酒、果汁(味)饮料类≤1.5g/kg;用于糖果≤2.0g/kg;果冻、山楂糕≤5.0g/kg
天然苋菜红	用于果汁(味)饮料类、碳酸饮料、配制酒、糖果、糕点上彩装、红绿丝、青梅、山楂制品、染色樱桃罐头(系装饰用,不宜食用)、果冻,最大使用量 0.25g/kg
金樱子棕	用于配制酒≤0.2g/kg;用于碳酸饮料≤1.0g/kg
酸枣色	用于糖果、糕点≤0.2g/kg;果汁(味)饮料类、酱油、酱菜≤1.0g/kg
花生衣红	用于碳酸饮料≤0.1g/kg;糖果、饼干、火腿肠≤0.4g/kg
葡萄皮红	用于果汁(味)饮料类、碳酸饮料、配制酒、冰棍≤1.0g/kg;果酱≤1.5g/kg;糖果、糕点≤2.0g/kg
蓝靛果红	用于起泡葡萄酒、冰淇淋、果汁(味)饮料类≤1.0g/kg;糖果、糕点≤2.0g/kg;糕点上彩装≤3.0g/kg
藻蓝	用于雪糕、冰棍、果冻、糖果、果汁(味)饮料类、奶酪制品,最大使用量 0.8g/kg
植物炭黑	用于饼干、糖果、糕点、米、面制品,最大使用量为 5.0g/kg
密蒙黄	用于配制酒、糕点、面包、糖果、果汁(味)饮料类,可按生产需要适量使用
紫草红	用于果汁(味)饮料类、雪糕、冰淇淋、果酒,最大使用量为 0.1g/kg
茶黄色素	用于果汁(味)饮料类、配制酒、糖果、糕点上彩装、绿丝、奶茶、果茶,可按生产需要适量使用
茶绿色素	使用范围及使用量同茶黄色素
柑橘黄	用于饼干、面饼、糕点、糖果、果汁(味)饮料类,可按生产需要适量使用
胭脂树橙	用于人造奶油≤0.05g/kg;糕点≤0.015g/kg;软饮料、肉汤≤0.02g/kg;香肠、西式火腿、巧克力≤0.025g/kg
胭脂虫红	用于碳酸饮料≤0.02g/kg;香肠、西式火腿≤0.025g/kg;布丁点心、酸奶、糖果、调味酱≤0.05g/kg;冰淇淋、雪糕、冰棍≤0.025g/kg;风味奶粉≤0.6g/kg

三、食用天然着色剂的特点

食用天然着色剂与人工合成着色剂相比具有以下特点。

1. 优点

① 天然着色剂多来自动物、植物组织,因此,一般来说对人体的安全性较高。

② 有的天然着色剂本身是一种营养素,具有营养效果,有些还具有一定的药理作用。

③ 能更好地模仿天然物的颜色,着色时的色调比较自然。

2. 缺点

① 食用天然着色剂一般来说较难溶解,不易染着均匀。

② 染着性较差,某些食用天然着色剂甚至与食品原料反应而变色。

③ 坚牢度较差,使用时局限性大,受 pH、氧化、光照、温度等影响较大,在加工及流通过程中易受外界影响而劣化。

④ 因为是从天然物中提取出来的,故有时受其共存成分的异味的影响,或自身就有异味。

⑤ 难于调色。不同的着色剂相溶性差,很难调配出任意的色调。

⑥ 易受金属离子和水质影响。食用天然着色剂易在金属离子催化作用下发生分解、变色或形成不溶的盐。

⑦ 食用天然着色剂成分复杂，使用不当易产生沉淀、浑浊，而且纯品成本较高。

⑧ 产品差异较大。天然着色剂基本上都是多种成分的混合物，而且同一着色剂由于来源不同，加工方法不同，所含成分也有差别。如从蔬菜中提取和从蚕沙中提取的叶绿素，用分光光度计进行比色测定，会发现两者的最大吸收峰不同，这样就造成了配色时色调的差异。

⑨ 食用天然着色剂性质不如人工合成着色剂稳定，使用中要加入保护剂，如磷酸盐、柠檬酸等，这对色素的使用产生一些不良影响。

如上所述，一般来说从安全性方面考虑，使用食用天然着色剂是比较理想的。对于染着性较差和有异味、异臭等缺点，如果改进和提高提取、精制的技术是可以解决的。至于色调随 pH 而改变和与基质反应而变色等情况，则可通过充分了解着色剂本身的性质及对象食品的成分组成等予以合理使用。

此外，目前一般食用天然着色剂成本较高，这可通过技术革新和扩大生产规模，或利用化学合成和微生物生产色素，而使成本逐渐降低。

使用食用天然着色剂时，除了与人工合成着色剂一样，应考虑无害，溶解度较高，染着性、坚牢度等性质较好外，还应注意无特异的臭气和臭味，对金属离子及其他化学物质的影响较小等重要因素。食用天然着色剂易在金属离子的催化作用下发生分解变色，或形成不溶的盐类，因此加工装置应选用稳定的材料，并防止原材料中金属离子的污染。由于彻底清除金属离子比较困难，故也可以考虑添加植酸等金属螯合剂。加工用水及原材料中含有的氯及其他化学物质则可用加热分解、活性炭吸附以及用中和剂、离子交换等方法处理。

四、食用天然着色剂的毒理评价及使用注意事项

1. 食用天然着色剂的毒理评价

食用天然着色剂由于来自于天然而给人以安全感，但是必须知道，天然着色剂成分复杂，经过提纯后，其性质也有可能和原来不同，而且在加工中，其化学结构可能变化等，故天然物本身并不能保证都是安全的，所以食用天然着色剂也要经过毒理实验。其一般要求是：

① 凡从已知食物中分离出来的，化学结构上无变化的着色剂，又应用于原来食物，其浓度又是原来食物中的正常浓度，对这种产品可不需要进行毒理检验。

② 凡从食品原料中分离出来的，化学结构上无变化的着色剂，当其使用浓度超过正常浓度时，对这种产品需要进行毒理评价，各项要求与合成着色剂的毒理评价要求相同。

③ 凡从食品原料中分离出来的，但在其生产过程中化学结构已发生变化的着色剂，或从非食品原料中分离出来的天然着色剂，对它们都要进行与人工合成着色剂相同的毒理评价。

2. 食用天然着色剂的使用注意事项

食用天然着色剂的使用除了如人工合成着色剂使用所要求的几点外，还要注意以下几点：①使用要有针对性，以取得最佳效果。②为了加强其稳定性，天然着色剂使用时可加入保护剂。如胡萝卜素耐光性较差，应与维生素 C、维生素 B 一起使用。对易受金属离子影响的天然着色剂，要与金属螯合剂同用。③天然着色剂因含杂质较多，使用时易沉淀，所以一般在使用前应采取过滤、离心分离等措施。④为避免加工过程对天然着色剂的影响，最好在最后的工序中加入。⑤天然着色剂应避光保存，保存环境要干燥、阴凉。

第七章 食用香料、香精

第一节 概 述

食品的香是很重要的感官性质，在食品加工过程中，有时需要添加少量香料或香精，用以改善或增强食品的香气和香味，这些香料或香精可称为赋香剂、加香剂或香味剂。

食用香料是指能够增强食品香气和香味的食品添加剂，是食品添加剂中品种最多的一类。在食品加香中，目前生产上除橘子油、香兰素等少数品种外，一般均不单独使用；通常是用数种乃至数十种香料调和起来，才能适合应用上的需要。这种经配制而成的香料称为香精。所以可以说香料也是香精的原料。

一、香气和香味的关系

香由香气和香味组成，食品的香气和香味会增加人们的愉快感和引起人们的食欲，促进唾液分泌，增强人体对营养成分的消化和吸收，是食品应具有的很重要的感官性质。食品的香是嗅觉、口感的综合，对人具有难以想象的吸引力，它强烈地控制着人的食欲。

食品的香气是由多种挥发性香味物质表现出来的。食品中的香味物质种类很多，含量甚微，当它们配合恰当时，便能发出诱人的香气，而食品中香味物质的浓度，只是反映食品香气的强弱。食品的香气是通过挥发性香味物质的微粒漂浮于空气中，吸入鼻孔，刺激嗅觉神经，传至中枢神经而被感知的。能用嗅觉辨别出该种物质存在的最低浓度称为香气阈值。

香味物质在食品香气中所起的作用是不同的，若以数值定量化，则称为香气值或发香值，香气值是香味物质的浓度与它的阈值之比，即：

$$香气值 = \frac{香味物质的浓度}{阈值}$$

一般，香气值小于1时，这种香味物质不会引起人们感觉。咀嚼食物时所感知的香味与香气密切相关。咀嚼食物时，香味物质的微粒进入鼻咽部并与呼出气体一起通过鼻小孔进入鼻腔，甚至当食物进入食道，在呼气时也会使带着香味物质微粒的空气由鼻咽向鼻腔移动，这时对食物或饮料的香气感觉最敏锐。食物进入口腔所引起的香味感觉称为香味，可见香气和香味在感知上是相辅相成的。

二、香料、香精的化学结构

从19世纪开始的有机化学的发展，特别是分析仪器的发展及各种精密分析仪器的应用，使对香料香味的研究从宏观走向微观，使分析天然香味的成分和人工合成香料的工作得到了飞速的发展。现在人们已可以将许多香料的单体分离鉴定出来，并可以将安全的合成香料单体加以配制，模仿出天然的香味，甚至创造出自然界未曾发现的香味物质，配制出更诱人的风味。在这个发展过程中,人们也对各种香料的组分、形成、发香原因、香气与分子结构的关系有了进一步了解,探索出一些规律。

1. 香气与分子结构的关系

发香物质一般属于有机化合物,它们发香味的原因和香味的差异、强度的不同等,是发展香料、香精的关键问题。

(1) 发香物质分子中须有一定种类的发香基团　发香基团决定了气味的种类。其中包括:含氧基团如羟基、醛基、酮基、羧基、醚基、苯氧基、酯基、内酯基等;含氮基团如氨基、亚氨基、硝基、肼基等;含芳香基团如芳香醇、芳香醛、芳香酯、酚类及酚醚;含硫、磷、砷等原子的化合物及杂环化合物。单纯的碳氢化合物极少具有怡人的香气。

(2) 碳链结构　分子中碳原子数目对香气所产生的影响:不饱和化合物常比饱和化合物的香气强,双键能增加气味强度,三键的增强能力更强,甚至产生刺激性。如丙醇 CH_3—CH_2—CH_2OH 香味平淡,而丙烯醇 CH_2=CH—CH_2OH 香气就强烈得多;桂皮醛 C_6H_5—CH=CH—CHO 香气温和,苯丙炔醛 C_6H_5—C≡C—CHO 有刺激性香气。

分子中碳链的支链,特别是叔、仲碳原子的存在对香气有显著的影响,例如乙基麦芽酚比麦芽酚的香气强 4~6 倍。

麦芽酚　　　　　　乙基麦芽酚

从使用香精的经验看,分子中碳原子数在 10~15 香味最强。醇类分子中的碳原子在 1~3 时具有轻快的醇香,4~6 时有麻醉性气味,7 以上时有芳香气,10 以内的醇分子质量增加时气味增加,10 以上的气味渐减至无味。脂肪酸类中,一般低分子者气味显著,但不少具有臭味和刺激性异味,但 16 个碳以上者一般无明显气味。羰基化合物多具有较强气味,低级脂肪醛具有刺鼻气味,并随结构中的碳原子的增加刺激性减弱而逐渐出现愉快的香气,尤其是 8~12 个碳的饱和醛,在高倍稀释下有良好的香气。α,β 不饱和醛有臭味,尤其含 5~10 个碳原子的醛有恶臭。酮类一般也具有香气。

在香料中碳原子数的多少会引起香气强弱的变化,一般结构中碳原子数目超过一定数量时都引起香气的减弱和消失。例如 α-烃-γ-丁内酯分子中 R 的碳原子数从 3 增至 11 的各同系物中香味增加。麝香子油素中,其环上的碳原子数超过 18 个时香气消失。

α-烃基-γ-丁内酯　　　　　　麝香子油素

(3) 取代基相对位置不同对香气的影响　取代基相对位置不同对香气的影响很大,尤其是对于芳香族化合物影响更大。例如,香兰素是香兰气味,而异香兰素是大茴香味。

香兰素　　　　　　异香兰素

(4) 分子中原子的空间排列不同对香气所产生的影响　一种化合物的同分异构体往往

气味不同,例如顺式结构的叶香醇比反式结构的橙花醇要香得多。

(5) 杂环化合物中的杂原子对香气的影响　有机的硫化物多有臭味;含氮的化合物也多有臭味;吲哚也叫粪臭素,但将它极度稀释后呈茉莉香味。这些杂环化合物对香气都有一定特别的影响,如甲硫醚与挥发性脂肪酸、酮类形成乳香;某些含氧与硫或含硫与氮的杂环化合物有肉类味香。

2. 影响香气的其他因素

以上是几个对香气有显著影响的因素,但影响香气的其他因素还很多,有些结构相似的化合物不一定有相似的香气,有些结构不同的化合物也可能有相似的香气。所以某些化合物能发香,并不单纯取决于发香基团和结构等因素,还可能有其他原因。例如:美国学者Amoore从有机物中挑出20多种与樟脑气味相同的化合物,它们的结构无共同之处,但化合物的形状和大小都一样。因此Amoore根据立体化学的数据提出了化合物形状和大小对气味有重要作用的理论;当物质分子几何形状与特定形态的生理感觉器官位置相吻合时,就有类似的气味。

三、香料、香精的使用功效

1. 使食品产生香味

如某些原料本身没有香味,要靠香料、香精使产品带有香味,以便人们在使用时感到一种愉快的享受,满足人们对食品香味的需要。

2. 使食品恢复香味

食品加工中的某些工艺,如加热、脱臭、抽真空等,会使香味成分挥发,造成食品香味减弱。添加香料、香精可以恢复食品原有的香味,甚至可以根据需要将某些特征味道强化。

3. 消杀食品中的不良味道

某些食品有难闻的气味,如羊肉、鱼类等,或者是某些气味太浓而使人们不喜欢食用,此时,添加适当的香料、香精可将这些味道去除或抑制。

4. 改变食物原有的风味

在食品制作中,有许多原料的风味都要因所需目的而改变,如人造肉、饮料等,加入香味剂后使这些食品人为地带有了各种风味。

5. 杀菌、防腐

目前人们已发现近300种天然香料有杀菌、防腐、治疗作用,如天竺葵叶中提取的精油,除了有玫瑰香气外,还有镇静作用;迷迭香精油有扩张气管作用;紫薇、茉莉的香味可以杀灭白喉菌和痢疾杆菌;菊花的香味可治感冒;八角、花椒对粮油产品有杀菌、防虫作用;肉豆蔻、胡椒等香料对肉毒杆菌、大肠杆菌、金黄色葡萄球菌等有抑制作用等,所以食品中添加某些香料还有一定的医疗、防腐作用。

6. 赋予产品特征

许多地方性、风味性食品,其特征都由使用的香料、香精显示出来,否则就没有风味的差异。许多香料已成为各国、各民族、各地区饮食文化的一部分。

四、香料、香精的使用原则

使用香料、香精时,要注意使用的温度、时间和香料成分的化学稳定性,必须按符合工艺要求的方法使用,否则可能造成效果不佳或产生相反的效果。

① 香料、香精与其他原料混合时，一定要搅拌均匀使香味充分均匀地渗透到食品中去。香料、香精一般在配料的最后阶段加入，并注意温度，以防香气挥发。加入香料、香精时，一次不能加入太多，最好是一点一点慢慢加入。香料、香精在开放系统中的损失比在封闭系统中大，所以在加工中要尽量减少其在环境中的暴露。

② 合成香料一般与天然香料混合使用，这样其效果更接近天然，但不必要的香料不要加入，以免产生不良效果。

③ 由于香料、香精的配方及食品的制作条件等千变万化，其在使用前必须做预备试验。因为香料、香精加入食品中后，其效果是不同的，有时其香味会改变。原因主要是受其他原料、添加剂、食品加工过程及人的感觉的影响。所以要找出香料、香精最佳使用条件后才能成批生产食品。如果在预备试验中香料、香精效果始终不佳，则要重换香料、香精或改变工艺条件，直到适合的风味出现为止。

④ 使用中要注意香料、香精的稳定性。香料、香精除了容易挥发外，一般都易受碱性条件、抗氧剂及金属离子等影响，要防止这类物质与香味剂直接接触。如两者都要用于同一种食品时，要注意分别添加。有些香料、香精会因氧化、聚合、水解等作用而变质。在一定的温度、光照、酸碱性、金属离子污染等因素下会加速变质，所以香料、香精多采用深褐色的中性玻璃瓶密封包装。因为橡胶制品影响香料、香精的品质，所以不能使用橡皮塞密封。香料、香精要贮存于阴凉干燥处，但贮存室温度不宜过低，因为水溶性香精在低温下会析出结晶和分层，油溶性香精在低温下会冻凝。贮存温度一般以 10～30℃为宜。香料、香精中许多成分容易燃烧，要严禁烟火。香料、香精启封后不宜继续贮存，要尽快用完。

⑤ 对于含气的饮料、食品和真空包装的食品，体系内部的压力及包装过程都会引起香味的改变，对这类食品都要增减其中香料的某些成分。

⑥ 香料、香精使用前要考虑到消费者的接受程度、产品的形式、档次。

五、香料、香精的安全性评价

食用香精的品种很多，但都是由食用香料和许可使用的稀释剂等组成。故只需要对食用香料进行安全性评价。

食品中香料物质的天然存在并不能预示其安全性。很多香料有长期的使用史和少量的安全使用依据，但大部分没有经过细致和全面的毒性试验。有证据表明人体摄入后产生一些不良后果，如辣椒素、姜素和薄荷醇使用后发现的过敏和特异性不耐受性。因此，仅仅根据食用香料是天然来源的，并不能保证其安全，同样传统的使用也不能成为安全性的可靠依据。如黄樟素是天然来源的（从樟木中提取的油），在它表现出具有肝毒性和致癌性之前已有了很长的使用史。因而一般来讲，天然香料也不能排除进行适用于食用香料的毒理学评价。目前一些国家和国际组织已制定了香料的安全性评价标准，如 JECFA、WHO 特别工作小组（1987）、CE 香料专家委员会、欧盟食品科学委员会（SCF）、美国香料生产者协会（FEMA）。以下方法和程序是针对单一的、化学结构明确的物质，而混合物，无论是天然的还是人造的，均需要其他不同的方法。

JECFA 强调香料的安全性评价不同于食品添加剂，在评价香料安全性时需要高度灵活性。WHO（1987）的报告中也重申了这一点，它指出：考虑到食用香料品种非常多，而且通常在食品中用量很小并且具有自限性这样一种事实，认为要求每一种食用香料都进行同样复杂的毒理学评估是不现实和不合理的。由于很多香料物质化学结果相似，有共同的代谢途径，可以按结构相关的类别进行评价，这样就减少了对每种物质单独评价所带来大量测试负担。JECFA 应用构效关系评价香料同系物，用一种物质的资料来评价整组同系物。因此 JECFA（1987）总结如下：用作食用香料的大量酯类物质应该不优先考虑测试，可以仅在代谢研究基础上接受 ADI 值。如香料化合物很快定量水解成安全性已知的醇或者酸时，则可按本原则评价。

香料物质进行评价时包括多方面的因素，如性质和来源、暴露、构效关系、代谢等方面的资料，这些结果来自短期实验、使用史以及任何认可机构的评价结论。人群暴露水平常常是 JECFA 评价香料物质的一个重要因素。JECFA 建议香料物质，如果某种香料每年每人消费超过 3.65mg 就应该优先评价。将暴露资料和构效关系相结合来确定优先性和测试要求，这一观点也为 SCF 所接受并记录在"食用香料评价导则"（1991）中。其中对于结构复杂，不能预知其代谢途径或可能有高摄入量的化合物需要进行毒理学研究。综合考虑构效关系、人体摄入极限、代谢和摄入资料、动物毒理学资料是进行香料安全性评估的基础。

第二节 食用香料

食用香料是具有挥发性的有香物质，它可以给无香气的食品原料赋香，矫正食品中的不良气味，也可以补充食品中原有香气的不足，稳定和辅助食品中固有的香气，是食品添加剂中品种最多的一类。

美国香料生产者协会（FEMA）提出的，由美国食品与药物管理局（FDA）认可的属于一般公认安全（GRAS）范围的食用香料，至 1993 年为止已发布 16 次，共 2834 种。按我国《食品添加剂使用卫生标准》（GB 2760—1996）中规定：我国允许使用的食用香料为 574 种，其中天然香料 140 种，合成香料（包括单离香料）434 种，暂定允许使用的食用香料 163 种。自 1997 年起，又陆续增加了近 400 种。食用香料除可单独使用外，还常用于配制各种食用香精，并可按正常生产需要使用。

一、食用香料的分类

按我国《食品用香料分类与编号》（GB 12493—1990）及《食品用香料分类与编号》（GB/T 14156—1993）中的术语解释：食用香料是"能够用于调配食品用香精的香料。它包括天然香味物质、天然等同的香味物质和人造香味物质三类"。其中"天然香味物质"是指"用纯粹物理方法从天然香原料中分离得到的物质"，它包括提制品和非提制品，它们通常为多种成分的混合物。非提制品即香辛料，在生产中往往是加工成粉末状的产物或直接浸提后使用。"天然等同的香味物质"，是指"用合成方法得到或从天然芳香原料经化学过程分离得到的物质，这些物质与供人类消费的天然产品中存在的物质在化学组成上是相同的"，这种物质均为一些单一的成分。"人造香味物质"则是指"在供人类消费的天然产品中尚未发现的香味物质"，就化学组成而言均为单一成分。

食用香料按来源不同，可分为天然香料和人造香料两大类。

天然香料多含有复杂的成分，并非单一的化合物。天然香料包括动物性香料和植物性香料，食品生产中所用的主要是植物性香料。天然香料因制取方法的不同，可得到不同形态的产物，如精油、浸膏、酊剂等。另外有些香料，特别是香辛料，往往是加工为粉末状的产物而使用。

人造香料包括单离香料及合成香料。单离香料是从天然香料中分离出来的单体香料化合物。合成香料是以石油化工产品、煤焦油产品等为原料经合成反应而得到的单体香料化合物。

二、天然香料

可作为香料的天然原料有很多，但作为食品添加剂使用的主要是天然香料提取物。天然香料提取物是采用蒸气蒸馏、压榨、萃取、吸附等物理方法，从芳香植物不同部位的组织（如花蕾、果实、种子、根、茎、叶、枝、皮或全株）或分泌物中提取而得的一类天然香料。常见的香料提取物有：

① 精油（essential oil），亦称芳香油、挥发油等，是天然香料中的一大类。其成分多为萜类和烃类及其含氧化合物，十分复杂，多的可达数百种。如生姜精油中的成分有近三百种。天然香料中有效成分的含量常因原料的栽培地区和条件的不同而有很大差异，香味亦可有明显的不同。精油的提取方法，最普遍的是水蒸气蒸馏，亦常采用溶剂萃取。但所用溶剂应采用食用级产品。一般来说，戊醇和己醇适用于花蕾，甲苯适用于含芳烃化合物精油的提取，乙醇或丙酮适用于酚类化合物，含氯溶剂适用于含胺类化合物的精油提取。

世界上总的精油品种在 3000 种以上，其中具有商业价值的有数百种，适用于食品的有百余种。

② 酊剂（tinctur），是指用一定浓度的乙醇，在室温下浸提天然香料，并经澄清过滤后所得的制品。

③ 浸膏（concrete），是指用有机溶剂浸提香料植物组织的可溶性物质，最后经除去所用溶剂和水分后所得的固体或半固体膏状制品。

④ 香膏（balsam），是指芳香植物所渗出的带有香成分的树脂样分泌物，如吐鲁香膏。

⑤ 香树脂（resinoid），是指用有机溶剂浸提香料植物所渗出的带有香成分的树脂样分泌物，最后经除去所用溶剂和水分的制品。

⑥ 净油（Absolute），是指植物浸膏（或香脂、香树脂及用水蒸气蒸馏法制取精油后所得的含香蒸馏水等的萃取液）用乙醇重新浸提后再除去溶剂而得的高纯度制品。也有的经冷冻处理，滤去不溶于乙醇的蜡、脂肪和萜烯类化合物等全部物质，再在减压低温下蒸去乙醇后所得的物质。净油属高度浓缩、完全醇溶性的液体香料，是天然香料中的高级品种，如玫瑰净油。

⑦ 油树脂（oleoresin），是指用有机溶剂浸提香辛料后除去溶剂而得的一类天然香料。呈黏稠状液体。主要成分为精油、色素和树脂，有时也含油脂、固醇及部分糖类等非挥发性成分。油树脂多为天然香辛料有效成分的浓缩液，其浓度约为香辛原料的 10 倍。如黑胡椒油树脂等。该类香料为较其他类型提取物更具有天然香辛料特征的制品。

精油等提取品与香原料相比，有如下优点：通过提取，可获得所需物质的 95% 左右，如以丁香、桂皮之类的香原料直接加以应用其有效率仅 25% 左右，其余均为无利用价值部分，因此提取品经济效益高；提取品均符合严格的卫生要求，可直接或配制后用于食品，而香原料一般均含有大量细菌（如胡椒粉等）；提取品可相互混合后直接配制香精；提取品耐贮藏，不易变质，可长年供应，而香原料在贮藏过程中易腐败、发霉、变质，香气损失严重，即使像八角茴香之类较耐贮藏的香原料，一般经六个月贮藏后其香气约损失 50%；提取品体积小，仓储运输费用低。部分精油和香辛料的相当值〔香气相当于 100kg 香原料所提取的精油的质量（kg）］如：多香果 2.5，芹菜籽 2，苦杏仁 0.5，辣根 1，月桂叶 1，大茴香 2.5，肉桂 1.5，桂皮 0.50。

（一）精油类

1. 八角茴香油

八角茴香油，又名大茴香油、茴油，主要成分为反式大茴香脑（80%～95%）、大茴香醛、大茴香酮、茴香酸、苧烯、松油醇和芳樟醇等。

（1）性状　八角茴香油为无色透明或浅黄色液体，具有大茴香的特征香气，味甜。凝固点 15℃。易溶于乙醇、乙醚和氯仿，微溶于水。

（2）性能　八角茴香是常用的烹调用辛香料，其油广泛用于食品、化妆品和医药等。用于食品，可使之具有八角茴香的香气；特别是用于酒、饮料中，效果尤佳。在化妆品中，主要用于牙膏、牙粉、香皂等，使它们具有特征香气。在医药中它起兴奋、驱风、镇咳等作用。

（3）毒性　八角茴香是人们数千年来使用的调味料，并未发现因使用于食品而导致影响健康的事例。美国香料生产者协会将本品列入一般公认安全物质。

（4）制法及质量指标　八角茴香油的制法是以八角茴香的新鲜枝叶或成熟的果实为原料，将其粉碎后采用水蒸气蒸馏法提油。新鲜八角茴香枝叶得油率 0.3%～0.5%，新鲜八角茴香果实得油率 1.78%～5%。

按我国食品添加剂八角茴香油质量标准（GB/T 15068—1994）的要求，应符合下列指标：相对密度 0.975～0.992；折射率（n_D^{20}）1.5525～1.5600；旋光度（$[\alpha]_D^{20}$）$-2°$～$+0.2°$；凝固点 ≥15.0℃；溶混度（20℃），1mL 试样全溶于 3mL 90% 乙醇中；重金属（以 Pb 计）≤0.001%。

（5）应用　根据我国《食品添加剂使用卫生标准》（GB 2760—1996）中规定：八角茴香油为允许使用的食用天然香料，主要用于酒类、碳酸饮料、糖果、焙烤食品等，使用量按正常生产需要而定。还可用于烟草、药品以及做提取食用茴香脑和大茴香醛的原料。

2. 柠檬油

柠檬油有冷磨品和蒸馏品两种，其主要成分有苧烯（90%）、柠檬醛（2%～5%）、辛醛、壬醛、癸醛、十二醛、漲烯、莰烯、芳樟醇、乙酸芳樟酯、乙酸香叶酯、乙酸橙花酯和香叶醇等。

（1）性状　柠檬油，冷磨品为黄色至绿黄色或淡黄色易流动液体，具有浓郁柠檬香气。与无水乙醇、冰乙酸相混溶，几乎不溶于水。蒸馏品为无色至浅黄色液体，气味和滋味与冷榨品同。可溶于大多数挥发性油、矿物油和乙醇，可能出现浑浊。不溶于甘油和丙二醇。

（2）性能　柠檬油赋予糖果、饮料、面包制品以浓郁的柠檬鲜果皮的特征气味，也常用于化妆品香精和烟草香精中以增强柠檬香气。

（3）毒性　大鼠、兔子经口 LD_{50}＞5000mg/kg。美国香料生产者协会将柠檬油列为一般公认安全物质。

（4）制法及质量指标　冷磨法提油是以柠檬新鲜全果为原料，经精选、分级、在常温下磨果、离心分离、精制而得果皮精油，得油率 0.2%～0.5%。蒸馏法提油是将柠檬鲜果皮或果汁进行蒸馏而得，得油率 0.6%（以果皮计）。

按我国食品添加剂冷磨柠檬油质量标准（GB 6772—1986）的要求，应符合下列指标：相对密度（d_{25}^{25}）为 0.849～0.858；折射率（n_D^{20}）为 1.4740～1.4770；旋光度（$[\alpha]_D^{20}$）为

+60°～+65°；蒸发残渣 1.6%～3.9%；酸值≤3.0mgKOH/g；含醛量（以柠檬醛计）为 3.0%～5.5%；砷（以 As 计）≤0.0002%；重金属（以 Pb 计）≤0.0005%。

蒸馏品的质量指标，按美国《食品用化学品法典》(1981) 规定应为：醛含量（柠檬醛计）1.0%～3.5%；旋光度（$[\alpha]_D^{20}$）为+55°～+75°；重金属（以 Pb 计）试验阴性；折射率（n_D^{20}）为 1.470～1.475，相对密度（d_{25}^{25}）为 0.842～0.856，紫外光吸光度<0.010。

(5) 应用　根据我国《食品添加剂使用卫生标准》(GB 2760—1996) 中规定：柠檬油为允许使用的食品香料。主要用于糖果、面包制品、软饮料，用量按正常生产需要而定。

柠檬油是食品用香料中用量最大、用途很广的重要果香香料之一（仅次于甜橙油而居第二）。它大量用于柠檬、可乐、柠檬复方等饮料用香精和糖果用香精中。常用作其他果香香精（如香蕉、菠萝等）的修饰剂，以圆和合成香料的粗糙化学气息。柠檬油还可与其他果汁同用，可以起到掩盖海腥气味的作用。

3. 姜油

姜油有冷榨品和蒸馏品两种，主要成分有姜酮、姜醇、姜烯酚、芳姜黄烯、金合欢烯、苧烯、桉叶素、β-水芹烯、龙脑、芳樟醇、甲基庚烯酮、壬醛、癸醛、乙酸龙脑酯、香叶醇和有辣味的生姜素等。

(1) 性状　蒸馏品为淡黄色至黄色液体，有姜的辛辣气味，而口感辣味不大。冷榨品气味似鲜姜，颜色由黄逐渐变为黄棕，口感较辣。久贮变稠。溶于大多数非挥发油和矿物油。溶于乙醇，常出现浑浊。几乎不溶于水，不溶于甘油和丙二醇。

(2) 性能　用于调配食用香精可增加姜的辛辣气味，有一定的抗氧化能力。

(3) 毒性　美国食品与药物管理局和美国香料生产者协会均将姜油列为一般公认安全物质。

(4) 制法及质量指标　姜油冷榨品是用冷榨法提油，将鲜姜洗净后进行冷榨，得冷榨姜油；得油率 0.27%～0.33%；残渣再采取水蒸气蒸馏法提油，得蒸馏品。也可用干姜为原料，经粉碎后，采取水蒸气蒸馏法提油；得油率 1%～3%。

按我国食品添加剂姜油（蒸馏品）质量标准（GB 8318—1987）的要求，应符合下列质量指标：相对密度（d_{25}^{25}）为 0.870～0.882；折射率（n_D^{20}）为 1.488～1.494；旋光度（$[\alpha]_D^{20}$）为-28°～-45°；砷（As）≤0.0002%；重金属（以 Pb 计）≤0.001%。

(5) 应用　根据我国《食品添加剂使用卫生标准》(GB 2760—1996) 中规定：姜油为允许使用的食用天然香料。主要用于蛋糕、曲奇饼干、含醇饮料、碳酸饮料以及草莓香精及菠萝和薄荷香精等，用量按正常生成需要而定。

4. 肉桂油

肉桂油，又名中国肉桂油，主要成分为肉桂醛（80%～95%）、乙酸肉桂酯、香豆素、水杨醛、丁香酚、香兰素、苯甲醛、肉桂酸和水杨酸等。

(1) 性状　肉桂油粗制品是深棕色液体，精制品为黄色或淡棕色液体。放置日久或暴露于空气中会使油色变深、油体变稠，严重的会有肉桂酸析出。可溶于冰乙酸和乙醇。

(2) 性能　肉桂油具有强烈的辛香，微甜，微带木香和膏香。粗制品的香气较粗，精制品甜些，但香气持久性不如粗制品。可调配食用香精，增强肉桂油特征香气和辛辣香味。

(3) 毒性　尚无数据。

(4) 制法及质量指标　肉桂油是由中国肉桂的枝、叶或树皮或籽用水蒸气蒸馏法提取，得油率：鲜枝、叶为 0.3%～0.4%；树皮为 1%～2%；籽为 1.5%。

按我国食品添加剂肉桂油质量标准（GB 11958—1989）的要求，应符合下列质量指标：相对密度（d_{20}^{20}）为 1.052～1.070；折射率（n_D^{20}）为 1.6000～1.6140；溶混度（20℃），1mL 试样全溶于 3mL 70％乙醇中；酸值≤15.0mgKOH/g；羰基化合物含量≥80％；重金属（以 Pb 计）≤0.001％。

（5）应用　根据我国《食品添加剂使用卫生标准》（GB 2760—1996）中规定：肉桂油为允许使用的食用天然香料，用量按正常生产需要而定。

肉桂在我国是一种传统的调味香料，常与其他辛香料组合成各种香味的调味料。在食品香精中可用于樱桃、可乐、姜汁、肉桂等香精。此外，还可用于调配化妆品、烟草用香精。

5．甜橙油

甜橙油有冷磨品、冷榨品和蒸馏品 3 种，以冷磨品、冷榨品为主要。主要成分为苧烯（90％以上）、癸醛、辛醛、己醛、柠檬醛、甜橙醛、十一醛、芳樟醇、萜品醇、邻氨基苯甲酸甲酯等多种成分。

（1）性状　冷榨品和冷磨品为深橘黄色或红棕色液体，有天然的橙子香气，味芳香。遇冷变浑浊。与无水乙醇、二硫化碳混溶，溶于冰乙酸。蒸馏品为无色至浅黄色液体，具有鲜橙皮香气。溶于大部分非挥发性油、矿物油和乙醇，不溶于甘油和丙二醇。

（2）性能　甜橙油是多种食用香精主要成分，可直接用于食品，尤其是高档饮料中，以赋予其天然橙香气味。不得用于有松节油气味的食品。

（3）毒性　白鼠、兔子经口 LD$_{50}$≥5000mg/kg。美国食品与药物管理局将其列为一般公认安全物质。

（4）制法及质量指标　冷磨法提油可参照柠檬油冷磨提取法。冷榨法提油是将鲜橙皮洗净进行冷榨，即得。蒸馏法提油亦可参照柠檬油蒸馏提取法。

按美国《食品用化学品法典》（1981）规定，冷磨品应符合下列质量指标：含醛量（以癸醛计）为 1.2％～2.5％；旋光度（$[\alpha]_D^{25}$）为 +94°～+99°；折射率（n_D^{20}）为 1.472～1.474；砷（以 As 计）≤0.0003％；重金属（以 Pb 计）≤0.004％；铅≤0.001％；相对密度（d_{25}^{25}）为 0.842～0.846；紫外线吸光度，美国加州型≥0.13，佛罗里达型≥0.24。

（5）应用　根据我国《食品添加剂使用卫生标准》（GB 2760—1996）中规定：甜橙油为允许使用的食用天然香料。主要用于调配橘子、甜橙等果型香精，也直接用于食品，如清凉饮料、啤酒、冷冻果汁露、糖果、糕点、饼干和冷饮等。用量可按正常生产需要而定，如橘汁中用量为 0.05％。此外还可用于烟草香精和化妆品用香精。

6．亚洲薄荷油

亚洲薄荷油的主要成分为薄荷脑（即薄荷醇）、薄荷酮、乙酸薄荷酯、丙酸乙酯、α-蒎烯、3-戊醇、莰烯、苧烯、百里香酚、盖烯酮、胡椒酮、胡薄荷酮、异戊酸、石竹烯、异戊醛、糠醛和己酸等。

（1）性状　亚洲薄荷油为淡黄色或淡草绿色液体，温度稍降低即会凝固，有强烈的薄荷香气和清凉的微苦味。

（2）性能　亚洲薄荷油能赋予食品以薄荷香味，使口腔有清凉感。有清凉、驱风、消炎、镇痛和兴奋等作用，构成食品特殊风味。

（3）毒性　FAO/WHO 对本品 ADI 未作规定。

（4）制法及质量指标　亚洲薄荷油的制法是以亚洲薄荷全草为原料，新鲜的或半干的全草用水蒸气蒸馏法提取油，得油率 1.3％～1.6％。

按我国食品添加剂薄荷油行业标准，应符合下列质量指标：游离薄荷脑含量为 0.8%～2.0%；游离的和结合的薄荷脑含量 81%～87%；旋光度（$[\alpha]_D$）为 $-32°$～$-37.7°$；折射率（n_D^{20}）为 1.460～1.471；溶混度，1mL 样品溶于 3mL70% 乙醇中；相对密度（d_{25}^{25}）为 0.895～0.910。

（5）应用 根据我国《食品添加剂使用卫生标准》(GB 2760—1996) 中规定：薄荷油为允许使用的食用天然香料。主要用于糕点、胶姆糖、甜酒、烟草等，用量按正常生产需要而定。也用于化妆品和医药。

7. 橘子油

橘子油有冷榨品和蒸馏品两种，主要成分有苧烯、癸醛、辛醛和芳樟醇等。

（1）性状 橘子油冷榨品和蒸馏品在理化性质上稍有差异。前者色泽橙红色，香气更接近鲜橘果香；后者为黄色，香气稍逊。两者均溶于大多数非挥发性油、矿物油和乙醇中。微溶于丙二醇，几乎不溶于甘油。

（2）性能 可使饮料、糖果、冷饮和冰淇淋等增加橘子香气味。

（3）毒性 美国香料生产者协会将橘子油列为一般公认安全物质。

（4）制法及质量指标 橘子油的制法是将鲜果皮采用冷榨法提油，得油率 1.8%～2.4%，此为冷榨品。鲜果皮或鲜果皮经冷榨后的残渣，及用水浸泡后的干果皮，可采用水蒸气蒸馏法提油，得油率 2.7%～3.5%，此为蒸馏品。

按美国《食品用化学品法典》(1981) 规定，冷榨品应符合下列质量指标：折射率（n_D^{20}）为 1.473～1.477；相对密度（d_{25}^{25}）为 0.846～0.852；旋光度（$[\alpha]_D^{25}$）为 $+63°$～$+78°$；重金属（以 Pb 计）$\leqslant 0.004\%$；铅 $\leqslant 0.001\%$；醛类（以癸醛计）为 0.4%～1.8%；蒸发残渣为 2.0%～5.0%。

按我国相关企业标准规定，蒸馏品应符合下列质量指标：相对密度（d_4^{20}）为 0.8455～0.8574；折射率（n_D^{20}）1.4735；旋光度（$[\alpha]_D^{20}$）$+94°$。

（5）应用 根据我国《食品添加剂使用卫生标准》(GB 2760—1996) 中规定：橘子油为允许使用的食用天然香料。主要用于软饮料、冰淇淋、糖果等，用量按正常生产需要而定。

8. 留兰香油

留兰香油，又名薄荷草油、矛形薄荷油或绿薄荷油。主要成分有左旋香芹酮、苧烯、1,8-桉叶素、1-薄荷酮、异薄荷酮、3-辛醇及其乙酸酯等。

（1）性状 留兰香油为无色至黄色、绿黄色液体。具有甜清带凉的轻微药草香气，透发有力，与揉碎的新鲜留兰香叶片的香气一样。

（2）性能 能使食品有留兰香的香气，产生特殊风味。

（3）毒性 尚无数据。

（4）制法及质量指标 留兰香油的制法是采用水蒸气蒸馏法从留兰香带花序的茎叶提油，得油率为 0.3%～0.6%。

按我国食品添加剂留兰香油质量标准 (GB 11960—1989) 的要求，留兰香油分为含量 60%、80% 的两种，质量指标如下：相对密度（d_{20}^{20}），60% 含量品为 0.918～0.938，80% 含量品为 0.942～0.954；折射率（n_D^{20}），60% 含量品为 1.4850～1.4910，80% 含量品为 1.4900～1.4960；旋光度（$[\alpha]_D^{20}$），60% 含量品为 $-70°$～$-55°$，80% 含量品为 $-60°$～$-55°$；溶混度（20℃），全溶于同体积 80% 乙醇中；含酮量（以香芹酮计），60% 含量品为

60%，80%含量品为80%。

(5) 应用　根据我国《食品添加剂使用卫生标准》（GB 2760—1996）中规定：留兰香油为允许使用的食用天然香料。可直接用于糖果、胶姆糖，如在留兰香硬糖中，用量为0.08%。此外还用于化妆品。还可用于调配香精。

实际生产中，留兰香油最大的用途是用于牙膏、漱口水等。大量用于口腔卫生制品。食品方面最大的用量用于胶姆糖等。可作为薄荷的修饰剂。

（二）浸膏类

1. 墨红花浸膏

墨红花浸膏含净油30%以上，主要含芳樟醇、香茅醇和香叶醇等。

(1) 性状　墨红花浸膏为橙红色膏状物，具有纯正的墨红鲜花的香气。

(2) 性能　墨红花浸膏有良好的赋香性能，可直接使用于食品，也可用于调制香精。

(3) 毒性　尚无数据。

(4) 制法及质量指标　墨红花浸膏的制法是采用沸点为68～71℃的香花浸提用石油醚，在室温下浸提墨红鲜花，然后加以浓缩制得。

按我国食品添加剂墨红花浸膏质量标准（QB 1031—1991）的要求，应符合下列质量指标：熔点40～50℃，酸值≤20mg KOH/g，酯值≥20mg KOH/g，净油含量≥30%。

(5) 应用　根据我国《食品添加剂使用卫生标准》（GB 2760—1996）中规定：墨红花浸膏为允许使用的食用天然香料，用量按正常生产需要添加。

墨红花浸膏主要用于配制香精，如杏、桃、苹果、桑椹、草莓、梅等型香精。还可直接用于饮料、糖果、化妆品，以及用于制墨红花酒。

2. 茉莉浸膏

茉莉浸膏，又名小花茉莉浸膏，主要成分为乙酸苄酯、苯甲酸顺式-3-已烯酯、芳樟醇、甲位金合欢烯、顺式-3-已烯醇及其乙酸酯、反式橙花叔醇等。

(1) 性状　茉莉浸膏为绿黄色或淡棕色疏松的稠膏。净油为深棕色或棕黑色微稠液体。具有清鲜温浓的茉莉鲜花香气，精细而透发有清新之感。

(2) 性能　茉莉浸膏具有强烈的茉莉花香气，可直接用于食品。

(3) 毒性　美国香料生产者协会将茉莉浸膏列为一般公认安全物质。

(4) 制法及质量指标　茉莉浸膏的制法是采用溶剂（常用石油醚）浸提法从即将开放的小花茉莉花朵中浸提而制得浸膏。浸膏可再进一步用乙醇萃取而得净油，系我国独特天然香料。

按我国食品添加剂茉莉浸膏标准（GB 6779—1986）的要求，应符合下列质量指标：熔点为46.0～52.0℃；酸值≤11.0mg KOH/g；酯值≥80.0mg KOH/g；净油含量≥60.0%；砷≤0.000 3%；重金属（以Pb计）≤0.002%。

(5) 应用　根据我国《食品添加剂使用卫生标准》（GB 2760—1996）中规定：茉莉浸膏为允许使用的食用天然香料。广泛用于茉莉香型的各类食品的调香，最大使用量可按正常生产需要而定。

实际生产中，当茉莉浸膏用于食品香精，常用于杏、桃、樱桃、草莓等果香香精中，可以起到圆和来自合成香料的粗糙的化学气息，并赋予香精以天然感和新鲜感。

3. 桂花浸膏

桂花浸膏主要香气成分有 α 紫罗兰酮、β 紫罗兰酮、二氢-β-紫罗兰酮、反式芳樟醇氧化物、顺式芳樟醇氧化物、芳樟醇、香叶醇、间乙基苯酚、棕榈酸乙酯、壬醛、乙酸香芹酯、γ-癸内酯、α-松油醇、反式-2,4,6-三甲基-2-乙烯基-5-羟基四氢吡喃、顺式-2,4,6-三甲基-2-乙烯基-5-羟基四氢吡喃、橙花醇、壬醇和 β-水芹烯等。

(1) 性状　桂花浸膏为黄色或棕黄色膏状物，具有清甜香气。

(2) 性能　具有桂花香气，可直接用于桂花香型食品。

(3) 毒性　尚无数据。

(4) 制法及质量指标　桂花浸膏的制法是采用香花浸提用石油醚作溶剂，浸提鲜桂花，提取液经浓缩后即得。

根据我国食品添加剂桂花浸膏标准（GB 6780—1986）的要求，应符合下列质量指标：熔点为 40.0～50.0℃，酯值≥40.0mg KOH/g，净油含量≥60.0%，砷（As）≤0.0003%，重金属（以 Pb 计）≤0.004%。

(5) 应用　根据我国《食品添加剂使用卫生标准》（GB 2760—1996）中规定：桂花浸膏为允许使用的食用天然香料。广泛用于具有桂花香型的各类食品的调香，最大使用量按正常生产需要而定。

4. 岩蔷薇浸膏

岩蔷薇浸膏，又名赖百当浸膏，主要香气成分为 α-蒎烯（45%左右）、苯甲醛、苯乙酮、1,5,5-三甲基-6-环己酮、双乙酰、糠醛和冰片等。

(1) 性状　岩蔷薇浸膏为绿黄色至棕褐色膏状物，具有类似琥珀龙涎的香气。

(2) 性能　岩蔷薇浸膏具有良好的赋香性能，除用于食品外，还在香精配制中有其特殊用处，如烟草香精的配制。

(3) 毒性　美国香料生产者协会将岩蔷薇浸膏列为一般公认安全物质。

(4) 制法及质量指标　岩蔷薇浸膏的制法是以岩蔷薇的枝叶为原料，用乙醇浸提，然后以溶剂萃取而得。

按我国食品添加剂岩蔷薇浸膏质量标准（QB 950—1984）的要求，应符合下列质量指标：溶解度，25℃时溶于 10 倍量的邻苯二甲酸二乙酯；酸值≤97mg KOH/g；酯值≥75mg KOH/g。

(5) 应用　根据我国《食品添加剂使用卫生标准》（GB 2760—1996）中规定：岩蔷薇浸膏为允许使用的食用天然香料，用量按正常生产需要添加。

(三) 酊剂类

1. 可可酊

可可酊的主要成分为醛、酮、酯、醇等 30 余种。

(1) 性状　可可酊为褐色澄清液体，有纯正的可可香气味。

(2) 性能　用于食品，赋予可可香。

(3) 毒性　尚无数据。

(4) 制法及质量指标　可可酊的制法是将可可粉用乙醇提取，经浓缩而得。

根据我国食品添加剂可可酊地方标准（川 Q/成 844—1983）的要求，可可酊应符合下列质量指标：乙醇含量≤40%；含膏量为 1%～3%；砷（以 As 计）≤0.0001%；重金属（以 Pb 计）≤0.001%。

(5) 应用　根据我国《食品添加剂使用卫生标准》（GB 2760—1996）中规定：可可酊为允许使用的食用天然香料，用量按正常生产需要添加。

2. 枣子酊

(1) 性状　枣子酊为棕褐色液体，无悬浮物，无沉淀，具有枣子的清香气味和甜味，无苦味和焦味。

(2) 性能　枣子酊具有赋予食品枣子香味的性能。

(3) 毒性　尚无数据。

(4) 制法及质量指标　枣子酊的制法是将鼠李科植物枣的成熟干燥果实，用乙醇提取，过滤后而得。

根据我国食品添加剂枣子酊地方标准（鲁 Q 531—1982）的要求，应符合下列质量指标：乙醇含量（20℃）为 20%±2%；波美度（20℃）≥15°；总糖（以转化糖计）≥30%。

(5) 应用　根据我国《食品添加剂使用卫生标准》（GB 2760—1996）中规定：枣子酊为允许使用的食用天然香料，最大使用量按正常生产需要而定。

3. 咖啡酊

咖啡酊含有挥发性酯类、乙酸、醛等 60 余种芳香物质和咖啡因、单宁、焦糖等。

(1) 性状　咖啡酊为棕褐色液体，具有咖啡香气味和口味。

(2) 性能　咖啡酊具有赋予食品咖啡香味的性能。

(3) 毒性　美国食品与药物管理局将咖啡酊列为一般公认为安全物质。

(4) 制法及质量指标　咖啡酊的制法是将茜草科木本咖啡树的成熟种子，经干燥、除去果皮、果肉和内果皮后，在 180~250℃下焙烤，冷却后磨成细粒状，然后用有机溶剂提取而得。

咖啡酊的质量指标尚无具体数据。

(5) 应用　根据我国《食品添加剂使用卫生标准》（GB 2760—1996）中规定：咖啡酊为允许使用的食用天然香料。主要用于酒类、软饮料和糕点等，用量按正常生产需要添加。

4. 香荚兰豆酊

香荚兰豆酊为香荚兰豆的乙醇提取液，主要含有香兰素、大茴香醛、大茴香酸、洋茉莉醛和羟基苯甲醛等。

(1) 性状　香荚兰豆酊为浅棕色液体，有清甜的豆香和膏香味。

(2) 性能　香荚兰豆酊能赋予食品豆香味。

(3) 毒性　尚无数据。

(4) 制法及质量指标　香荚兰豆酊的制法是将香荚兰豆发酵，再用乙醇提取而得。香荚兰豆过 95℃热水，擦除表面水后打包，在干燥室内发酵，然后开包晾干、陈放，用乙醇提取，提取液经过滤、浓缩即得。

香荚兰豆酊的质量指标尚无具体数据。

(5) 应用　根据我国《食品添加剂使用卫生标准》（GB 2760—1996）中规定：香荚兰豆酊为允许使用的食用天然香料。主要用于冷饮、糕饼、糖果、烟和酒的香精中，用量按正常生产需要添加。

(四) 树脂类

1. 辣椒油树脂

辣椒油树脂主要成分为辣椒素、二氢辣椒素、正二氢辣椒素和高辣椒素，另含有色素和酒石酸、苹果酸、柠檬酸等。

(1) 性状　辣椒油树脂为暗红色至橙红色澄清液体，用乙醇提取的较用乙醚提取的色泽为暗，略黏。有强烈辛辣味，对口腔乃至咽喉有灸热刺激性。溶于大多数非挥发油。部分溶于乙醇。

（2）性能　辣椒油树脂既能赋予食品独特的辣香味，又具有调味和着色的性能。

（3）毒性　美国香料生产者协会将其列为一般公认安全物质。

（4）制法及质量指标　辣椒油树脂的制法是将辣椒的果实粉碎后，用有机溶剂如乙醚、乙醇或丙酮浸提而得。

辣椒油树脂的质量指标，按美国《食品用化学品法典》（1981）规定应为：砷（以As计）≤0.0003%；重金属（以Pb计）≤0.004%；铅≤0.001%；残存溶剂，含氯碳氢化合物总量≤0.03%，丙酮≤0.003%，异丙醇≤0.003%，甲醇≤0.005%，己烷≤0.0025%。

（5）应用　根据我国《食品添加剂使用卫生标准》（GB 2760—1996）中规定：辣椒油树脂为允许使用的食用天然香料。为广泛使用的食品增香剂，用量按正常生产需要而定。

2. 黑胡椒油树脂

黑胡椒油树脂含5%～26%的挥发油（通常为20%～26%）和30%～55%的胡椒碱（通常为40%～42%）。

（1）性状　黑胡椒油树脂呈黑绿色、橄榄绿色或淡褐橄榄色，除去叶绿素后的脱色制品为淡黄色。具有明显的黑胡椒特征香气，风味醇香浑厚，自然清新。香气稳定，不易挥发，常温下呈半稠状黏稠液体。一般分为两层，上层为油状层，下层为结晶体，如经过均质，则可呈均一的乳化体，但静置后仍会分成两层。

（2）性能　黑胡椒油树脂几乎含有黑胡椒的全部辣味成分，可直接代替胡椒用于食品。

（3）毒性　黑胡椒是人们长期以来使用的调味料，并未发现因使用于食品而导致影响健康的事例。

（4）制法及质量指标　黑胡椒油树脂的制法是由胡椒科植物胡椒的浆果（黑胡椒）经有机溶剂浸提所得。

黑胡椒油树脂的质量指标尚无具体数据。

（5）应用　根据我国《食品添加剂使用卫生标准》（GB 2760—1996）中规定：黑胡椒油树脂为允许使用的食用天然香料。可用于焙烤食品、调味品、肉类制品等。参考用量为调味品，370mg/kg；肉类制品，230mg/kg；饮料，15mg/kg；冷饮，1.0～20mg/kg；焙烤食品，1600 mg/kg。

三、合成香料

合成香料的种类很多。其分类方法主要有两种：一种是按官能团分类，分为酮类香料，醇类香料，酯、内酯类香料，醛类香料，烃类香料，醚类香料，氰类香料以及其他香料；另一种是按碳原子骨架分类，分为萜烯类、芳香类、脂肪族类、含氮、含硫、杂环和稠环类等。

合成香料一般多不直接用于食品加香，多用以配制食用香精。食品中直接添加的合成香料只有香兰素、苯甲醛和薄荷脑等少数几种。现将几种常见的合成香料介绍如下。

1. 苯甲醇

苯甲醇，又名苄醇、α-羟基甲苯。分子式为C_7H_8O，相对分子质量为108.14，结构式如下：

(1) 性状及性能 苯甲醇为无色澄清液体。有微弱茉莉花香，带尖刺火辣的口味。溶于水，与乙醇、氯仿、乙醚混溶。熔点-15.3℃，沸点205℃，闪点93℃。苯甲醇能缓慢地自然氧化，一部分生成苯甲醛和苄醚，故不宜久贮。

(2) 毒性 大鼠经口 LD_{50} 3100mg/kg。苯甲醇毒性低，但大量附着在皮肤上时具有较强毒性。

(3) 制法及质量指标 苯甲醇的制法是以氯化苄为原料经化学合成，精制而得。

根据我国食品添加剂苯甲醇质量标准（GB 10354—1989）的要求，应符合下列质量指标：相对密度（d_{25}^{25}）为 1.042～1.047；折射率（n_D^{20}）为 1.5380～1.5410；溶解度（25℃），1mL 试样全溶于 30mL 蒸馏水中；沸程（203～206℃）馏出量≥95%；醇含量≥98.0%；醛含量≤0.2%；砷（以 As 计）≤0.0003%；重金属（以 Pb 计）≤0.001%

(4) 应用 根据我国《食品添加剂使用卫生标准》（GB 2760—1996）中规定：苯甲醇为暂时允许使用的食用合成香料。可按生产需要适量用于配制各种食品香精，主要用于配制浆果、果仁等型香精。

2. 肉桂醇

肉桂醇，又名桂醇，化学名称 β-苯丙烯醇。分子式为 $C_9H_{10}O$，相对分子质量为 134.18，结构式如下：

$$\text{C}_6\text{H}_5-\text{CH}=\text{CH}-\text{CH}_2\text{OH}$$

(1) 性状及性能 肉桂醇为白色至微黄色结晶固体，具有风信子的幽雅香气，味甜。熔点 33℃，沸点 250℃，闪点高于 110℃。溶于丙二醇及大多数固定油，不溶于甘油。在光、热或久置空气条件下逐渐氧化成肉桂醛。具有温和、持久而舒适的香气，且有定香力，广泛用于各类食品、化妆品等。

(2) 毒性 鼠皮下 LD_{50} 1330mg/kg。欧洲理事会（CE）将肉桂醇的 ADI 定为 1.25mg/kg。

(3) 制法及质量指标 肉桂醇以酯的形式存在于天然的苏合油、秘鲁香胶和肉桂油中，以其量的 10% 苛性钠溶液皂化 5h，得水解产物肉桂醇和肉桂酸，再用乙醚萃取出肉桂醇，并经减压蒸馏而得。工业上肉桂醇的制法是由肉桂醛选择性还原而得。

根据我国食品添加剂肉桂醇质量标准（QB 1783—1993）的要求，应符合下列质量指标：肉桂醇含量≥98.0%；含醛量（以肉桂醛计）≤1.5%；溶混度，1g 试样全溶于 70% 乙醇 1mL 中。

(4) 应用 根据我国《食品添加剂使用卫生标准》（GB 2760—1996）中规定：肉桂醇为允许使用的食用合成香料，用量按正常生产需要而定。

肉桂醇尤其适用于配制杏、白兰地、肉桂、葡萄、烈酒、桃子、李子、坚果、覆盆子、草莓、黑胡桃、辛香香精等。在食品中一般用量为 35mg/kg。用于口香糖可高达 700mg/kg。

3. 柠檬醛

柠檬醛由两种构型异构体（香叶醛和橙花醛组成），分子式为 $C_{10}H_{16}O$，相对分子质量为 152.24，结构式如下：

香叶醛　　　　　　　橙花醛

（1）性状及性能　柠檬醛为无色或淡黄色液体。具有强烈柠檬样香气，不溶于水，溶于乙醇，与大多数天然和合成香料互溶。化学性质较活泼，在碱中不稳定，能与强酸聚合。沸点228℃，闪点101℃。

（2）毒性　大鼠经口 LD_{50} 4960mg/kg。美国食品与药物管理局将其列为一般公认安全物质。FAO/WHO（1985）规定，ADI为0～0.5mg/kg。

（3）制法及质量指标　柠檬醛可由山苍子油或柠檬草油中分离精制而得，亦可由香叶醇、橙花醇等经氧化而制得。

根据我国食品添加剂柠檬醛质量标准（GB 6673—1986）的要求，应符合下列质量指标：柠檬醛含量≥97.0%；相对密度（d_{20}^{20}）为0.885～0.890；折射率（n_D^{20}）为1.480～1.490；酸值≤5.0mg KOH/g，砷（以As计）≤0.0003%，重金属（以Pb计）≤0.0010%

（4）应用　根据我国《食品添加剂使用卫生标准》（GB 2760—1996）中规定：柠檬醛为允许使用的食用合成香料。广泛用于食品香精中，如苹果、樱桃、姜、葡萄、柠檬、白柠檬、橙、圆柚、香辛料、草莓、香草香精。最终加香产品中其浓度约0.004%，胶姆糖中可达0.015%～0.017%。也用于制备紫罗兰酮。用量按正常生产需要而定。

4. 香兰素

香兰素，又名香兰醛、香草粉，化学名称 3-甲氧基-4-羟基-苯甲醛。分子式为 $C_8H_8O_3$，相对分子质量为152.15，结构式如下：

（1）性状及性能　香兰素为为白色至微黄色针状结晶，或结晶性粉末，具有香荚兰豆特有的香气和口味。易溶于乙醇、乙醚、氯仿和丙二醇。熔点81～83℃，沸点170℃。对光不稳定，在空气中逐渐氧化。遇碱或碱性物质易变色。

（2）毒性　大鼠经口 LD_{50} 1580mg/kg。美国食品与药物管理局将香兰素列为一般公认安全物质。

FAO/WHO（1967）规定，ADI为0～10mg/kg。

（3）制法及质量指标　香兰素的制法可由香荚兰豆抽取而得，也可采用以下三种制法：

① 由邻氨基苯甲醚经重氮水解生成愈疮木酚，然后用愈疮木酚在对亚硝基二甲基苯胺和催化剂存在下，和甲醛缩合，生成香兰素。

② 由亚硫酸盐纸浆废液中的木质素经氧化制取。

③ 由丁香酚异构化和氧化制取。

根据我国食品添加剂香兰素质量标准（GB 3861—1983）的要求，应符合下列质量指标：溶解度（25℃），1g试样全溶于3mL 70%乙醇或2mL 95%乙醇中，应呈透明溶液；干燥失重≤0.5%；砷（以As计）≤0.0003%；重金属（以Pb计）≤0.001%。

（4）应用　根据我国《食品添加剂使用卫生标准》（GB 2760—1996）中规定：香兰素为允许使用的食用合成香料。在食品香精中，香兰素是用途最广的香料，被广泛用作增香剂，不仅用于配制香荚兰豆香精，而且用于配制奶油、巧克力、太妃糖及许多类型的果香、冰淇淋、苏打等香精。以冰淇淋、巧克力和饼干生产中消耗量最大。香兰素常被直接使用于食品中。也广泛用于烟用香精中。在最终产品中的用量通常为0.004%～0.5%。但在糖霜及糕点顶部涂布料中用量更高。

5. 洋茉莉醛

洋茉莉醛，又名胡椒醛、3,4-二氧亚甲基苯甲醛。分子式为 $C_8H_6O_3$，相对分子质量为 150.13，结构式如下：

(1) **性状及性能** 洋茉莉醛为白色片状有光泽的晶体，有甜而温和的类似香水草花的香气（俗称葵花的花香香气）。沸点 264℃，闪点高于 110℃。能溶于乙醇和固定油，微溶于丙二醇，不溶于甘油。洋茉莉醛可以与香兰素充分混合，有保持甜味的效果。

(2) **毒性** FAO/WHO（1994）规定，ADI 为 0~2.5mg/kg。

(3) **制法及质量指标** 洋茉莉醛可由黄樟油素经异构化、氧化、分馏及精制而得。根据我国食品添加剂洋茉莉醛质量标准（QB/T 1789—93）的要求，应符合下列质量指标：溶解度，1g 溶于 4mL 95%乙醇中；主成分含量≥99.0%；凝固点≥35℃。

(4) **应用** 根据我国《食品添加剂使用卫生标准》（GB 2760—1996）中规定：洋茉莉醛为允许使用的食用合成香料，可按生产需要适量用于配制各种食品香精。

洋茉莉醛用于食品香精，浓度要极低，才能协调。洋茉莉醛与大茴香醇和其他的酯很好地协调后，可用于配制香草、桃、梅、樱桃等香精，也可用于草莓、可乐、朗姆、坚果和杂果等香型香精。在最终产品中，加香浓度 0.0005%~0.002%，在胶姆糖中可达 0.004%。

6. 丁二酮

丁二酮，又名双乙酰、二甲基二酮。分子式为 $C_4H_6O_2$，相对分子质量 86.09，结构式如下：

(1) **性状及性能** 丁二酮为深黄色或青黄色流动液体。气温低时会凝固，沸点 88℃；闪点低于室温（7℃）。溶于水和甘油，与丙二醇、乙醇和油类相混溶。具极强的扩散性、刺激奶油样气息，极度稀释后有油脂-奶油样气息。

(2) **毒性** 美国香料生产者协会将其列为一般公认安全物质。FAO/WHO（1994）对丁二酮 ADI 未作规定。

(3) **制法及质量指标** 丁二酮的制法是将甲基乙酮先转化成为肟基化合物，然后用盐酸水解，也可由发酵法制得。

丁二酮的质量指标，按美国《食品用化学品法典》规定应为：丁二酮含量≥95.0%，折射率（n_D^{20}）为 1.393~1.397，熔点 -2.4℃，相对密度（d_{25}^{25}）为 0.979~0.985。

(4) **应用** 根据我国《食品添加剂使用卫生标准》（GB 2760—1996）中规定：丁二酮为暂时允许使用的食用合成香料，可按生产需要适量用于配制各种食品香精。主要用作奶油、人造奶油、干酪、咖啡和糖果的增香剂和配制香精。

7. 麦芽酚

麦芽酚，又名麦芽醇、落叶松酸，化学名称 2-甲基-3-羟基-4-吡喃酮。分子式为 $C_6H_6O_3$，相对分子质量为 126.11，结构式如下：

(1) 性状及性能　麦芽酚为白色至黄色结晶，具焦糖-奶油司考其香气。溶于水和乙醇，在萜烯及其他碳氢化合物中极难溶解。在室温下，其蒸气压较高，易蒸发，且蒸气能穿透塑料膜。在碱性介质中不稳定，在弱酸中稳定，遇铁、空气、日光会变红。对食品的香味有改善和增强的作用。对甜食品起增甜作用。此外，还有防霉、延长食品贮存期的性能。

(2) 毒性　雌小鼠经口 LD_{50} 1400mg/kg。FAO/WHO（1981）规定，ADI 为 0～1mg/kg。

(3) 制法及质量指标　麦芽酚可从天然产物中提取。日本从连香树叶中用氯仿直接浸提或从其水蒸气蒸馏液中提取。也可从木材干馏所得的木焦油进行减压蒸馏分离制得。

半合成法，是以粮食中的淀粉经黄曲霉发酵生产曲酸，再由曲酸氧化、脱羧、烷基化反应制备。也可以糠醛和氯甲烷为原料合成而得。

按我国食品添加剂麦芽酚质量标准（QB 861—1983）的要求，麦芽酚应符合下列质量指标：麦芽酚含量≥98%，熔点 159～163℃，灼烧残渣≤0.02%。

(4) 应用　根据我国《食品添加剂使用卫生标准》（GB 2760—1996）中规定：麦芽酚为允许使用的食用合成香料。

麦芽酚主要用于配制草莓等各种水果型香精；也直接用于巧克力、糖果、罐头、果酒、果汁、冰淇淋、饼干、面包、糕点、咖啡、汽水和冰糕等，用量为 0.01%左右。麦芽酚不仅是菠萝和草莓的重要香味组分，而且常作为甜香剂使用。浓度为 5mg/kg 即可明显觉察到其香味。在饮料中的最终含量为 5～25mg/kg。通常以 50～250mg/kg 浓度作为增香剂。

8. 乙基麦芽酚

乙基麦芽酚，化学名称 2-乙基-3-羟基-4-吡喃酮。分子式为 $C_7H_8O_3$，相对分子质量 140.14，结构式如下：

(1) 性状及性能　乙基麦芽酚为白色粉末结晶，具特征香气，稀释时有甜的水果香气。在室温下较易挥发，但香气较持久。熔点 89～93℃。溶于乙醇、氯仿、水和丙二醇，微溶于苯和乙醚。乙基麦芽酚的性能和效力较麦芽酚强 4～6 倍。

(2) 毒性　小鼠经口 LD_{50} 1200mg/kg。

FAO/WHO（1994）规定，ADI 为 0～2mg/kg。

(3) 制法及质量指标　乙基麦芽酚的制法是将糠醛与乙基氯化镁发生格氏反应，产物水解得 α-羟丙基呋喃，后者经通氯、扩环、异构、水解而得乙基麦芽酚。也可以糠醇为原料合成。

按我国食品添加剂乙基麦芽酚质量标准（GB 12487—1990）的要求，应符合下列质量指标：水分≤0.5%；灼烧残渣≤0.2%；乙基麦芽酚的含量≥99.0%；砷（以 As 计）≤0.0003%；重金属（以 Pb 计）≤0.001%。

(4) 应用　根据我国《食品添加剂使用卫生标准》（GB 2760—1996）中规定：乙基麦芽酚为允许使用的食品合成香料。主要用于草莓、葡萄、菠萝、香草等型香精。也直接用于各种食品，用量少于麦芽酚，按正常生产需要使用。在加香产品中常作为甜香的增效剂。

实际参考用量为软饮料，1.5～6mg/kg；冰淇淋、冰制食品、果冻、番茄酱和番茄汤等汤类，5～15mg/kg；巧克力涂层、糖果、胶姆糖和甜点心，5～50mg/kg。

9. 麝香草酚

麝香草酚，又名百里香酚。分子式为 $C_{10}H_{14}O$，相对分子质量为150.22，结构式如下：

(1) 性状及性能　麝香草酚为无色不透明晶体，沸点 232℃，闪点 102℃。溶于乙醇、二硫化碳、氯仿、乙醚和油脂中，微溶于水和甘油。与樟脑、薄荷脑等固体香料一起放置，会形成液体。有极强的杀菌防腐作用。

(2) 毒性　美国香料生产者协会将麝香草酚列为一般公认安全物质。

(3) 制法及质量指标　麝香草酚可由间甲酚和异丙基氯在－10℃下，按 Friedel-Crafts 法合成而得。也可以香草醛为原料，经合成而得。

按我国食品添加剂麝香草酚质量标准（QB 1025—1991）的要求，应符合下列质量指标：熔点≥49.0℃；不挥发物≤0.05%；溶解度（d_{25}^{25}），1g 溶于 3mL 80%乙醇或 1mL 95%乙醇中。

(4) 应用　根据我国《食品添加剂使用卫生标准》（GB 2760—1996）中规定：麝香草酚为暂时允许使用的食用合成香料。主要用于配制胶姆糖、柑橘、蘑菇、香辛料等型香精。用量按正常生产需要而定。实际生产中，麝香草酚主要用于止咳糖、漱口水、胶姆糖用香精。

10. 乙酸异戊酯

乙酸异戊酯，俗名香蕉水，天然存在于香蕉、苹果及可可豆中。分子式为 $C_7H_{14}O_2$，相对分子质量 130.19，结构式如下：

$$CH_3COO(CH_2)_2CH(CH_3)_2$$

(1) 性状及性能　乙酸异戊酯为无色流动液体，具有明显新鲜果香，甜而微感冲，稀释后类似梨、香蕉、苹果香气，稍溶于水，不溶于甘油，部分溶于 1,2-丙二醇，与乙醇、精油和食品用香料互溶。沸点 142℃，闪点 25℃。有易燃性及爆发性。

(2) 毒性　大鼠经口 LD_{50} 16550mg/kg。美国香料生产者将其列为一般公认安全物质。FAO/WHO（1985）规定，ADI 为 0～3.0mg/kg（以异戊基计）。

乙酸异戊酯毒性虽小，但能刺激眼睛和气管黏膜。工作场所最高容许浓度为 0.095%。

(3) 制法及质量指标　乙酸异戊酯的制法是由杂醇油中分离的异戊醇和乙酸经酯化反应合成制得。

按我国食品添加剂乙酸异戊酯质量标准（GB 6776—1986）的要求，应符合下列质量指标：相对密度（d_{25}^{25}）为 0.869～0.874；折射率（n_D^{20}）为 1.4000～1.4040；沸程（137～143℃）馏出量≥95%；酸值≤1.0mgKOH/g；含酯量≥97.0%；砷（以 As 计）≤0.0002%；重金属（以 Pb 计）≤0.001%。

(4) 应用　根据我国《食品添加剂使用卫生标准》（GB 2760—1996）中规定：乙酸异戊酯为允许使用的食用合成香料。用量按正常生产需要而定。

乙酸异戊酯广泛应用于仿制梨、覆盆子、苹果、草莓、香蕉、焦糖、可乐、椰子、樱桃、葡萄、奶油、桃、菠萝、朗姆、香草等香精。用于糖果，其用量可达0.02%，用于胶姆糖高达0.4%。由于它相对低的气味强度，所以香精配方中常含10%～20%或40%的比例。

11. 丁酸乙酯

丁酸乙酯，分子式为$C_6H_{12}O_2$，相对分子质量116.16，结构式如下：

$$CH_3CH_2OCCH_2CH_2CH_3$$
$$\parallel$$
$$O$$

（1）性状及性能　丁酸乙酯为无色流动液体，具有强烈的醚-果香气，类似香蕉和菠萝，且有底香。沸点121℃，闪点19℃。能溶于乙醇、丙二醇和油，几乎不溶于水和甘油。

（2）毒性　大鼠经口LD_{50} 13050mg/kg。美国食品与药物管理局将丁酸乙酯列为一般公认安全物质。FAO/WHO（1994）规定，ADI为0～15mg/kg。

（3）制法及质量指标　丁酸乙酯的制法是以丁酸和乙醇为原料，用硫酸作催化剂，经酯化反应精制而成。

按我国食品添加剂丁酸乙酯质量标准（GB 4349—1993）的要求，应符合下列质量指标：相对密度（d_{25}^{25}）为0.870～0.878；折射率（n_D^{20}）为1.3920～1.3970；酸值≤1.0mg KOH/g；含酯量≥98.0%；沸程（115～125℃）馏出量≥95%；重金属（以Pb计）≤0.001%。

（4）应用　根据我国《食品添加剂使用卫生标准》（GB 2760—1996）中规定：丁酸乙酯为允许使用的食用合成香料。可按生产需要适量用于配制各种食品香精。主要用于配制菠萝、葡萄、草莓等型香精。

12. 丁酸异戊酯

丁酸异戊酯，又名酪酸异戊酯、丁酸-3-甲基丁酯。分子式为$C_9H_{18}O_2$，相对分子质量为158.24，结构式如下：

$$CH_3CH_2CH_2COOCH_2CH_2CH(CH_3)_2$$

（1）性状及性能　丁酸异戊酯为无色流动液体。具有强烈、扩散的果香，甜的似杏-香蕉-菠萝香气。沸点179℃，闪点57℃。不溶于水、甘油和1,2-丙二醇，溶于乙醇、精油、合成香料及大多数固定油和矿物油。

（2）毒性　大鼠经口LD_{50} 12210mg/kg。FAO/WHO（1994）规定，ADI为0～3mg/kg（以异戊醇表示）。

（3）制法及质量指标　丁酸异戊酯的制法是以丁酸和从杂醇油中分离的异戊醇为原料，用硫酸作催化剂，经酯化反应精制而成。

根据我国食品添加剂丁酸异戊酯质量标准（QB/T 3788—1999）的要求，丁酸异戊酯应符合下列质量指标：相对密度（d_{25}^{25}）为0.861～0.864；折射率（n_D^{20}）为1.4090～1.4130；沸程（175～183℃）馏出量≥95%；酸值≤1.0mgKOH/g；含酯量≥98.0%；砷（以As计）≤0.0002%；重金属（以Pb计）≤0.001%。

（4）应用　根据我国《食品添加剂使用卫生标准》（GB 2760—1996）中规定：丁酸异戊酯为允许使用的食用合成香料。主要用于配制香蕉、菠萝、杏、樱桃和什锦水果等型香精。用量按正常生产需要而定。

13. 己酸乙酯

己酸乙酯，分子式为$C_8H_{16}O_2$，相对分子质量为144.21，结构式如下：

$$CH_3(CH_2)_4\overset{\|}{\underset{O}{C}}OC_2H_5$$

(1) 性状及性能　己酸乙酯为无色透明液体，具有类似酒香和菠萝的香气。熔点 −76.5℃；沸点 166~167℃；闪点 49℃。混溶于乙醇、乙醚；微溶于丙二醇；不溶于水和甘油。与水形成共沸物（含本品 45%），共沸点 97.4℃。

(2) 毒性　美国香料生产者协会将其列为一般公认安全物质。

(3) 制法及质量指标　己酸乙酯的制法是以己酸和乙醇，用硫酸作催化剂，经酯化反应而制得。

按我国食品添加剂己酸乙酯质量标准（GB 8315—1987）的要求，应符合下列质量指标：相对密度（d_{25}^{25}）为 0.867~0.871；折射率（n_D^{20}）为 1.406~1.409；酸值≤1.0mgKOH/g；含酯量≥98.0%；溶解度（25℃），1mL 试样全溶于 2mL70%乙醇中；砷（以 As 计）≤0.0003%；重金属（以 Pb 计）≤0.001%。

(4) 应用　根据我国《食品添加剂使用卫生标准》（GB 2760—1996）中规定：己酸乙酯为允许使用的食用合成香料。主要用于配制苹果、香蕉、菠萝等型香精。还用于曲酒调香和烟草用香精。用量按正常生产需要而定。

14. 乳酸乙酯

乳酸乙酯，分子式为 $C_5H_{10}O_3$，相对分子质量 118.14，结构式为 $CH_3CH(OH)COOC_2H_5$。

(1) 性状及性能　乳酸乙酯为无色至微黄色透明液体，有柔和果香和酒香、奶油香气。熔点 −25℃；沸点 154℃；闪点 48℃。易溶于醇类、醚类、酮类、醛类、氯仿和油脂。与水混溶，并部分分解。在自然界中以 3 种旋光异构体存在。

(2) 毒性　FAO/WHO（1904）规定，ADI 不作特殊规定。

(3) 制法及质量指标　乳酸乙酯的制法是用乳酸和乙醇在催化剂存在下，经酯化反应合成后精制而得。

根据我国食品添加剂乳酸乙酯质量标准（GB 8317—1987）的要求，应符合下列质量指标：相对密度（d_{25}^{25}）为 1.029~1.032，折射率（n_D^{20}）为 1.410~1.420，酸值≤1.0mgKOH/g，含酯量≥98.0%，砷（以 As 计）≤0.0002%，重金属（以 Pb 计）≤0.001%。

(4) 应用　根据我国《食品添加剂使用卫生标准》（GB 2760—1996）中规定：乳酸乙酯为允许使用的食用合成香料。用量按正常生产需要而定。

实际生产中，乳酸乙酯广泛用于食品香精中，用于仿制奶油、奶油司考其、乳酪、椰子、葡萄、坚果、朗姆、草莓等香精。在焙烤食品中浓度为 70mg/kg，白兰地中为 1000mg/kg；口香糖中可高达 3100mg/kg。

第三节　食用香精

大多数天然香料与单体香料的香气、香味相对较为单调，不能单独直接使用，而是将香料调配成食用香精以后，才用于加香食品中。食用香精是由各种食用香料和许可使用的附加剂调配与加工而成。食用香精的调配主要是模仿食品天然的香气和香味，注重于香气和味觉的仿真性。

一、食用香精的组成

食用香精由四部分组成：主香体、辅助剂、定香剂和稀薄剂。

1. 主香体

主香体又称基香剂或香基,是显示香型特征的主体,是构成香精特征香气和香味的基本香料。虽然主香体决定着香型,但在香精中所占的比例不一定是最多的,有时甚至是极少的,然而却是缺之不可的。如在菠萝香精中,菠萝主香体仅占7%;在苹果香精中,苹果主香体占10%。

香精中可能是一种香料作主香体,也可能是多种香料作主香体。如橙花香精可仅用橙叶油作主香体;而香蕉香精的主香体则由乙酸乙酯、乙酸异戊酯、芳樟醇、丁香酚、香兰素、丁酸乙酯等10种香料组成。

2. 辅助剂

辅助剂起着调节香气和香味,使之变得清新幽雅的作用。辅助剂有两种,一种为合香剂,另一种为修饰剂。合香剂的作用是调和各种成分的香气,使主香体的香明显突出。修饰剂则使香精变化格调,使香精具有特定风韵。

3. 定香剂

定香剂又称保香剂,起着调节调和香料中各组分的挥发度,使之挥发尽量成比例,在较长的时间内保持香精固有的香气和香味的作用。因此定香剂应具有黏度大、沸点高、不易挥发、活性较高、与香料组分特别是易挥发组分有较大的亲和力的特点。常用的定香剂有苯甲酸苄酯、苯甲酸桂酯等。

4. 稀薄剂

稀薄剂起稀释作用。香精,尤其采用合成香料配制的香精,经稀释的香气较未稀释前更为幽雅。通常用的稀薄剂为乙醇,也有采用乙醇和异丙醇并用的。稀薄剂品质的优劣对香精影响很大。

二、食用香精的分类

1. 按形态的分类

(1) 液体香精　液体香精按溶解性不同又可分为三类,存在有四种形式,即水溶性香精、油溶性香精、乳化香精、水油两用型香精。

(2) 固体香精　又称粉末香精。这类香精按制法不同又可分为吸附型香精、微胶囊香精。

2. 按香型的分类

(1) 柑橘型香精　如甜橙、柠檬、白柠檬、柚子、橘子、红橘等。

(2) 果香型香精　如苹果、香蕉、樱桃、葡萄、甜瓜、桃子、菠萝、李子、草莓等。

(3) 豆香型香精　如香荚兰、可可、巧克力等。

(4) 薄荷型香精　如薄荷、留兰香等。

(5) 辛香型香精　如众香子、肉桂、肉豆蔻等。

(6) 坚果型香精　如杏仁、花生、胡桃等。

(7) 奶香型香精　如牛奶、奶油、干酪、酸乳酪等。

(8) 肉香型香精　如牛肉、鸡、猪肉、鱼贝类等。

也有按照花香、果香、草香、木香等香型进行分类的。

3. 按用途的分类

(1) 酒用香精　如曲酒香精、黄酒香精、浓香型白酒香精、清香型白酒香精、窖香型白酒香精、米香型白酒香精、酱香型白酒香精、高粱酒香精、加饭酒香精等。

(2) 肉用香精　如鸡肉香精、牛肉香精、猪肉汁香精、猪肉粉香精等。

(3) 奶类香精　如纯牛奶香精、豆奶香精、酸奶香精、花生奶香精、可可奶香精等。

(4) 饮料香精　如可乐香精、橘子香精、水蜜桃香精等。

(5) 调味香精　如茴香香精、姜汁香精、芝麻油香精、葱油汁香精、大蒜汁香精等。

三、液体香精

(一) 水溶性香精

水溶性香精是将各种食用香料调配成的香基溶解在蒸馏水或 40%～60%稀乙醇中，必要时再加入酊剂、萃取物或果汁而制成的，为食品中使用最广泛的香精之一。

1. 性状及性能

水溶性香精一般为透明的液体，其色泽、香气、香味和澄清度符合各种型号的指标。在水中透明溶解或均匀分散，具有轻快的头香，耐热性较差，易挥发。水溶性香精在蒸馏水中的溶解度为 0.10%～0.15%（15℃），对 20%乙醇的溶解度为 0.20%～0.30%（15℃）。水溶性香精不适合用于在高温加工的食品。

2. 制法

水溶性香精分柑橘型香精和酯型水溶性香精，它们的制法不尽相同。

(1) 柑橘型香精的制法　将柑橘类植物精油 10～20 份和 40%～60%乙醇 100 份加于带有搅拌装置的抽出锅中，在 60～80℃下搅拌 2～3h，进行温浸，也可在常温下搅拌一定时间，进行冷浸。将上述抽出锅中温浸或冷浸物密闭保存 2～3 日后进行分离，分出乙醇溶液部分于-5℃左右冷却数日，加入适当的助滤剂趁冷将析出的不溶物过滤除去，必要时进行调配，经圆熟后即得成品。生产中冷却是为了除萜，除萜后制得的水溶性香精，溶解度好，比较稳定，香气也较浓厚；去萜不良的香精会发生浑浊。用作柑橘类精油原料的有橘子、柠檬、白柠檬、柚子、柑橘等。

(2) 酯型水溶性香精的制法　将主香体（香基）、醇和蒸馏物混合溶解，然后冷却过滤，着色即得制品。下面为几种酯型水溶性香精的配方，以体积为 100 计。

苹果香精：苹果香基 10、乙醇 55、苹果回收食用香味料 30、丙二醇 5。

葡萄香精：葡萄香基 5、乙醇 55、葡萄回收食用香味料 30、丙二醇 10。

香蕉香精：香蕉香基 20、水 25、乙醇 55。

菠萝香精：菠萝香基 7、乙醇 48、柑橘香精 10、水 25、柠檬香精 10。

草莓香精：麦芽酚 1、乙醇 55、草莓香基 20、水 24。

西洋酒香精：乙酸乙酯 5、酒浸剂 10、丁酸乙酯 1.5、乙醇 55、甲酸乙酯 2.5、水 25、异戊醇 1。

咖啡香精：咖啡酊 90、10%呋喃硫醇 0.05、甲酸乙酯 0.5、丁二酮 0.02、西克洛汀 0.5、丙二醇 8.93。

香草香精：香荚兰酊剂 90、麦芽酚 0.2、香兰素 3、丙二醇 6.3、乙基香兰素 0.5。

3. 应用

食用水溶性香精用于汽水、冰淇淋、冷饮、酒、酱、菜和调味品等，用量为 0.07%～0.15%；用于软糖、糕饼夹馅、果子露等，用量为 0.35%～0.75%。

可乐型汽水生产中，可在配制糖浆时添加食用水溶性香精。溶解好的热糖浆经过滤打入配料缸后，一般顺次加入防腐剂、柠檬酸、色素等添加剂，最后加入香精（此时糖浆温度比较低），再经搅拌均匀后即可进行灌瓶。香精在添加前可先用滤纸过滤，然后倒入配料缸中。

冰棒、雪糕生产中，可在料液冷却时添加香精。当料液打入冷却缸后，至料液温度降至 10~16℃时方可将已处理过的柠檬酸及香精加入。当料液温度继续降至 4℃左右时，即可进行浇盘或灌模。

冰淇淋生产中，可在凝冻时添加香精。当凝冻机内的料液在搅拌下开始凝冻时，即可加入香精、色素等添加剂，凝冻完毕即成形。冰淇淋中使用香草香精比较多，也有添加橘子香精、杨梅香精等的。

果汁粉生产中，现在也有使用食用水溶性香精的。香精可在调粉时添加，经调粉揉搓、造粒后即可进行烘干。由于果汁粉是冲调稀释后饮用的，所以其用量较一般饮料为高，达 1~10g/kg。

听装水果或果汁罐头也使用天然精油或使用水溶性香精进行赋香。如糖水樱桃使用樱桃香精，菠萝酱和浓缩菠萝汁使用菠萝香精，浓缩柚子汁使用柚子香精等。对于含气量较高的水果，在加工中有时要经真空脱气处理，则香精应在真空脱气后添加。

（二）油溶性香精

油溶性香精是普通的食用香精，通常是用植物油脂等油溶性溶剂将香基加以稀释而成。

1. 性状及性能

食用油溶性香精为透明的油状液体，色泽、香气、香味和澄清度符合各种型号的指标，不发生表面分层或浑浊现象。以精炼植物油作稀释剂的食用油溶性香精，在低温时会发生冻凝现象。油溶性香精香味的浓度高，在水中难以分散，耐热性高，留香性能较好，适合于高温操作的食品和糖果及口香糖。

2. 制法

油溶性香精的制法，通常是取香基 10%~20% 和植物油、丙二醇等 80%~90%（作为溶剂），加以调和即得制品。下面为几种油溶性香精的配方。

苹果香精：苹果香基 15、植物油 85。

香蕉香精：香蕉香基 30、柠檬油 3、植物油 67。

葡萄香精：葡萄香基 10、麦芽酚 0.5、乙酸乙酯 10、植物油 79.5。

菠萝香精：菠萝香基 15、植物油 83、柠檬油 2。

草莓香精：草莓香基 20、麦芽酚 0.5、乙酸乙酯 5、植物油 74.5。

咖啡香精：咖啡油树脂 50、10%呋喃硫醇 0.2、甲基环戊烯酮醇 2、丁二酮 0.1、麦芽酚 1、丙二醇 46.7。

香荚兰香精：香荚兰油树脂 30、麦芽酚 1、香兰素 5、丙二醇 42、乙基香兰素 2、甘油 20。

3. 应用

食用油溶性香精主要用于焙烤食品、糖果等赋香。用量为：饼干、糕点中 0.05%~0.15%；面包中 0.04%~0.1%；糖果中 0.05%~0.1%。

焙烤食品由于焙烤温度较高，不宜使用耐热性较差的水溶性香精，必须使用耐热性比较高的油溶性香精，但还是会有一定的挥发损失，尤其是饼干，饼坯薄、挥发快，故其使用量往往稍高一些。焙烤食品使用香精香料多在和面时加入，但使用化学膨松剂的焙烤食品，投料时要防止与化学膨松剂直接接触，以免受碱性的影响。一般甜酥性饼干使用量较低；甜度较低的韧性饼干，需要适当提高使用量。

在硬糖生产时，香精香料应在冷却过程的调和时加入。当糖膏倒在冷却台后，待温度降至 105～110℃时，顺次加入酸、色素和香精。香精不要过早加入，以防大量挥发；但也不能太迟加入，因温度过低糖膏黏度增大，就难以混合均匀。

蛋白糖果生产时，香精香料一般在搅拌后的混合过程中加入。当糖坯搅拌适度时，可将融化的油脂、香精香料等物料加入混合，此时搅拌应调节至最慢速度，待混合后应立即进行冷却。

（三）乳化香精

乳化香精是由食用香料、食用油、密度调节剂、抗氧化剂、脂溶性防腐剂等组成的油相（内相）和由乳化剂、着色剂、水溶性防腐剂、增稠剂、酸味剂和蒸馏水等组成的水相（外相），经乳化、高压均质等工序制成稳定的乳浊液。

同其他的液体香精相比较，乳化香精属于两相体系，而其他液体类香精一般为单相体系。单相体系在温度恒定时不存在香精的分层现象，乳化香精的稳定性则受多种因素的影响，包括配方、工艺、均质压力、粒子大小、粒径分布、贮藏温度、贮存时间等，由于乳化香精的油水两相的密度不同，因此在足够长的时间条件下，乳化香精必然会出现油水分层现象。

1. 性状及性能

乳化香精为稳定的乳状液体系，不分层。稀释 1 万倍，静置 72h，无浮油，无沉淀。乳化香精的贮存期为 6～12 个月，若使用贮存期过久的乳化香精，能引起饮料分层、沉淀。乳化香精不耐冷、热，温度下降至冰点时，乳状液体系破坏，解冻后油水分层；温度升高，分子运动加速，体系的稳定性变低，原料易受氧化。

2. 制法

将油相成分，香料、食用油、密度调节剂、抗氧化剂和防腐剂加以混合制成油相。将水相成分，乳化剂、防腐剂、酸味剂和着色剂溶于水制成水相。然后将两相混合，用高压均质机均质、乳化，即制成乳化香精。

3. 质量指标

根据我国食品添加剂乳化香精质量标准（GB 10355—2006）的要求，应符合下列质量指标：香气、香味符合同一型号的标准样；粒度$\leqslant 2\mu m$，并均匀分布；砷（以 As 计）$\leqslant 3mg/kg$；重金属（以 Pb 计）$\leqslant 10mg/kg$；细菌总数$\leqslant 100CFU/g$；大肠菌群$\leqslant 30CFU/100g$。

4. 应用　乳化香精主要用于软饮料和冷饮等产品的加香、增味、着色或使之浑浊。用量：雪糕、冰淇淋、汽水，为 0.1%。也可用于固体饮料，用量为 0.2%～1.0%。

（四）水油两用型香精

1. 性状及性能

水油两用型香精是一种既亲水又亲油的香精，一般是以丙二醇作溶剂。香气沉着持久，风味柔和自然，留香时间较油溶性香精短。可溶于水或油中，且具有一定的耐热能力。

2. 用途

水油两用型香精适用面较广，价格较低，主要适用于棒冰、冰淇淋、果冻、奶糖、饼干夹心等产品的加香，添加量 0.05%～0.15%；也经常用于炒货、调味品、肉制品等产品的加香，添加量0.1%～0.3%。

四、固体香精

固体香精，又称粉末香精。这类香精适用于粉状食品加香，如固体饮料粉、果冻粉、方便汤料等，亦可用于饼干、糕点、膨化食品等产品。

固体香精按制法，可分为载体与香料混合的粉末香精、喷雾干燥制成的粉末香精、薄膜干燥法制成的粉末香精、微胶囊香精等四类。

1. 载体与香料混合的粉末香精

这类香精是将香料与乳糖一类的载体进行简单的混合，使香料附着在载体上即得。例如粉末香荚兰香精便是。制法：取香兰素10%、乳糖80%、乙基香兰素10%，将它们用粉碎机粉碎，混合，过筛即得。该类香精主要用于糖果、冰淇淋、饼干等。

2. 喷雾干燥制成的粉末香精

这类香精是将香料预先与乳化剂、赋形剂一起分散于水中，形成胶体分散液，然后进行喷雾干燥，成为粉末香粉。该法制得的粉末香精，其香料为赋形剂所包覆，可防止受空气氧化和挥发而损失，香精的稳定性和分散性也都较好。如粉末橘子香精的制法为：取橘子油10份、20%阿拉伯树胶液450份，采用与乳化香精同样的方法制成乳状液，然后用喷雾干燥机进行喷雾干燥，即得到柑橘油被阿拉伯胶包覆的球状粉末。

3. 薄膜干燥法制成的粉末香精

这类香精是将香料分散于糊精、天然树胶或糖类的溶液中，然后在减压下用薄膜干燥机干燥成粉末。这种方法去除水分需要较长的时间，在此期间香料易挥发变质。

4. 微胶囊香精

微胶囊香精是指香料包裹在微胶囊内而形成的粉末香精。该种香精的特点是：香料包藏于微胶囊内，与空气、水分隔离，香料成分能稳定保存，不会发生变质和大量挥发等情况，具有使用方便，放香缓慢持久、稳定性好，分散性亦较好的特点。该类香精适于各种饮料、粉末制品和速溶食品使用。制法是将明胶、阿拉伯胶或海藻酸钠溶于热水中，加入香料，然后缓缓冷却，香料即被明胶包覆起来，根据需要其表面可再用适合生物体的表面活性剂包盖，经分离后干燥即得。

五、食用香精的调香

在食品的加香中，不论用任何香料，除烹调外，单独使用的机会不多。因为各种食品的独特风味是由许多成分相辅而形成的谐调、柔和的统一体。单体香料根本无法使人从感觉上取得令人满意的效果，所以人们使用不同来源的香料，模仿天然香味来调制出许多类型的食用香精，这个过程叫调香。

在调香中，最简单的规律是两种呈味物质混合在一起所出现的四种情况：

① 两种呈味物质的一些主要特征被同时抑制或全部特征都被抑制。
② 甲种呈味物质的主要特征被抑制，乙种不然。
③ 两种物质共同形成了新的风味。
④ 发生部分混合而形成风味，但仍然保留了甲和乙的特征。

一种食物的香味有上百种呈味物质，现已发现：鸡肉220种，花生350种，可可323种，咖啡450种等，这些呈味物质对食品风味的影响的复杂情况是可想而知的。一种食品的风味虽然是众多呈味物质的显示，但是现在已经搞清，某种特殊风味，往往是一种或几种关键物质起决定性作用。例如蘑菇味是 1-辛烯-3-醇，梨味是顺-2-反-4 癸二烯酸酯，牛奶味是 S-癸丙酯，香草味是羰基-3-甲基苯甲醛等。因此，香精的调制不是机械地按分析出的全部呈味物的比例、含量来勾兑某一种风味，而是根据风味的变化规律和调香师丰富的经验，在某些仪器的配合下，以不多的几种呈味关键物质与一些辅助剂，来对某种天然风味进行最大限度的模拟。调香大致有以下几个步骤：

1. 确定主香体

主香体的加入量不一定很大，有时甚至含量极低，但缺之不成。作为主香体的香料有时只是一种，有的要数种，这是调香时首先要确定的内容，确定它们主要依靠分析手段和调香师对香味特征的分析经验。

2. 合香

在主香体选好之后，要选择合适的合香剂。合香剂的选择很广泛，与主体香是同类的香料都可以试用。

3. 选择适宜的助香剂

由主香和合香配出的香味，缺乏天然香味具有的自然生气，所以再配入助香剂。助香剂如选择不当，能对主香与合香起消杀作用。若选用合适，则可使普通的单体香料得到令人满意的优美风味。

4. 选择定香剂

香料都具有不同程度的挥发性，但调和香料的挥发度各不相同，放置日久，易挥发的组分逃逸，香味的特色就会改变、减弱或消失，为了使各组分挥发度和保留度尽量均匀，保持原有香味，就必须加定香剂。

5. 配比

香料调香的用量配比，目前还不能完全靠科学办法确定，所需要的香型的各组分配方是依靠人的感觉效应而确定的，任何一种香味对人的感觉都有一定的量的作用，少则不足，过则人厌，因此，用量比是很关键的，一般是将助香剂、定香剂一点点、慢慢加入主香体中，边加边尝以得到最佳风味。

6. 成熟

当主香体、助香剂、定香剂、配比等条件都已合适，香精风味的最后和谐与圆熟还需要在一定温度、环境等条件下久置贮藏而形成，使其达到天然香气的芬芳，这个阶段就叫成熟。

7. 应用实验

如果调香不是由专门的香精、香料生产或科研单位进行或所配的香味剂不是一个已成熟的配方，那么配制过程除了以上 6 个步骤之外，还要将配好的香味剂加入到应用它的某些食品中去，检验一下效果，如效果不好，就要重新调配，直至形成别具一格的风味为止。应用效果也是用感觉来评定，一般是多人分组，以统计方法来确定。

调香是一个复杂而细致的工作，香气、香味是经过其中复杂的物理、化学变化而形成的，充分了解香精各组分的物理化学性质、芳香性、相容性、稳定性及各项应用指标是很重要的。它们在调香中将互有复杂的影响，而且正是这些因素的影响会产生好坏两个方面的效果。

第八章 食品调味剂

第一节 概述

良好的风味是构成食品质量的重要因素之一。风味一般包括味感和嗅感。味感（也称味觉）是食品中的成分刺激味觉感受器所引起的感觉，又称食品的滋味。虽然各种食物都有其独特的味道，但因人们的偏爱和口味有所不同，因此，常在食品中添加一些物质来调和成适当的口味，以满足人们的不同习惯，促进人们的食欲，这些食品添加剂就称为调味剂。

我国习惯上将味感分为酸、甜、苦、辣、咸、鲜、涩等七味，七味之中甜、酸、苦、咸、鲜是独立的味道，在味觉神经中有专门的传导线。这五味在调味剂中是主要的。辣味、涩味都是物理的刺激作用，不算独立的味道。在食品中，甜味一般是补充热量的反映；酸味一般是新陈代谢加速的反映；咸味是帮助保护体液平衡的反映；苦味一般是有害物质危害的反映；鲜味一般是蛋白质营养源的反映。食品中的各种风味是一定物质存在的信号，依据这些知识和理论来合理制造食品，可以在一定程度上使食品味道可口，营养丰富。但是，单纯依靠食品中原有的风味物质，往往达不到消费者对食品风味的要求，为了改善和增强食品的香与味，在加工中常常需要加入各类调味剂。

一、味觉与嗅觉的关系

食品的味觉主要是食品中的有味成分刺激味蕾，再经过味神经达到大脑的味觉中枢，经过大脑的分析，产生出味感。味蕾是人的味觉感受器官，主要分布在舌头上。当舌头接触食品时，味觉感受器最容易被刺激而兴奋，呈味物质在味觉感受器上可以有不同的结合位置，而且对于某些味道，感觉还具有严格的空间专一性，因此产生了千般的味道。

只有溶于水或唾液的物质才能刺激味蕾，干燥的呈味物质放在干燥的舌面上是感觉不到味道的。食品的坚硬程度、温度、咀嚼运动对味觉都有一定影响。另外，食物滋味的不同，对分泌唾液成分的刺激也不同。例如：对于鸡蛋黄，口腔中可分泌出较浓的富有酶的唾液；对醋，只能分泌出较稀的含有少量酶的唾液。唾液是呈味物质的天然溶剂，而且还可以洗涤味蕾，使其更精确地辨别味道。

味道的感受有快慢和是否敏感之分。实验证明，咸味的感觉最快而苦味最慢，人们对于苦味的敏感性比甜味的敏感性大。在味的标准中，有一个以数量衡量敏感性的标准：阈值。它表示感到某种物质味道的最低浓度，阈值越低，其感受性越高。表 8-1 中列出了几种物质的阈值。

表 8-1　各种物质的呈味阈值

名　称	味　道	阈　值/(mol/L)	名　称	味　道	阈　值/(mol/L)
蔗糖	甜	0.03	味精	鲜	0.0016
食盐	咸	0.01	硫酸奎宁	苦	0.00008
柠檬酸	酸	0.003			

人们对于某种味有愉快感，对某种味又有不愉快感。例如：在很大浓度范围的甜味都带来愉快感；而在阈值之上的任何浓度的单纯苦味差不多都带来不愉快感；而酸味和咸味，在适当的浓度范围有愉快感。所以，愉快感（即口感）和阈值是使用调味剂中要掌握好的指标。

味与味之间可相互作用，例如在甜味剂中加入适量咸味剂，会感到其甜味要更强一些。鲜味剂的鲜味在有食盐存在时，其鲜味会增加。这些现象称为味的增效。还有相反的现象，例如在食盐、奎宁、盐酸之间，将其中两种以适当浓度混合，会使其中任何一种，比单独被使用时的味觉都弱，这叫味的消杀现象。当尝过食盐或奎宁以后，即饮无味的水，会稍感甜味，这种现象称为味的变调现象。另外，还有味的相乘作用（协同效应）与阻碍作用。例如，味精与核苷酸共存时，会使鲜味成倍地增强，而不仅仅是两者相加，当把增香剂和鲜味剂用于加强调味剂或香精的味道时，就是利用了相乘作用。阻碍作用也是调味剂与味觉之间的作用，这是由于阻塞某种神经部位而引起的。

温度对味觉也有影响，各种味觉在低温时都有味感变钝的现象。所以，调味剂的各种味觉指标都在常温下测试。

食品的香气是通过嗅觉实现的。嗅觉是食品中挥发性物质的微粒悬浮于空气中，经过鼻孔刺激嗅觉神经，然后传至大脑而引起的感觉。嗅觉也有阈值，是指在与空白试验作比较时，能用嗅觉辨出该种物质存在的最低浓度。

二、食品调味剂的分类

食品调味剂按其作用可分为甜味剂、酸味剂、咸味剂、苦味剂、鲜味剂、涩味剂及辣味剂。其中咸味剂一般使用食盐，在我国并不作为食品添加剂管理；而苦味剂、涩味剂及辣味剂应用较少，故调味剂主要就是指甜味剂、酸味剂及鲜味剂。

1. 甜味剂

甜味剂是指使食品呈现甜味的食品添加剂。甜味剂按其来源可分为天然甜味剂和化学合成甜味剂；按其营养价值可分为营养性甜味剂及非营养性甜味剂；按其化学结构和性质可分为糖类甜味剂及非糖甜味剂；按其甜度又可分为一般甜味剂及强力甜味剂等。

在这些甜味剂中，蔗糖、葡萄糖、果糖、麦芽糖、果葡糖浆、淀粉糖浆及异麦芽酮糖等习惯上统称为糖，通常视为食品原料，在我国不列入食品添加剂范畴。糖醇类的甜度与蔗糖差不多，但因其热值较低，或因其和葡萄糖有不同的代谢过程而有某些特殊的用途，一般被列为食品添加剂。其他类甜味剂的甜度很高，热值很低，有些又不参加代谢，常称为非营养性或低热值甜味剂，是甜味剂中的重要品种。随着科研工作的深入开展，一些新的甜味剂将不断问世。

甜味剂应具备以下 5 个特点：①很高的安全性；②良好的味觉；③较高的稳定性；④较好的水溶性；⑤较低的价格。

2. 酸味剂

酸味剂是指能赋予食品酸味的食品添加剂，其作用除了赋予食品酸味外，有时还可调节食品的 pH，用作抗氧化剂的增效剂，防止食品氧化褐变，抑制微生物生长及防止食品腐败等，并可增进食欲、促进消化吸收。

酸味剂按其组成分为两大类：有机酸和无机酸。食品中天然存在的主要是有机酸，如柠檬酸、酒石酸、苹果酸、乳酸、乙酸等。目前，作为酸味剂使用的主要为有机酸。无机酸使用较多的仅有磷酸。现在我国食品添加剂标准中将酸味剂列入酸度调节剂部分。

3. 鲜味剂

鲜味剂是指补充或增强食品鲜味的食品添加剂,又称为增味剂或风味增强剂。鲜味剂按其化学性质的不同主要有三类:氨基酸类、核苷酸类及其他。氨基酸类主要是 L-谷氨酸单钠盐,核苷酸类主要有 5′-肌苷酸二钠和 5′-鸟苷酸二钠。另外,琥珀酸二钠盐也具有鲜味。

此外,近年来人们也并发出许多复合鲜味料。利用天然鲜味抽提物如肉类抽提物、酵母抽提物、水解动物蛋白及水解植物蛋白等和谷氨酸钠、5′-肌苷酸钠和 5′-鸟苷酸钠等以不同的组合配比,制成适合不同食品使用的天然复合鲜味剂,可使味道更鲜美、自然,深受人们欢迎。

第二节 甜味剂

甜味剂甜味的高低、强弱称为甜度,但甜度不能绝对地用物理和化学方法来测定。测定甜度只能凭人们的味觉来判断,所以迄今为止尚无一定的标准来表示甜度的绝对值。因为蔗糖为非还原糖,其水溶液较为稳定,所以选择蔗糖为标准,其他甜味剂的甜度是与蔗糖比较的相对甜度。

一、甜味剂的味感与化学结构的关系

关于甜味与化学结构关系的理论有几种,下面只介绍生甜团假说。

图 8-1 中列出的化合物都具有甜味,根据这些化合物的结构,可以发现,它们分子中都具有氢供给基(AH)和氢接受基(B),这两个基之间的距离为 0.25～0.4nm。因此,1967 年有人提出了假说:物质具有甜味,它的结构上应兼有氢供给体和氢键接受体,它们与味蕾上相应的部位作用,由此诱导味觉神经活动产生了甜的味感。但是,这个理论不能解释一些化合物的结构稍有差别时,为什么甜度有很大差异的现象。为此,1977 年有人提出新的假设:甜味剂与味蕾受体作用,还有第三个疏水性质的结合部位,它和氢供给体、接受体的距离分别为 0.35nm 和 0.55nm。这个疏水基(X)的不同结构产生了甜度的差别。

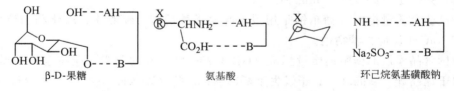

图 8-1 各种甜味物质的氢供给基(AH)、氢接受基(B)和疏水性基(X)

二、化学合成甜味剂

化学合成甜味剂,又称合成甜味剂,是人工合成的具有甜味的复杂有机化合物。

化学合成甜味剂的主要优点为:①化学性质稳定,耐热、耐酸和耐碱,不易出现分解失效现象,使用范围比较广泛;②不参与机体代谢,大多数合成甜味剂经口摄入后全部排出体外,不提供能量,适合糖尿病人、肥胖者和老年人等特殊营养消费群使用;③甜度较高,一般都是蔗糖甜度的 50 倍以上;④价格便宜,等甜度条件下的价格均低于蔗糖;⑤不是口腔微生物的合适作用底物,不会引起牙齿龋变。

合成甜味剂的主要缺点为:甜味不够纯正,带有苦后味或金属异味,甜味特性与蔗糖还

有一定的差距；不是食物的天然成分，有一种"不安全"感觉。

1. 糖精及糖精钠

糖精，又名邻苯酰磺酰亚胺，是世界各国广泛使用的一种人工合成甜味剂，由于其在水中的溶解度低，实际使用的是其钠盐（糖精钠）。

糖精钠，又名可溶性糖精或水溶性糖精，化学名称为邻苯酰磺酰亚胺钠。分子式为 $C_7H_4NNaO_3S \cdot 2H_2O$，相对分子质量为 241.20，结构式如下：

$$\text{（邻苯酰磺酰亚胺钠结构式）N—Na} \cdot 2H_2O,\ SO_2$$

（1）性状　糖精钠为无色至白色的结晶或结晶性粉末，无臭，微有芳香气。味浓甜带苦，在空气中缓慢风化，失去约一半结晶水而成为白色粉末。甜度为蔗糖的 200～500 倍，一般为 300 倍，甜味阈值约为 0.00048%。易溶于水，略溶于乙醇。水溶液呈微碱性。其在水溶液中的热稳定性强，于 100℃ 加热 2h 无变化。将水溶液长时间放置，甜味慢慢降低。

（2）性能　糖精钠在水中离解出来的阴离子有极强的甜味，但分子状态却无甜味而反有苦味，故高浓度的水溶液亦有苦味。因此，使用时浓度应低于 0.02%。在酸性介质中加热，甜味消失，并可形成邻氨基磺酰苯甲酸而呈苦味。

（3）毒性　小鼠经口 LD_{50} 17500mg/kg。兔经口 LD_{50} 4000mg/kg。

糖精钠不参与体内代谢，人摄入 0.5h 后，即可在尿中出现，16～24h 后，可全部排出体外，其化学结构无变化。

糖精自 1879 年应用以来一直广泛使用并认为安全性高，但 20 世纪 70 年代初发现其对鼠有致癌性问题后，美国即将其从 GRAS 名单中删除，并宣布禁用而后又延期禁用。1977 年 JECFA 将其以前制定的无条件 ADI 0～5mg/kg 改为暂定 ADI 为 0～2.5mg/kg，并取消有条件 ADI 0～15mg/kg。1984 年 JECFA 再评价时，认为糖精钠无诱变作用，仍需继续对其毒理问题进行研究并维持其暂定 ADI。直到 1993 年再次对其进行评价时，认为对人类无生理危害，并制定 ADI 为 0～5mg/kg。

（4）制法及质量指标　糖精钠是用甲苯与氯磺酸反应，经氨化、氧化和加热环化得糖精，再与 NaOH 反应得糖精钠。

按我国食品添加剂糖精钠质量标准（GB 4578—1984）的要求，应符合下列质量指标：含量（以干燥品计）≥99.0%；干燥失重≤15%；铵盐（以 NH_4^+ 计）≤0.0025%；重金属（以 Pb 计）≤0.001%；砷盐（以 As 计）≤0.0002%。

（5）应用　根据我国《食品添加剂使用卫生标准》（GB 2760—1996）中规定：糖精钠可用于饮料、酱菜类、复合调味料、蜜饯、配制酒、雪糕、冰淇淋、冰棍、糕点、饼干和面包，最大用量为 0.15g/kg，以糖精计。高糖果汁（味）型饮料按稀释倍数的 80% 加入。瓜子，最大用量为 1.2g/kg；话梅、陈皮类为 5.0g/kg，可与规定的其他甜味剂混合使用。

糖精钠与酸味并用，有爽快的甜味，适用于清凉饮料。糖精钠经煮沸会缓慢分解，如以适当比例与其他甜味料并用，更可接近砂糖甜味。

糖精钠不参与体内代谢，不产生热量，适合用作糖尿病患者、心脏病患者、肥胖者等的甜味剂，以及用于低热量食品生产；在食品生产中不会引起食品染色和发酵；但不得用于婴幼儿食品。

2. 环己基氨基磺酸钠

环己基氨基磺酸钠，又名甜蜜素，分子式为 $C_6H_{12}NNaO_3S$，相对分子质量为 201.22，结构式如下：

$$\text{〈cyclohexyl〉}-NH \cdot SO_3Na$$

(1) 性状　甜蜜素为白色结晶或结晶性粉末，无臭。味甜，易溶于水，水溶液呈中性，几乎不溶于乙醇等有机溶剂，对热、酸、碱稳定。

(2) 性能　甜蜜素的甜度为蔗糖的 30~50 倍，为无营养甜味剂。其浓度大于 0.4% 时带苦味。溶于亚硝酸盐、亚硫酸盐含量高的水中，产生石油或橡胶样的气味。

甜蜜素有一定的后苦味，与糖精以 9:1 或 10:1 的比例混合使用，可使味质提高。与天冬酰苯丙氨酸甲酯混合使用，也有增强甜度、改善味质的效果。

(3) 毒性　小鼠经口 LD_{50} 17000mg/kg。用含 1.0% 甜蜜素的饲料喂养大鼠 2 年。无异常现象。

甜蜜素不参与体内代谢，摄入后由尿（40%）和粪便（60%）排出，无营养作用。

1970 年因用糖精-环己基氨基磺酸钠喂养的白鼠发现患有膀胱癌，故美国、日本相继禁止使用。在随后的继续研究中，没有发现本品有致癌作用。1982 年，JECFA 将 ADI 值提高到 11mg/kg（以环己基氨基磺酸计）。目前已有 40 多个国家承认它是安全的。

(4) 制法及质量指标　甜蜜素的制法是以环己胺为原料，用氯磺酸或氨基磺酸盐磺化，再用氢氧化钠处理制得。

按我国食品添加剂环己基氨基磺酸钠质量标准（GB 12488—1995）的要求，应符合下列质量指标：环己氨基磺酸钠含量≥98.0%；pH（100g/L 溶液）为 5.5~7.5；硫酸盐（以 SO_4 计）≤0.05%；砷（以 As 计）≤0.0001%；重金属（以 Pb 计）≤0.001%；透明度（以 100g/L 溶液的透光率表示）≥95%；环己胺≤0.0025%。

(5) 应用　根据我国《食品添加剂使用卫生标准》（GB 2760—1996）中规定：甜蜜素可在酱菜、调味酱汁、配制酒、糕点、饼干、面包、雪糕、冰淇淋、冰棍、饮料、果冻中使用，最大使用量为 0.65g/kg；蜜饯，1.0g/kg；陈皮、话梅、话李、杨梅干，8.0g/kg。

3. 乙酰磺胺酸钾

乙酰磺胺酸钾，又名安赛蜜、双氧噁噻嗪钾或 AK 糖，化学名称为 6-甲基-3-氢-1,2,3-氧硫氮杂环-4-酮-2,2-二氧化物钾盐，分子式为 $C_4H_4KNO_4S$，相对分子质量为 201.24，结构式如下：

(1) 性状　安赛蜜为白色结晶状粉末，无臭，易溶于水，难溶于乙醇等有机溶剂，无明确的熔点。对热、酸均很稳定，缓慢加热至 225℃ 以上才会分解。

(2) 性能　安赛蜜甜度约为蔗糖的 200 倍，味质较好，没有不愉快的后味。甜味感觉快，味觉不延留。与甜蜜素（1:5）、阿斯巴甜（1:1）共用时，会产生明显的协同增效作用，但与糖精的协同增效作用较小。与蔗糖、果糖、葡萄糖或异构化糖混合使用，可取得稠度较大（饮料）、口感特性不同的效果。

（3）毒性　大鼠经口 LD_{50} 2200mg/kg。骨髓微核试验、Ames试验，均无致突变性。美国食品与药物管理局将其列为一般公认安全物质。FAO/WHO（1994）规定，ADI为0～15mg/kg。

安赛蜜不参与任何代谢作用。在动物或人体内很快被吸收，但很快会通过尿排出体外，不提供热量。

（4）制法及质量指标　安赛蜜是由叔丁基乙酰乙酸酯与异氰酸氟磺酰进行加成，再与KOH反应制得。

根据FAO/WHO（1983）的要求，乙酰磺胺酸钾应符合下列质量指标：含量（以干燥后）为99%～101%；干燥失重≤1%；重金属（以Pb计）≤0.001%；砷（以As计）≤0.0003%；硒≤0.003%；氟化物≤0.003%。

（5）应用　根据我国《食品添加剂使用卫生标准》（GB 2760—1996）中规定：安赛蜜可用于饮料、冰淇淋、糕点、糖果、果酱（不含罐头）、酱菜、蜜饯、胶姆糖、八宝粥罐头、果冻、面包，最大使用量为0.3g/kg；用于餐桌用甜味料（片状、粉状），40mg/包（或片）。

实际生产中，安赛蜜用于果酱、果冻类食品，用量约0.38g/kg。在口香糖、果脯和蜜饯类食品中的用量稍大。与山梨糖醇合用，可改善产品的质构。用山梨糖醇添加1g/kg的安赛蜜制作的口香糖，其口味与用蔗糖制作的产品相似。

安赛蜜还用于制作低能量的焙烤食品，也可用山梨糖醇来保证产品有足够的体积，供糖尿病人食用。

三、天然甜味剂

（一）糖与糖醇

这类物质的分子结构特点是多元醇类化合物。糖类是最有代表性的物质，糖可以以单糖为基本单元进行聚合，但只有低聚糖有甜味，甜度随聚合度的增高而降低，以至消失。在糖类中一般能形成结晶的都具有甜味。糖类通常视为食品原料，在我国不列入食品添加剂范畴。糖醇是世界上广泛采用的甜味剂之一，它可由相应的糖加氢还原制得。这类甜味剂口味好，化学性质稳定，对微生物的稳定性好，不易引起龋齿，可调理肠胃。现在所有发达国家都使用它，往往是多种糖醇混用，代替部分或全部蔗糖。糖醇产品形态有三种：糖浆、结晶、溶液。

1. 山梨糖醇

山梨糖醇，又名山梨醇，为六碳多元糖醇，分子式为 $C_6H_{14}O_6$，相对分子质量为182.17，结构式如下：

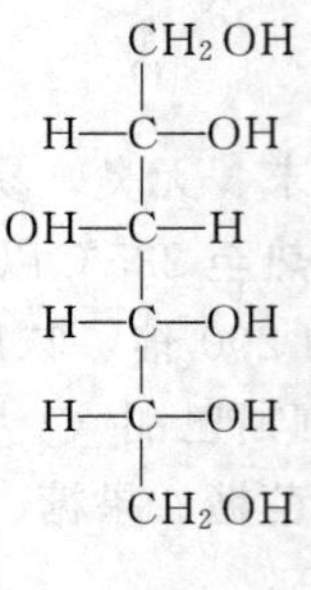

$$\begin{array}{c} CH_2OH \\ H-C-OH \\ OH-C-H \\ H-C-OH \\ H-C-OH \\ CH_2OH \end{array}$$

(1) 性状　山梨糖醇为白色吸湿性粉末或晶状粉末、片状或颗粒，无臭。依结晶条件不同，熔点在88～102℃范围内变化，相对密度约1.49。易溶于水（1g溶于约0.45mL水中），微溶于乙醇和乙酸。耐酸、耐热性能好，与氨基酸、蛋白质等不易起美拉德反应。

山梨糖醇液为清亮无色糖浆状液体，有甜味，对石蕊呈中性，可与水、甘油和丙二醇混溶。

(2) 性能　山梨糖醇有清凉的甜味，甜度约为蔗糖的一半，热值与蔗糖相近。食用后在血液内不转化为葡萄糖，也不受胰岛素影响。山梨糖醇具有良好的保湿性能，可使食品保持一定的水分，防止干燥，还可防止糖、盐等析出结晶，能保持甜、酸、苦味强度的平衡，增强食品的风味。由于它是不挥发的多元醇，所以还有保持食品香气的功能。

(3) 毒性　山梨糖醇，大鼠经口 LD_{50} 17.5mg/kg。山梨糖醇液，小鼠经口 LD_{50} 23200mg/kg（雌性）。美国食品与药物管理局将山梨糖醇列为一般公认安全物质。

FAO/WHO（1994）规定，ADI无需规定。

人体摄入山梨糖醇后在血液中不转化为葡萄糖，其代谢过程不受胰岛素控制。安全性高，人体长期每天摄入40g无异常，但超过50g时，因在肠内滞留时间过长，可导致腹泻。

(4) 制法及质量指标　山梨糖醇是由葡萄糖在镍催化剂存在下加热、加压氢化制得。可制成结晶、粉末或糖浆液。

根据FAO/WHO（1988）的要求，山梨糖醇应符合下列质量指标：含量≥91.0%（D-山梨糖醇）；水分≤1%；还原糖≤0.3%；总糖≤1%；镍≤0.0002%；重金属（以Pb计）≤0.001%；砷（以 As_2O_3 计）≤0.0003%；硫酸盐≤0.01%；氯化物≤0.005%；铅0.0001%。

按我国食品添加剂山梨糖醇液质量标准（GB 7658—1987）的要求，应符合下列质量指标：含量为50%～70%；灼烧残渣≤0.10%；还原糖≤0.63%；总糖≤2.00%；镍≤0.0003%；重金属（以Pb计）≤0.0005%；砷（以 As_2O_3 计）≤0.0002%；相对密度（d_{20}^{20}）为1.200～1.315。

(5) 应用　根据我国《食品添加剂使用卫生标准》（GB 2760—1996）中规定：山梨糖醇（液）可按生产需要用于雪糕、冰棍、糕点、饮料、饼干、面包、酱菜、糖果。糕点，最大用量为5.0g/kg；鱼糜及其制品，最大用量为0.5g/kg；豆制品工艺用、制糖工艺用、酿造工艺用、胶基糖果，按生产需要适量使用。

实际生产中，山梨糖醇可作为营养型甜味剂、湿润剂、螯合剂和稳定剂使用。用于食品的参考用量为：软饮料，1.3g/L；冷饮，70g/L；糖果，21g/kg；焙烤食品，50g/kg；布丁类，8g/kg；糖衣，0.5g/kg；顶端裱花，280g/kg。

使用山梨糖醇的食品，可供糖尿病、肝病、胆囊炎患者食用。除用作甜味剂以外，山梨糖醇还具有保湿、螯合金属离子、改进组织（使蛋糕细腻、防止淀粉老化）的作用。

2. 麦芽糖醇

麦芽糖醇，又名氢化麦芽糖，化学名称为4-O-α-D-葡萄糖基-D-葡糖醇，分子式为 $C_{12}H_{24}O_{11}$，相对分子质量为344.31，结构式如下：

(1) 性状　麦芽糖醇为白色结晶性粉末或无色透明的中性黏稠液体,易溶于水,不溶于甲醇和乙醇。吸湿性很强,一般商品化的是麦芽糖醇糖浆。

(2) 性能　麦芽糖醇的甜度为蔗糖的85%~95%。具有耐热性、耐酸性、保湿性和非发酵性等特点,基本上不起美拉德反应。在体内不被消化吸收,热值仅为蔗糖的5%,不使血糖升高,不增加胆固醇,为疗效食品的理想甜味剂。用于儿童食品,可防龋齿。

(3) 毒性　麦芽糖醇在人体内不被分解利用,除肠内细菌利用一部分外,其余均排出体外,无毒性。FAO/WHO(1994)规定,ADI无需规定。

(4) 制法及质量指标　麦芽糖醇可由麦芽糖氢化或以淀粉为原料,用多酶水解法制成高麦芽糖,再经氢化、浓缩制得。

根据FAO/WHO(1988)的要求,麦芽糖醇应符合下列质量指标:含量≥98.0%;水分≤1%;硫酸盐灰分≤0.1%;还原糖(以葡萄糖计)≤0.1%;氯化物≤0.005%;硫酸盐≤0.01%;镍≤0.0002%;铅≤0.0001%;重金属≤0.001%。

(5) 应用　根据我国《食品添加剂使用卫生标准》(GB 2760—1996)中规定:麦芽糖醇可按生产需要适量用于雪糕、冰棍、糕点、果汁(味)型饮料、饼干、面包、酱菜和糖果;用于果汁(味)型饮料,按稀释倍数的80%加入。

实际生产中,麦芽糖醇主要作为甜味剂、湿润剂、稳定剂使用。用于乳酸饮料,利用其难发酵性,可使饮料甜味持久;用于果汁饮料,还可作为增稠剂;用于糖果、糕点,其保湿性和非结晶性可避免干燥和结霜;麦芽糖醇兼有改善糖精钠风味的作用。

3. 木糖醇

木糖醇,为五碳多元糖醇,分子式为$C_5H_{12}O_5$,相对分子质量为152.15,结构式如下:

(1) 性状　木糖醇为白色结晶或结晶性粉末,极易溶于水,微溶于乙醇与甲醇,熔点92~96℃,沸点216℃。10%水溶液pH 5.0~7.0。

(2) 性能　木糖醇甜度与蔗糖相当,溶于水时可吸收大量热量,是所有糖醇甜味剂中吸热值最大的一种,故以固体形式食用时,会在口中产生愉快的清凉感。木糖醇不致龋且有防龋齿的作用。代谢不受胰岛素调节,在人体内代谢完全,热值为16.72kJ/g,可作为糖尿病人的热能源。

(3) 毒性　小鼠经口LD_{50} 22000mg/kg。兔静脉注射LD_{50} 4000mg/kg。美国食品与药物

管理局将木糖醇列为一般公认安全物质。

FAO/WHO（1994）规定，ADI无需规定。木糖醇食用过多时会引起肠胃不适。

（4）制法及质量指标　目前，商品木糖醇的生产是由木聚糖经提取水解及氢化而得到的。通常是以玉米芯、甘蔗渣、稻草、杏仁壳、桦木等为原料，经粉碎、水解、提取出木糖，再在镍催化下氢化而制得。

按我国食品添加剂木糖醇质量标准（GB 13509—1992）的要求，应符合下列质量指标：含量≥92%；干燥失重≤1.5%；灼烧残渣≤0.5%；其他多元醇≤5.0%；还原糖（以葡萄糖计）≤0.5%；砷（以As计）≤0.0003%；重金属（以Pb计）≤0.0010%；总醇≥98%。

（5）应用　根据我国《食品添加剂使用卫生标准》（GB 2760—1996）中规定：木糖醇可代替糖按正常生产需要用于糖果、糕点、饮料。在标签上说明适用糖尿病人食用。

实际生产中，木糖醇可作为甜味剂、湿润剂使用。用于食品的参考用量为：巧克力，43%；口香糖，64%；果酱、果冻，40%；调味番茄酱，50%。木糖醇还可用于炼乳、太妃糖、软糖等。用于糕点时，不产生褐变。制作需要有褐变的糕点时，可添加少量果糖。

木糖醇能抑制酵母的生长和发酵活性，故不宜用于发酵食品。

（二）非糖天然甜味剂

非糖天然甜味剂是从一些植物的果实、叶、根等提取的物质。也是当前食品科学研究中正在极力开发的甜味剂。它们的甜味一般为蔗糖的几十倍，是低热量甜味剂，甜味物质多为萜类。

1. 甘草

甘草，又名甜甘草、粉甘草，为豆科植物甘草、光果甘草或胀果甘草的干燥根和茎。甘草根含甘草甜6%～14%，蔗糖5%，淀粉20%～30%，葡萄糖2.5%，天冬酰胺2%～4%，甘露糖醇6%，树脂2%～4%，树胶1.5%～4%及少量的色素、脂肪和挥发油等。

甘草主要甜味成分为甘草酸与两分子葡萄糖醛酸结合的配糖体，称为甘草苷或甘草甜，分子式为$C_{42}H_{62}O_{16}$，相对分子质量为822.54，结构式如下：

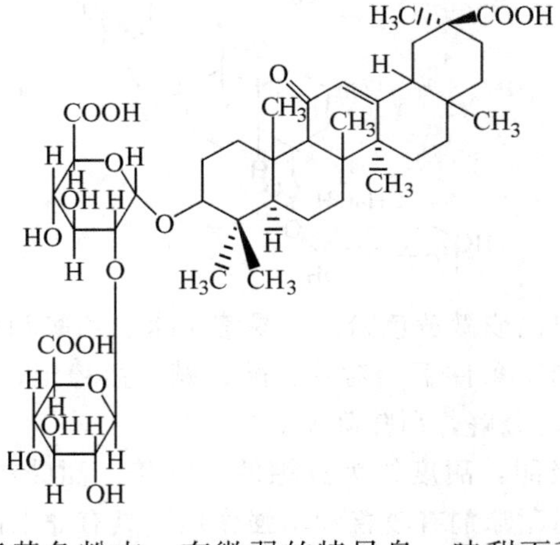

（1）性状　甘草末为淡黄色粉末，有微弱的特异臭，味甜而稍有后苦味。甘草水为淡黄色溶液。甘草浸膏为黑褐色或棕褐色膏状体，有甜味及微弱的香气，稍带苦味，遇热软化，易吸潮。

(2) 性能　甘草甜的甜度约为蔗糖的200倍，其甜味不同于蔗糖，入口后稍经片刻才有甜味感，保持时间长，有特殊风味。少量甘草甜与蔗糖、糖精复配甜味更好，还可少用20%的蔗糖；若再加入适量的柠檬酸，效果则更好。甘草甜虽无香气，但能增香。它不是微生物营养成分，故不引起发酵，在腌制食品中以甘草代糖，可避免发酵、变色、硬化等现象。

(3) 毒性　小鼠经口 LD_{50} 大于 10000mg/kg。美国食品与药物管理局将其列为一般公认安全物质。

甘草是中国传统使用的调味料和中草药，在长期使用中未发现对人体有什么危害，在正常使用量时是安全的。

(4) 制法及质量指标　将干燥的甘草根、茎破碎即为甘草末，用水抽提得甘草水，将甘草水浓缩得甘草浸膏。

根据日本《食品添加物公定书》(1983)的规定，甘草甜应符合下列质量指标：含量≥90%；重金属（以Pb计）≤0.002%；干燥失重≤8%；灼烧残渣≤9.0%。

(5) 应用　根据我国《食品添加剂使用卫生标准》(GB 2760—1996)中规定：甘草可按生产需要适量用于肉类罐头、调味料、糖果、饼干、蜜饯、凉果、饮料。

实际生产中，使用甘草甜可以克服使用白糖所引起的发酵、酸败等缺点，可使啤酒的发泡力增强。用于糖果、巧克力、口香糖，兼有润喉、消炎、洁齿的功效。用于酱油及腌制品，可以抑制咸味，增强风味；用于面包、蛋糕、饼干等食品，具有味甜、柔软、疏松、增泡的效果。

2. 甜菊糖

甜菊糖是以相同的双萜配基构成的8种配糖体的混合物。主要组分甜菊糖苷的分子式为 $C_{38}H_{60}O_{18}$，相对分子质量为804.86，结构式如下：

(1) 性状　甜菊糖为白色或微黄色粉末，易溶于水、乙醇和甲醇，不溶于苯、醚、氯仿等有机溶剂。在一般食品加工条件下，对热、酸、碱、盐稳定，在pH大于9或小于3时，长时间加热（100℃）会使之分解，甜味降低。

(2) 性能　甜菊糖味极甜，甜度约为蔗糖的200倍。甜味纯正，残留时间长，后味可口，有轻快凉爽感，对其他甜味剂有改善和增强作用。具有非发酵性，仅有少数几种酶能使其水解，不使食物着色。

(3) 毒性　小鼠经口 LD_{50} 34.77g/kg。

中国、日本对甜菊苷的毒性试验（包括急性、亚急性和慢性毒性试验）结果表明，无致畸、致突变及致癌性，摄入后以原形经粪便及尿排出体外。

（4）制法及质量指标　甜菊糖是从多年生草本植物甜叶菊的叶中提取的。甜叶菊属菊科，叶中含甜味成分，产于南美巴拉圭东北部和巴西。1977 年在江苏、山东等省引进成功。现在江苏、福建、山东、新疆等地已有大面积栽培。一般的制法是用水从甜叶菊叶中抽提，经絮凝、过滤、吸附树脂提取，再经离子交换树脂脱盐、脱色而制得。

根据我国食品添加剂甜菊糖质量标准（GB 8270—1987）的要求，甜菊糖的质量指标见表 8-2。

表 8-2　甜菊糖的质量指标（GB 8270—1987）

项　目		一级品	二级品	三级品	项　目		一级品	二级品	三级品
含量/%		80	75	65	重金属(以 Pb 计)/%	≤	0.002	0.002	0.002
灰分/%	≤	0.2	0.5	0.7	砷(以 As 计)/%	≤	0.0001	0.0001	0.0001
吸光度($E_{1cm}^{1\%}$)	≤	0.13	0.20	0.30	甜度		180	180	180
水分/%	≤	3	5	7	旋光度$[\alpha]_D^{25}$		$-30°\sim-38°$	$-30°\sim-38°$	$-30°\sim-38°$

（5）应用　根据我国《食品添加剂使用卫生标准》（GB 2760—1996）中规定：甜菊糖可按生产需要适量用于糖果、糕点、饮料。

实际生产中，甜菊糖与蔗糖、果糖或异构化糖混用时，可提高其甜度，改善口味。用甜菊糖代替 30% 左右的蔗糖时，效果较佳。一般用量为橘子水 0.75g/L；果味露 0.1g/L；冰淇淋 0.5g/L。用 20g 甜菊糖代替 3.2kg 蔗糖制作鸡蛋面包，其外形、色泽、松软度均佳，且口感良好；用 14.88kg 代替 0.75kg 糖精钠制作话梅，香味可口，后味清凉。

甜菊糖的热值仅为蔗糖的 1/300，且在体内不参与新陈代谢，因而适合于制作糖尿病、肥胖症、心血管病患者食用的保健食品。用于糖果，还有防龋齿作用。甜菊糖还可作为甘草苷的增甜剂。并往往与柠檬酸钠并用，以改进味质。

近年来出现的高纯度 Rebaudioside A（普通甜菊糖的第二主组分，甜度为蔗糖的 400 倍）制品及经酶转化的 α-D-甜菊糖苷，口味更好，效果更佳。

四、天然物的衍生物甜味剂

这一类甜味剂是由一些天然物经过合成，制成的高甜度的安全甜味剂。主要有二肽衍生物、二氢查耳酮衍生物等。

（一）二肽衍生物

二肽衍生物的甜度是蔗糖的几十倍至数百倍，但是二肽衍生物分子结构必须符合下列条件才具有甜味：①分子中一定有天冬氨酸，而且氨基与羧基部分必须是游离的；②构成二肽的氨基应是 L 型；③与天冬氨酸相连的氨基酸是中性；④肽基端要酯化。这类甜味剂中最具有代表性的是天门冬酰苯丙氨酸甲酯。

二肽衍生物分子大则甜味弱，而且甜味的强弱与酯基相对分子质量有关，酯基相对分子质量小的甜味强。这类甜味剂食用后在体内分解为相应的氨基酸，是一种营养型的非糖甜味剂，且无致龋性。热稳定性差，不宜直接用于烘烤与高温烹制的食品，使用时有一定的 pH 范围，否则它们的甜味下降或消失。

1. 天门冬酰苯丙氨酸甲酯

天门冬酰苯丙氨酸甲酯，又名阿斯巴甜、甜味素，市场上所售的蛋白糖的主要成分也是该物质，分子式为 $C_{14}H_{18}N_2O_5$，相对分子质量为 294.31，结构式如下：

$$H_2NCHCONHCHCH_2-C_6H_5$$
$$|\qquad\qquad |$$
$$CH_2COOH\qquad COOCH_3$$

（1）性状　阿斯巴甜为白色结晶粉末，无臭。可溶于水，在水溶液中易水解，在酸性条件下分解成单体氨基酸，在中性或碱性时可转化为二酮哌嗪，温度升高，反应速度加快。0.8%溶液的 pH 4.5～6.0。在 pH 4.2 左右最稳定。

（2）性能　阿斯巴甜有强甜味，其稀溶液的甜度为蔗糖的 150～200 倍，甜味阈值为 0.001%～0.007%。甜味近似蔗糖，有凉爽感，无苦味和金属味。其稳定性较差，受高温时，结构发生破坏而使甜度下降，甚至甜味完全消失。阿斯巴甜不产生热量，故适合作糖尿病、肥胖症等病人用甜味剂。

阿斯巴甜与甜蜜素或糖精混合使用有协同增效作用，对酸性水果香味有增强作用。

（3）毒性　小鼠经口 LD_{50} 10000mg/kg。美国食品与药物管理局将阿斯巴甜列为一般公认安全物质。FAO/WHO（1994）规定，ADI 为 0～40mg/kg。

阿斯巴甜进入机体内很快就分解为苯丙氨酸、天冬氨酸和甲醇，经正常途径代谢，排出体外，不会蓄积于组织中。

（4）制法及质量指标　阿斯巴甜可由天冬氨酸和苯丙氨酸甲酯用化学法合成，也可由酶法合成，酶法的转化率通常达 95% 以上，比化学合成法（一般为 70%）高很多。

根据 FAO/WHO（1981）的要求，阿斯巴甜应符合下列质量指标：含量（以干基计）为 98%～102.0%；旋光度 $[\alpha]_D^{20}$ 为 +14.5°～+16.5°；pH 为 4.0～6.5；5-苯甲基-3,6-二氧代-2-哌嗪乙酸≤2%；干燥失重≤4.5%；灼烧残渣≤0.2%。

（5）应用　根据我国《食品添加剂使用卫生标准》（GB 2760—1996）中规定：阿斯巴甜可按正常生产需要用于适量各类食品中（罐头食品除外）。添加本品之食品应标明"苯丙酮尿症患者不宜使用"。

实际生产中，阿斯巴甜可作为甜味剂、鲜味剂使用。由于苯丙酮酸尿症患者代谢苯丙氨酸的能力很有限，如果这类病人要控制膳食中苯丙氨酸的数量，那么由阿斯巴甜带来的苯丙氨酸数量也应计算在内。

美国、日本及欧洲一些国家允许用于麦片、口香糖、粉末饮料、碳酸饮料、碳酸果汁饮料、酸乳、腌渍物及用作餐桌甜味剂，但因其容易分解，在焙烤、油炸食品及酸性饮料中的应用受到限制。若用于需高温灭菌处理的制品，应控制加热时间不超过 30s。

2. L-天冬酰-D-丙氨酰胺

L-天冬酰-D-丙氨酰胺，又名阿力甜，化学名称为 L-α-天冬氨酰-N-(2,2,4,4-四甲基-3-硫化三亚甲基)-D-丙氨酰胺，分子式为 $C_{14}H_{25}N_3O_4S \cdot 2.5H_2O$，相对分子质量为 376.5，结构式如下：

（结构式）· $2.5H_2O$

(1) 性状　阿力甜为白色结晶性粉末，无臭。不吸湿，稳定性高，易溶于水、乙醇和甘油。5%水溶液的pH约为5.6。

(2) 性能　阿力甜有强甜味，风味与蔗糖接近，无后苦味和金属味，甜度为蔗糖的2000倍。室温下，pH 5～8的溶液，其贮存半衰期为5年，pH 3～4的溶液的贮存半衰期为1～1.6年。与安赛蜜或甜蜜素混合时会发生协同增效作用。

将阿力甜0.01%水溶液、0.01mol/L磷酸盐缓冲液（pH 7～8）加热100℃，30min内甜度不变。含阿力甜的食品可经受巴氏消毒。

(3) 毒性　大鼠经口LD_{50}大于5000mg/kg；小鼠经口LD_{50} 12654mg/kg。骨髓微核试验，未见有致突变作用。以阿力甜564mg/(kg·d)和1055mg/(kg·d)的剂量分别喂饲大鼠和小鼠2天，无致畸、致癌性。

(4) 制法及质量指标　阿力甜可由L-天冬氨酸、D-丙氨酸及2,2,4,4-四甲基-3-硫化亚甲胺进行化学偶合或酶法偶合制取。

根据FAO/WHO（1995）的要求，阿力甜应符合下列质量指标：含量（以干基计）为98.0%～101.0%；β-异构体≤0.3%；丙氨酸酰胺≤0.2%；水分为11%～13%；灼烧残渣（以NaCl计）≤1.0%；重金属（以Pb计）≤0.0010%；砷（以As计）≤0.0003%；旋光度$[\alpha]_D^{25}$为$+40°\sim+50°$。

(5) 应用　根据我国《食品添加剂使用卫生标准》（GB 2760—1996）中规定：阿力甜可用于饮料、冰淇淋、雪糕，最大使用量0.1g/kg；胶姆糖、陈皮、话梅、话李、杨梅干为0.3g/kg；餐桌甜味剂0.015g/包（或片）。

实际生产中，阿力甜还可用于低热量食品、焙烤食品、软硬糖果、乳制品，用量为30～300mg/kg。

阿力甜是二肽甜味剂，但不含苯丙氨酸，故不像天门冬酰苯丙氨酸甲酯那样，无"苯丙酮尿症患者不宜使用"的限制。因其甜度高，直接使用时不易控制，可先稀释。制作固体干粉时，用麦芽糊精、木糖醇或其他安全的适宜稀释剂混合；制作液体，可部分或全部用钾、钠、镁或钙的氢氧化物中和，并注意防腐。

(二) 二氢查耳酮衍生物

二氢查耳酮种类众多，各种柑橘中所含的柚苷、橙皮苷等黄酮类糖苷，在碱性条件下还原可得二氢查耳酮衍生物（DHC），其通式为：

二氢查耳酮类有的有甜味，有的无甜味。表8-3列出几种主要的甜味二氢查耳酮。

表8-3　具有甜味的二氢查耳酮及其甜度

名　称	R	X	Y	Z	甜　度
柚皮苷 DHC	新橙皮糖基	H	H	OH	100
新橙皮苷 DHC	新橙皮糖基	H	OH	OCH_3	1000
高新橙皮苷 DHC	新橙皮糖基	H	OH	OC_2H_5	1000
4-O-正丙基新圣草柠檬苷 DHC	新橙皮糖基	H	OH	OC_3H_7	2000
洋李苷 DHC	葡萄糖基	H	H	OH	40
橙皮苷-7-葡萄糖 DHC	葡萄糖基	H	OH	OCH_3	100

(1) 性状

① 柚皮苷二氢查耳酮为白色针状晶体粉末，相对密度 d_4^{25} 为 0.5104，熔点 166~168℃，无吸湿性，微溶于水，25℃时饱和水溶液的 pH 7.20。

② 新橙皮苷二氢查耳酮为白色针状晶体粉末，相对密度 d_4^{25} 为 0.8075，熔点 152~154℃，碘值 120，微溶于水，25℃时饱和水溶液的 pH 6.25。对热稳定性差，在室温下 pH 在 2.0 以上较稳定。溶于稀碱，不溶于乙醚和无机酸。

(2) 性能　二氢查耳酮具有很强的甜味，甜度达 100~2000，即最高为蔗糖的 20 倍，且回味时无苦味，为理想的甜味剂。

(3) 毒性　二氢查耳酮类化合物毒性很小，对动物进行的急性、亚急性和慢性毒理试验表明，无异常。

(4) 制法及质量指标　未成熟的柑橘中黄酮类糖苷含量很高，可达总量的 20%，以此作原料，可生产二氢查耳酮甜味剂。如将橙皮苷用橙皮苷酶切去橙皮糖基上的鼠李糖残基，在碱性条件下加氢，即得到橙皮苷-7-葡萄糖 DHC。但其溶解度仅为 0.1%，为提高溶解度，再用淀粉葡萄糖苷基转移酶在橙皮苷-7-葡萄糖 DHC 分子中加接几个葡萄糖苷基，即可使溶解度提高到 1%。

二氢查耳酮还未制定食品添加剂标准。

(5) 应用　二氢查耳酮为无营养型甜味剂，可直接用于食品，特别适用于低 pH 的和低温加热食品，也可用于制药。

(三) 蔗糖衍生物

蔗糖衍生物类甜味剂主要是三氯蔗糖，又名三氯半乳蔗糖、蔗糖素，分子式为 $C_{12}H_{19}Cl_3O_8$，相对分子质量为 397.64，结构式如下：

(1) 性状　三氯蔗糖为白色至近白色结晶性粉末，实际无臭。不吸湿，熔点（分解）125℃，稳定性高。极易溶于水、乙醇和甲醇，微溶于乙醚。10% 水溶液的 pH 为 5~8。

(2) 性能　三氯蔗糖的甜味与蔗糖相似，甜度为蔗糖的 600 倍（400~800 倍）。在人体内吸收率很低，对代谢无不良影响，大部分能排除体外。无热值，不致龋，不与食品中其他成分相互作用。

三氯蔗糖的稳定性高，在 pH 2.5~3.0 溶液中，于温度 20℃下贮存 1 年，保留值大于 99%；在 pH 4~7 溶液中，于温度 30℃下贮存 1 年，保留值大于 98%。

(3) 毒性　小鼠经口 LD_{50} 16000mg/kg。大鼠经口 LD_{50} 10000mg/kg。FAO/WHO (1994) 规定，ADI 为 0~15mg/kg。

(4) 制法及质量指标　三氯蔗糖是以蔗糖为原料，用卤素（氯）选择性地取代其一定位置上的羟基而制成。

根据 FAO/WHO (1993) 的要求，三氯蔗糖应符合下列质量指标：含量（以无水物计）为 98.0%~102.0%；水分≤2.0%；灼烧残渣≤0.7%；甲醇≤0.1%；砷（以 As 计）≤

0.0003%；重金属（以 Pb 计）≤0.0010%；旋光度 $[\alpha]_D^{20}$（以无水物计）为+84.0°～+87.5°；三苯氧膦≤0.015%；10%水溶液 pH 为 6～7。

(5) 应用　根据我国《食品添加剂使用卫生标准》（GB 2760—1996）中规定：三氯蔗糖可用于饮料、酱菜、复合调味料、配制酒、雪糕、冰淇淋、冰棍、糕点、饼干、面包、不加糖的甜罐头水果，最大用量为 0.25g/kg；对改性口香糖、蜜饯为 1.5g/kg；用作餐桌甜味剂为 0.05g/包、片。

第三节　酸味剂

酸味剂能给感觉以爽快的刺激，具有增进食欲的作用。酸味剂广泛用于食品加工生产中，我国允许使用的酸味剂有柠檬酸、乳酸、酒石酸、苹果酸、偏酒石酸、磷酸、醋酸、富马酸、己二酸等。其中柠檬酸是目前世界上应用最广泛、用量最大的酸味剂。

一、酸味与酸味剂分子结构的关系

一般来说，具有酸味的食品添加剂在溶液中都能解离出 H^+（反之不一定）。酸味是味蕾受到 H^+ 刺激的一种感觉。酸味剂的阈值与 pH 的关系是：无机酸的阈值在 pH 3.4～3.5，有机酸在 pH3.7～4.9 之间。但是酸味感的时间长短并不与 pH 成正比，解离速度慢的酸味维持时间久，解离快的酸味剂的酸味会很快消失。

酸味剂解离出 H^+ 后的阴离子，也影响酸味。有机酸的阴离子容易吸附在舌黏膜上中和舌黏膜中的正电荷，使得氢离子更容易与舌味蕾相接触，而无机酸的阴离子易与口腔黏膜蛋白质相结合，对酸味的感觉有钝化作用，故一般地说，在相同的 pH 时，有机酸的酸味强度大于无机酸。由于不同有机酸的阴离子在舌黏膜上吸附能力的不同，酸味强度也不同。

酸味剂的阴离子对酸味剂的风味也有影响，这主要是由阴离子上有无羟基、氨基、羧基，它们的数目由所处的位置决定的。如柠檬酸、抗坏血酸和葡萄糖酸等的酸味带爽快感；苹果酸的酸味带苦味；乳酸和酒石酸的酸味伴有涩味；醋酸的酸味带有刺激性臭味；谷氨酸的酸味有鲜味。

在使用中，酸味剂与其他调味剂的作用是：酸味剂与甜味剂之间有消杀现象，两者易互相抵消，故食品加工中需要控制一定的糖酸比。酸味与苦味、咸味一般无消杀现象。酸味剂与涩味物质混合，会使酸味增强。

二、酸味剂在食品中的作用

1. 可用于调节食品体系的酸碱性

如在凝胶、干酪、果冻、软糖、果酱等产品中，为了取得产品的最佳性状和韧度，须正确调整 pH，因果胶的凝胶、干酪的凝固与其 pH 密切相关。酸味剂降低了体系的 pH，可以抑制许多有害微生物的繁殖，有助于提高酸型防腐剂的防腐效果，减少食品高温杀菌温度和时间，从而减少高温对食品结构与风味的不良影响。

2. 可用作香味辅助剂

酸味剂广泛用于调香。许多酸味剂都构成特定的香味，如酒石酸可以辅助葡萄的香味，磷酸可以辅助可乐饮料的香味，苹果酸可辅助许多水果和果酱的香味。酸味剂能平衡风味、修饰蔗糖或甜味剂的甜味。

3. 可作螯合剂

某些金属离子如 Ni、Cr、Cu、Se 等在食品中的存在能加速氧化作用，对食品产生不良的影响，如变色、腐败、营养素的损失等。许多酸味剂具有螯合这些金属离子的能力。酸与抗氧化剂、防腐剂、还原性漂白剂复配使用，能起到增效的作用。

4. 可作疏松剂

酸味剂遇碳酸盐可以产生 CO_2 气体。这是化学膨松剂产气的基础，而且酸味剂的性质决定了膨松剂的反应速度。此外，酸味剂有一定的稳定泡沫的作用。

5. 酸味剂具有还原性

酸味剂在水果、蔬菜制品的加工中可以用作护色剂，在肉类加工中可作为护色助剂。

三、常用酸味剂

1. 柠檬酸

柠檬酸，又名枸橼酸，化学名称为 3-羟基-3-羧基戊二酸。分子式 $C_6H_8O_7 \cdot H_2O$，相对分子质量 210.14，结构式如下：

$$\begin{array}{c} CH_2-COOH \\ | \\ HO-C-COOH \\ | \\ CH_2-COOH \end{array} \cdot H_2O$$

（1）性状　柠檬酸为无色半透明结晶或白色颗粒或白色结晶粉末，无臭。易溶于水，20℃时在水中的溶解度为 59%，其 2% 水溶液的 pH 为 2.1。

（2）性能　柠檬酸具有强酸味，酸味柔和爽快，入口即达到最高酸感，后味延续时间较短。其刺激阈的最大值为 0.08%，最小值为 0.02%。易与多种香料配合而产生清爽的酸味，适用于各类食品的酸化。与其他酸如酒石酸、苹果酸等合用，可使产品风味丰满；与蔗糖合用，加热时可促使蔗糖转化，既可防止食品中蔗糖析晶、发砂，又易使食品吸湿。

柠檬酸抑制细菌繁殖的效果较好，它螯合金属离子的能力较强，能与本身质量的 20% 的金属离子螯合，可作为抗氧化增效剂，延缓油脂酸败，也可作色素稳定剂，防止果蔬褐变。柠檬酸与柠檬酸钠、钾盐等配成缓冲液，可与碳酸氢钠配成起泡剂及 pH 调节剂等。

柠檬酸不应与防腐剂山梨酸钾、苯甲酸钠等溶液同时添加，必要时可分别先后添加，以防止形成难溶于水的山梨酸-苯甲酸结晶，影响食品的防腐效果。

（3）毒性　大鼠经口 LD_{50} 6730mg/kg。美国食品与药物管理局将柠檬酸列为一般公认安全物质。FAO/WHO（1994）规定，ADI 无需规定。

柠檬酸是三羧酸循环的中间体，参与体内正常代谢。

（4）制法及质量指标　柠檬酸是由糖质原料发酵制得。一水物加热至 37℃ 以上即得无水物。

按我国食品添加剂柠檬酸质量标准（GB 1987—1986）的要求，应符合下列质量指标：含量（一水物）≥99.5%；硫酸盐（以 SO_4 计）≤0.03%；草酸盐（以 C_2O_4 计）≤0.05%；重金属（以 Pb 计）≤0.0005%；氯化物（以 Cl 计）≤0.01%；铁≤0.001%；砷（以 As 计）≤0.0001%；硫酸盐灰分≤0.1%。

（5）应用　根据我国《食品添加剂使用卫生标准》（GB 2760—1996）中规定：柠檬酸可在各类食品中按生产需要适量使用。

实际生产中，柠檬酸可作为酸度调节剂、酸化剂、螯合剂、抗氧化增效剂、分散剂、香料使用。

用于各种汽水和果汁，其用量可按原料含酸量、浓缩倍数、成品酸度等的不同来掌握，一般为：汽水 $1.2\sim1.5g/kg$；浓缩果汁 $1\sim3g/kg$。用于果酱和果冻，以保持制品的 pH 为 $2.8\sim3.5$ 较合适。添加在果酱中除有利于改进果酱的风味和防腐外，还可促进蔗糖转化。

用于糖水水果罐头糖液，除可改进风味外，还有防止变色、抑制微生物的作用。一般添加量为：桃，$2\sim3g/kg$；橘片，$1\sim3g/kg$；梨，$1g/kg$；荔枝，$1.5g/kg$。糖液宜现用现配。用于蔬菜罐头，对调味和保持罐头品质有利。可在鲜蘑菇、清水笋等的预煮液或罐头汤汁中加入 $0.5\sim0.7g/kg$。

用于水果硬糖，用量为 $4\sim14g/kg$；用于果味冰棍、雪糕，用量 $0.5\sim0.65g/kg$。

用于以谷物为基料的婴幼儿食品，按干基计用量为 $25g/kg$。

作为干酪、冰淇淋的稳定剂、乳化剂，与柠檬酸钠合用，用量为 $2\sim3g/kg$。

作为抗氧化剂的增效剂，在加工油炸花生米罐头时，在油脂中的添加量为油脂量的 0.015%。

柠檬酸还可适量用作增香剂和羊奶除膻剂成分。

2. 柠檬酸三钠

柠檬酸三钠，分子式为 $C_6H_5O_7Na_3\cdot 2H_2O$，相对分子质量为 294.10（结晶品），258.07（无水物），结构式如下：

$$\begin{array}{c} CH_2-COONa \\ | \\ HO-C-COONa \quad \cdot 2H_2O \\ | \\ CH_2-COONa \end{array}$$

（1）性状　柠檬酸三钠结晶品为无色晶体，白色或微黄色结晶粉末。无臭，味咸，有清凉感。常温下稳定，在潮湿空气中微有潮解性，在热空气中有风化性，加热至 150℃ 失去结晶水，受热分解。1g 二水物溶于 1.5mL 水（25℃）和 0.6mL 沸水，不溶于乙醇。

（2）性能　柠檬酸三钠为柠檬酸的钠盐，具体参见柠檬酸。

（3）毒性　大鼠腹腔注射 LD_{50} 1549mg/kg。美国食品与药物管理局将柠檬酸列为一般公认安全物质。FAO/WHO（1994）规定，ADI 无需规定。

（4）制法及质量指标　柠檬酸三钠可由柠檬酸经氢氧化钠或碳酸钠中和，浓缩，结晶制得。也可由柠檬酸钙与碳酸钠反应后除去不溶物，再进一步精制而得。另外，还可采用发酵法，由淀粉或糖质原料发酵制得。

按我国食品添加剂柠檬酸三钠质量标准（GB 6782—1986）的要求，柠檬酸三钠应符合下列质量指标：柠檬酸三钠 $\geqslant 99.0\%$；硫酸盐 $\leqslant 0.03\%$；重金属（以 Pb 计）$\leqslant 0.0005\%$；砷（以 As 计）$\leqslant 0.0001\%$；铁 $\leqslant 0.001\%$；草酸盐 $\leqslant 0.05\%$；氯化物 $\leqslant 0.01\%$。

（5）应用　根据我国《食品添加剂使用卫生标准》（GB 2760—1996）中规定：柠檬酸三钠可按生产需要适量用于各类食品。

实际生产中，柠檬酸三钠可作为酸度调节剂、螯合剂、乳化剂、稳定剂使用。具体应用可参见柠檬酸。若用于各种饮料尚具有缓和柠檬酸酸味的作用。另可作冰淇淋等的乳化剂和稳定剂，以及甜炼乳、稀奶油的稳定剂，用量为 $2\sim3g/kg$。

3. 柠檬酸钾

柠檬酸钾，又名柠檬酸三钾，分子式为 $C_6H_5O_7K_3 \cdot H_2O$，相对分子质量为 324.41（一水物），306.40（无水物），结构式如下：

$$\begin{array}{c} CH_2-COOK \\ | \\ HO-C-COOK \quad \cdot H_2O \\ | \\ CH_2-COOK \end{array}$$

（1）性状　柠檬酸钾为无色透明晶体或白色颗粒状粉末，无臭，味咸，有清凉感，相对密度 1.98，加热至 230℃时溶化并分解，在空气中易吸湿潮解。1g 溶于约 0.5mL 水中，可溶于甘油，几乎不溶于乙醇。

（2）性能　柠檬酸钾为柠檬酸的钾盐，具体参见柠檬酸。

（3）毒性　狗静脉注射 LD_{50} 167mg/kg。美国食品与药物管理局将柠檬酸列为一般公认安全物质。FAO/WHO（1994）规定，ADI 无需规定。

（4）制法及质量指标　柠檬酸钾是由柠檬酸与氢氧化钾或碳酸钾中和制得。

按我国食品添加剂柠檬酸钾质量标准（GB 14889—1994）的要求，应符合下列质量指标：含量（干燥后）≥99.0%；砷（以 As 计）≤0.0003%；重金属（以 Pb 计）≤0.001%；干燥失重为 3.0%～6.0%。

（5）应用　根据我国《食品添加剂使用卫生标准》（GB 2760—1996）中规定：柠檬酸钾可按生产需要适量用于各类食品。

实际生产中，柠檬酸钾可作为酸度调节剂、螯合剂、稳定剂等使用。

用于果酱、果冻调节酸度，以保持其 pH 在 2.8～3.5 为好。具体用量依不同食品而异，为 0.5～5g/kg。

作为稳定剂，用于淡炼乳、甜炼乳、稀奶油，2g/kg（单独使用）或 3g/kg（与其他稳定剂合用，以无水物计）；用于奶粉、脱水奶油，5g/kg（单独使用或与其他稳定剂合用，以无水物计）；用于加工干酪，40g/kg（单独使用或与其他稳定剂合用，以无水物计）。

4. 乳酸

乳酸，又名 2-羟基丙酸，分子式为 $C_3H_6O_3$，相对分子质量为 90.08，结构式如下：

$$\begin{array}{c} H \\ | \\ H_3C-C-COOH \\ | \\ OH \end{array}$$

（1）性状　商品乳酸实际上为乳酸和乳酰乳酸（$C_6H_{10}O_5$）的混合物。为无色到浅黄色固体或糖浆状澄明液体，几乎无臭或稍臭，有吸湿性。纯乳酸熔点 18℃，沸点 122℃（1999.8Pa），相对密度 1.249（d_{15}^{15}）。可溶于水、乙醇，稍溶于乙醚，不溶于氯仿、石油醚、二硫化碳。将其煮沸浓缩时缩合成乳酰乳酸，稀释并加热水解成乳酸。

（2）性能　乳酸具有特异收敛性酸味，酸味阈值 0.004%，应用范围受到一定限制。乳酸还具有较强的杀菌作用，能防止杂菌生长，抑制异常发酵。高浓度乳酸可缩合成酯并呈平衡状态，应按规格标准用水稀释成乳酸使用。通常使用的为约 80% 的乳酸溶液。

（3）毒性　大鼠经口 LD_{50} 3730mg/kg。美国食品与药物管理局将乳酸列为一般公认安全物质。FAO/WHO（1994）规定，ADI 无需规定。

乳酸有3种异构体：DL-型、D-型和L-型。将大鼠分为3组，每组投药剂量1.7g/kg-DL-型、D-型和L-型乳酸，经口后3h解剖检测，结果表明：DL-乳酸可使肝中肝糖增高，40%～95%在3h内吸收转化；D-乳酸使血中乳酸盐增高，由尿中排出体外；L-乳酸为哺乳动物体内正常代谢产物，在体内分解为氨基酸和二羧酸物，几乎无毒。

D-型和DL-型乳酸对婴儿有害，不应用于供3个月以下婴儿食用的食品。

（4）制法及质量指标　工业上制备乳酸，是用淀粉、葡萄糖或牛乳原料，接种乳酸杆菌经发酵生成乳酸而得。也可用合成法制备，如由乙醛与氰化氢反应后经水解制得；或在120～130℃，91.19MPa和稀硫酸存在下，由一氧化碳和乙醛制得。

按我国食品添加剂乳酸质量标准（GB 2023—1980）的要求，应符合下列质量指标：含量≥80%；氯化物≤0.002%；硫酸盐≤0.01%；铁≤0.001%；灼烧残渣≤0.1%；重金属（以Pb计）≤0.001%；砷（以As计）≤0.0001%。

（5）应用　根据我国《食品添加剂使用卫生标准》（GB 2760—1996）中规定：乳酸可在各类食品中按生产需要适量使用。

实际生产中，乳酸可作为酸度调节剂、酸化剂、抗微生物剂、腌渍剂、鲜味剂、香料使用。

用于果酱和果冻，以保持制品的pH在2.8～3.5为好。用于番茄浓缩物，保持pH小于或等于4.3。在乳酸饮料和果汁型饮料中添加0.4～2g/kg，多与柠檬酸合用。用于以谷物为基料的婴幼儿食品，按干基计为15g/kg，婴儿食品罐头，为2g/kg。

用于果酒调酸和白酒调香。在葡萄酒中使酒的总酸浓度达0.55～0.65g/100mL（以酒石酸计）；在玉冰烧酒和曲香酒中分别为0.7～0.8g/kg和0.05～0.2g/kg。

5. 磷酸

磷酸，又名正磷酸，分子式为H_3PO_4，相对分子质量为98.00，结构式如下：

$$OH-\underset{\underset{OH}{|}}{\overset{\overset{O}{\|}}{P}}-OH$$

（1）性状　磷酸为无色透明糖浆状液体，无臭，味酸。含量为85%的磷酸，相对密度为1.59，极易溶于水和乙醇，若加热到150℃时则成为无水物，200℃时缓慢变成焦磷酸，300℃以上则变成偏磷酸。通常以含量为85%左右的商品出售。

（2）性能　磷酸属强无机酸，其酸味度比柠檬酸高2.3～2.5倍，有强烈的收敛味和涩味，多用于可乐型饮料。磷酸在酿酒时还可作为酵母的磷酸源，加强其发酵能力并能防止杂菌生长。高浓度磷酸有腐蚀性。

（3）毒性　大鼠经口LD_{50} 1530mg/kg。美国食品与药物管理局将磷酸列为一般公认安全物质。FAO/WHO（1994）规定，ADI为70mg/kg（以各种来源的总磷计）。

用含0.4%、0.75%磷酸的饲料喂养大鼠，经90周3代试验。结果发现对生长和生殖没有不良影响，在血液及病理学上也没有发现异常。

磷酸参与机体正常代谢，磷最终可由肾脏及肠道排泄。

（4）制法及质量指标　磷酸可由黄磷氧化生成五氧化二磷后，用水吸收，脱砷制得。也可由磷经硝酸氧化制得或采用磷酸三钙（骨灰）与稀硫酸共热，经分解后取滤液浓缩制得。

按我国食品添加剂磷酸质量标准（GB 3149—1992）的要求，应符合下列质量指标：含量≥85.0%；砷（以 As 计）≤0.0001%；氟≤0.0010%；重金属（以 Pb 计）≤0.0010%；氯化物（以 Cl 计）≤0.0005%；硫酸盐（以 SO_4 计）≤0.005%；易氧化物（以 H_3PO_3 计）≤0.012%。

（5）应用　根据我国《食品添加剂使用卫生标准》（GB 2760—1996）中规定：磷酸可在复合调味料、罐头食品、可乐型饮料、干酪、果冻和含乳饮料中按生产需要适量使用。

实际生产中，磷酸可作为酸度调节剂、酸化剂、螯合剂、抗氧化增效剂使用。

一般认为磷酸风味不如有机酸好，在一般的食品中应用很少。主要用于可乐饮料，通常为 0.2～0.6g/kg。也可在某些清凉饮料如酸梅汁中部分代替柠檬酸使用。

用于加工干酪，按添加的总磷化合物，以磷计为 9g/kg。用于虾或对虾罐头，0.85g/kg；蟹肉罐头，5g/kg（单独或与二磷酸二钠合用，以 P_2O_5 计）。

磷酸还可适量用于糖果、焙烤食品等，以及作为一般食用油脂的抗氧化剂（0.1g/kg，单用或与柠檬酸异丙酯混合物、柠檬酸单甘油酯合用）。

四、其他酸味剂

1. 苹果酸

苹果酸，又名羟基琥珀酸、羟基丁二酸，分子式为 $C_4H_6O_5$，相对分子质量为 134.09。

苹果酸为白色结晶或结晶性粉末，无臭或稍有特异臭，有特殊的刺激性酸味，酸味较柠檬酸强约 20%，呈味缓慢，保留时间较长。爽口但微有苦涩感，与柠檬酸合用可增强酸味。苹果酸在水果中使用有很好的抗褐变作用。相对密度 1.601，1% 水溶液的 pH 为 2.4。

大鼠经口（1% 水溶液）LD_{50} 1600～3200mg/kg。FAO/WHO（1994）规定，ADI 无需规定。

L-苹果酸天然存在于食品中，是三羧酸循环的中间体，可参与机体正常代谢。

根据我国《食品添加剂使用卫生标准》（GB 2760—1996）中规定：苹果酸可在各类食品中按生产需要适量使用。

实际生产中，苹果酸可作为酸度调节剂、酸化剂、抗氧化增效剂、鲜味剂、香料使用。用于果汁、饮料，2.5～5.5g/kg；用于果酱、果冻，1～3g/kg。还可适量用于罐头食品、糖果、焙烤食品等，以及作为加工助剂添加于烫漂和冷却水中，用于速冻花椰菜等。

2. 酒石酸

酒石酸，又名 2,3-二羟基琥珀酸，分子式为 $C_4H_6O_6$，相对分子质量为 150.09。

酒石酸为无色透明结晶或白色精细到颗粒性结晶状粉末，熔点 168～170℃。结晶品含 1 分子结晶水，无臭，在空气中稳定，味酸，酸味阈值 0.0025%，酸味强度为柠檬酸的 1.2～1.3 倍，口感稍涩，多与其他酸合用。灼烧时有焙烧砂糖的臭气，具金属离子螯合作用。0.3% 水溶液的 pH 为 2.4。

小鼠经口 LD_{50} 4360mg/kg。美国食品与药物管理局将酒石酸列为一般公认安全物质。FAO/WHO（1994）规定，L-酒石酸，ADI 为 0～30mg/kg（L-酒石酸与其钾盐、钠盐及钾钠盐的类别）；DL-酒石酸，ADI 不能提出。

根据我国《食品添加剂使用卫生标准》（GB 2760—1996）中规定：酒石酸可在各类食品中按生产需要适量使用。

实际生产中，酒石酸可作为酸度调节剂、螯合剂、抗氧化增效剂和复合膨松剂使用。多用于配制具有葡萄风味的饮料等食品。一般饮料中的用量为 1～2g/kg。多与柠檬酸、苹果酸等合用。

3. 偏酒石酸

偏酒石酸，分子式为$C_6H_{10}O_{11}$，相对分子质量为258.14。

偏酒石酸为微黄色轻质多孔性固体，无味，有吸湿性，难溶于水，水溶液呈酸性。有络合作用，可与酒石酸盐的钾或钙离子结合成可溶性络合物，使酒石酸盐处于溶解状态，可因酸度、温度等因素影响又出现沉淀。受热过度易分解成酒石酸。

葡萄汁含有0.21%～0.74%酒石酸氢钾或微量酒石酸钙，遇冷则析出结晶，坚硬如石，故称酒石。添加偏酒石酸可控制沉淀产生。

偏酒石酸经动物实验未见异常变化。

根据我国《食品添加剂使用卫生标准》（GB 2760—1996）中规定：偏酒石酸可按生产需要适量用于葡萄罐头，实际使用时添加量约20g/kg。

4. 富马酸

富马酸，又名延胡索酸、反丁烯二酸，分子式为$C_4H_4O_4$，相对分子质量为116.07。

富马酸为白色颗粒或结晶性粉末，无臭。有特殊酸味，酸味强，约为柠檬酸的1.5倍。相对密度1.635，熔点287℃，沸点290℃。200℃以上升华，加热至230℃时失水而成顺丁烯二酸酐，与水共煮生成DL-苹果酸。可溶于乙醇，微溶于水和乙醚，难溶于氯仿。3%水溶液的pH为2.0～2.5。

富马酸有涩味，是酸味最强化的固体酸之一。因其在水中的溶解度低，应用较少。但其吸水率低，有助于延长粉末制品等的保存期。成为富马酸钠后，水溶性及风味均更好。

大鼠经口LD_{50}10700mg/kg。FAO/WHO（1994）规定，ADI无需规定。

富马酸为三羧酸循环的中间体，参与机体正常代谢。

根据我国《食品添加剂使用卫生标准》（GB 2760—1996）中规定：富马酸可用于碳酸饮料，最大使用量为0.3g/kg；果汁饮料、生面湿制品，最大使用量为0.6g/kg。

实际生产中，富马酸可作为酸度调节剂、酸化剂、抗氧化助剂、腌制促进剂、香料使用。

第四节 鲜味剂

一、氨基酸类鲜味剂

氨基酸类鲜味剂属脂族化合物，呈味基团是分子两端带负电的基团，如—COOH，—SO_3H，—SH，—C=O等，而且分子中一定带有亲水性辅助基团，如—NH、—OH、C=C等。例如谷氨酸、组氨酸、天冬氨酸的肽中，凡是与谷氨酸分子中氨基相连的亲水性氨基酸构成的肽，均有鲜味，如谷氨酸同甘氨酸、天冬氨酸的肽有鲜味。反之，谷氨酸与疏水性氨基酸构成的肽无鲜味。

氨基酸类所呈的味，都不是单纯的，是多种风味的复合体，或称为综合味感，例如：味精的味是鲜71.4%，咸13.5%，酸3.4%，甜9.8%，苦1.7%；组氨酸的味是鲜53.4%，甜8.8%，苦2.1%；天冬氨酸的味是鲜53.4%，酸6.8%；谷氨酸本身是酸64.2%，鲜25.1%，咸2.2%，甜0.8%，苦5.5%。

氨基酸类型的鲜味剂可以谷氨酸为代表，它是第一代鲜味剂产品，现在仍在广泛使用，

谷氨酸学名是 α-氨基戊二酸，结构式如下：

$$HOOC-CH_2-CH_2-\underset{NH_2}{\overset{H}{C}}-COOH$$

谷氨酸在水中溶解度较小，但其钠盐溶解度较大。谷氨酸分子中有两个羧基，一个氨基，具有酸味，中和成一钠盐后，酸味消失而鲜味增加，这可能要归功于钠离子。味精与食盐共用可使味精鲜味增强，原因也可能如此。

谷氨酸的一钠盐有鲜味，二钠盐呈碱性无鲜味。市售的谷氨酸钠即指一钠盐，又名味精或味素，简称 MSG，分子式为 $C_5H_8NNaO_4·H_2O$，相对分子质量为 187.13，结构式如下：

$$NaOOC-CH_2-CH_2-\underset{NH_2}{\overset{H}{C}}-COOH·H_2O$$

（1）性状　谷氨酸钠为无色至白色柱状结晶或结晶性粉末，无臭。微有甜味或咸味，有特有的鲜味。易溶于水，微溶于乙醇，不溶于乙醚和丙酮等有机溶剂。相对密度 1.635，熔点 195℃，但加热至 120℃开始逐渐失去结晶水，150℃时完全失去结晶水，210℃时发生吡咯烷酮化，生成焦谷氨酸，270℃左右时分解。无吸湿性，对光稳定。水溶液加热也比较稳定。在碱性条件下加热发生消旋作用，呈味力降低。在 pH<5 的酸性条件下加热亦发生吡咯烷酮化，形成焦谷氨酸，呈味力也下降。在中性条件下加热则不易变化。5%水溶液 pH 为 6.7~7.2。

（2）性能　谷氨酸钠具有强烈的肉类鲜味，特别是在微酸性溶液中味道更鲜；用水稀释至 3000 倍，仍能感觉出其鲜味，其鲜味阈值为 0.014%。

市售味精按谷氨酸钠含量不同，一般可分为 99%、98%、95%、90%、80%等 5 种，其中含量为 99%的呈颗粒状结晶，而含量为 80%的呈粉末状或微小晶体状。味精一般使用浓度为 0.2%~0.5%。试验表明，当谷氨酸钠质量占食品质量的 0.2%~0.8%时，能最大程度地增进食品的天然风味。所以味精是广泛用于食品菜肴的调味品。

谷氨酸钠的呈味能力与其离解度有关，当 pH 为 3.2（等电点）时，呈味能力最低；pH 大于 6、小于 7 时由于它几乎全部电离，鲜味最高；pH 大于 7 时，由于形成二钠盐，因而鲜味消失。谷氨酸钠在酸性和碱性条件下呈味能力降低，是由于 $α-NH_3^+$ 和 $-COO^-$ 两基团之间因静电吸引形成的五元环状结构被破坏，具体说，在酸性条件下氨基酸的羧基变为 $-COOH$；在碱性条件下氨基酸的氨基变为 $-NH_2$，它们都使氨基与羧基之间的静电引力减弱，五元环状结构遭破坏，因而鲜味呈现力降低，甚至消失。

谷氨酸有缓和咸、酸、苦味的作用，能减弱糖精的苦味，并能引出食品中所具有的自然风味。如在葡萄酒中添加 0.015%~0.03%的谷氨酸，能显著提高其自然风味。

谷氨酸钠与 5′-肌苷酸二钠或 5′-鸟苷酸二钠合用，可显著增强其呈味作用，并以此生产"强力味精"等。谷氨酸钠与 5′-肌苷酸二钠之比为 1∶1 的鲜味强度，可高达谷氨酸钠的 16 倍。

（3）毒性　大鼠经口 LD_{50} 17000mg/kg。美国食品与药物管理局将谷氨酸钠列为一般公认安全物质。FAO/WHO（19941）规定，ADI 无需规定。

谷氨酸钠被机体吸收后参与正常代谢，包括氧化脱氨、转氨、脱羧和酰胺化等，并在能量代谢中起一定作用。

食用谷氨酸钠曾被认为可引起一时性头晕等主观症状的所谓"中国餐馆病"，后经研究及流行病学调查等予以否定。1987年JECFA再次对其评价后，除取消原数字ADI外，还删除了不宜用于12周龄婴儿的限制。

（4）制法及质量指标　谷氨酸钠是由发酵所得L-谷氨酸经碳酸钠或氢氧化钠中和，精制而成。

按我国食品添加剂谷氨酸钠质量标准（GB 8967—1988）的要求，应符合下列质量指标：含量≥99.0%；透光率≥98%；旋光度 $[\alpha]_D^{20}$ 为 $+24.8°\sim+25.3°$；氯化物（以Cl计）≤0.1%；pH为6.7～7.2；干燥失重≤0.5%；砷（以As计）≤0.00005%；重金属（以Pb计）≤0.0010%；铁≤0.0005%；锌≤0.0005%；硫酸盐（以SO_4计）≤0.03%。

（5）应用　根据我国《食品添加剂使用卫生标准》（GB 2760—1996）中规定：谷氨酸钠可在各类食品中按生产需要适量使用。

实际生产中，通常谷氨酸钠在加工食品中的用量为罐头汤，1.2～1.8g/kg；罐头芦笋，0.8～1.6g/kg；罐头蟹，0.7～1.0g/kg；罐头鱼，1.0～3.0g/kg；罐头家禽、香肠、火腿，1.0～2.0g/kg；调味汁，1.0～12g/kg；调味品，3.0～4.0g/kg；调味番茄酱，1.5～3.0g/kg；蛋黄酱，4.0～6.0g/kg；小吃食品，1.0～5.0g/kg；酱油，3.0～6.0g/kg；蔬菜汁，1.0～1.5g/kg；加工干酪，4.0～5.0g/kg；脱水汤粉，50～80g/kg；速煮面汤粉，100～170g/kg。

在豆制食品（如素什锦等）中加1.5～4g/kg，在曲香酒中添加约0.054g/kg，可增进风味。对蘑菇、芦笋等罐头，谷氨酸钠还具有防止内容物产生白色沉淀，改善色、香、味的作用。

二、核苷酸类鲜味剂

核苷酸类鲜味剂以肌苷酸为代表，它们均属芳香杂环化合物，结构相似，都是酸性离子型有机物，呈味基团是亲水的核糖-5-磷酸酯，辅助基团是芳香杂环上的疏水取代基X，它们的基本结构骨架为：

X＝H（$5'$-肌苷酸）
X＝—NH_2（$5'$-鸟苷酸）
X＝—OH（$5'$-腺苷酸）

其核糖和磷酸部分是必不可少的呈味骨架。有鲜味的核苷酸的结构特点是：①嘌呤核第6位碳上有羟基；②核糖第$5'$位碳上要有磷酸酯。根据这一规律，又相继合成了许多α-取代-5-核苷酸，它们都有鲜味，这些衍生物的特点是α-位取代基上含有硫。

1. $5'$-鸟苷酸二钠

$5'$-鸟苷酸二钠，又名$5'$-鸟苷酸钠、鸟苷-$5'$-磷酸钠、鸟苷酸二钠，简称GMP，分子式

为 $C_{10}H_{12}N_5Na_2O_8P \cdot 7H_2O$，相对分子质量 533.26。

（1）性状　5′-鸟苷酸二钠为无色或白色结晶或白色粉末，含约 7 分子结晶水。无臭，不吸湿，溶于水，水溶液稳定。在酸性溶液中，高温时易分解；可被磷酸酶分解破坏。稍溶于乙醇，几乎不溶于乙醚。

（2）性能　5′-鸟苷酸二钠有特殊的类似香菇的鲜味。鲜味阈值为 0.0125g/100mL，鲜味强度为肌苷酸钠的 2.3 倍。与谷氨酸钠合用有很强的协同作用，在 0.1％谷氨酸钠水溶液中，其鲜味阈值为 0.00003％。

（3）毒性　大鼠经口 LD_{50} 大于 10000mg/kg。美国食品与药物管理局将其列为一般公认安全物质。FAO/WHO（1994）规定，ADI 无需规定。

肌苷酸和鸟苷酸是构成核酸的成分，所组成的核蛋白是生命和遗传现象的物质基础，故它对人体是安全而有益的。人在给予 5′-核苷酸后引起血清和尿中尿酸水平上升，表明有部分分解，但即使每人每天摄食约 15mg 核苷酸，并不引起痛风。

1993 年，JECFA 提出 5′-鸟苷酸二钠和 5′-肌苷酸二钠无致癌、致畸性，对繁殖无危害，还认为人们从鲜味剂接触嘌呤（每人每天约 4mg）比在膳食中摄取天然存在的核苷酸（估计每人每天可达 2g）中的要低，即无需规定 ADI，同时撤销以前提出添加这些物质应标明的意见。

（4）制法及质量指标　5′-鸟苷酸二钠可由酵母所得核酸分解、分离制得；也可由发酵法制取。主要由核酸的分解制得。

根据我国食品添加剂 5′-鸟苷酸二钠质量标准（GB 10796—1989）的要求，5′-鸟苷酸二钠的质量指标见表 8-4。

表 8-4　5′-鸟苷酸二钠的质量指标（GB 10796—1989）

项目		优级	一级	项目	优级	一级
溶状		清澈透明		pH（5％溶液）	7.6～8.5	
含量（以干基计）/％ ≥		97.0	93.0	砷（以 As 计）/％ ≤	0.0002	
干燥失重/％ ≤		25				
紫外吸光度	250nm/260nm	0.94～1.04	0.95～1.03	重金属（以 Pb 计）/％ ≤	0.002	
	280nm/260nm	0.63～0.71	0.63～0.71			

（5）应用　根据我国《食品添加剂使用卫生标准》（GB 2760—1996）中规定：5′-鸟苷酸二钠可在各类食品中按生产需要适量使用。

实际生产中，5′-鸟苷酸二钠通常很少单独使用，而多与谷氨酸钠等合用。混合使用时，其用量为谷氨酸钠总量的 1％～5％；酱油、食醋、肉、鱼制品、速溶汤粉、速煮面条及罐头食品等均可添加，其用量为 0.01～0.1g/kg。也可与赖氨酸盐酸盐等混合后，添加于蒸煮米饭、速煮面条、快餐中，用量约 0.5g/kg。

5′-鸟苷酸二钠还可与 5′-肌苷酸二钠以 1∶1 配合，构成的混合物简称 I+G，是呈现动植物鲜味融合一体所形成的一种较为完全的鲜味剂。在食品加工中多应用于配制强力味精、特鲜酱油和汤料等。添加 2％I+G 于味精中，可使鲜味提高 4 倍，而成本增加不到 2 倍。这种复合味精鲜味更丰厚、滋润，鲜度比例可任意调配，广泛应用于各类食品。

2. 5′-肌苷酸二钠

5′-肌苷酸二钠，又名 5′-肌苷酸钠、肌酸磷酸二钠、肌苷 5′-磷酸二钠、次黄嘌呤核苷

5′-磷酸钠，简称 IMP，分子式为 $C_{10}H_{11}N_4Na_2O_8P \cdot 7.5H_2O$，相对分子质量 527.20。

(1) 性状　5′-肌苷酸二钠为无色至白色结晶，或白色结晶性粉末，约含 7.5 分子结晶水。不吸湿，40℃开始失去结晶水，120℃以上成无水物。易溶于水，微溶于乙醇，不溶于乙醚。对酸、碱、盐和热均稳定，在酸性溶液中加热易分解，失去呈味力。可被动植物组织中的磷酸酶分解破坏。

(2) 性能　5′-肌苷酸二钠有特异鲜鱼味，鲜味阈值为 0.025g/100mL，鲜味强度低于鸟苷酸钠，但两者合用有显著的协同作用。当两者以 1∶1 混合时，鲜味阈值可降至 0.0063%。与 0.8% 谷氨酸钠合用，其鲜味阈值更进一步降至 0.000031%。

以 5%～12% 的含量并入谷氨酸钠混合使用，其呈味作用比单用谷氨酸钠高约 8 倍，有"强力味精"之称。

(3) 毒性　大鼠经口 LD_{50} 15900mg/kg。美国食品与药物管理局将 5′-肌苷酸二钠列为一般公认安全物质。FAO/WHO（1994）规定，ADI 无需规定。

(4) 制法及质量指标　5′-肌苷酸二钠可由酵母所得核酸经分解、分离制得；也可由发酵法制取。

5′-肌苷酸二钠的质量指标，按美国《食品用化学品法典》（1981）规定应为：含量（以无水物计）为 97.0%～102.0%；钡≤0.015%；重金属（以 Pb 计）≤0.002%；铅≤0.0010%；pH（5% 溶液）为 7.0～8.5；水分≤28.5%。

(5) 应用　根据我国《食品添加剂使用卫生标准》（GB 2760—1996）中规定：5′-肌苷酸二钠可在各类食品中按生产需要适量使用。

5′-肌苷酸二钠很少单独使用，多与味精（MSG）和 5′-鸟苷酸二钠（GMP）混合使用，具体参见谷氨酸钠和鸟苷酸钠。

5′-肌苷酸二钠可被生鲜动、植物组织中的磷酸酶分解，失去呈味力，应经加热钝化酶后使用。近来，已发展特殊的包衣加工技术，以保护其不受鱼肉等食品中磷酸酶的分解并使其发挥最大的呈味力。

三、其他鲜味剂

1. 琥珀酸二钠

琥珀酸二钠，分子式为 $C_4H_4Na_2O_4 \cdot 6H_2O$，相对分子质量为 270.14（六水物），162.05（无水物），结构式如下：

$$\begin{matrix} CH_2COONa \\ | \\ CH_2COONa \end{matrix} \cdot 6H_2O$$

(1) 性状　琥珀酸二钠六水物为结晶颗粒，无水物为结晶性粉末。无色至白色，无臭，无酸味，在空气中稳定。易溶于水，不溶于乙醇。六水物于 120℃时失去结晶水而成无水物。

(2) 性能　琥珀酸二钠有特异的贝类鲜味，味觉阈值 0.03%，与谷氨酸钠、呈味核苷酸二钠复配使用效果更好。通常与谷氨酸钠合用，用量约为谷氨酸钠用量的 1/10。

(3) 毒性　小鼠经口 LD_{50} 大于 10000mg/kg。

(4) 制法及质量指标　琥珀酸二钠是由琥珀酸与氢氧化钠反应制成，经 120℃热风干燥，粉碎得无水物。

根据日本《食品添加物公定书》的规定，琥珀酸二钠应符合下列质量指标：含量（$C_4H_4Na_2O_4$）为 98.0%～101.0%；pH（5%水溶液）为 7.0～9.0；硫酸盐（以 SO_4 计）≤0.019%；重金属（以 Pb 计）≤0.002%；砷（以 As_2O_3 计）≤0.0004%；干燥失重（结晶品）为 37.0%～41.0%，（无水物）≤2.0%。

（5）应用　根据我国《食品添加剂使用卫生标准》（GB 2760—1996）中规定：琥珀酸二钠可用于调味料，最大使用量为 20g/kg。

实际生产中，琥珀酸二钠作为调味料、复合调味料，常用于酱油、水产制品、调味粉、香肠制品、鱼干制品，用量为 0.01%～0.05%；用于方便面、方便食品的调味料中，具有增鲜及特殊风味，用量 0.5%左右。

2. L-丙氨酸

L-丙氨酸，又名 L-2-氨基丙酸，分子式为 $C_3H_7NO_2$，相对分子质量为 89.09，结构式如下：

$$\begin{array}{c} COOH \\ | \\ H_2N-C-H \\ | \\ CH_3 \end{array}$$

（1）性状　L-丙氨酸为白色无臭结晶性粉末，有鲜味，略有甜味，相对密度 1.401，熔点 297℃（分解），200℃以上开始升华。易溶于水，微溶于乙醇，不溶于乙醚。5%水溶液的 pH 为 5.5～7.0。

（2）性能　L-丙氨酸可提高核苷酸类鲜味剂的作用，改善人工甜味剂、酸味剂等的味感。加热时可与糖类物质反应（羰氨反应），改善制品风味。

（3）毒性　小鼠经口 LD_{50} 大于 10000mg/kg。美国食品与药物管理局将 L-丙氨酸列为一般公认安全物质。

L-丙氨酸是食品（蛋白质）组成成分，参与体内正常代谢。

（4）制法及质量指标　L-丙氨酸是以富马酸为原料，经 L-天冬氨酸酶转化为 L-天冬氨酸，再经 L-天冬氨酸-β-脱羧酶作用，转化为 L-丙氨酸，分离、纯化制取。

L-丙氨酸的质量指标，按美国《食品用化学品法典》规定应为：含量（以干基计）为 98.5%～101.0%；旋光度 $[\alpha]_D^{20}$ 为 +13.5°～+15.5°；干燥失重≤0.3%；灼烧残渣≤0.2%；重金属（以 Pb 计）≤0.002%；铅≤0.0010%。

（5）应用　根据我国《食品添加剂使用卫生标准》（GB 2760—1996）中规定：L-丙氨酸可在调味料中按生产需要适量使用。

实际生产中，L-丙氨酸可作为鲜味剂、营养增补剂使用。其添加量和天然存在于食品中的量不应超过总蛋白质含量的 6.1%。

第九章 食品护色剂和漂白剂

第一节 护色剂

护色剂也称为发色剂或助色剂,是为增色、调色或加深颜色而加入到食品中的物质,主要是指向食品中添加的非色素类的并能使肉类制品发色的化学品。常用的护色剂有硝酸盐和亚硝酸盐,此类物质具有一定的毒性,尤其可与胺类物质生成强致癌物质亚硝胺。

食品中除使用护色剂外,还常常配合使用一些能促进护色的还原性物质,以获得更佳的护色效果,这些物质称为护色助剂。

我国《食品添加剂使用卫生标准》(GB 2760—1996)中规定,普通食品常用的护色剂有亚硝酸钠、亚硝酸钾、硝酸钠、硝酸钾。常用的护色助剂有 L-抗坏血酸及其钠盐、异抗坏血酸及其钠盐、烟酰胺等。硝酸盐和亚硝酸盐是我国已使用几百年的肉制品护色剂,但是因为安全性的原因,绿色食品中禁止使用亚硝酸钠、亚硝酸钾、硝酸钠、硝酸钾。

一、食品护色剂的作用机理

动物瘦肉呈现的红色是肌肉组织中所含肌红蛋白(Mb)和血红蛋白(Hb)构成的。由于肉的部位不同和家畜品种的差异,其含量和比例也不一样。一般来说,胴体肌肉中血红蛋白占总色素的 20%~30%,肌红蛋白占 70%~80%。由此可见,肌红蛋白是使肉类呈色的主要成分。

肌红蛋白中含有一分子正铁血红素,血红蛋白中含有四分子正铁血红素。生肉进行加工、加热处理会使正铁血红素氧化而变性,导致肉的颜色发生变化。鲜肉中的肌红蛋白为还原型,呈暗紫色,很不稳定,易被氧化变色。当还原型肌红蛋白分子中二价铁离子上的结合水被分子状态的氧置换,形成氧合肌红蛋白(MbO_2),色泽鲜艳,此时的铁仍为二价。当氧合肌红蛋白在氧或氧化剂的存在下进一步将二价铁氧化成三价铁时,则生成褐色的高铁肌红蛋白,成为浅褐色。为了使肉制品不变色,故在加工中常使用护色剂和护色助剂。

硝酸盐在亚硝酸细菌的作用下还原成亚硝酸盐,亚硝酸盐在酸性条件下可生成亚硝酸。屠宰后的肉经过成熟作用,肉内含有乳酸。由于乳酸的积累,肉的 pH5.6~5.8,构成酸性条件,故不需要另添加酸即可使亚硝酸盐变成亚硝酸,其反应为:

$$NaNO_2 + CH_3CHOHCOOH = HNO_2 + CH_3CHOHCOONa$$

生成的亚硝酸不稳定,在常温下可分解为亚硝基(NO),反应为:

$$3HNO_2 = H^+ + NO_3^- + 2NO + H_2O$$

所生成的亚硝基很快与肌红蛋白(Mb)反应生成鲜红色的亚硝基肌红蛋白(MbNO):

$$Mb + NO = MbNO$$

MbNO 是腌肉的主要成分,MbNO 遇热后释放出巯基(—SH),变成较稳定的具有鲜艳红色的亚硝基血色原,而使肉呈现鲜红色。亚硝酸分解生成 NO 时,也生成少量硝酸,而

NO 在空气中还可被氧化成 NO_2，进而与水反应生成硝酸，如下式所示：

$$NO + O_2 \longrightarrow NO_2$$
$$NO_2 + H_2O \longrightarrow HNO_2 + HNO_3$$

如上式所示，不仅亚硝基被氧化生成硝酸，而且还抑制了亚硝基肌红蛋白的生成。硝酸有很强的氧化性，即使肉中含有很强的还原性物质，也不能防止肌红蛋白部分氧化成高铁肌红蛋白。因此，在使用硝酸盐与亚硝酸盐的同时，常用 L-抗坏血酸及其钠盐等还原性物质来防止肌红蛋白氧化，且可把氧化型的褐色高铁肌红蛋白还原为红色的还原型肌红蛋白，以助护色。此外，烟酰胺可与肌红蛋白结合生成很稳定的烟酰胺肌红蛋白，难以被氧化，故在肉类制品的腌制过程中添加适量的烟酰胺，可以防止肌红蛋白在从亚硝酸到生成亚硝基期间的氧化变色。磷酸盐和柠檬酸盐作为金属离子螯合剂，也可防止肌红蛋白的氧化变色。由于护色助剂复配使用效果更佳，所以在用亚硝酸钠腌肉时，将抗坏血酸钠、维生素 E、烟酰胺和亚硝酸钠合用，既可以护色，又可以抑制亚硝胺的生成。

二、食品护色剂的安全问题

1957 年，挪威的饲料加工厂为了保藏不能及时加工的鲱鱼，便在每 100kg 鱼中加 200g 左右的亚硝酸钠，再经加热处理来保存。后来用这种饲料喂饲的家畜都发生了急性肝损害，其中多数牲畜死亡，症状与亚硝酸盐中毒症状不尽相符。以后研究认为，鲱鱼体中存在大量的二甲胺，而亚硝酸钠分解产生亚硝酸，两者反应生成的二甲基亚硝胺（DMNA）是引起牲畜死亡的物质。其在鱼粉中的含量是 30～100mg/kg。其反应如下式所示：

$$\begin{matrix} H_3C \\ \end{matrix}\!\!\!\!NH + HONO \longrightarrow \begin{matrix} H_3C \\ \end{matrix}\!\!\!\!N\text{—}NO + H_2O$$

二甲基亚硝胺是亚硝胺的一种，亚硝胺是亚硝基（—NO）与仲胺反应的产物，也可由叔胺反应产生。二甲基胺就是一种仲胺，仲胺是蛋白质代谢的中间产物，广泛存在于高蛋白的食品中。食品中可能含有硝酸盐，尤其是盐碱地、大量施用硝酸盐肥料及缺钼的土壤上所生长的嗜硝酸盐的植物中，硝酸盐的含量更高。而在肉制品加工中硝酸盐及亚硝酸盐又被作为护色剂而加入。硝酸盐在一系列细菌的还原酶作用下，可转变为亚硝酸盐。亚硝酸盐在一定的酸性条件下分解产生亚硝酸，通过这些途径，亚硝酸盐与仲胺能在动物和人的胃中合成亚硝胺。亚硝胺的种类很多，表 9-1 是其中常见的几种。

许多亚硝胺对实验动物有很强的致癌性，有的甚至可通过胎盘或乳汁对下代动物起作用。一般认为亚硝胺在机体内转变为重氮链烷后，才呈现生理活性，如二甲基亚硝胺经肝脏中的酶类氧化而脱去甲基成重氮链烷后，就使细胞的脱氧核糖核酸的第七位鸟嘌呤甲基化引起细胞遗传突变而致癌。二甲基亚硝胺对动物的试验结果表明，对大白鼠、小白鼠、豚鼠、兔、狗，经口 25mg/kg，可引起肝脏坏死。上面列举的其他四种亚硝胺，其中二烷基亚硝胺是稳定的化合物，其本身未见到有什么生理活性，但由于 R_1、R_2 的碳原子数不同，进入体内后，会经过不同的途径，经脱烷基作用而生成重氮链烷，随着它的化合物不同，则损害不同的脏器，主要是肝脏，其次是食道。N-甲基-N-亚硝基-N'-亚硝基胍的损害部位只限于胃，这是因为此种物质只作用于胃而不进入血液。N-甲基-N-亚硝基脲是比较不稳定的，每周注射一次，约经 300 天，在动物脑中出现肿瘤，这个尿素型化合物是向神经性的，而且有致畸性。将此物质投予妊娠大鼠，则在新生鼠的脑、脊髓、末梢神经产生恶性肿瘤。N-甲基-N-亚硝基丙酰胺是

表 9-1 常见的几种亚硝胺

名　　称	结　构　式
三甲基亚硝胺	(H₃C)₂N—NO
二烷基亚硝胺	R₁R₂N—NO
N-甲基-N-亚硝基脲	H₃C—N(NO)—C(=O)—NH₂
N-甲基-N-亚硝基丙酰胺	H₃C—N(NO)—C(=O)—C₂H₅
N-甲基-N-亚硝基-N'-亚硝基胍	H₃C—N(NO)—C(=NH)—NHNO₂

极不稳定的，易产生重氮链烷；静脉注射 70~100mg/kg，300 天后在肺及前胃中出现癌症。

虽然硝酸盐、亚硝酸盐的使用由于其安全性而受到了很大限制，国际上各方面都在要求把硝酸盐的加入量在保证护色的条件下，限制在最低水平，有的国家禁止使用；但至今国内外仍在继续使用，原因就是硝酸盐类对肉类制品的色香味有特殊的作用，更重要的是它的抑菌作用。就硝酸盐的上述特性，迄今尚未发现理想的替代物。另外，在肉类腌制的悠久历史中，适当地应用硝酸盐类，并未发现任何损害健康的证据。

三、亚硝酸盐类护色剂

亚硝酸盐类护色剂主要是亚硝酸钠和亚硝酸钾。

1. 亚硝酸钠

亚硝酸钠，分子式为 $NaNO_2$，相对分子质量为 69.00。

(1) 性状　亚硝酸钠为白色至淡黄色结晶性粉末、粒状或棒状的块，味微咸，相对密度 2.168，熔点 271℃，沸点 320℃（分解）。在空气中易吸湿，且能缓慢吸收空气中的氧逐渐变为硝酸钠。易溶于水，水溶液 pH 约 9。微溶于乙醇。

(2) 性能　亚硝酸钠与肉制品中肌红蛋白、血红蛋白生成鲜艳、亮红色的亚硝基肌红蛋白或亚硝基血红蛋白而护色，还可产生腌肉的特殊风味。此外，亚硝酸钠对多种厌氧性梭状芽孢菌，如肉毒梭菌以及绿色乳杆菌等，有抑菌和抑制其产毒作用。

亚硝酸钠可与胺类物质反应生成强致癌物亚硝胺。添加一定量抗坏血酸、α-生育酚，可以阻止亚硝胺的生成（抗坏血酸尚可促进护色），并可降低亚硝酸钠用量。

(3) 毒性　亚硝酸钠是食品添加剂中毒性较强的物质。摄食后可与血红蛋白结合形成高铁血红蛋白而失去携氧功能，严重时可窒息而死。对人的致死剂量为 32mg/kg 体重。尤其是它能在一定条件下与仲胺作用生成亚硝胺。此物有强致癌作用。婴幼儿比成人更易感受亚硝酸钠的伤害，故亚硝酸钠不应加入婴幼儿食品中。

小鼠经口 LD_{50} 220mg/kg。大鼠经口 LD_{50} 85mg/kg(雄性)；175mg/kg(雌性)。

FAO/WHO(1995) 规定，ADI 为 0~0.06mg/kg(以亚硝酸根离子计，此 ADI 除 3 月

龄以下的婴儿外，均适用）。

(4) 制法及质量指标　亚硝酸钠的制法主要有两种，一种是由氨气氧化产生氧化氮气体，用氢氧化钠或碳酸钠溶液吸收制得。另一种制法是由硝酸钠与铅共热生成氧化铅，用热水萃取后通入二氧化碳使生成碳酸铅沉淀，过滤。取滤液用稀硝酸准确中和、蒸发、浓缩、结晶，并进一步重结晶制得。

按我国食品添加剂亚硝酸钠质量标准（GB 1907—1992）的要求，应符合下列质量指标：含量（以干基计）$\geqslant$99.0%；水分$\leqslant$1.8%；水不溶物$\leqslant$0.05%；氯化物（以 NaCl 计）$\leqslant$0.10%；砷（以 As 计）$\leqslant$0.0002%；重金属（以 Pb 计）$\leqslant$0.002%。

(5) 应用　根据我国《食品添加剂使用卫生标准》（GB 2760—1996）中规定：亚硝酸钠可用来腌制畜、禽肉类罐头、肉制品和腌制盐水火腿，最大使用量 0.15g/kg。残留量以亚硝酸钠计，肉类罐头不得超过 0.05g/kg；肉制品不得超过 0.03g/kg；盐水火腿不得超过 0.07g/kg。

实际生产中，亚硝酸钠主要作为护色剂、防腐剂使用。

亚硝酸钠可与食盐、砂糖按一定配方组成混合盐，在肉类腌制时使用。如混合盐配方为：食盐 96%、砂糖 3.5%、亚硝酸钠 0.5%。混合盐为原料肉的 2%~2.5%。

为了促进护色和防止生成强致癌物亚硝胺，在使用亚硝酸盐腌肉时，用 0.55g/kg 抗坏血酸钠或异抗坏血酸钠，以降低在腌肉中形成的亚硝胺量。亚硝胺亦可在脂肪中生成，而抗坏血酸钠不溶于脂肪，作用有限。α-生育酚可溶于脂肪，且已知亦有阻抑亚硝胺生成的作用，在肉中添加 0.5g/kg 即可有效（其在浸渍液中不溶，可加聚山梨醇酯等乳化剂后应用，或均匀喷洒）。所以，在用亚硝酸钠腌肉时，将抗坏血酸钠 0.55g/kg、α-生育酚 0.5g/kg 和亚硝酸钠 0.04~0.05g/kg 合用，既足以护色，又可阻抑亚硝胺的生成。

2. 亚硝酸钾

亚硝酸钾，分子式为 KNO_2，相对分子质量为 85.10。其护色性能、毒性、用途与亚硝酸钠基本相同。

(1) 性状　亚硝酸钾为细小的白色或微黄色颗粒或柱状体，易吸潮，相对密度 1.915，熔点 441℃（350℃开始分解）。易溶于水，微溶于乙醇。

(2) 制法及质量指标　亚硝酸钾可由硝酸钾溶液和铅共热制得，也可由氢氧化钾溶液吸收一氧化氮来制得。

根据 FAO/WHO（1995）的要求，亚硝酸钾应符合下列质量指标：含量（以干基计）$\geqslant$95.0%；干燥失重$\leqslant$3%；砷（以 As 计）$\leqslant$0.0003%；铅$\leqslant$0.0010%；重金属（以 Pb 计）$\leqslant$0.0020%。

四、硝酸盐类护色剂

硝酸盐类护色剂主要是硝酸钠和硝酸钾。

1. 硝酸钠

硝酸钠，分子式为 $NaNO_3$，相对分子质量为 84.99。

(1) 性状　硝酸钠为无色透明结晶或白色结晶性粉末，可稍带浅颜色，无臭，味咸，微苦。相对密度 2.261。熔点 308℃，加热到 380℃分解并生成亚硝酸钠。在潮湿空气中易吸湿，易溶于水，微溶于乙醇。10%水溶液呈中性。

(2) 性能　硝酸钠在细菌作用下可还原成亚硝酸钠，并在酸性条件下与肉制品中的肌红蛋白生成玫瑰色的亚硝基肌红蛋白而护色。同时对肉制品中的厌氧性芽孢有抑制作用。

(3) 毒性　硝酸盐的毒性作用，主要是它在食物中、水中或在胃肠道内，尤其是在婴幼儿的胃肠道内被还原成亚硝酸盐所致。参见亚硝酸盐。

大鼠经口 LD_{50} 3236mg/kg。兔经口 LD_{50} 2680mg/kg。FAO/WHO(1995)规定，ADI 为 0～3.7mg/kg（亚硝酸根离子计，此 ADI 除 3 月龄以下的婴儿外，均适用）。

（4）制法及质量指标　硝酸钠的制法主要有两种，一种是将天然智利硝石用水萃取、过滤、浓缩、结晶制得。另一种是用碱吸收生产硝酸产生的尾气，经硝酸转化，加碱中和后蒸发、结晶制得。

按我国食品添加剂硝酸钠质量标准（GB 1891—1996）的要求，应符合下列质量指标：含量（以干基计）$\geqslant 99.3\%$；氯化钠（Cl，以干基计）$\leqslant 0.24\%$；亚硝酸钠（以干基计）$\leqslant 0.01\%$；碳酸钠（以干基计）$\leqslant 0.1\%$；水分$\leqslant 1.8\%$；水不溶物$\leqslant 0.03\%$；铁$\leqslant 0.005\%$；重金属（以 Pb 计）$\leqslant 0.001\%$；砷（以 As 计）$\leqslant 0.0002\%$。

（5）应用　根据我国《食品添加剂使用卫生标准》（GB 2760—1996）中规定：硝酸钠可用于肉制品，最大使用量为 0.50g/kg。残留量以亚硝酸钠计，肉制品中不得超过 0.03g/kg。

实际生产中，硝酸钠主要作为护色剂、防腐剂使用。

可将硝酸钠与食盐、砂糖、亚硝酸钠按一定配方组成混合盐，在肉类腌制时使用。因硝酸钠需转变成亚硝酸钠后方起作用，为降低亚硝酸盐在食品中的残留量，我国已不再将其用于肉类罐头，用于肉类制品，亦应尽量将其用量降到最低水平。

2. 硝酸钾

硝酸钾，又名硝石、钾硝，分子式为 KNO_3，相对分子质量为 101.10。其护色性能、毒性、用途与硝酸钠基本相同。

（1）性状　硝酸钾为无色透明棱状结晶、白色颗粒或白色结晶性粉末。无臭，有咸味，口感清凉。在潮湿空气中稍吸湿。相对密度 2.109，熔点 333℃，在约 400℃时分解，释出氧生成亚硝酸钾。水溶液对石蕊呈中性。1g 约溶于 3mL 水（25℃）或 0.5mL 沸水中，微溶于乙醇。

（2）制法及质量指标　硝酸钾可由硝酸钠与氯化钾反应制得。

根据 FAO/WHO(1995) 的要求，硝酸钾应符合下列质量指标：含量（干燥后）$\geqslant 99.0\%$；干燥失重$\leqslant 1\%$；亚硝酸盐$\leqslant 0.0020\%$；砷（以 As 计）$\leqslant 0.0003\%$；铅$\leqslant 0.0010\%$；重金属（以 Pb 计）$\leqslant 0.0020\%$。

五、护色助剂

可用的护色助剂有二酪蛋白、酪朊酸钠、抗坏血酸、异抗坏血酸和烟酰胺等，最常用的是抗坏血酸、异抗坏血酸和烟酰胺。

抗坏血酸是最常用的护色助剂，与护色剂复配广泛地用在肉制品中，使用量为原料肉的 0.02%～0.05%。也可将原料肉浸渍于 0.02%～0.1%抗坏血酸溶液中。在日本使用抗坏血酸防止肉制品变色，具体做法是，将肉制品浸渍于 0.02%～0.09%抗坏血酸的水溶液中，然后冷藏。

异抗坏血酸也是常用的护色助剂，与亚硝酸钠复配使用可提高肉制品的成色效果。肉类制品中异抗坏血酸的添加量为 0.05%～0.08%。

烟酰胺可以与肌红蛋白结合成稳定的烟酰肌红蛋白，不再被氧化，防止肌红蛋白在亚硝酸生成亚硝基期间被氧化变色。用作肉制品的护色助剂，添加量为 0.01%～0.02%，可保持和增强火腿、香肠的色、香、味。

第二节　漂白剂

食品在加工或制造过程中往往会着上或保留着原料中所含的令人不喜欢的着色物质，导致食品色泽不正。为消除这类杂色，需要进行漂白，漂白所使用的物质称为漂白剂。漂白剂能破坏或抑制食品中的发色因素，使色素退色，有色物质分解为无色物质。

根据漂白剂的性质可将其分为三类：

（1）氧化型漂白剂　其中包括漂白粉、过氧化氢、高锰酸钾、次氯酸钠、过氧化丙酮、二氧化氯、过氧化苯甲酰等。氧化型漂白剂作用比较强，会破坏食品中的营养成分，残留量也较大。

（2）颜色吸附剂　如活性炭等。

（3）还原型漂白剂　列入我国 GB 2760—1996 中的漂白剂几乎全部是以亚硫酸制剂为主的还原型漂白剂，其作用比较缓和，但是被其漂白的色素物质一旦再被氧化，可能重新显色。

我国 GB 2760—1996 许可使用的亚硫酸盐类漂白剂有硫黄、二氧化硫、亚硫酸氢钠、亚硫酸钠、偏重亚硫酸盐（焦亚硫酸盐）、低亚硫酸盐等。

一、亚硫酸盐的作用

1. 漂白作用

亚硫酸盐都能产生还原性亚硫酸，亚硫酸被氧化时，能将有色物质还原而呈现漂白作用。其对花色素苷退色作用明显，类胡萝卜素次之，而叶绿素则几乎不退色；即以红、紫色退色效果最好，黄色次之，绿色最差，其漂白作用的有效成分为 SO_2。

2. 防褐变作用

酶促褐变常发生于水果、薯类食品中。亚硫酸是一种强还原剂，对多酚氧化酶的活性有很强的抑制作用。0.0001% 的 SO_2 就能降低 20% 的酶活性，0.001% 的 SO_2 就能完全抑制酶活性，可以防止酶促褐变；另外，亚硫酸盐可以消耗食品组织中的氧，起脱氧作用。

亚硫酸能与葡萄糖等能进行加成反应，其加成物不酮化，因此阻断了含羰基的化合物与氨基酸的缩合反应，进而防止了由羰氨反应所造成的非酶性褐变。亚硫酸和果蔬中糖的结合能力很强，其结合强弱顺序为：阿拉伯糖＞葡萄糖＞果糖＞蔗糖。这种结合速度与 pH 有关，pH 越低其结合速度越慢。

3. 防腐作用

亚硫酸是强还原剂，能消耗组织中的氧，抑制好气性微生物的活动，并能抑制某些微生物活动所必需的酶的活性，亚硫酸的防腐作用与一般的防腐剂类似，与 pH、浓度、温度及微生物的种类等有关。

亚硫酸具有一般酸型防腐剂的特性，必须在酸性条件下才能发挥其防腐的作用。这是由于只有不电离的亚硫酸分子对防腐才有效，而亚硫酸的电离度决定于食品的酸度。pH 在 3.5 以下时，亚硫酸保持分子状态而不形成离子，在 pH 为 3.5 时二氧化硫含量为 0.03%～0.08% 就能抑制微生物的增殖，而 pH 为 7.0 时二氧化硫含量达 0.5% 也不能抑制微生物的增殖，所以亚硫酸必须在酸性条件下才能很好地发挥其防腐作用。亚硫酸能与其他物质结合，这种结合状态的亚硫酸对微生物没有抑制作用，只有游离态，未电离的亚硫酸，才有抑制微生物的作用。亚硫酸的防腐作用随其浓度的提高而增强。

亚硫酸对细菌抑制作用较强，对酵母的抑制浓度要比细菌为高。提高温度可使亚硫酸的防腐作用增强，当用亚硫酸保藏苹果浆时，温度为 75℃，二氧化硫含量只要 0.05% 就能保存；但当温度为 30～40℃ 时，二氧化硫含量就要增加到 0.1%～0.15%；而当温度降低到 22℃ 时，则其防腐作用就显著减弱。不过在实际应用时，不可由提高温度来增强其防腐作用。因为亚硫酸在没有严密封口的情况下，将因提高温度而分解，同时果蔬原料长期处于热状态下,也是不适宜的。所以用亚硫酸处理的果蔬原料,往往需要在较低的温度下贮藏,以防二氧化硫的有效浓度降低。

二、使用亚硫酸盐类漂白剂的注意事项

各种亚硫酸盐类物质中有效二氧化硫含量见表 9-2 所示。

表 9-2　有效二氧化硫的含量表

名　　称	分　子　式	有效二氧化硫/%
液态二氧化硫	SO_2	100
亚硫酸(6%溶液)	H_2SO_3	6.0
亚硫酸钠	$Na_2SO_3 \cdot 7H_2O$	25.42
无水亚硫酸钠	Na_2SO_3	50.84
亚硫酸氢钠	$NaHSO_3$	61.59
焦亚硫酸钠	$Na_2S_2O_5$	57.65
低亚硫酸钠	$Na_2S_2O_4$	73.59

亚硫酸盐类漂白剂主要用于蜜饯、干果、干菜、果汁、竹笋、蘑菇、果酒、啤酒、糖品、粉丝的漂白。常用的漂白方法有气熏法、直接加入法、浸渍法。使用亚硫酸盐类漂白剂时需注意以下问题。

① 食品中如存在金属离子时,则可将残留的亚硫酸氧化。此外,由于亚硫酸显著地促进已被还原色素的氧化变色,所以注意在生产时,不要混入铁、铜、锡及其他重金属离子,同时为了除去食品或水中原来含有的这些金属离子,可以同时使用金属离子螯合剂。

② 亚硫酸盐类的溶液易于分解失效,最好是现用现配制。

③ 用亚硫酸漂白的物质,由于二氧化硫消失容易复色,所以通常多在食品中残留过量的二氧化硫,但有残留量的限制,故必须按规定的残留量使用。由于食品的种类不同,使用量和残留量也不一样。残留量高的制品会造成食品有二氧化硫的臭气,同时对后添加的香料、色素和其他添加剂也有影响,所以使用时必须充分考虑这些因素。

④ 亚硫酸不能抑制果胶酶的活性,所以有损于果胶的凝聚力。此外,亚硫酸渗入水果组织后,加工时若不把水果破碎,只用简单的加热方法是较难除尽二氧化硫的,所以用亚硫酸保藏的水果只适于制作果酱、果干、果酒、果脯、蜜饯等,不能作为整形罐头的原料,对此必须加以注意。另外,如用二氧化硫残留量高的原料制罐头时,罐体腐蚀严重(铁罐),并由此而产生大量硫化氢。

三、几种常见的还原型漂白剂

1. 二氧化硫

二氧化硫,又名亚硫酸酐、无水亚硫酸,分子式为 SO_2,相对分子质量为 64.06。

(1) 性状　二氧化硫为无色、不燃性气体,在通常温度和压力条件下,有强烈的刺激臭,具窒息性,气体密度在大气压力下和 0℃时为空气的 2.26 倍。常温下加压至 392.2kPa 即可液化成无色液体。-10℃时冷凝成无色液体,熔点-75.5℃,沸点-10℃。易溶于水而成为亚硫酸,其溶解度约为 10% (20℃)。可溶于乙醇和乙醚,并可氧化成三氧化硫。

(2) 性能　二氧化硫溶于水形成亚硫酸,亚硫酸是强还原剂,能将有色物质还原而呈现漂白作用。亚硫酸还有抑制微生物生长的作用,可达到食品防腐的目的。但亚硫酸不稳定,即使常温下,若不密封亦易分解。加热则迅速分解释出二氧化硫。此外,二氧化硫有还原作

用，可消耗果蔬组织中的氧，破坏其氧化酶系统，故尚有抗氧化作用。

（3）毒性　FAO/WHO(1994)规定，ADI 为 0～0.7mg/kg（二氧化硫和亚硫酸盐的类别 ADI，以二氧化硫计）。

二氧化硫气体对眼和呼吸道黏膜有强烈刺激作用，若 1L 空气中含数毫克即可由于声门痉挛窒息而死。我国规定二氧化硫在车间空气中的最高容许浓度为 $15mg/m^3$。

（4）制法及质量指标　二氧化硫是由燃烧硫黄或焙烧黄铁矿等含硫矿石制得。

二氧化硫的质量指标，按美国《食品用化学品法典》规定应为：含量≥99.9%；重金属（以 Pb 计）≤0.003%；铅≤0.0010%；不挥发残留物≤0.05%；硒≤0.002%；水分≤0.05%。

（5）应用　根据我国《食品添加剂使用卫生标准》（GB 2760—1996）中规定：二氧化硫可用于葡萄酒和果酒，最大使用量为 0.25g/kg，二氧化硫残留量不得超过 0.05g/kg。

实际生产中，二氧化硫可作为漂白剂、防腐剂、抗氧化剂使用。液态二氧化硫应贮于耐压钢瓶中。

2. 亚硫酸钠

亚硫酸钠，分子式为 Na_2SO_3，有无水物与七水物两种。相对分子质量 126.04（无水物），252.15（七水物）。

（1）性状　亚硫酸钠无水物为无色至白色六角形棱柱结晶或白色粉末，相对密度（d_4^{15}）为 2.633，溶于水，稍溶于醇。七水物为无色单斜晶体，相对密度（d_4^{15}）为 1.561，易溶于水，在空气中易风化并氧化为硫酸钠，150℃时失去结晶水成无水物。无水物的氧化则缓慢得多。两者均无臭或几乎无臭，有清凉的咸味和亚硫酸味，其水溶液对石蕊试纸和酚酞呈碱性，与酸作用产生二氧化硫。1%水溶液的 pH 为 8.3～9.4，有强还原性。

（2）性能　亚硫酸钠为强还原剂，能产生还原性的亚硫酸。漂白性能具体参见二氧化硫。

（3）毒性　大鼠静脉注射 LD50 115mg/kg。

FAO/WHO(1994)规定，ADI 为 0～0.7mg/kg（二氧化硫和亚硫酸盐的类别 ADI，以二氧化硫计）。

食品中残留的亚硫酸盐进入人体后，将被氧化为硫酸盐，并与钙结合成为硫酸钙，可通过正常解毒后排出体外。人经口 4g 亚硫酸钠，即呈现中毒症状，5.8g 则呈现明显的胃肠刺激症状。

（4）制法及质量指标　亚硫酸钠的制法是在 40℃的碳酸溶液中通入二氧化硫气体，饱和后加入氢氧化钠溶液，经析出得结晶亚硫酸钠，再加热脱水即得亚硫酸钠。

按我国食品添加剂亚硫酸钠质量标准（GB 1894—1992）的要求，应符合下列质量指标：亚硫酸钠（Na_2SO_3）含量≥96.0%；铁（以 Fe 计）≤0.01%；水不溶物≤0.03%；游离碱（以 Na_2CO_3 计）≤0.60%；重金属（以 Pb 计）≤0.001%；砷（以 As 计）≤0.0002%。

（5）应用　根据我国《食品添加剂使用卫生标准》（GB 2760—1996）中规定：亚硫酸钠可用于葡萄糖、食糖、冰糖、饴糖、糖果、液体葡萄糖、竹笋、蘑菇及蘑菇罐头、葡萄、黑加仑浓缩汁，最大使用量 0.60g/kg。残留量以二氧化硫计，竹笋、蘑菇及蘑菇罐头不得超过 0.05g/kg；食糖不得超过 0.1g/kg；葡萄、黑加仑浓缩汁不得超过 0.05g/kg。蜜饯，最大用量 2.0g/kg，二氧化硫残留量不得超过 0.05g/kg。

实际生产中，亚硫酸钠可作为漂白剂、防腐剂、抗氧化剂使用。亚硫酸钠溶液易于分解失效，最好现用现配。

3. 亚硫酸氢钠

亚硫酸氢钠，又名重亚硫酸钠、酸式亚硫酸钠，是由亚硫酸氢钠（$NaHSO_3$）和焦亚硫酸钠（$Na_2S_2O_5$）以不同比例组成，具有亚硫酸氢盐的性质。

(1) 性状　亚硫酸氢钠为白色或黄白色结晶或粗粉，有二氧化硫气味，在空气中不稳定，缓慢氧化成硫酸盐和二氧化硫，受热分解，遇无机酸分解产生二氧化硫。溶于水，微溶于乙醇。1%水溶液的pH为4.0～5.5，有强还原性。

(2) 性能　亚硫酸氢钠的漂白性能具体参见亚硫酸钠。

(3) 毒性　大鼠经口 LD_{50} 2000mg/kg。

FAO/WHO(1994)规定，ADI为0～0.7mg/kg（二氧化硫和亚硫酸盐的类别ADI，以二氧化硫计）。

(4) 制法及质量指标　亚硫酸氢钠是由二氧化硫气体与碳酸钠饱和溶液反应后，经结晶、脱水干燥制得。

亚硫酸氢钠的质量指标，按美国《食品用化学品法典》规定应为：SO_2含量为58.5%～67.4%；铁≤0.005%；重金属（以Pb计）≤0.0010%；硒≤0.003%。

(5) 应用　根据我国《食品添加剂使用卫生标准》（GB 2760—1996）中规定：亚硫酸氢钠的使用范围及使用量同低亚硫酸钠。此外，还可用于复配薯类淀粉漂白剂，最大使用量为0.20g/kg，残留量不得超过0.03g/kg。

实际生产中，亚硫酸氢钠可作为漂白剂、防腐剂、抗氧化剂使用。

4. 焦亚硫酸钾

焦亚硫酸钾，又名偏亚硫酸钾，分子式为$K_2S_2O_5$，相对分子质量为222.33。

(1) 性状　焦亚硫酸钾为白色或无色结晶，或白色结晶性粉末或颗粒。通常具有二氧化硫气味，相对密度（d_4^{15}）2.300。150℃时分解，在空气中逐渐氧化成硫酸盐。在酸中可产生二氧化硫气体。可溶于水，难溶于乙醇，不溶于乙醚。1%水溶液的pH为3.4～4.5。有强还原性。

(2) 性能　焦亚硫酸钾的漂白性能主要是通过二氧化硫起作用，具体参见二氧化硫。

(3) 毒性　兔经口 LD_{50} 600～700mg/kg（以二氧化硫计）。

FAO/WHO (1994) 规定，ADI为0～0.7mg/kg（二氧化硫和亚硫酸盐的类别ADI，以二氧化硫计）。

(4) 制法及质量指标　焦亚硫酸钾是由碳酸钾或氢氧化钾与二氧化硫作用制得。

根据FAO/WHO(1978)的要求，焦亚硫酸钾应符合下列质量指标：含量≥90.0%；砷（以As计）≤0.0003%；重金属（以Pb计）≤0.001%；铁≤0.0005%；硒≤0.003%；硫代硫酸盐≤0.1%。

(5) 应用　根据我国《食品添加剂使用卫生标准》（GB 2760—1996）中规定：焦亚硫酸钾可用于啤酒，最大使用量为0.01g/kg；用于蜜饯、饼干、葡萄糖、食糖、冰糖、饴糖、糖果、液体葡萄糖、竹笋、蘑菇及蘑菇罐头，最大使用量为0.45g/kg。残留量以二氧化硫计，竹笋、蘑菇及蘑菇罐头不得超过0.05g/kg；饼干、食糖及其他品种不得超过0.1g/kg；液体葡萄糖不得超过0.2g/kg；蜜饯残留量≤0.05g/kg。

实际生产中，焦亚硫酸钾可作为漂白剂、防腐剂、抗氧化剂使用。

第十章 膨松剂

膨松剂是添加于生产焙烤等食品的主要原料小麦粉中，并在加工过程中受热分解，产生气体，使面坯起发，形成致密多孔组织，从而使制品具有膨松、柔软或酥脆的一类物质。

膨松剂主要用于面包、饼干、蛋糕、烧饼、油条、油饼、馒头和膨化食品中，不仅可提高食品的感官质量，而且有利于食品的消化吸收，它对大力发展方便食品具有重要意义。通常可分为碱性膨松剂、酸性膨松剂、复合膨松剂和生物膨松剂。

第一节 碱性膨松剂

碱性膨松剂包括碳酸氢钠（钾）、碳酸氢铵、轻质碳酸钙等。我国应用最广泛的是碳酸氢钠和碳酸氢铵，它们都是碱性化合物，受热产生气体的反应式如下：

$$2NaHCO_3 \longrightarrow CO_2\uparrow + H_2O + Na_2CO_3$$
$$NH_4HCO_3 \longrightarrow CO_2\uparrow + NH_3\uparrow + H_2O$$

碳酸氢钠分解后残留碳酸钠，使成品呈碱性，影响口味，使用不当时还会使成品表面呈黄色斑点。碳酸氢铵分解后产生气体的量比碳酸氢钠为多，起发能力大，但容易造成成品过松，使成品内部或表面出现大的空洞。此外加热时产生带强烈刺激性的氨气，虽然很容易挥发，但成品中还可能残留一些，从而带来不良的风味，所以使用时要适当控制其用量。一般将碳酸氢钠与碳酸氢铵混合使用，可以减弱各自的缺陷，获得较好的效果。

这些碱性膨松剂除具有上述缺点外，其气体产生量比优质的复合膨松剂少；此外食品中的有些维生素，在碱性条件下加热也容易被破坏。但由于其具有价格低廉、保存性较好、使用时稳定性较高等优点，所以仍是饼干、糕点生产中广泛使用的膨松剂。

1. 碳酸氢钠

碳酸氢钠，又名小苏打、重碳酸钠、酸式碳酸钠，分子式为 $NaHCO_3$，相对分子质量 84.01。

（1）性状 碳酸氢钠为白色结晶性粉末，无臭，味咸，相对密度 2.20。加热至 50℃时开始失去二氧化碳；熔点 270℃，失去全部二氧化碳。在干燥空气中稳定，在潮湿空气中缓慢分解，产生二氧化碳。易溶于水，水溶液呈弱碱性。25℃，0.8%冰溶液的 pH 为 8.3。不溶于乙醇。遇酸立即强烈分解，产生二氧化碳。

（2）性能 碳酸氢钠受热分解放出二氧化碳，使食品产生多孔海绵状膨松组织。碳酸氢钠单独使用时，因受热分解后呈强碱性，易使制品出现黄斑，且影响口味，最好复配后使用。

（3）毒性 大鼠经口 LD_{50} 4300mg/kg。美国食品与药物管理局将其列为一般公认安全物质。FAO/WHO(1994) 规定，ADI 无需规定。

钠离子是人体内正常成分，一般长期摄入碳酸氢钠对身体无害。此外，碳酸氢钠与碳酸在体内形成缓冲体系，对多量酸或碱性物质进入体内起缓冲作，使pH无显著变化。

(4) 制法及质量指标　碳酸氢钠是由碳酸钠吸收二氧化碳制得。

按我国食品添加剂碳酸氢钠质量标准（GB 1887—1990）的要求，应符合下列质量指标：总碱量（以$NaHCO_3$计）$\geqslant 99.0\%$；砷（以As计）$\leqslant 0.0001\%$；重金属（以Pb计）$\leqslant 0.0005\%$；干燥失重$\leqslant 0.20\%$；$pH \leqslant 8.6$。

(5) 应用　根据我国《食品添加剂使用卫生标准》（GB 2760—1996）中规定：碳酸氢钠可在需添加膨松剂的各类食品中，按生产需要适量使用。乳及乳制品按有关规定执行。

实际生产中，碳酸氢钠可作为膨松剂、酸度调节剂（碱剂、缓冲剂）使用。

用于饼干、糕点时，碳酸氢钠多与碳酸氢铵合用。两者的总用量以面粉为基础，为$0.5\% \sim 1.5\%$。具体配比因原料性质、成品特点和操作条件等因素不同而异。例如对韧性面团，碳酸氢钠和碳酸氢铵的用量分别为$0.5\% \sim 1.0\%$和$0.3\% \sim 0.6\%$，而对酥性面团，两者的用量则分别为$0.4\% \sim 0.8\%$和$0.2\% \sim 0.5\%$。使用时为便于均匀分散，防止出现黄色斑点，应先将其溶于冷水中后随即添加。

碳酸氢钠是配制复合膨松剂的主要基本原料之一，将其与不同的酸性物质等配合用于糕点等的生产。

碳酸氢钠可与柠檬酸、酒石酸等配制固体清凉饮料，作为该饮料的发泡剂（产生二氧化碳）。还可在果蔬加工时调节酸度。洗涤蔬菜时加$0.1\% \sim 0.2\%$，可使绿色稳定。亦可用于食品烫漂去涩。作为羊奶去膻剂配合使用时，其用量为$0.001\% \sim 0.002\%$。

2. 碳酸氢铵

碳酸氢铵，又名重碳酸铵、酸式碳酸铵、食臭粉，分子式为NH_4HCO_3，相对分子质量79.06。

(1) 性状　碳酸氢铵为无色到白色结晶，或白色结晶性粉末，略带氨臭，相对密度1.586。在室温下稳定，在空气中易风化，稍吸湿，对热不稳定，60℃以上迅速挥发，分解为氨、二氧化碳和水。易溶于水，水溶液呈碱性。可溶于甘油，不溶于乙醇。

(2) 性能　碳酸氢铵受热分解释放氨及二氧化碳而对食品起膨松作用；分解温度较高，宜在加工温度较高的面团中使用。碳酸氢铵部分溶于水，残留后可使食品带有异臭，影响口感，故宜用于含水量较少的食品，如饼干等。最好配成复合膨松剂应用。

(3) 毒性　小鼠静脉注射$LD_{50} 245mg/kg$。美国食品与药物管理局将其列为一般公认安全物质。FAO/WHO(1994)规定，ADI无需规定。

碳酸氢铵的分解产物二氧化碳和氨均为人体代谢物，适量摄入对人体健康无害。

(4) 制法及质量指标　碳酸氢铵是将二氧化碳通入氨水中饱和后经结晶制得。

按我国食品添加剂碳酸氢铵质量标准（GB 1888—1989）的要求，应符合下列质量指标：总碱量（以NH_4HCO_3计）为$99.2\% \sim 101.0\%$；氯化物（以Cl计）$\leqslant 0.007\%$；硫化物（以S计）$\leqslant 0.0002\%$；硫酸盐（以SO_4计）$\leqslant 0.007\%$；灰分$\leqslant 0.008\%$；铁（以Fe计）$\leqslant 0.002\%$；砷（以As计）$\leqslant 0.0002\%$；重金属（以Pb计）$\leqslant 0.0005\%$。

(5) 应用　根据我国《食品添加剂使用卫生标准》（GB 2760—1996）中规定：碳酸氢铵可在需添加膨松剂的各类食品中，按生产需要适量使用。乳及乳制品按有关规定执行。

实际生产中，碳酸氢铵可作为膨松剂、酸度调节剂和稳定剂使用。

碳酸氢铵虽可单独使用，但一般多与碳酸氢钠合用，具体参见碳酸氢钠。也可配以酸性物质等作为复合膨松剂的基本成分之一。

第二节 酸性膨松剂

酸性膨松剂包括硫酸铝钾、硫酸铝铵、磷酸氢钙和酒石酸氢钾等,主要用作复合膨松剂的酸性成分,不能单独用作膨松剂。

1. 硫酸铝钾

硫酸铝钾,又名钾明矾、明矾、钾矾,分子式为 $AlK(SO_4)_2 \cdot 12H_2O$,相对分子质量为 474.39。

(1) 性状　硫酸铝钾为无色透明结晶或白色结晶性粉末、片、块,无臭。相对密度 1.757,熔点 92.5℃,略有甜味和收敛涩味。在空气中可风化成不透明状,加热至 200℃ 以上因失去结晶水而成为白色粉状的烧明矾。可溶于水,其溶解度随水温升高而显著增大,溶液对石蕊呈酸性,1%水溶液的 pH 为 4.2。在水中可水解生成氢氧化铝胶状沉淀。可缓慢溶于甘油,几乎不溶于乙醇。

(2) 性能　硫酸铝钾为酸性盐,主要用于中和碱性膨松剂,产生二氧化碳和中性盐,可避免食品产生不良气味,又可避免因碱性增大而导致食品品质下降,还能控制膨松剂产气的快慢。硫酸铝钾与碳酸氢钠反应较慢,产气较缓和,降低碱性可使食品酥脆。硫酸铝钾有收敛作用,能和蛋白质结合导致蛋白质形成疏松凝胶而凝固,使食品组织致密化,有防腐作用。

硫酸铝钾用量过多,可使食品发涩,甚至引起呕吐、腹泻。近年发现铝对人体健康不利,故应注意控制使用。

(3) 毒性　猫经口 LD_{50} 5000~10000mg/kg。美国食品与药物管理局将其列为一般公认安全物质。FAO/WHO(1994) 规定,ADI 不能提出。

硫酸铝钾是我国长期以来使用的食品添加剂,在正常使用量范围内,无明显的毒性影响。

(4) 制法及质量指标　硫酸铝钾的制法可由明矾石煅烧后,经萃取、蒸发、结晶制得;也可由铝土矿加硫酸成硫酸铝后,再加适量硫酸钾化合而成。

按我国食品添加剂硫酸铝钾质量标准 (GB 1895—1994) 的要求,应符合下列质量指标:含量 (以干基计)≥99.2%;铁 (以 Fe 计)≤0.01%;重金属 (以 Pb 计)≤0.002%;砷 (以 As 计)≤0.0002%;水分≤1.0%;水不溶物≤0.2%。

(5) 应用　根据我国《食品添加剂使用卫生标准》(GB 2760—1996) 中规定:硫酸铝钾可在油炸食品、水产品、豆制品、发酵粉、威化饼干、膨化食品、虾片中按生产需要适量使用。铝的残留量对干样品以铝计应小于 100mg/kg。

实际生产中,硫酸铝钾常用作复合膨松剂中的酸剂,与碳酸氢钠等合用。用于油炸食品如油条时,在和面时加入,用量为 10~30g/kg。使用过多,会有涩味。在虾片中用约 6g/kg。

硫酸铝钾在果蔬加工中作为保脆剂可加约 0.1%。作为腌渍品的护色剂,用量为 0.2%~2%。作净水剂用,约 0.01%。还可用于海蜇、银鱼等的腌制脱水。

2. 硫酸铝铵

硫酸铝铵,又名铵明矾、铝铵矾、铵矾,分子式为 $AlNH_4(SO_4)_2 \cdot 12H_2O$,相对分子质量为 453.32。

(1) 性状　硫酸铝铵为无色至白色结晶，或结晶性粉末、片、块，无臭。略有甜味和强收敛涩味，相对密度 1.645，熔点 94.5℃。加热至 250℃ 成无水物，即烧铵矾。280℃ 以上则分解，并释放出氨。易溶于水，水溶液呈酸性，可缓慢溶于甘油，不溶于乙醇。

(2) 性能　硫酸铝铵是硫酸铝和硫酸铵的复盐，水解生成弱碱、强酸，水溶液呈酸性，其性能与硫酸铝钾同。

(3) 毒性　猫经口 LD_{50} 8000～10000mg/kg。美国食品与药物管理局将其列为一般公认安全物质。FAO/WHO(1994) 规定，ADI 为 0～0.6mg/kg（暂许，对铝盐的类别 ADI，以铝计）。

(4) 制法及质量指标　硫酸铝铵是由硫酸铝溶液与硫酸铵溶液混合作用制得。

按我国食品添加剂硫酸铝铵质量标准（GB 1896—1980）的要求，应符合下列质量指标：含量（以干基计）≥99.0%；附着水分≤4.0%；水不溶物≤0.10%；重金属（以 Pb 计）≤0.002%；砷（以 As 计）≤0.0002%。

(5) 应用　根据我国《食品添加剂使用卫生标准》（GB 2760—1996）中规定：硫酸铝铵可在油炸食品、水产品、豆制品、发酵粉、威化饼干、膨化食品、虾片中按生产需要适量使用。铝的残留量，对于样品以铝计应小于 100mg/kg。

实际生产中，硫酸铝铵可作为膨松剂、中和剂使用。可代替硫酸铝钾作为复合膨松剂的原料（酸性剂），其用量为面粉的 0.15%～0.5%；用于腌茄子，其中的铝和铁盐遇茄子的蓝色素形成络盐而不退色，用量以铝计为 0.01%～0.1%。此外亦可用于煮熟的红章鱼护色等。

3. 酒石酸氢钾

酒石酸氢钾，又名酸式酒石酸钾、酒石，分子式为 $C_4H_5KO_6$，相对分子质量为 188.18，结构式如下：

$$\begin{array}{c} H \\ | \\ HO-C-COOK \\ | \\ HO-C-COOH \\ | \\ H \end{array}$$

(1) 性状　酒石酸氢钾为无色结晶或白色结晶性粉末，无臭，有清凉的酸味。相对密度 1.956。难溶于水和乙醇，可溶于热水。饱和水溶液的 pH 为 3.66（17℃）。

(2) 性能　酒石酸氢钾分解缓慢，产气较缓慢，有迟效性，能使食品组织稍有不规则的缺点，但口味与光泽均好。

(3) 毒性　小鼠经口 LD_{50} 6810mg/kg。美国食品与药物管理局将其列为一般公认安全物质。

(4) 制法及质量指标　酒石酸氢钾可采用酿造葡萄酒时的副产品酒石，经水萃取后进一步用酸或碱等结晶制得；也可用酒石酸与氢氧化钾或碳酸钾作用，经精制制得。

酒石酸氢钾的质量指标，按美国《食品用化学品法典》规定应为：含量（以干基计）为 99.0%～101.0%；重金属（以 Pb 计）≤0.002%；铅≤0.0010%。

(5) 应用　根据我国《食品添加剂使用卫生标准》（GB 2760—1996）中规定：酒石酸

氢钾可用于发酵粉,最大使用量为250g/kg。

实际生产中,酒石酸氢钾可作为膨松剂、酸度调节剂使用,多用作复合膨松剂的原料。用于焙烤食品的复合膨松剂时,其含量为10%~25%。

第三节 复合膨松剂

为了减少或克服碱性膨松剂的缺点,可用不同配方配制成种种复合膨松剂。

发酵粉即是复合膨松剂,为白色粉末,遇水加热产生二氧化碳。一般产生的二氧化碳量高于20%。2%水溶液产气后的pH为6.5~7.0。发酵粉较单纯碱性盐产气量大,在凉面坯中产气缓慢,加热后产气多而均匀,分解后的残留物对食品的风味、品质影响也较小。

一、复合膨松剂的组成

复合膨松剂一般是由三种成分组成的,主要成分之一是碳酸盐类,常用的是碳酸氢钠,其用量占20%~40%,它的作用是与酸反应而产生二氧化碳。另一个主要成分是酸性物质。它和碳酸盐发生中和反应或复分解反应而产生气体。其用量占35%~50%。它的作用还在于分解碳酸盐产气而降低成品的碱性。若使用恰当的酸性盐类则可以充分提高膨松剂的效力。复合膨松剂中还需有淀粉、脂肪酸等一些其他成分,其用量占10%~40%。这些成分的作用在于增加膨松剂的保存性,防止吸潮结块和失效,也有调节气体产生速度或使气泡均匀产生等作用。

二、复合膨松剂原料中的酸性物质

各种复合膨松剂因其配比与的不同,而使其气体发生速度与状态各不相同。常用的酸性物质主要有以下几类。

1. 有机酸及其盐类

有机酸可用柠檬酸、酒石酸、延胡索酸及乳酸等,它们的反应都是速效性的,遇水立即溶解,发生反应而产气,因此在和面时,就开始产生气体,到烘烤时,已放出不少气体,使膨松效力降低。其成本较高,但成品的口味好,有柔软而膨松的组织,加工性能也良好。

为了改进直接加酸的缺点,可以使用酸性盐类,如酒石酸氢钾等。酸性盐类的性质较稳定,反应速度较慢些,这样可以较充分地发挥气体的膨松作用。也可采用葡萄糖酸-δ-内酯,它本身不是酸,但加热水解呈酸的作用。用它来配制膨松剂,制品口味良好,可制成组织非常细致的成品。

2. 酸性磷酸盐

它们亦属于酸性盐类。包括磷酸二氢钙,磷酸氢钙、焦磷酸二氢钙、磷酸氢钠、磷酸铝钠等。

酸性磷酸盐性质较有机酸稳定,虽在加水和面时也开始产生气体,但反应速度较慢些。使用酸性磷酸盐其成品的口味与光泽均好,但内部组织(气泡)稍有不规则的缺点。此外磷酸氢钙等还兼具营养强化的作用。

3. 明矾类

明矾类包括硫酸铝钾、硫酸铝铵等。明矾类反应速度最慢,是迟效性的。其成品的内部组织美观,但口感较硬,口味较差。

上述各种酸性物质各有其优缺点，其气体放出方式与速度不一，对成品的口味、色泽与组织状态的影响不同。不同酸性物质反应速度的快慢见表10-1。

表 10-1　不同酸性物质的反应速度

名　　称	反应速度	名　　称	反应速度
酒石酸	极快	无水磷酸二氢钙	慢→快
酒石酸氢钾	极快	硫酸铝钾	慢
磷酸二氢钙	快	葡萄糖酸-δ-内酯	极慢

三、复合膨松剂的配制

配制复合膨松剂时，应将各种原料成分充分干燥。要粉碎过筛，使颗粒细微，以使混合均匀。碳酸盐与酸性物质混合时，碳酸盐的使用量最好要适当高于理论数量，以防残留酸味。贮存时最好密闭贮存于低温干燥的场所，以防分解失效。也可以把复合膨松剂中的酸性物质单独包装，不与其他成分混合，待使用时再将酸性物质和其他成分一起加入，这样在贮存中不易分解失效，也易于调节pH，但缺点是使用不便。

使用复合膨松剂时，对产气快、慢的选择相当重要。例如生产蛋糕时，若使用产气快的膨松剂太多，则在焙烤初期很快膨胀，此时蛋糕组织尚未凝结，到后期蛋糕易塌陷且质地粗糙不匀。与此相反，使用产气慢的膨松剂太多，焙烤初期蛋糕膨胀太慢，待蛋糕组织凝结后，部分膨松剂尚未释放出气体，致使蛋糕体积增长不大，达不到膨松的作用。所以如用几种适当的酸性物质混合配制复合膨松剂，则可发挥其综合效果。表10-2介绍几种复合膨松剂的配方。

表 10-2　几种复合膨松剂的配方

原　　料	配方/%				
	1	2	3	4	5
碳酸氢钠	25	23	30	40	35
酒石酸		3			
酒石酸氢钾	52	26	6		
磷酸二氢钙		15	20		
硫酸铝钾			15		35
烧明矾				52	14
轻质碳酸钙				3	
淀粉	23	33	29	5	16

第四节　生物膨松剂

随着食品工业和食品添加剂的发展，生物膨松剂也逐渐应用到食品加工中。生物膨松剂中最重要的是单细胞真菌球形酵母，主要用来制作面包、馒头、包子、花卷及饼干、糕点类面制品，在和面时加入可使成品多孔酥脆或膨松。

酵母在发酵过程中由于酶的作用，使糖类发酵生成酒精和二氧化碳，而使面坯起发，体积增大，经焙烤后使食品形成膨松体，并具有一定的弹性。同时在食品中还产生醛类、酮类和酸类等特殊风味物质；此外酵母体也含有蛋白质、糖、脂肪和维生素等营养成分，使食品的营养价值明显提高。常用的酵母有以下几种形式。

（1）液体酵母　是酵母菌经扩大培养和繁殖后得到的未经浓缩的酵母液。这种酵母价格低，使用方便，新鲜，发酵力充足，但不宜运输和贮藏，一般是自制自用，没有特殊要求和方便条件的食品厂家不便使用。

（2）鲜酵母　又叫浓缩酵母、压榨酵母。是将优良酵母菌种经培养、繁殖后，将酵母液进行离心分离、压榨除去大部分水后（水分75%以下），加入辅助原料压榨而成。这种酵母产品较液体酵母便于运输，在0～4℃条件下可保存2～3个月，使用时需要活化，其发酵力要求在600mL/100g面粉以上。

（3）干酵母　又叫活性干酵母，为淡黄或乳白色，由鲜酵母制成小颗粒，低温干燥而成。一般压制成方块状。使用前需要活化，但运输中、使用前不需要冷藏。干酵母是高技术生物制品，它最大的特点是常温下贮存期可达2年，品质稳定，使用方便，在面包中用量一般为面粉用量的0.8%。

复水活化时应注意水温，水温太高容易烫伤酵母，水温太低易使酵母细胞内物质流失。应放入35℃、相当酵母重量10倍的、加了少许白糖的温水中充分拌匀，活化30min，看到水面有大量气泡后，即可使用，必要时可配培养液（用麦芽糖汁或葡萄糖加水放入少许硫酸铵、硫酸镁、磷酸二氢钾拌匀）。如果直接加入使用会增加起发时间，因为酵母菌在干燥过程中细胞膜受到一定程度的损伤。

（4）速效干酵母　又叫即发干酵母，是20世纪80年代的新产品。采用快速分离、低温将酵母液脱水干燥而成。呈微黄色，有一股酵母特有的气味，细长颗粒状，用复合涂塑铝箔真空包装成块状。开封后，呈松散颗粒，生产包装时加入少量的乳化剂，提高了酵母表面的活性和乳化增溶，在使用时不用活化直接使用，其发酵力比活性干酵母强、发酵快。

选用干酵母时应色泽深浅一致，颗粒细小均匀，无杂质（物）。水分在10℃以内，发酵力在600mL以上，开包后，应尽快使用完，若长时间与空气接触，会损伤其发酵活力，切忌变热受潮，用后密封保存阴凉干燥处。

酵母类膨松剂价格低廉，使用效果好，在发酵这一复杂过程中，产生多种与面包风味有关的挥发物和不挥发物，形成这类膨松剂特有的风味和营养，但使用不当会在产品中产生"老面肥"的味道，故使用中要掌握好条件。若食品中有杀菌剂、多油、多糖等对酵母生成不利的因素，应使用其他膨松剂，如饼干和糕点中大部分品种不用生物膨松剂。

近年来，植物蛋白的开发利用取得了不少成果，植物蛋白产品中有一大类也属于膨松剂，这种产品的溶解性好，搅打后在体系中有很好的起泡性，泡沫持久，无色、无味，有良好的膨松效果，目前已经应用到食品工业中。随着人们生活水平的提高和健康意识的加强，膨松剂中铝的不利影响受到了人们的重视。中华人民共和国农业行业标准规定生产绿色食品时禁止使用硫酸铝钾和硫酸铝铵，因而人们正在研究减少硫酸铝钾和硫酸铝铵在食品生产中的应用，并探索用新的物质和方法取代其应用，尤其是取代在我国人民长期习惯食用的油条中的应用。

第十一章 营养强化剂

第一节 概 述

一、食品营养强化剂的概念及种类

人类的营养需要是多方面的，但是传统的食品并不是营养俱全的。为了弥补天然食品的营养缺陷及补充食品在加工、贮藏中营养素的损失，适应不同人群的生理需要和职业需要，世界上许多国家对有关食品采取了营养强化。根据营养需要向食品中添加一种或多种营养素或者某些天然食品，提高食品营养价值的过程称为食品营养强化，或简称食品强化。这种经过强化处理的食品称为强化食品。所添加的营养素或含有营养素的物质（包括天然的和人工合成的）称为食品营养强化剂。

我国《食品卫生法》规定，"食品营养强化剂是指为增强营养成分而加入食品中的天然的或者人工合成的属于天然营养素范围的食品添加剂"。1994年11月卫生部进一步颁发了《食品营养强化剂使用卫生标准》和《食品营养强化剂卫生管理办法》。这是我国第一部有关食品营养强化方面的标准法规。1996年又进行了补充（GB 2760—1996）。再加上1998年全国食品添加剂标准化技术委员会审批通过的新品种，我国目前明确规定可作为强化的营养素有31种（共97种化合物），其中氨基酸及含氮化合物2种，维生素17种，微量元素10种以及2种脂肪酸。

食品强化剂主要包括维生素、矿物质、氨基酸三类。此外也包括用于营养强化的天然食品及其制品，如大豆蛋白、骨粉、鱼粉、麦麸等。

二、食品营养强化剂的作用

在食品中添加食品营养强化剂，不仅可以补充天然食品的营养缺陷，而且可以改善食品中的营养成分及其比例，以满足人们对营养的需要。另外，利用食品营养强化剂可以特别补充某些营养物质，达到特殊饮食和健康的目的。利用食品营养强化剂可以生产出符合如婴幼儿、运动员、海员、宇航员等特殊生理需要的食品，及各种营养成分平衡的健康食品。

食品营养强化剂不仅可以提高食品的营养质量，还可以减少和预防很多营养缺乏症及因营养缺乏引起的其他并发症，有些营养强化剂还兼有提高食品的感官质量和保藏性能的作用。如维生素C、维生素E、卵磷脂是良好的抗氧化剂；维生素C、维生素PP是肉制品的良好护色剂；一些氨基酸类营养强化剂可以提高加工制品的风味；磷酸氢钙还可以作为发酵助剂和疏松剂等。

三、食品营养强化的基本原则

① 允许在食品中强化的营养素，必须根据我国历年来营养调查的情况和某些地区已暴

露出来的与营养缺乏有关的健康问题,或满足特殊人群对某些营养素供给量需要的原则来确定。

② 营养强化剂的使用范围和使用量,必须根据应用的对象、地区、营养素的需要及载体的性质、工艺等特点来决定。

③ 所强化的食品应为食用对象的日常食品,强化剂量必须以营养素供给量标准为依据,保证食用对象能从每日食物的消耗量中摄取一定的有效剂量,即以达到供给量的 1/2～2/3 为依据,制定出上下限的强化剂量,特别是对一些脂溶性营养素,要注意保证人体长期食用而不会引起蓄积性副作用。

④ 食品原有成分中某种物质的含量已达到营养强化剂最低标准 1/2 者,不应再进行强化。

⑤ 食品在强化过程中,强化剂不应转化成其他物质,或其性质不应受到影响。经强化的食品应能在一定时期内不变质,保持有效作用。

⑥ 添加营养强化剂后,应不影响该食品中其他成分的含量及该食品的色、香、味等感观性状。

⑦ 添加的营养强化剂应易被机体吸收利用,需要强化的食品应具有使人体对该强化剂充分吸收利用的条件。

⑧ 所使用的营养强化剂应有质量卫生标准,包括物理形状、杂质限度、纯度及相应的检测方法。

⑨ 经营养强化的食品,不能夸大宣传,应有质量标准,必须经审查批准后才能投放市场。

第二节 维生素类营养强化剂

维生素是人体必需的营养素,几乎不能在人体内产生,必须由外界供给。维生素种类很多,按溶解性的不同有脂溶性和水溶性维生素之分。脂溶性维生素有维生素 A、维生素 D、维生素 E、维生素 K 四种。人类易缺乏并需要强化的是维生素 A 和维生素 D。水溶性维生素包括 B 族维生素和维生素 C 等。需要强化的主要是维生素 B_1、维生素 B_2 和维生素 C 等。

维生素通常存在于各种食品中。人体通过摄取各种食物可获得一定量的维生素,如果膳食搭配合理,采用科学的烹调方法,人体一般不会出现维生素的缺乏。但有些人群由于膳食单调,以及维生素在加工过程中的损失,致使人体维生素的摄取不足。当膳食中长期缺乏某种维生素时,就会引起人体出现各种疾病,如脚气病(维生素 B_1 缺乏症)、佝偻病(维生素 D 缺乏症)及坏血病(维生素 C 缺乏症)等都是食物中缺少维生素产生的后果。

维生素是食品中应用最早,也是目前国际上应用最广、最多的一类强化剂。我国目前允许使用的有维生素 A、维生素 B_1、维生素 B_2、维生素 PP(烟酸或尼克酸)、维生素 C 和维生素 D。

1. 维生素 A

维生素 A 是不饱和的一元多烯醇。在自然界有维生素 A_1 和维生素 A_2 两种。A_1 存在于哺乳动物及咸水鱼的肝脏中,即视黄醇。维生素 A_2 存在于淡水鱼的肝脏中,是 3-脱氢视黄醇,其活性大约只有维生素 A_1 的一半。视黄醇的分子式为 $C_{20}H_{30}O$,相对分子质量为 286,结构式如下:

$$\text{H}_3\text{C} \quad \text{CH}_3$$

(结构式:β-紫罗兰环-CH=CH-C(CH$_3$)=CH-CH=CH-C(CH$_3$)=CH-CH$_2$OH)

(1) 性状　维生素 A 为淡黄色片状结晶,熔点 63～64℃,沸点 120～125℃,不溶于水,易溶于油脂成有机溶剂。化学性质活泼,易被空气氧化而失去生理活性,紫外线照射亦可失效,在碱性条件下稳定,遇酸不易稳定,一般烹调方法对食物中维生素 A 无严重的破坏作用。与三氯化锑发生蓝色反应,这种反应可作为维生素 A 定量分析的依据。在食物中通常与脂肪酸形成酯。天然维生素 A 较合成维生素 A 的稳定性好。维生素 E 与维生素 A 共服可防止维生素 A 的破坏。

β-胡萝卜素存在于黄、红色蔬菜、水果中,其分子结构能分成两分子视黄醇,故称为维生素 A 原。但实际上由于结构上的不同,6μg 的 β-胡萝卜素才具有 1μg 维生素 A 的生物活性。

(2) 性能　维生素 A 能促进动物生长。缺乏时,则生殖功能衰退,骨髓成长不良及生长发育受阻等。维生素 A 可维持上皮组织结构的完整与健全。缺乏时,上皮干燥、增生及角质化,其中以眼、呼吸道、消化道及生殖系统等上皮受影响最明显,机体抗微生物侵袭的能力降低、易感染疾病,产生干眼病、角膜软化、皮肤毛囊角化、毛发脱落,女性阴道上皮角化、男性睾丸退化等。

维生素 A 还可构成视觉细胞内感光物质的成分——视紫红质。缺乏时,视网膜杆细胞合成视紫红质减少,对弱光敏感度降低,即暗适应能力降低,产生夜盲症。

(3) 毒性　美国食品与药物管理局(1985)将维生素 A 列为一般公认安全物质。

维生素 A 毒性甚低,但是一次大量或长期大量摄取也导致中毒。中毒症状为眩晕、头疼、呕吐、易激怒等。大量服用还有致畸作用,影响胎儿骨骼发育。动物若摄入大量维生素 A 还可能引起死亡。维生素 A 中毒因人而异,大致每天摄取 $2.5 \times 10^4 \sim 5 \times 10^4$ IU(1IU 相当于 0.3μg 视黄醇),一个月以上,即能引起中毒症状。

(4) 制法及质量指标　维生素 A 可采用萃取法,从鲑鱼、鳕鱼、金枪鱼等的肝脏提取肝油,经分子蒸馏浓缩,色谱法精制而成;也可采用合成法,由 β-紫罗兰酮、一氯乙酸乙酯和甲基乙烯酮等合成。

按我国食品添加剂维生素 A 质量标准(GB 14750—1993)的要求,应符合下列质量指标:含量≥标示量的 95%,酸值≤2.0mgKOH/g,过氧化值≤1.5mL(1g 样品消耗 0.01mol/L 硫代硫酸钠标准滴定液的体积)。

(5) 应用　根据我国《食品营养强化剂使用卫生标准》(GB 14880—1994)规定:维生素 A 可用于芝麻油、色拉油、人造奶油,使用量为 4000～8000μg/kg;用于乳制品、婴幼儿食品,使用量为 3000～9000μg/kg;乳、乳饮料,使用量为 600～1000μg/kg。另外,根据我国《食品添加剂使用卫生标准》(GB 2760—1996)中规定:还可用于固体饮料,4～8mg/kg;冰淇淋,0.6～1.2mg/kg。

纯品维生素 A 很少作为食品添加剂使用,一般使用维生素 A 油。也有使用含维生素 A 和维生素 D 的鱼肝油。

2. 维生素 B_1

维生素 B_1,又名硫胺素。常用的有盐酸硫胺素、硝酸硫胺素、丙硫硫胺素。用于食品营养强化的主要是盐酸硫胺素及其衍生物,盐酸硫胺素的分子式为 $C_{12}H_{17}ClN_4OS \cdot HCl$,相对分子质量为 337.27,结构式如下:

$$\left[\begin{array}{c}\text{structure with } NH_2,\ H_3C,\ CH_2,\ N^+,\ CH_3,\ C=C-CH_2-CH_2-OH,\ S,\ CH \end{array}\right] Cl^- \cdot HCl$$

(1) 性状　维生素 B_1 为白色针状结晶或结晶性粉末。有微弱的似米糠特异臭，味苦，248～250℃熔化分解。极易溶于水，略溶于乙醇，不溶于苯和乙醚。干燥状态在空气中稳定，但如吸湿会缓慢分解着色。酸性条件下对热稳定，中性、碱性条件不稳定，如在 pH＞7 的条件下煮沸可使其大部分或全部破坏。氧化还原作用可使其失活。需要贮存于遮光密闭的容器内。

(2) 性能　维生素 B_1 在机体内参加糖的代谢，它对维持正常的神经传导，以及心脏、消化系统的正常活动具有重要的作用。缺乏维生素 B_1 易患脚气病或多发性神经炎，产生肌肉无力、感觉障碍、神经痛、影响心肌和脑组织的结构和功能，并且还会引起消化不良、食欲不振、便秘等病症。

(3) 毒性　小鼠经口 LD_{50} 9000mg/kg。

一般的摄取量没有毒性，也未曾发现过剩症。过多摄取维生素 B_1 由尿排出，不在体内积蓄。维生素 B_1 日需量与来自糖的热量需要有关，且因性别、代谢等而有所差别。一般正常人的维生素 B_1 需要量为 0.5mg/Mcal❶。

(4) 制法及质量指标　盐酸硫胺素是由丙烯腈经过缩醛物、乙酰嘧啶、硝酸硫胺，再转化成盐酸硫胺制得。

按我国食品添加剂维生素 B_1 质量标准（GB 14751—1993）的要求，应符合下列质量指标：含量（以干基计）98.5%～101.5%，溶液颜色不深于对照液，干燥失重≤5%，1%水溶液的 pH 值 2.7～3.4，灼烧残渣≤0.1%，重金属（以 Pb 计）≤0.002%。

(5) 应用　根据我国《食品营养强化剂使用卫生标准》（GB 14480—1994）中规定：盐酸硫胺素可用于谷物及其制品，使用量 3～5mg/kg；饮液、乳饮料，1～2mg/kg，若为固体饮料，则需按稀释倍数增加；婴幼儿食品，4～8mg/kg；配制酒，1～2mg/kg。

硝酸硫胺素的使用范围同盐酸硫胺素，用量乘 0.97。

3. 维生素 B_2

维生素 B_2 是由核糖醇和二甲基异咯嗪缩合而成，在动植物中分布很广，但含量很微，以肝脏、牛乳、蛋类、酵母等食品为多，其次是肉类、绿叶菜、豆类等，谷物中最少。因其分子中有核醇及黄素而称为核黄素。分子式为 $C_{17}H_{20}N_4O_6$，相对分子质量为 376.37，结构式如下：

$$\begin{array}{c} CH_2OH \\ HOCH \\ HOCH \\ HOCH \\ CH_2 \\ \text{(dimethylisoalloxazine ring with } H_3C\text{)} \end{array}$$

---

❶　1cal=4.1868J。

(1) 性状　维生素 B_2 为黄色至橙黄色结晶性粉末，稍有臭味，味苦。熔点为 275～282℃。在 240℃ 时色变暗，并且发生分解。它易溶于稀碱溶液，微溶于水和乙醇，不溶于乙醚和氯仿。饱和水溶液呈中性。对酸、热稳定，对氧化剂较稳定。在 pH 为 3.5～7.5 时，发出强荧光。遇还原剂失去荧光和黄色。在碱性溶液中不稳定，在光照和紫外线照射下发生不可逆分解。

(2) 性能　维生素 B_2 是黄素酶的辅酶，参与体内生物氧化，可循环往复地氧化还原，起着传递电子的作用，因此对物质和能量代谢过程有重大影响。缺乏时，出现角膜炎、舌炎、口唇炎、皮肤病、阴囊皮炎、皮脂溢出性皮炎、儿童发育迟缓、成人性欲减退、月经停止。发生这些症状的机理尚不清楚。上述症状的一部分也不是维生素 B_2 缺乏的特有症状，如口唇炎等在尼克酸、维生素 B_6、锌等缺乏时也会发生，必须有 2～3 种以上症状才能判断是否是维生素 B_2 缺乏症。补给维生素 B_2 不会马上恢复，需有个恢复过程。

(3) 毒性　大鼠腹腔注射 LD_{50} 560rng/kg。小鼠给予需要量的 1000 倍（340mg/kg）未发现毒性。

FAO/WHO（1994）规定，ADI 为 0～0.5mg/kg。

(4) 制法及质量指标　维生素 B_2 可用醋酸梭状芽孢杆菌、假丝酵母等菌种，用发酵法生产；也可由 3,4-二甲基苯胺与 D-核糖合成。

根据我国食品添加剂维生素 B_2 质量标准（GB 14752—1993）的要求，应符合下列质量指标：含量（以干基计）为 98.0%～102.0%，干燥失重≤1.5%，灼烧残渣≤0.3%，砷（以 As 计）≤0.0003%，重金属（以 Pb 计）≤0.001%。

(5) 应用　根据我国《食品营养强化剂使用卫生标准》（GB 14480—1994）中规定：维生素 B_2 可用于谷物及其制品，用量 3～5mg/kg；饮液及乳饮料，用量 1～2mg/kg；如为固体饮料，则按稀释倍数增加使用量，用量为 10～17mg/kg；用于婴幼儿食品，用量为 4～8mg/kg。食盐 100～150mg/kg（限于核黄素严重缺乏地区）。

实际生产中，维生素 B_2 作着色剂使用时，对干酪可按正常生产需要添加。用于酸黄瓜的用量约 0.3g/kg；肉汤和清肉汤，200mg/kg（以食用部分计）；加工乳酪以 GMP 为限度。

4. 维生素 C

强化用的维生素 C 主要为 L-抗坏血酸及 L-抗坏血酸钠。

抗坏血酸广泛存在于植物组织中。新鲜的水果、蔬菜，特别是枣、辣椒、苦瓜、柑橘中含量较多，只要能经常吃到足够的新鲜果蔬，并注意使用合理的烹调方法，一般是不至于缺乏的。但因季节与地区的差异，往往也有强化的需要，而对婴儿食品与疗效食品来说，抗坏血酸则是常用的强化剂。

(1) L-抗坏血酸　L-抗坏血酸的性状、毒性、制法及质量指标参见食品抗氧化剂一章。

① 性能　L-抗坏血酸参与机体内复杂的代谢过程，尤其是氧化还原反应。主要的作用是促进胶原蛋白等细胞间质的合成、有利抗体的形成，同时还具有解毒、降低血清胆固醇含量以及治疗多种疾病等作用。缺乏时，毛细血管脆性增加，渗透性变大，易出血、伤口不愈合、骨质变脆、造成坏血病。L-抗坏血酸可使三价铁还原成易于吸收的二价铁，对防治缺铁性贫血有一定意义。

② 应用　根据我国《食品营养强化剂使用卫生标准》（GB 14480—1994）和《食品添加剂使用卫生标准》（GB 2760—1996）规定中规定：L-抗坏血酸可用于果泥，用量 50～100mg/kg；饮料，120～240mg/kg；水果罐头，200～400mg/kg；夹心硬糖，2000～

6000mg/kg；婴幼儿食品，300～600mg/kg；奶粉，300～1000mg/kg；高铁谷类及其制品（每日限食 50g），800～1000mg/kg；如果为固体饮料，则需要按稀释倍数增加使用量。

(2) L-抗坏血酸钠　L-抗坏血酸钠分子式为 $C_6H_7O_6Na$，相对分子质量为 198.11，结构式如下：

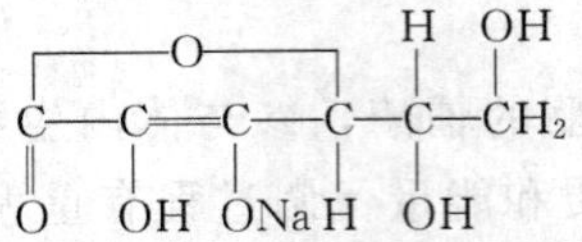

L-抗坏血酸钠为白色或带有黄白色的粒、细粒或结晶性粉末，无臭，稍咸。较抗坏血酸易溶于水，其溶解度 25℃时为 62%。2%水溶液 pH6.5～8.0。218℃时分解。可在抗坏血酸的水溶液中加碳酸钠制得。毒性同 L-抗坏血酸。

用于强化时与抗坏血酸相同。L-抗坏血酸钠 1g 相当于抗坏血酸 0.894g。因抗坏血酸呈酸性，不适于添加酸性物质的食品中，例如牛乳等可使用抗坏血酸钠。可先取 L-抗坏血酸钠少许溶于少量水中，再按用量加入牛乳中。

在火腿、灌肠等肉制品中若用其作为护色助剂时，同时还能保持肉制品的风味，增加制品的弹性，使用量约为 5g/kg。

5. 维生素 D

维生素 D 为一组存在于动植物组织中的类固醇的衍生物，因其有抗佝偻病作用，也称之为抗佝偻病维生素。目前已知的维生素 D 至少有 10 种，但最重要的是维生素 D_2（麦角钙化醇）和维生素 D_3（胆钙化醇），用于强化的也是这两种。

麦角固醇和 7-脱氢胆固醇分别是维生素 D_2 和维生素 D_3 的前体。人体内能合成 7-脱氢胆固醇，经紫外线照射即可转变为维生素 D_3，但如因接触阳光不足，合成不够，则必须予以补充。我国北方冬季时间长、光照时间短，一些儿童易患佝偻病则更有强化的必要。

维生素 D_2，又名麦角钙化甾醇，分子式为 $C_{28}H_{44}O$，相对分子质量为 396.66，结构式如下：

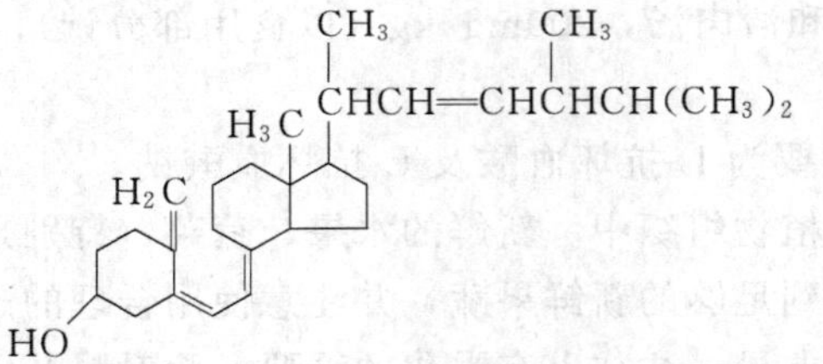

维生素 D_3，又名胆钙化甾醇，分子式为 $C_{27}H_{44}O$，相对分子质量为 384.65，结构式如下：

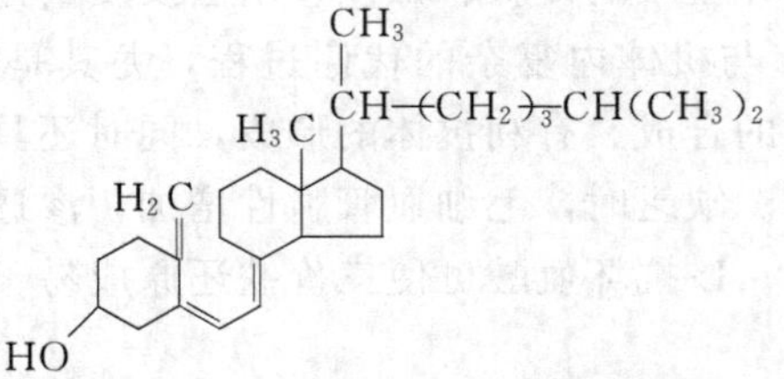

(1) 性状　维生素 D_2 为无色针状结晶或白色结晶性粉末，无臭，无味，不溶于水，略溶于植物油，易溶于乙醇、乙醚、丙酮，极易溶于氯仿。熔点 115～119℃。在波长 265nm 处有一条显著的吸收谱。在空气中易氧化，对光不稳定，对热相当稳定，溶于植物油时亦相当稳定，但有无机盐存在时则迅速分解。

维生素 D_3 为无色针状结晶或白色结晶性粉末，无臭，无味。不溶于水，略溶于植物油，极易溶于乙醇、氯仿或丙酮，熔点 84～85℃。对空气和日光不稳定，对热相当稳定。比维生素 D_2 稳定。

（2）性能　维生素 D 可促进小肠对钙、磷的吸收，保持血中钙、磷的正常比例，使钙变成磷酸钙等向骨骼和组织中沉积。维生素 D 摄入不足，则导致佝偻病、骨质软化病，特别是会导致幼儿发育不良或畸形。维生素 D 的活性以维生素 D_3（胆钙化醇）为参考标准。$1\mu g$ 胆钙化醇等于 40IU 维生素 D。亦即 1IU 维生素 D 等于 $0.025\mu g$ 胆钙化醇。我国推荐维生素 D 的日供给量，成人与儿童为 $10\mu g$。

维生素 D 在食品中通常与维生素 A 合用，即使用含有这两者的鱼肝油或其浓缩物。

（3）毒性　成人经口急性中毒量为 100mg/d。小鼠经口 LD_{50} 1mg/(kg·20d)；致死量 20mg/(kg·6d)。

维生素 D 中毒表现为恶心、食欲下降、多尿、皮肤瘙痒、肾衰竭，继而造成心血管系统异常，死亡是由于肾钙化、心脏及大动脉钙化所引起。维生素 D 中毒还表现出皮下有钙和磷的沉积。

（4）制法及质量指标　维生素 D_2 由植物油、酵母或香菇中分离出的麦角固醇经紫外线照射而得。将麦角固醇溶解于乙醚或环己烷中，用镁弧灯、碳弧灯、汞灯或铋灯照射（照射时间要适宜），然后除去溶剂，残留物中的麦角固醇经马来酐、柠康酐处理后转变为二烯化合物，使其形成碱金属盐，转移至水溶液内而分离。再用有机溶剂提取维生素 D_2，制成 3,5-二硝基苯甲酸酯，反复重结晶，皂化后用丙酮使游离的维生素 D_2 重结晶，即得维生素 D_2。

维生素 D_3 的制法是以紫外线照射 7-脱氢胆固醇而得。中间物和副产物的处理与制造维生素 D_2 时相同。此外，维生素 D_3 也可以胆固醇为原料，经酯化、溴化、脱溴化氢、皂化、光解、热异构化等步骤合成。

按我国食品添加剂维生素 D_2 质量标准（GB 14755—1993）的要求，应符合下列质量指标：含量为 97.0%～103.0%，麦角固醇（洋地黄皂苷试验）不发生浑浊或沉淀，旋光度 $[\alpha]_D^{20}$ 为 $+102.0°$～$+107.0°$，吸光度（265nm）$E_{1cm}^{1\%}$ 为 460～490。

维生素 D_3 的质量指标，按美国《食品用化学品法典》（1981）规定应为：含量 97.0%～103.0%，熔点 84～89℃，旋光度 $[\alpha]_D^{25}$ 为 $+105°$～$+112°$。

（5）应用　根据我国《食品营养强化剂使用卫生标准》（GB 14480—1994）中规定：维生素 D 可用于乳及乳饮料，使用量 10～40mg/kg；人造奶油，125～156mg/kg；乳制品，63～125mg/kg；婴幼儿食品，50～100mg/kg。另外，根据我国《食品添加剂使用卫生标准》（GB 2760—1996）规定，还可用于固体饮料、冰淇淋，使用量 10～20mg/kg。

6. 维生素 PP

维生素 PP，又名抗癞皮维生素，包括烟酸和烟酰胺两种物质。烟酸又称尼克酸或维生素 B_5，分子式为 $C_6H_5NO_2$，相对分子质量为 123.11；烟酰胺又称尼克酰胺，分子式为 $C_6H_6N_2O$，相对分子质量为 122.13，它们的结构式如下：

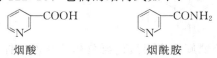

(1) 性状　烟酸为白色结晶或结晶粉末，无臭、味微酸。熔点 234～237℃。能溶于水和乙醇，1g 烟酸能溶于 60mL 水和 80mL 乙醇（25℃），易溶于热水、热乙醇和含碱水中，但几乎不溶于乙醚，1％的水溶液 pH 为 3.0～4.0。烟酸无吸湿性，在干燥状态下对光、空气和热相当稳定。在稀酸、碱溶液中几乎不分解。

烟酰胺为白色结晶粉末，无臭、味苦。熔点 128～131℃。易溶于水、乙醇和甘油；不溶于苯和乙醚。10％的水溶液 pH 为 6.5～7.5。烟酰胺在干燥状态下对光、空气和热极稳定。在无机酸和碱性溶液中加热转变为烟酸。

(2) 性能　烟酸和烟酰胺生理作用相同。它们在体内与磷酸核糖焦磷酸结合成 NAD（辅酶Ⅰ），再被 ATP 磷酸化成为 NADP（辅酶Ⅱ）。NAD 和 NADP 都是脱氢酶的辅酶，是组织中的重要递氢体。几乎参加所有细胞内的呼吸机制，参与葡萄糖的酵解、脂类代谢、丙酮酸代谢、戊糖合成及高能磷酸键的形成等。在肌体代谢中起着十分重要的作用。烟酸和烟酰胺具有维持皮肤和神经健康，促进消化道功能的作用，缺乏时则会发生口炎、舌炎、皮炎、癞皮病及记忆力衰退、精神抑郁、肠炎、腹泻等。

(3) 毒性　烟酸，小鼠或大鼠经口 LD_{50} 5000～7000mg/kg。烟酰胺，大鼠经口 LD_{50} 2500～3500mg/kg。美国食品与药物管理局（1985）将烟酸和烟酰胺列为一般公认安全物质。

(4) 制法及质量指标　由 3-甲基吡啶经氧化、酸化而得，也可用 3-甲基吡啶为原料经氨氧化制取。我国均以后法制造维生素 PP。将 3-甲基吡啶、空气和氨按比例混合，在钒的催化下，于 290～360℃进行反应。得到的烟腈用氢氧化钠在 160℃下水解。如果用氨水进行水解，控制水解深度，可分别获得烟酸或烟酰胺。工业上也常用喹林为原料生产烟酸。

按我国食品添加剂烟酸质量标准（GB 14757—1993）的要求，应符合下列质量指标：含量（以干基计）为 99.5％～101.0％，干燥失重≤1.0％，灼烧残渣≤0.1％，重金属（以 Pb 计）≤0.002％，熔点 234～238℃，氟化物（以 Cl 计）≤0.02％。

根据美国《食品用化学品法典》（1981），烟酰胺应符合下列质量指标：含量（以干基计）为 98.5％～101.0％，重金属（以 Pb 计）≤0.003％，干燥失重≤0.5％，熔点 128～131℃，易炭化物试验阴性，灼烧残渣≤0.1％。

(5) 应用　根据我国《食品营养强化剂使用卫生标准》（GB 14480—1994）中规定：烟酸可用于谷物及其制品，用量 40～50mg/kg；用于婴幼儿食品，用量为 30～40mg/kg；饮液及乳饮料，10～40mg/kg。

烟酰胺除同烟酸外，尚可用于配制酒，使用量 10～40mg/kg。在肉制品中做护色助剂使用时，用量为 0.01～0.022g/kg，肉色良好。

7. 维生素 E（DL-α-生育酚）

维生素 E（dl-α-生育酚），又名 DL-α-维生素 E，分子式为 $C_{29}H_{50}O_2$，相对分子质量 430.71，结构式如下：

(1) 性状　α-生育酚的外消旋体为淡黄色至黄褐色黏稠液体，基本无臭，无味。相对密度（d_4^{20}）为 0.950，沸点为 200～220℃（13.33Pa），折射率（n_D^{25}）为 1.5045。不溶于水，可溶于脂肪、油、香精油和乙醇。在没有空气氧化的条件下，对碱、热均稳定，对紫外光不稳定，色泽渐变深。在 100℃ 以下对酸无反应。在空气中易被氧化成醌式结构而呈现暗红色。铁盐及银盐均可使氧化反应加快，可用作抗氧化剂。

维生素 E 包括 4 种生育酚和 4 种生育三烯酚共 8 种化合物，即 α-、β-、γ-、δ-生育酚和 α-、β-、γ-、δ-生育三烯酚。虽然维生素 E 的这 8 种化合物的化学结构极为相似，但其生物学活性却相差甚远。其中 α-生育酚的生物活性最高，是自然界中分布最广泛、含量最丰富、活性最高的维生素 E 的形式，所以通常以 α-生育酚作为维生素 E 的代表。它与机体的抗氧化作用及抗衰老有关。

（2）性能　维生素 E 和硒共同维持细胞膜的完整，并维持骨骼肌、心肌、平滑肌和心血管系统的正常功能，具有抗氧化作用，能提高机体免疫功能，延缓衰老。但是有证据表明，过多摄食 α-生育酚可引起出血。在膳食剂量 α-生育酚大于 720mg/d 的临床研究中，可见有体弱、疲劳和肌酸尿，以及影响类固醇激素代谢等。

维生素 E 的抗氧化作用比 BHA 和 BHT 等弱，但其安全性高。我国推荐维生素 E 的人日供给量为 10mg/kg。

（3）毒性　大鼠经口 LD_{50} 5000mg/kg。FAO/WHO（1994）规定，ADI 为 0.15～2mg/kg。

（4）制法及质量指标　维生素 E 可由三甲基对苯二酚与叶绿基溴化物在氮气中及在氯化锌存在下加热反应而制得；还可由三甲基对苯二酚与异植醇，以氧化锌为脱水剂进行缩合，再经分子蒸馏而制得。

维生素 E 的质量指标，按美国《食品用化学品法典》（1981）规定应为：含量 96%～102%，重金属（以 Pb 计）≤0.001%，酸度合格。

（5）应用　根据我国《食品营养强化剂使用卫生标准》（GB 14480—1994）中规定：维生素 E 可用于芝麻油、人造奶油、色拉油、乳制品，其用量为 100～180mg/kg；用于婴幼儿食品，为 40～70mg/kg；乳饮料，10～20mg/kg。另外，根据我国《食品添加剂使用卫生标准》（GB 2760—1996）规定，还可用于强化生育酚饮料，20～40mg/L。

第三节　氨基酸及含氮化合物类营养强化剂

氨基酸是蛋白质的基本构成单位，组成蛋白质的氨基酸有 20 多种。其中只有一部分可以在体内合成，其余的则不能合成或合成速度不够快。人体不能合成或合成速度不能满足机体需要、必须从食物中直接获得的氨基酸称为必需氨基酸。已知人体的必需氨基酸有 9 种，它们是异亮氨酸、亮氨酸、赖氨酸、蛋氨酸、苯丙氨酸、苏氨酸、色氨酸、缬氨酸和组氨酸。关于组氨酸，过去认为只是婴幼儿的必需氨基酸，但近年研究认为组氨酸在人体内虽能合成，但速度太慢，因此组氨酸也是成人的必需氨基酸。如果必需氨基酸中有一种不足，蛋白质的构成成分不足，也就不能有效地合成蛋白质。作为食品强化用的氨基酸主要是必需氨基酸或其盐类。

许多食品中部缺乏一种或多种必需氨基酸，例如谷物食品缺乏赖氨酸，玉米中还缺乏色氨酸，豆类缺乏蛋氨酸。我国人民多以谷物为主食，因而赖氨酸便是人们最常用的氨基酸类强化剂。

1. L-赖氨酸-盐酸盐

游离的 L-赖氨酸很容易潮解,易发黄变质,并且具有刺激性腥臭味,难以长期保存。如小麦粉中的赖氨酸在制作面包时约损失 15%,若再次焙烤则又损失 5%～10%。而 L-赖氨酸-盐酸盐则比较稳定,不易潮解,便于保存,所以一般商品都以赖氨酸-盐酸盐的形式销售。

L-赖氨酸-盐酸盐,分子式为 $C_6H_{14}N_2O_2 \cdot HCl$,相对分子质量为 182.65;结构式如下:

$$HCl \cdot H_2N-CH_2-CH_2-CH_2-CH_2-\underset{\underset{NH_2}{|}}{CH}-COOH$$

(1) 性状 L-赖氨酸-盐酸盐为白色或无色结晶性粉末,无臭或稍有特异臭,无异味。熔点约 263℃(发泡分解)。易溶于水,溶于甘油,稍溶于丙二醇,几乎不溶于乙醇和乙醚。较稳定,但温度高时易结块,与维生素 C 或维生素 K_3 共存时易着色。在碱性条件下有还原糖存在时加热易分解。

(2) 性能 L-赖氨酸是人体必需的氨基酸,它具有增强胃液分泌和造血机能,使白细胞、血红蛋白和丙种球蛋白增加的功能,添加 L-赖氨酸-盐酸盐具有提高蛋白质利用率,保持蛋白质代谢平衡,增强机体抗病能力等作用。还有报道说,赖氨酸对幼儿脑发育有利,可显著提高幼儿智能指数。缺少时易发生蛋白代谢障碍或机能障碍。成人每天最低需要量为 0.8g。

(3) 毒性 大鼠经口 LD_{50} 10750mg/kg。美国食品与药物管理局(1985)将其列为一般公认安全物质。

(4) 制法及质量指标 L-赖氨酸-盐酸盐有蛋白质水解分离法,合成法及发酵法 3 种。现多采用发酵法制取。蛋白质水解分离法是由血粉、酪蛋白、脱脂大豆水解后,经离子交换树脂分离而得。合成法是以己内酰胺为原料或以糠醛为原料制取。发酵法是由二氨基庚二酸的二步法及由淀粉、糖质原料的一步法发酵制取。

按我国食品添加剂 L-赖氨酸-盐酸盐质量标准(GB 10794—1989)的要求,应符合下列质量指标:含量(干基计)≥98.0%;旋光度 $[\alpha]_D^{20}$ 为 +19.0°～+21.5°;干燥失重≤1.0%;透光率≥95%;pH 为 5.0～6.0;重金属(以 Pb 计)≤0.001%;砷(以 As 计)≤0.0001%;灼烧残渣≤0.20%。

(5) 应用 根据我国《食品营养强化剂使用卫生标准》(GB 14480—1994)中规定:L-赖氨酸-盐酸盐可用于面包、饼干、面条用面粉,使用量为 1～2g/kg,在和面时加入;谷类及其制品也按量添加,饮液用量 0.3～0.8g/kg。

小麦粉中的赖氨酸在制面包时可损失 9%～24%(取决于焙烤方式)。若将面包再行烘烤,还可损失 5%～10%。故添加赖氨酸的面包在食用前不宜再切片烘烤。

2. DL-蛋氨酸

DL-蛋氨酸,分子式为 $C_5H_{11}NO_2S$,相对分子质量为 149.21;结构式如下:

$$H_3C-S-CH_2-CH_2-\underset{\underset{NH_2}{|}}{CH}-COOH$$

(1) 性状 DL-蛋氨酸为白色片状结晶或晶体粉末,有特殊臭味,味微甜。熔点 281℃(分解),相对密度 1.340。对热、空气稳定,对强酸不稳定,可发生脱甲基。溶于稀酸、稀碱溶液,极微溶于乙醇,不溶于醚。在水中的溶解度随温度升高而增大。1% 水溶液的 pH

为 5.6～6.1。

(2) 性能　DL-蛋氨酸为必需氨基酸，能促进毛发、指甲生长，促进身体发育，并具有解毒和增强肌肉活动能力等作用，还能防止脂肪在肝脏沉积。缺乏 DL-蛋氨酸会导致肝脏、肾脏障碍。

(3) 毒性　美国食品与药物管理局（1985）将 DL-蛋氨酸列为一般公认安全物质。

(4) 制法及质量指标　DL-蛋氨酸可用提取法制备，但通常是采取以丙烯醛和甲硫醇为原料的合成法制取。丙烯醛与甲硫醇在甲酸和乙酸铜存在下缩合成 3-甲硫基丙醛，然后将其与氰化钠和碳酸氢铵溶液混合，加热到 90℃，反应得到甲硫乙基乙内酰脲。再与 28％的氢氧化钠溶液加热至 180℃，水解生成蛋氨酸钠，以盐酸中和得到蛋氨酸。

根据美国《食品用化学品法典》（1981）的规定，DL-蛋氨酸应符合下列质量指标：含量（以干基计）≥99.0％，砷（以 As 计）≤0.0003％，重金属（以 Pb 计）≤0.002％，铅≤0.0010％，干燥失重≤0.5％，灼烧残渣≤0.1％。

(5) 应用　DL-蛋氨酸在燕麦、黑麦、米、玉米、小麦、花生、大豆、土豆、菠菜等植物性食物中属于限制氨基酸。用于对上述食品营养强化，以改善氨基酸平衡。

DL-蛋氨酸还可用于氨基酸输液、复合氨基酸制剂。根据我国《食品添加剂使用卫生标准》（GB 2760—1996）规定，DL-蛋氨酸还可用作香料。此外，还可利用其具有抗脂肪肝的作用，用作保肝制剂。

3. 牛磺酸

牛磺酸，又名 2-氨基乙磺酸，分子式为 $C_2H_7NSO_3$，相对分子质量为 125.15；结构式如下：

$$H_2N-CH_2-CH_2-\overset{\overset{O}{\|}}{\underset{\underset{O}{\|}}{S}}-OH$$

(1) 性状　牛磺酸为白色结晶或结晶性粉末，无臭，味微酸，可溶于水，在乙醇、乙醚或丙酮中不溶。

(2) 性能　牛磺酸并非组成蛋白质的氨基酸，在人体内以游离状态存在。它对促进儿童（尤其对婴幼儿）大脑、身高、视力等的生长、发育起重要作用。尽管在人体中它可由蛋氨酸或半胱氨酸代谢的中间产物磺基丙氨酸脱羧形成，但婴幼儿体内此种脱羧酶活性很低，其合成受限，而应予补充。特别是用牛乳喂养的婴幼儿，因牛乳中几乎不含牛磺酸，故必须进行适当的营养强化。

(3) 毒性　小鼠经口 LD_{50} 大于 10000mg/kg。Ames 试验，无致突变作用。

(4) 制法及质量指标　牛磺酸是以 α-氨基乙醇与硫酸酯化，经亚硫酸钠还原生成粗品牛磺酸后精制而成。

根据我国食品添加剂牛磺酸质量标准（GB 14759—1993）的要求，应符合下列质量指标：含量（$C_2H_7NSO_3$）≥98.5％；氯化物≤0.1％；硫酸盐≤0.2％；灼烧残渣≤0.1％；重金属（以 Pb 计）≤0.001％；砷盐（以 As 计）≤0.0002％；干燥失重≤0.2％。

(5) 应用　根据我国《食品营养强化剂使用卫生标准》（GB 14480—1994）中规定：牛磺酸可用于乳制品、婴幼儿食品及谷类制品，使用量为 0.3～0.58/kg；饮液、乳饮料，0.1～0.5g/kg；配制酒，0.1～0.5g/kg；儿童经口液，4.0～8.0g/kg。

第四节　无机盐类及脂肪酸类营养强化剂

人体几乎含有元素周期表中天然存在的所有元素，目前人体已发现有 20 余种元素为构成人体组织、机体代谢、维持生理功能所必需的，称为必需元素，占人体重量的 4%～5%。存在于人体内的各种元素中，除碳、氢、氧、氮主要以有机物的形式存在外，其余的各种元素无论其存在的形式如何，含量多少，统称之为无机盐（或矿物质）。无机盐与其他有机的营养物质不同，它们既不能在人体内合成，也不能在体内代谢过程中消失，除非排出体外。所以人体应不断地从各类食物中补充无机盐以满足机体的需要。

根据无机盐在人体中的含量和人体对它们的需要量，可分为常量元素和微量元素两大类。常量元素又称宏量元素，其标准含量占人体重量 1/1000 以上，每人每日需要量在 100mg 以上，有钾、钠、钙、镁、硫、磷、氯七种。微量元素又称痕量元素，其标准含量占人体重量 1/1000 以下，每人每日需要量在 100mg 以下。微量元素在体内存在的量极少，有的甚至只有痕量，即在组织中的浓度只能以 mg/kg 甚至 μg/kg 计。

无机盐的生理特点为：①是构成人体组织的重要成分。无机盐对组织和细胞的结构很重要，硬组织如骨骼和牙齿，大部分是由钙、磷和镁组成的，而软组织中含钾较多，铁为血红蛋白的组成成分。②调节细胞膜的通透性。体液中的无机盐离子可调节细胞膜的通透性，以保持细胞内外液中酸性和碱性无机离子的浓度，控制水分，维持正常渗透压和酸碱平衡，帮助运输普通元素到全身，参与神经活动和肌肉收缩等。③维持神经和肌肉的兴奋性。如钙为正常神经系统对兴奋传导的必需元素，钙、镁、钾对肌肉的收缩和舒张具有重要的调节作用。④组成激素、维生素、蛋白质和多种酶类的成分。有些矿物质是构成酶的辅基、激素、维生素、蛋白质和核酸的成分；或作为多种酶系统的激活剂，参与许多重要的生理功能。例如保持心脏和大脑的活动，帮助抗体形成等，对人体发挥有益的作用。

无机盐类营养强化剂主要有钙、铁、锌、碘、硒等。

脂肪酸中的亚油酸、亚麻酸和花生四烯酸等为人体必需脂肪酸。近年来亦常有用于食品的营养强化。

一、钙盐类

钙在人体中占 1.5%，钙是组成骨骼和牙齿的重要成分，人体中 99% 的钙都集中在骨骼和牙齿中。另外，钙在血液中以有机酸盐的形式维持着细胞的活力，对神经刺激表现出一定的感应性，对肌肉收缩、血液凝固起着重要作用，而且它可以调节其他矿物质的平衡，可以激活机体内的许多酶系，如三磷酸腺苷酶、琥珀酸脱氢酶、脂肪酸酶及一些蛋白质分解酶等。因此，钙是人体生命活动的必不可少的营养成分，尤其是儿童对钙的需要特别重要、也特别敏感，食物中钙不足，会导致软骨病、骨骼畸形、牙齿不整齐等。

钙强化剂不一定要可溶性的，但应具有较细的颗粒。摄取钙时应注意维持适当的钙、磷比。食品中植酸含量过高可影响钙的吸收。此外，使用钙强化剂时通常可与维生素（如维生素 D）并用，以促进其吸收利用。供给或补充钙源的最好食品是牛乳，但在食品中增补钙的方法却是经济有效的，作为强化用的钙盐既有无机酸钙也有有机酸钙。

1. 碳酸钙

碳酸钙，分子式为 $CaCO_3$，相对分子质量为 100.09。碳酸钙可分为重质碳酸钙（粒径

30～50μm)、轻质碳酸钙（粒径 5μm）与胶体碳酸钙（粒径 0.03～0.05μm）三种。我国作为食品添加剂使用的多为轻质碳酸钙。

（1）性状及性能　碳酸钙为白色结晶粉末，无臭、无味。可溶于稀乙酸、稀盐酸、稀硝酸产生二氧化碳，难溶于稀硫酸，几乎不溶于水和乙醇。在空气中稳定，但易吸收臭味。

（2）毒性　碳酸钙的 ADI 不作限制性规定。

（3）制法及质量指标　碳酸钙的制法是将石灰石煅烧成为氧化钙，经消化，精制，分离，再通入二氧化碳碳化，然后过滤、干燥、筛选而成。

按我国食品添加剂沉淀碳酸钙质量标准（GB 1898—1996）的要求，应符合下列质量指标：碳酸钙（以干基计）98.2%～102.0%，盐酸不溶物≤0.02%，碱金属及镁含量≤1.0%，重金属（以 Pb 计）≤0.002%，砷≤0.0003%，钡≤0.01%。

（4）应用　根据我国《食品营养强化剂使用卫生标准》（GB 14480—1994）中规定：碳酸钙可用于谷类及其制品，用量为 4～8g/kg；饮料、乳饮料，1～2g/kg；婴幼儿食品，用量 7.5～15g/kg。

2. 活性钙

活性钙，又名活性离子钙，所含钙的主要成分为氢氧化钙（约 98%），另含微量氧化镁（MgO）、氧化钾（K_2O）、三氧化二铁（Fe_2O_3）、五氧化二磷（P_2O_5）、氧化钠（Na_2O）和锰离子。

（1）性状及性能　活性钙为白色粉末，无臭，有咸涩味。溶于酸性溶液，几乎不溶于水，呈强碱性，在空气中可吸收 CO_2 而生成碳酸钙。

（2）毒性　小鼠经口 LD_{50} 10.25g/kg±1.58g/kg。属于无毒品。

（3）制法及质量指标　活性钙的制法是将牡蛎壳清洗后经高温煅烧，精制而成。

根据我国食品添加剂活性钙质量标准（GB 9990—1988）的要求，应符合下列质量指标：总钙（以 Ca 计）≥50.0%；水分≤1.0%；细度（100 目筛通过率）≥98.5%；砷（以 As 计）≤0.0001；铅≤0.0001%；镉≤0.0001%；盐酸不溶物≤0.10%；钡≤0.03%。

（4）应用　根据我国《食品营养强化剂使用卫生标准》（GB 14480—1994）中规定：活性钙可用于饮料、乳饮料，用量（以元素钙计）为 0.6～0.8g/kg；谷类及其制品，1.6～3.2g/kg；婴幼儿食品，3.0～6.0g/kg。另外，根据我国《食品添加剂使用卫生标准》（GB 2760—1996）规定，活性钙可用于食盐、肉松，用量为 5～10g/kg。

3. 柠檬酸钙

柠檬酸钙，分子式为 $Ca_3(C_6H_5O_7)_2 \cdot 4H_2O$，相对分子质量为 570.50；结构式如下：

$$\left[\begin{array}{c} CH_2COO^- \\ HO-C-COO^- \\ CH_2COO^- \end{array} \right]_2 Ca_3^{2+} \cdot 4H_2O$$

（1）性状及性能　柠檬酸钙为白色粉末，无臭，稍吸湿。极难溶于水，几乎不溶于乙醇。加热至 100℃逐渐失去结晶水，至 120℃则完全失去结晶水。理论钙含量为 21.08%。

（2）毒性　FAO/WHO（1994）规定，ADI 不作限制性规定。

（3）制法及质量指标　柠檬酸钙是由柠檬酸与碳酸钙反应制得，或由柠檬酸钠与氯化钙反应制取。

柠檬酸钙的质量指标，按美国《食品用化学品法典》规定应为：含量（干燥后）为 97.5%～100.5%；氟化物≤0.003%；重金属（以 Pb 计）≤0.002%；铅≤0.0010%；干燥失重为 10.0%～14.0%。

(4) 应用　根据我国《食品营养强化剂使用卫生标准》(GB 14480—1994) 中规定：柠檬酸钙可用于谷类及其制品，使用量 8～16g/kg；饮料、乳饮料，使用量 1.8～3.6g/kg。

4. 葡萄糖酸钙

葡萄糖酸钙，分子式为 $C_{12}H_{22}CaO_{14}$，相对分子质量为 430.38（无水物）；结构式如下：

$$\left[HO-\underset{\underset{H}{|}}{\overset{\overset{H}{|}}{C}}-\underset{\underset{OH}{|}}{\overset{\overset{H}{|}}{C}}-\underset{\underset{OH}{|}}{\overset{\overset{H}{|}}{C}}-\underset{\underset{H}{|}}{\overset{\overset{OH}{|}}{C}}-\underset{\underset{OH}{|}}{\overset{\overset{H}{|}}{C}}-COO^- \right]_2 Ca^{2+}$$

(1) 性状及性能　葡萄糖酸钙为白色结晶状颗粒或粉末，无臭，无味，在空气中稳定，在水中缓缓溶解。1g 约溶于 30mL 25℃水或 5mL 沸水，不溶于乙醇和其他许多有机溶剂。水溶液的 pH 为 6～7。理论钙含量为 9.31%。

(2) 毒性　大鼠静脉注射 LD_{50} 950mg/kg；小鼠腹腔注射 LD_{50} 2200mg/kg。FAO/WHO (1994) 规定，ADI 为 0～50mg/kg。

(3) 制法及质量指标　葡萄糖酸钙是由葡萄糖酸与石灰或碳酸钙中和、浓缩制得。按我国食品添加剂葡萄糖酸钙质量标准 (GB 15571—1995) 的要求，应符合下列质量指标：含量（以 $C_{12}H_{22}CaO_{14} \cdot H_2O$ 计）为 99.0%～102.0%；砷盐（以 As 计）≤0.0002%；重金属（以 Pb 计）≤0.001%；干燥失重≤0.5%；氯化物≤0.05%；硫酸盐≤0.05%；pH 为 6.0～8.0。

(4) 应用　根据我国《食品营养强化剂使用卫生标准》(GB 14480—1994) 中规定：葡萄糖酸钙可用于谷类及其制品、饮料，用量 18～36g/kg；饮液及乳饮料，用量为 4.5～9.0g/kg。用于果蔬制品同时还具有固化作用。此外，用于添加于含油量高的糕点或油炸食品中，因其具有螯合金属离子的作用，故可防止油脂氧化变质及制品发色等。

5. 乳酸钙

乳酸钙，分子式为 $C_6H_{10}CaO_6 \cdot 5H_2O$，相对分子质量为 308.3；结构式如下：

$$\left[CH_3-\underset{\underset{OH}{|}}{CH}-COO^- \right]_2 Ca^{2+} \cdot 5H_2O$$

(1) 性状及性能　乳酸钙为白色或乳酪色晶体颗粒或粉末，无臭，几乎无味。加热至 20℃成为无水物。溶于水，呈透明或微浊的溶液，水溶液的 pH 为 6.0～7.0；几乎不溶于乙醇、乙醚、氯仿。

(2) 毒性　美国食品与药物管理局 (1985) 将乳酸钙列为一般公认安全物质。FAO/WHO (1985) 规定，ADI 不作限制性规定。

(3) 制法及质量指标　乳酸钙的制法是用碳酸钙或氢氧化钙中和稀乳酸液，再经过滤、结晶、精制而得。也可将大米高压糊化，用水稀释冷却至 50～53℃，接入黑曲霉菌和德氏乳酸杆菌，发酵得到代谢产物乳酸，然后以磷酸钙中和，得到粗乳酸钙，最后进行精制而得。

按我国食品添加剂乳酸钙质量标准 (GB 6226—1986) 的要求，应符合下列质量指标：含量（以干基计）≥98.0%；游离酸（以乳酸计）≤0.45%；砷（以 As 计）≤0.0003%；重金属（以 Pb 计）≤0.002%；镁及碱金属≤1%。

(4) 应用　根据我国《食品营养强化剂使用卫生标准》(GB 14480—1994) 中规定：乳

酸钙可用于谷类及其制品，用量为 12～24g/kg；婴幼儿食品，23～46g/kg；饮液、乳饮料，3～6g/kg。另外，根据我国《食品添加剂使用卫生标准》(GB 2760—1996) 规定，还可用于鸡蛋黄粉，3～5g/kg；鸡蛋白粉，1.5～2.5g/kg；鸡全蛋粉，2.25～3.75g/kg。

乳酸钙水溶性好，人体吸收率高，用作钙的强化剂比较理想。

乳酸钙用于果蔬制品同时还具有稳定、固化作用。用于果酱和果冻，同时还具有 pH 调整作用（维持 pH 2.8～3.5），用量约 0.2g/kg。

二、铁盐类

铁是人体最丰富的微量元素。72%是以血红蛋白、3%以肌红蛋白存在，其余的铁是体内细胞色素、酶等物质的组成成分和一些贮备铁。铁在机体内参与氧的运转、交换和组织呼吸过程。如果铁的数量不足或铁的携氧能力受阻，则产生缺铁性或营养性贫血。

用于强化的铁盐种类很多，一般说来，凡是容易在胃肠道中转变为离子状态的铁易于吸收。二价铁比三价铁易于吸收，而植酸盐和磷酸盐可降低铁的吸收。此外，抗坏血酸以及肉类可增加铁的吸收。

1. 柠檬酸铁

柠檬酸铁，分子式为 $FeC_6H_5O_7 \cdot 2.5H_2O$，相对分子质量为 244.95（无水物）。

（1）性状及性能　柠檬酸铁根据组成成分不同为红褐色透明薄片或褐色粉末。含铁量 16.5%～18.5%，在冷水中溶解缓慢，极易溶于热水，不溶于乙醇，水溶液呈酸性，可被光或热还原逐渐变成柠檬酸亚铁。因为柠檬酸铁呈褐色，故不适合用于不易着色的食品。

（2）毒性　FAO/WHO (1994) 规定，ADI 不作限制性规定。

（3）制法及质量指标　柠檬酸铁是将氢氧化铁加入柠檬酸溶液中溶解，在 60℃ 以下浓缩、干燥制得。

根据日本《食品添加物公定书》（第六版）的要求，应符合下列质量指标：铁盐为 16.5%～18.5%；砷（以 As_2O_3 计）≤0.0004%；重金属（以 Pb 计）≤0.002%；硫酸盐≤0.48%。

（4）应用　根据我国《食品营养强化剂使用卫生标准》(GB 14480—1994) 中规定：柠檬酸铁可用于谷物及其制品，用量 150～290mg/kg；饮料 60～120mg/kg；乳制品、婴儿配方食品 360～600mg/kg；食盐、夹心糖 3600～7200mg/kg。

2. 葡萄糖酸亚铁

葡萄糖酸亚铁，分子式为 $C_{12}H_{22}FeO_{14} \cdot 2H_2O$，相对分子质量为 482.18（二水物），446.15（无水物）；结构式如下：

$$\left[HOCH_2CH-CHCHCHC \begin{matrix} OH \\ | \\ OH \end{matrix} \begin{matrix} \\ OH \end{matrix} \begin{matrix} \\ OH \end{matrix} \begin{matrix} O \\ \| \\ O^- \end{matrix} \right]_2 Fe^{2+} \cdot 2H_2O$$

（1）性状及性能　葡萄糖酸亚铁为浅黄灰色或微带灰绿的黄色粉末或颗粒，稍有类似焦糖的气味。1g 约溶于 10mL 温水中，几乎不溶于乙醇。5%溶液对石蕊呈酸性。理论含铁量为 12%。

（2）毒性　大鼠经口 LD_{50} 2237mg/kg。

葡萄糖酸亚铁是可溶性的、生物可利用的亚铁盐。该物被吸收后，其铁部分比葡萄糖部分有较大的潜在毒性威胁，1987 年，JECFA 将其 ADI 由无需规定改为 0～0.8mg/kg。由葡萄糖酸亚铁来源的铁应包含在所有其他铁源内，总铁源不应超过此值。

(3) 制法及质量指标　葡萄糖酸亚铁是由还原铁中和葡萄糖酸而成。

根据我国国家医药管理局（YY 0035—1991）的要求，葡萄糖酸亚铁应符合下列质量指标：含量（以干物质计）≥95.0%；干燥失重为6.5%～10.0%；硫酸盐≤0.1%；氯化物≤0.07%；硫酸盐≤0.1%；三价铁≤2.0%；砷（以As计）≤0.0003%；铅≤0.0005%；汞≤0.0003%。

(4) 应用　根据我国《食品营养强化剂使用卫生标准》（GB 14480—1994）中规定：葡萄糖酸亚铁可用于谷类及其制品，用量为200～400 mg/kg；饮料，80～160mg/kg，乳制品、婴幼儿食品，480～800mg/kg；食盐、夹心糖，为4800～6000mg/kg，高铁谷类及其制品（每日限食50g），为1400～1600mg/kg。

葡萄糖酸亚铁除可作为铁强化剂外，还可用于食用橄榄油，以稳定其油氧化变黑的颜色，最大用量按食品总铁计，用量为0.15g/kg。

3. 乳酸亚铁

乳酸亚铁，分子式为$C_6H_{10}FeO_6 \cdot 3H_2O$，相对分子质量为288.04，结构式如下：

$$\left[\begin{array}{c} H_3C-CH-COO^- \\ | \\ OH \end{array} \right]_2 Fe^{2+} \cdot 3H_2O$$

(1) 性状及性能　乳酸亚铁为浅绿色或微黄色结晶，或晶体粉末，具有特殊气味和微甜铁味。易潮解。暴露在空气中颜色变深。在光照下促进氧化。铁离子与其他食品添加剂反应易着色。易溶于柠檬酸，成绿色溶液。溶于水，水溶液带绿色，呈弱酸性。几乎不溶于乙醇。

(2) 毒性　小鼠经口 LD_{50} 4875mg/kg，大鼠经口 LD_{50} 3730mg/kg。美国食品与药物管理局将其列为一般公认的安全物质。

(3) 制法及质量指标　乳酸亚铁是由乳酸钙溶液加硫酸亚铁或氯化铁制得。也可由乳酸溶液中加蔗糖和精制铁粉进行反应，然后结晶而得。

根据我国食品添加剂乳酸亚铁质量标准（GB 6781—1986）的要求，应符合下列质量指标：总铁（以Fe计）≥18.9%，亚铁（以Fe^{2+}计）≥18.0%，水分（不包括结晶水）≤2.5%，钙盐（以Ca^{2+}计）≤1.2%，重金属（以Pb计）≤0.002%，砷（以As计）≤0.0001%。

(4) 应用　根据我国《食品营养强化剂使用卫生标准》（GB 14480—1994）中规定：乳酸亚铁（以元素铁计）用于乳制品、婴幼儿食品，为60～100mg/kg；谷类及其制品，24～48mg/kg；饮料，10～20mg/kg；食盐、夹心糖，600～1200mg/kg。

乳酸亚铁用于强化食品，具有易吸收，对消化系统无刺激、无副作用，对食品的感官性能和风味无影响。用作药物有治疗贫血的功能。

4. 硫酸亚铁

硫酸亚铁，分子式为$FeSO_4 \cdot 7H_2O$，相对分子质量为151.91（无水物），278.02（七水物）。

(1) 性状及性能　硫酸亚铁为蓝绿色结晶或颗粒，无臭，有带咸味的收敛性味。相对密度1.899，熔点64℃，90℃时失去6分子结晶水，300℃时失去全部结晶水。在干燥空气中易风化，在潮湿空气中逐渐氧化，形成黄褐色碱性硫酸铁。无水物为白色粉末，相对密度3.4，与水作用则变成蓝绿色，pH3.7。1g可溶于约1.5mL 25℃水中或0.5mL沸水中，不溶于乙醇。七水物理论铁含量为20.45%。

（2）毒性　大鼠经口（以Fe计）LD$_{50}$ 279～558mg/kg。

硫酸亚铁与一般重金属相同，可凝固蛋白质，具有收敛作用及防腐作用。大量吸收，则发生中毒、呕吐、腹泻、中枢神经麻痹及肾炎。

（3）制法及质量指标　硫酸亚铁是由铁与稀硫酸作用制得。

硫酸亚铁（七水物）的质量指标，按美国《食品用化学品法典》（1981）规定应为：含量为99.5%～104.5%；铅≤0.0010%；汞≤0.0003%。

（4）应用　根据我国《食品营养强化剂使用卫生标准》（GB 14480—1994）中规定：硫酸亚铁可用于谷类及其制品，120～240mg/kg；饮料，50～100mg/kg；乳制品、婴幼儿食品，300～500mg/kg；食盐、夹心糖 3000～6000mg/kg。高铁谷类及其制品（每日限食50g），860～960mg/kg。

实际生产中，用于面粉、面包等强化铁时，用量为26.4～30mg/kg。

硫酸亚铁还可作为蔬菜、水果的护色剂使用。如用于糖煮蚕豆，原料豆经选择、充分水洗、浸渍后，加热放置3～4h，按原料量加入0.02%～0.03%（干燥量）的硫酸亚铁溶液于原料中后，再加3%左右的碳酸氢钠，在夹层锅中煮沸，排水，加糖煮沸后，再以小火煮制，豆软后将碳酸氢钠充分除去。与钾明矾（0.1%）合用，也可用于茄子着色。

5. 铁卟啉

铁卟啉，又名1,3,5,8-四甲基-2,4-乙基-6,7-二丙酸铁卟啉，分子式为$C_{34}H_{36}FeN_4O_4$，相对分子质量为620，结构式如下：

（1）性状及性能　铁卟啉为深咖啡色粉末或结晶，无味。

（2）毒性　小鼠经口LD$_{50}$大于10000mg/kg。Ames试验阴性。

（3）制法及质量指标　铁卟啉是用食用叶绿素经脱镁、脱植醇基，去异五环，芳构化制成游离卟啉，再经铁络合即成铁卟啉。

根据上海某企业自定的质量标准要求，铁卟啉应符合下列质量指标：铁卟啉≥80.0%；铁≥7.2%；砷（以As计）≤0.00015%；铅≤0.0002%；水分≤5.0%；灰分≤7.0%。

（4）应用　根据我国《食品添加剂使用卫生标准》（GB 2760—1996）规定：作为铁源，按GB 14880—94有关规定执行。

三、碘盐类

碘是人体必需的微量元素，正常成人体内含碘20～50mg，其中70%～80%存在于甲状腺组织内，是甲状腺激素合成的必不可少的成分。碘的生理作用也是通过甲状腺激素的作用表现出来的。甲状腺激素是机体最重要的激素之一，对机体的作用是多方面的，它不仅是调节机体物质代谢必不可缺的物质，对机体的生长发育也有着非常重要的作用。因此，一旦缺碘，就会给人体带来很大的危害。

机体因缺碘而导致的一系列障碍统称为碘缺乏病。碘缺乏的典型症状为甲状腺肿大，由于缺碘造成甲状腺素合成分泌不足，引起垂体促甲状腺激素代偿性合成分泌增多，从而刺激甲状腺组织增生、肥大。孕妇严重缺碘可影响胎儿神经、肌肉的发育并可导致胎儿死亡率上升。婴幼儿缺碘可引起生长发育迟缓、智力低下，严重者发生呆小症（克汀病），表现为智力落后、生长发育落后、聋哑、斜视、甲状腺功能减退、运动功能障碍等。

1. 碘化钾

碘化钾，分子式为 KI，相对分子质量为 166.00。

（1）性状及性能　碘化钾为无色透明或白色立方晶体，或颗粒性粉末，相对密度 3.13，熔点 723℃，沸点 1420℃，在干燥空气中稳定，在潮湿空气中略有吸湿。1g 碘化钾约可溶于 25℃ 0.7mL 水、0.5mL 沸水、2mL 甘油以及 22mL 乙醇。5%溶液的 pH 为 6~10。水溶液遇光变黄，并析出游离碘。

（2）毒性　美国食品与药物管理局将其列为一般公认的安全物质。第 37 届 JECFA 会议认可碘化钾为膳食碘来源。

（3）制法及质量指标　碘化钾是由碳酸钾与氢碘酸或碘化亚铁溶液作用制得。

碘化钾的质量指标，按美国《食品用化学品法典》（1981）规定应为：含量（干燥后）为 99.0%~101.5%；干燥失重≤1%；碘酸盐≤0.0004%；重金属（以 Pb 计）≤0.0010%。

（4）应用　根据我国《食品营养强化剂使用卫生标准》（GB 14480—1994）中规定：可用于食盐，用量为 30~70mg/kg；婴幼儿食品，用量为 0.3~0.6mg/kg。以元素碘计，食盐强化量为 20~50mg/kg；婴幼儿食品强化量为 250~480mg/kg。

碘化钾中碘含量为 76.4%，用于防治缺碘性甲状腺肿。主要在缺碘地区用于强化食用盐。

2. 碘酸钾

碘酸钾，分子式为 KIO_3，相对分子质量为 214.00。

（1）性状及性能　碘酸钾为白色结晶性粉末，无臭，熔点 560℃，部分分解。相对密度 3.89。1g 碘酸钾溶于约 15mL 水中，不溶于乙醇，水溶液的 pH 为 5~8。

（2）毒性　小鼠经口 LD_{50} 531mg/kg；小鼠腹腔注射 LD_{50} 136mg/kg。美国食品与药物管理局将其列为一般公认的安全物质。FAO/WHO（1994）规定，ADI 不作限制性规定。

（3）制法及质量指标　碘酸钾的制法是在酸性溶液中，加入氯酸钾，再缓缓加入碘，生成酸式碘酸钾，再加入氢氧化钾中和至 pH 9~10，过滤、洗涤、干燥制取。

碘酸钾的质量指标，按美国《食品用化学品法典》（1981）规定应为：含量（以干基计）为 99.0%~101.0%；氯酸盐（以 ClO_3 计）≤合格（约 0.01%）；干燥失重≤0.5%；碘化物（以 I 计）≤合格（约 0.002%）；重金属≤0.001%。

（4）应用　根据我国《食品添加剂使用卫生标准》（GB 2760—1996）规定：碘酸钾用于固体饮料，最大用量为 0.26~0.4mg/kg。此外，作为碘源，还可参见《食品营养强化剂使用卫生标准》（GB 14480—1994）碘化钾项内有关规定执行。

碘酸钾含碘量为 59.30%，除作为碘盐的强化剂外，还可用于水果催熟剂及面团品质改良剂。

四、硒盐类

硒是人体内含硒酶-谷胱甘肽过氧化物酶的重要成分，谷胱甘肽过氧化物酶能催化还原型谷胱甘肽接受过氧化物中的氧成为氧化型谷胱甘肽，从而使有毒的过氧化物还原为无害的羟基化合物。过氧化氢会在谷胱甘肽过氧化物酶的催化作用下被分解，从而保护细胞及组织免受过氧化物的损害，特别是保护细胞膜和细胞器膜，如线粒体、微粒体和溶酶体的膜。在食品加工时，硒会因精制和烧煮过程而有所损失，所以越是精制的和长时间烧煮加工的食品，其含硒量越少。补硒的简单方法是每周1次口服亚硒酸盐（亚硒酸钾、亚硒酸钠），1～5岁儿童口服亚硒酸钠 0.5mg，5～9 岁儿童口服 1.0mg，10 岁以上口服 2.0mg。亚硒酸盐也可以强化食品。

1. 亚硒酸钠

亚硒酸钠，又名亚硒酸二钠，分子式为 Na_2SeO_3，相对分子质量为 172.95（无水物），263.026（五水物）。

（1）性状及性能　亚硒酸钠为白色结晶，在空气中稳定，易溶于水，不溶于乙醇。五水物易在空气中风化失去水分，加热至红热时分解。理论含硒量 45.7%。

（2）毒性　大白鼠经口 LD_{50} 7mg/kg。

（3）制法及质量指标　亚硒酸钠的制法是将单质硒用硝酸溶解，经反应生成亚硒酸和二氧化氮，除去二氧化氮，用氢氧化钠溶液中和，加热浓缩而制得。也可将单质硒加热至 550℃以上使之汽化，通入氧气与气态硒反应，生成二氧化硒，将其溶于水，再用氢氧化钠溶液中和即得。

根据山东原料药质量标准要求，亚硒酸钠应符合下列质量指标：亚硒酸钠（以干基计）≥98.0%；硝酸盐≤0.01%；氯化物（以 Cl 计）≤0.01%；重金属（以 Pb 计）≤0.002%。

（4）应用　亚硒酸钠有剧毒，应严格按国家有关规定使用。根据我国《食品营养强化剂使用卫生标准》（GB 14480—1994）中规定：用于食盐，使用量 7～11mg/kg；饮液及乳饮料，110～440μg/kg；乳制品、谷类及其制品，300～600μg/kg。另外，根据我国《食品添加剂使用卫生标准》（GB 2760—1996）规定，用于饼干，最大使用量 240μg/kg。

2. 硒化卡拉胶

（1）性状及性能　硒化卡拉胶为微黄至土黄色粉末，有微臭，在水中形成均匀水溶胶。水溶胶呈酸性，在乙醇中几乎不溶。

（2）毒性　大鼠经口 LD_{50} 575mg/kg（雌性）；703mg/kg（雄性）。

Ames 试验、骨髓微核试验及小鼠精子畸形试验，均未见致突变作用。无明显蓄积毒性作用。

（3）制法及质量指标　硒化卡拉胶的制法是取硒粉用浓硝酸溶解后，与卡拉胶溶液反应，精制而成。

根据 GB 送审稿（1992）的要求，硒化卡拉胶应符合下列质量指标：硒含量为 0.8%～1.2%；有机硒率≥90%；干燥失重≤8%；灼烧残渣为 23%～28%；重金属（以 Pb 计）≤0.001%；镉≤0.00005%；汞≤0.00005%；砷（以 As 计）≤0.0003%。

（4）应用　根据我国《食品营养强化剂使用卫生标准》（GB 14480—1994）中规定：硒化卡拉胶（以硒计）可用于饮液，30μg/10mL；用于片、粒和胶囊，为 20μg/片、粒、胶囊。

硒化卡拉胶是有机硒化物，毒性比无机硒化物低，且有更好的生物可利用性和生理增益作用。作为营养强化剂硒源，必须在省级有关部门指导下使用。

五、锌盐类

锌作为人体必需的微量元素广泛分布于人体的所有组织和器官中，成人体内锌含量 2～2.5g，主要分布在肝、肾、肌肉、视网膜、前列腺、骨骼和皮肤中。就其含量而言，视网膜内含量最高，其次是前列腺。血液中的锌，75%～85%分布在红细胞中，3%～5%分布于白细胞中，其余在血浆中。锌对人体具有多种功能和营养作用，锌是人体内许多金属酶的组成成分或酶的激活剂，可促进机体的生长发育和组织再生，提高机体免疫功能，维持细胞膜的完整性。缺锌可引起味觉减退及食欲不振，出现异食癖，还会出现皮肤干糙、免疫功能降低等症状。严重缺锌时，即使肝脏中有一定量维生素 A 贮备，亦可出现暗适应能力降低。儿童长期缺锌可导致侏儒症。

1. 氧化锌

氧化锌，又名锌白、锌氧粉，分子式为 ZnO，相对分子质量为 81.39。

（1）性状及性能　氧化锌为白色无定形细粉，无臭。在空气中逐渐吸收 CO_2，熔点大于 1800℃，不溶于水、乙醇，溶于稀酸和强碱液。含锌量 80.34%，使用时可溶于乙酸、有机酸、弱碱液。为微量元素锌的供应物。

（2）毒性　大鼠腹腔注射 LD_{50} 240mg/kg。美国食品与药物管理局将其列为一般公认的安全物质。

（3）制法及质量指标　氧化锌是以金属锌为原料，在坩埚中加热至 1000℃ 以上，用热空气氧化，冷却而制得。

碘酸钾的质量指标，按美国《食品用化学品法典》（1981）规定应为：含量（ZnO，灼烧后）≥99.0%；镉≤0.001%；铅≤0.001%；灼烧残渣≤1.0%；硫化不沉淀物≤0.5%。

（4）应用　根据我国《食品营养强化剂使用卫生标准》（GB 14480—1994）中规定：氧化锌以元素锌计，用于饮料，10～20mg/kg；谷类及其制品，10～20mg/kg；乳制品，30～60mg/kg；婴幼儿食品，25～70mg/kg。

2. 硫酸锌

硫酸锌，分子式为 $ZnSO_4 \cdot 7H_2O$，相对分子质量为 161.45（无水物），287.56（七水物）。

（1）性状及性能　硫酸锌为无色透明的棱柱体或小针状体，或是粒状结晶性粉末，无臭，相对密度 1.9661。一水物在温度 238℃ 以上失水，七水物在室温下、干燥空气中风化。其溶液对石蕊呈酸性。一水物溶于水，几乎不溶于乙醇。1g 七水物溶于约 0.6mL 水、2.5mL 甘油，不溶于乙醇，锌含量为 22.7%。

（2）毒性　大鼠经口 LD_{50} 2949mg/kg。美国食品与药物管理局将其列为一般公认的安全物质。

（3）制法及质量指标　硫酸锌是由锌或氧化锌与硫酸作用制得；也可由内锌矿经焙烧后浸提，精制而得。

硫酸锌的质量指标，按美国《食品用化学品法典》（1981）规定应为：含量（七水物）为 99.0%～108.7%；碱金属和碱土金属氧化物≤0.5%；镉≤0.0005%；硒≤0.003%；汞≤0.0005%；铅≤0.0010%。

（4）应用　根据我国《食品营养强化剂使用卫生标准》（GB 14480—1994）中规定：硫

酸锌可用于乳制品，用量为 130～250mg/kg；用于婴幼儿食品，用量为 113～318mg/kg；用于谷类及其制品，用量为 80～160mg/kg；用于食盐强化，用量为 500mg/kg；用于饮液及乳饮料，用量为 22.5～44mg/kg。

3. 葡萄糖酸锌

葡萄糖酸锌，分子式为 $C_{12}H_{22}O_{14}Zn$，相对分子质量为 455.69（无水物），509.73（三水物），结构式如下：

$$\left[HO-\underset{H}{\overset{H}{C}}-\underset{OH}{\overset{H}{C}}-\underset{OH}{\overset{H}{C}}-\underset{H}{\overset{OH}{C}}-\underset{OH}{\overset{H}{C}}-COO^- \right]_2 Zn^{2+}$$

（1）性状及性能 葡萄糖酸锌无水物或含有 3 分子水的水合物，无臭，无味，白色或几乎白色的颗粒，或结晶性粉末，易溶于水，极微溶于乙醇。

（2）毒性 小鼠经口 LD_{50} 1930mg/kg。美国食品与药物管理局将其列为一般公认安全物质。

（3）制法及质量指标 葡萄糖酸锌可由葡萄糖酸钙经酸化后再与锌化物反应而制得。也可由葡萄酸内酯与锌化物反应制取。

根据我国食品添加剂葡萄糖酸锌质量标准（GB 8820—1988）的要求，应符合下列质量指标：含量（以 $C_{12}H_{22}O_{14}Zn$ 计）为 97.0%～102.0%，水分≤11.6%，还原物质（以 $C_6H_{12}O_6$ 计）≤1.0%，氯化物（以 Cl 计）≤0.05%，硫酸盐（以 SO_4 计）≤0.05%，砷（以 As 计）≤0.0003%，铅（以 Pb 计）≤0.001%，镉（以 Cd 计）≤0.0005%。

（4）应用 根据我国《食品营养强化剂使用卫生标准》（GB 14480—1994）中规定：葡萄糖酸锌可用于乳制品，用量为 230～470mg/kg；用于婴幼儿食品，用量为 195～545mg/kg；用于谷类及其制品，用量 160～320mg/kg；用于食盐，用量为 500mg/kg；饮料及乳饮料，用量为 40～80mg/kg。

六、铜盐类

铜是机体的组成成分和人体必需的微量元素之一，正常人体内的含铜总量为 50～120mg，其中 50%～70%在肌肉和骨骼中，20%在肝脏中，5%～10%在血液中。少量存在于铜酶中。铜在体内的生理生化作用，主要是通过酶的形式表现出来。目前已知的含铜酶有十余种，且都是氧化酶，如铜蓝蛋白、细胞色素氧化酶、超氧化物歧化酶、多巴胺-β-羟化酶、酪氨酸酶、赖氨酸氧化酶等，参与体内的氧化还原过程，有着重要的生理功能。机体缺铜可引起贫血、白细胞减少、红细胞形成受抑制、血管活力减退、运动障碍、心律不齐、神经变性、胆固醇升高、皮肤毛发脱色和骨质疏松等症状。

1. 硫酸铜

硫酸铜，分子式为 $CuSO_4 \cdot 5H_2O$，相对分子质量为 249.69。

（1）性状及性能 硫酸铜为蓝色结晶或颗粒，或深蓝色结晶性粉末，有金属味，相对密度 2.284。在干燥空气中缓慢风化，高于 150℃，形成易吸水的白色无水硫酸铜，650℃分解成氧化铜。易溶于水，呈酸性，溶于稀乙醇，不溶于无水乙醇。0.1mol/L 水溶液的 pH 为 4.17（15℃）。

（2）毒性 大鼠经口 LD_{50} 333mg/kg。FAO/WHO（1994）规定，ADI 不能提出。

（3）制法及质量指标 硫酸铜是将氧化铜溶于稀硫酸制成。

硫酸铜的质量指标，按美国《食品用化学品法典》(1981) 规定应为：含量为 98.0%～102.0%；硫化氢不沉淀物≤0.3%；铁≤0.01%；铅≤0.0010%。

(4) 应用　根据我国《食品营养强化剂使用卫生标准》(GB 14480—1994) 中规定：硫酸铜可用于乳制品，使用量 12～16mg/kg；婴幼儿食品，7.5～10mg/kg；饮液，4～5mg/kg（以元素铜计）。过量摄食硫酸铜可引起中毒。

2. 葡萄糖酸铜

葡萄糖酸铜，分子式为 $C_{12}H_{22}CuO_4$，相对分子质量为 453.84，结构式如下：

$$\left[HOCH_2-\underset{\underset{OH}{|}}{\overset{\overset{H}{|}}{C}}-\underset{\underset{OH}{|}}{\overset{\overset{H}{|}}{C}}-\underset{\underset{H}{|}}{\overset{\overset{OH}{|}}{C}}-\underset{\underset{OH}{|}}{\overset{\overset{H}{|}}{C}}-COO^- \right]_2 Cu^{2+}$$

(1) 性状及性能　葡萄糖酸铜为淡蓝色粉末，易溶于水，难溶于乙醇。含铜量 11.68%。

(2) 毒性　小鼠经口 LD_{50} 419 mg/kg。

骨髓微核试验、Ames 试验，均未见致突变性。

(3) 制法及质量指标　葡萄糖酸铜是将葡萄糖酸钙经酸化、离心、过离子交换柱后，溶液中加入硫酸铜进行反应，结晶制得。

葡萄糖酸铜的质量指标，按美国《食品用化学品法典》(1981) 规定应为：含量 98.0%～102.0%；还原性物质≤1.0%；铅≤0.0010%。

(4) 应用　根据我国《食品添加剂使用卫生标准》(GB 2760—1996) 营养强化剂新增品种使用范围及使用量规定：葡萄糖酸铜可用于乳制品，用量为 5.7～7.5mg/kg；用于婴幼儿配方食品，用量为 7.5～10.0mg/kg（以铜计）。

七、脂肪酸类

γ-亚麻酸油，又名顺式-6,9,12-十八碳三烯酸，分子式为 $C_{18}H_{30}O_2$，相对分子质量为 278.438，结构式如下：

$$CH_3-(CH_2)_4-CH=CH-CH_2-CH=CH-CH_2-CH=CH-(CH_2)_4-COOH$$

(1) 性状　γ-亚麻酸油为黄色油状液体。

(2) 性能　γ-亚麻酸是食物中亚油酸转化为前列腺素的中间产物，为人体的一种必需脂肪酸，存在于母乳中，一旦缺少将导致体内组织机能的严重紊乱，引起各种疾病如高血脂、糖尿病、病毒感染、皮肤老化等。

(3) 毒性　小鼠、大鼠经口 LD_{50} 均大于 12.0g/kg（北京医科大学报告）；小鼠经口 LD_{50} 大于 20mL/kg（上海市卫生防疫站报告）。Ames 试验、骨髓微核试验、小鼠精子畸形试验，均未见致突变性。RDA：婴孩，100mg/(kg·d)；成人，36mg/(kg·d)。

(4) 制法及质量指标　γ-亚麻酸油是以水解糖为原料，接种黄色被孢霉（As3.3410），经液体发酵、二氧化碳超临界萃取制得。

根据上海市地方标准 (DB 31-123—1993) 质量标准要求，γ-亚麻酸油应符合下列质量指标：含量（γ-亚麻酸）≥6.5%；过氧化值≤0.35%；砷（以 As 计）≤0.00005%；铅≤0.0001%。

(5) 用途　根据我国《食品添加剂使用卫生标准》(GB 2760—1996) 中规定：亚麻酸油可用于调和油、乳及乳制品、强化 γ-亚麻酸油饮料，用量为 20～50g/kg。

第十二章 酶制剂

第一节 概述

从生物（包括动物、植物、微生物）中提取的具有生物催化能力的物质，辅以其他成分，用于加速食品加工过程和提高食品产品质量的制品，称为酶制剂。

酶是由生物体产生的一类具有高度催化活性的物质又称生物催化剂。生物体内的化学反应能顺利进行，与酶的作用密切相关，可以说没有酶就没有生命现象。

一、酶的组成及催化特性

1. 酶的组成

酶是由蛋白质组成的。有些酶是单纯蛋白质，如脲酶、蛋白酶及核糖核酸酶等，它们具有催化活性，称为单成分酶。有些酶是结合蛋白质，其分子中包括蛋白质部分和非蛋白质部分，如过氧化氢酶、细胞色素氧化酶等，这类酶称为双成分酶。双成分酶的蛋白质部分称为酶蛋白，非蛋白质部分称为辅酶或辅基。酶蛋白与辅酶结合起来成为全酶。酶蛋白和辅酶各自单独存在时均无催化活性。只有互相结合成为全酶时才具有酶的活性。分别制备的或已分离的酶蛋白与辅酶可以再结合成全酶，并恢复活性。通常将与酶蛋白结合松散的非蛋白部分称为辅酶，而与酶蛋白结合牢固的非蛋白部分叫做辅基。比较重要的辅酶和辅基有：烟酰胺核苷酸（辅酶Ⅰ及辅酶Ⅱ），黄素核苷酸（FMN和FAD等），辅酶A（COA），磷酸腺苷类（AMP、ADP、ATP），磷酸吡哆醛，硫辛酸（6,8-二硫辛酸），生物素（维生素H），焦磷酸硫胺素（TPP），泛醌（辅酶Q，简写为UQ），铁卟啉，四氢叶酸（辅酶F，THFA），金属（铜、镁、锌、铁等离子）。

2. 酶的催化特性

酶除具有催化剂的一般特性外，还具有其特有的一些催化特性：如酶催化反应是在常温和pH近于中性的条件下进行的，强酸、强碱、高温等剧烈条件，会使酶蛋白变性而失去催化活性，酶的催化效率较一般催化剂的高得多；酶的催化作用具有高度专一性，一种酶仅能作用于某一种物质或一类结构相似的物质，并催化某种类型的反应，这种专一性又称酶的特异性；酶的有效浓度在催化反应期间不会下降。

二、影响酶作用的因素

酶促反应受许多因素的影响，其中主要的有温度、pH、底物浓度、酶浓度、活化剂和抑制剂等。

1. 温度

温度对酶促反应有两种相反的影响：一种是，化学反应速度随温度升高而加速；另一种是，酶受热易变性而使催化活性降低。酶的最适温度与反应时间长短有关，反应时间短，最适温度较高；反应时间长，最适温度低。这是因为，反应时间短，酶被破坏得少，温度高些可加速反应，故此时最适温度高；反之，反应时间长，酶被破坏得多，需降低温度以维持最佳反应速度，故最适温度低。因此，在确定酶的作用温度时，必须考虑作用时间这一因素。

2. pH

每种酶都有其特定的最适酸碱度，pH过大或过小均能抑制或破坏酶的活性。

酶促反应最适pH受多种因素影响，如酶的纯度、底物的种类和缓冲剂类型和浓度等。在动物组织内的酶，最适pH一般在6.5~8；植物和微生物体内的酶，pH多在4~6.5之间。pH对酶活力的影响，一方面是由于pH改变了酶分子的带电状态，另一方面是由于pH改变了底物的带电状态而发生的。

3. 酶浓度

酶促反应符合质量作用定律，产物的生成取决于酶与底物形成的中间产物的浓度，酶的浓度越高，中间产物的浓度越大，反应速度也就越快。因此，酶促反应速度与酶浓度之间成正比关系。

4. 底物浓度

当酶促反应的其他条件不变时，反应速度随底物浓度增大而增高，且反应速度增高率逐渐减小，当底物浓度增大到一定值后，反应速度不再增高，而达到一最大值。这主要是由于酶的浓度为一定值所决定的，其次为高浓度底物对反应所起的抑制作用。这是因为过量的底物与酶的激活剂（如某些金属离子）结合，降低了激活剂的有效浓度而使反应速度下降；其次，一定的底物与酶分子中一定的活性部位结合形成稳定的中间产物，而过量的底物分子聚集在酶分子上就可能生成无活性的中间产物，这种中间产物不能进一步分解为反应产物等。

5. 酶的激活剂

许多酶促反应必须有其他适当物质存在时才能表现酶的催化活性或加速其催化效力。这种作用称为酶的激活作用，引起激活作用的物质称为激活剂。酶被激活的方式有：①解除抑制，如脲酶受重金属离子抑制，用血清、蛋白质或硫化氢等处理后重金属离子被除去，酶的活性即可恢复。②去罩作用，如胰蛋白酶原无催化活性，当它随胰液进入小肠后，小肠壁分泌一种激活酶，使胰蛋白酶原转变为具有催化活性的胰蛋白酶。这种转变的实质是在酶原肽链的某个地方断裂而失去一个六肽的结果，使得酶原被罩住的活性部分显露出来而呈现出催化活性。③无机离子的激活作用，许多酶在进行催化反应时需要无机离子作为激活剂，一般认为无机金属离子的激活作用是由于金属离子与酶结合，此结合物又与底物结合成"酶-金属-底物"的复合物，金属离子在其中起搭桥作用，使底物同酶的活性部位相结合，使反应进行。

6. 酶的抑制剂

抑制剂是指抑制酶活性的物质，酶受抑制主要是由于抑制剂使酶蛋白变性，使酶蛋白必要基改变，使辅酶（或辅基）改变，使无机离子激活剂改变，以及与酶发生结合使酶不能与正常底物结合进行催化反应等。

三、食品酶制剂的研究进展

酶制剂广泛用于食品生产中，如以酶法用淀粉生产饴糖、高麦芽糖、葡萄糖、果葡糖浆以及糊精、可溶性淀粉等,需使用各种淀粉酶;在蛋白类食品加工中,以酶法制造干酪、蛋白饮料、软化肉制品等,均使用蛋白酶;在水果、蔬菜、粮食加工中,如水果罐头防浊、果汁澄清等,通常使用的为果胶酶、纤维素酶;在酿造中,如酿造酒、酱油、啤酒、酒精等中,使用各种不同品种的酶;此外还用于食品贮藏中等。食品工业中应用的主要酶制剂的来源和用途见表 12-1。

表 12-1 食品工业应用的主要酶制剂

酶的名称	酶的主要来源	酶的作用及主要用途
高峰-淀粉酶	米曲霉	液化淀粉,制造糖浆,果汁等澄清
液化型淀粉酶	枯草杆菌	液化淀粉,酒精发酵,制造葡萄糖
糖化型淀粉酶	雪白根霉	糖化淀粉,酿酒、制醋,酒的香料,酒的去浊
蛋白酶	黑曲霉、带扣拟内孢霉、米曲霉、枯草杆菌	蛋白质分解,肉的嫩化,明胶制造,酱油速酿
木瓜酶	木瓜	水解蛋白,肉的嫩化,啤酒去浊
胃蛋白酶	猪胃黏膜	水解蛋白,胶姆糖制造(助消化),代用凝乳酶制造干酪
酸性蛋白酶	黑曲霉	蛋白质分解,食品加工
皱胃酶	小牛第四胃	蛋白质分解,干酪制造
微生物凝乳酶	毛霉等	蛋白质分解,干酪制造
脂肪酶	根霉、酵母	脂肪水解,乳制品赋香
纤维素酶	木霉	水解纤维素,谷物和蔬菜加工,快速食品制造,饲料,从木材废液中制造葡萄糖
半纤维素酶	霉菌	水解半纤维素,谷物、蔬菜、水果加工,咖啡加工
果胶酶	白腐核菌、黑曲霉、米曲霉、黄曲霉	水解半乳糖醛酸,果汁澄清,橘子脱囊衣
葡萄糖氧化酶	黑曲霉、青霉	氧化葡萄糖为葡萄糖酸,食品脱糖、除氧,罐头防腐蚀
葡萄糖异构酶	放线菌、短乳杆菌	从葡萄糖制造果糖
转化酶	啤酒酵母	蔗糖水解,制造果糖及高级糖蜜
过氧化氢酶	霉菌	分解过氧化氢,食品消毒
柚苷酶	黑曲霉	除去果汁(柚子汁)的苦味
橙皮苷酶	黑曲霉	防止柑橘罐头产生白浊,脱橘子囊衣
花青素酶	霉菌	水果罐头脱色(如桃子)
乳糖酶	酵母	乳糖水解,防止乳制品乳糖结晶

食品酶制剂的研制与生产至今已有 100 多年的历史,到目前为止,自然界中发现的酶共有 2500 多种,其中有经济价值的有 60 多种。工业化生产的酶制剂只有 20 多种,在已知酶中占 0.8%。在酶制剂的产量中 55% 是水解酶。1999 年,世界工业酶制剂中食品用酶占 31%。我国酶制剂生产始于 1965 年,现已发展成为一个完整的工业体系,目前全国共有 100 余家生产企业,年生产能力超过 40 万吨,产量达到 32 万吨,产品由单一品种发展到 20 多个品种,使酶制剂的发酵水平和提取率大幅度提高。我国固体型粗制酶已逐步被液体型食用级精制酶所代替,采用了超滤膜浓缩提纯技术,使粗酶加工为精制酶。

随着生物工程技术的迅速发展,酶制剂工业无论在品种、数量、活力单位、应用技术等各个方面都取得了很大的进步。如固定化富马酸酶,由富马酸通过固定化的富马酸酶柱连续生产 L-苹果酸;聚乙烯固定化的天冬氨酸酶,由富马酸通过格氏反应连续生产 L-天冬氨酸等新技术,在工业生产中已推广使用。近年来利用各种转移酶制备各种具有特殊功能的低聚糖，包括歧化低聚糖、直链低聚糖、低聚果糖、低聚半乳糖、麦芽糖、木糖以及葡萄糖-蔗糖、乳糖-蔗糖、卟啉-海藻糖和高环状低聚糖等具特殊功能的酶制剂正在大力开发。有多种肽酶类开发出许多功能性基料，如作用于C末端的羧肽酶、作用于N末端的氨肽酶、作用于二肽键切割的二肽键酶等。利用酶技术可制造出一系列寡肽类的功能性物质。在食用香料方面也有使用酶来创造出特殊香型的香料。酶制剂的研究和应用领域在不断地扩大，发展速度惊人。新型酶，高活性、高纯度、高质量的复合酶，是今后酶制剂的研究发展方向。

第二节　食品酶制剂的安全性

一、食品酶制剂的安全性问题

食品加工和食品发酵越来越重视活细胞中非离体酶或以农产品及其副产品为原料生产的各种酶制剂。酶可以改变食品及调味品的风味，改进食品质量，改变蛋白质的性质，补充氨基酸成分，使食品易于消化，酶能除掉食品中的毒性物质，酶制剂几乎可以在一切食品加工业中应用。目前还没有完善的法制规定。随着食品工业的发展，越来越多的酶制剂出现，那么就要考虑酶制剂的安全性问题，使用微生物酶制剂时必须选择不产生真菌毒素的生产菌种，尤其是迄今尚未利用过的微生物所制成的酶制剂更要加以注意。需要严格按照国家食品添加剂生产管理办法执行。如在美国必须获得FDA认为是安全性的才能使用。

酶和其他与酶制剂相结合的蛋白质同食品一起摄入人体后，有可能引起过敏反应，这类反应的程度一般不可能超过正常摄入的蛋白质所引起的类似反应的程度。在食品加工业中使用的商品酶制剂，经过加工过程，大多数已变性失活，但也有例外的情况，如啤酒中的木瓜蛋白酶和焙烤食品中的细菌淀粉酶的活性有可能部分地残存下来。由于食品中外加酶制剂含量很低，目前还没有证据表明食品工业中的酶是有害人体健康的。但是，有时酶作用的底物本身无毒，在经酶催化降解后变成有害物质，如木薯中含有生氰糖苷，本身无毒，在内源糖酶的作用下产生氢氰酸，变成有毒的产物。因此，酶作为食品添加剂使用时，在食品包装的标签上注明所添加的酶是十分必要的。如果食品中有活性酶，经加工后仍有活性酶存在，也应将它作为食品的一个成分加以说明，并对其进行安全性评价，包括酶制剂的生产菌种。

二、食品酶制剂的安全性要求

1. JECFA关于酶制剂的规定

JECFA于1977年第21届大会上做出以下规定：①凡从动植物可食部位的组织，或用食品加工传统使用菌种生产的酶制剂，可作为食品对待，不需要进行毒理试验，只需建立有关酶化学和微生物学的规格即可应用。②凡由非致病微生物生产的酶，除制定化学规格外，需作短期毒性试验，以确保无害，并分别评价，制定ADI。③对于非常见微生物制取的酶，不仅要有规格，还要作广泛的毒性试验。

2. 我国对食品酶制剂的安全性要求

食品工业用酶制剂在生产使用时必须符合国家有关质量标准。酶制剂的剂型可以是液体的，亦可以是固体的，产品标准应包括理化和卫生标准。产品的理化标准由主管部门制定，卫生标准由主管部门与卫生部门共同制定，产品应按检验规则检验，合格后方可出厂。

供制食品工业用酶制剂的动物，应根据《肉品卫生检验试行规程》进行检验，必须符合《肉与肉制品卫生管理办法》中的肉类检疫要求。

供制食品工业用酶制剂的植物，应是可食用的不腐烂变质的植物。

供制食品工业用酶制剂的微生物，应由国家菌种保藏委员会确定属性和种名，并确认为安全生产菌。

新的食品工业用酶制剂品种形成较大生产规模和市场后，应制定标准。直接食用的酶制剂，其行业标准和国家标准均由全国食品发酵标准化中心，卫生部食品卫生监督检验所技术归口，全国食品添加剂标准化技术委员会审批。食品加工用助剂由全国食品发酵标准化中心归口，全国食品工业标准化技术委员会工业发酵标准化分会审批。

用于食品工业的酶制剂，使用量可规定为正常生产需要量使用。

食品工业用酶制剂的包装应符合 GB 7718—1994《食品标签通用标准》的有关规定和 GB 2760—1996《食品添加剂使用卫生标准》的规定。

由国外进口的食品工业用酶制剂，必须符合本管理办法和进口食品卫生管理办法的规定。

三、食品用酶制剂安全评价程序

（1）来源于食品部分提取的酶制剂　应进行第一阶段及一项致突变试验的毒理学试验。

（2）来源于食品生产中传统使用的微生物菌种制得的酶制剂

① 提供菌种的学名及两个以上食品厂使用该菌种的证明。

② 酶制剂进行第一阶段及一项致突变试验的毒理试验。

（3）来源于非食用部分动植物制得的酶　应进行第一、第二阶段毒理试验。

（4）来源于非致病的微生物制得的酶

① 提供菌种的学名及其代号。

② 进行菌株的产菌试验。

③ 酶制剂进行第一、第二阶段毒理试验。

（5）不是传统使用的酶

① 提供菌种的学名及其代号。

② 进行菌株的产毒试验。

③ 国外已有 ADI 值的，酶的来源又与国外一致的，进行第一阶段及一项致突变毒理试验。

④ 国外已有 ADI 值，酶的来源与国外不同的，进行第一第二阶段的毒理试验。

⑤ 无 ADI 值的酶制剂，进行三个阶段的毒理试验。根据试验结果，由专家评议是否要进行第四阶段的毒理试验。

四、食品用酶制剂生产使用卫生规定

食品酶制剂生产使用卫生规定如下：①按照良好的制造技术生产酶制剂，必须达到食品级。②根据各种食品的微生物卫生标准，用酶制剂加工的食品必须不引起微生物总量的增加。③用酶制剂加工的食品必须不带入或不增加危害健康的杂质。④用于生产食品酶制剂的工业菌种，必须是非致病性的，不产生毒素、抗生素、激素等生理活性物质，必须通过安全性试验，才能使用。

第三节 淀 粉 酶

一、常用淀粉酶

1. α-淀粉酶

α-淀粉酶为液化型淀粉酶，又名液化型淀粉酶、液化酶、α-1,4-糊精酶，相对分子质量在 5×10^4 左右。

（1）性状　α-淀粉酶为米黄色、灰褐色粉末，含水分5%～8%。在高浓度淀粉保护下α-淀粉酶的耐热性很强，在适量的钙盐和食盐存在下，pH为5.3～7.0时，温度提高到93～95℃仍保持足够高的活性。为便于保藏，常加入适量的碳酸钙等作为抗结剂防止结块。

（2）性能　α-淀粉酶可将直链淀粉分解为麦芽糖、葡萄糖和糊精；切断直链淀粉分子内的α-1,4-糖苷键，而不能分解支链淀粉的α-1,6-糖苷键，因此，分解支链淀粉时产生麦芽糖、葡萄糖和异麦芽糖。α-淀粉酶作用开始阶段，迅速地将淀粉分子切断成短链的寡糖，使淀粉液的黏度迅速下降，淀粉与碘呈色反应消失，这种作用称为液化作用，故又称之为液化型淀粉酶。

α-淀粉酶分子中含有1个结合得相当牢固的钙离子，这个钙离子不直接参与酶-底物配合物的形成，其功能是保持酶的结构，使酶具有最大的稳定性和最高的活性。

α-淀粉酶的最适pH一般为4.5～7.0，不同来源的α-淀粉酶的最适pH稍有差异。从人类唾液和猪胰得到的α-淀粉酶的最适pH范围较窄，在6.0～7.0之间；枯草杆菌α-淀粉酶的最适pH范围较宽，在5.0～7.0之间；嗜热脂肪芽孢杆菌α-淀粉酶的最适pH则在3.0左右；高粱芽α-淀粉酶的最适pH为4.8，在pH酸性一侧它很快失活，而在pH5.0以上时失活速度较低；大麦芽α-淀粉酶的最适pH范围为4.8～5.4；小麦α-淀粉酶的最适pH在4.5左右，当pH值低于4时，活性显著下降，而超过5时，活性缓慢下降。

有钙离子存在时，α-淀粉酶的稳定性较高。来源不同的α-淀粉酶对热的稳定性也同样有差异。枯草杆菌α-淀粉酶和嗜热脂肪芽孢杆菌α-淀粉酶对热的稳定性特别高。一般α-淀粉酶的最适温度为70℃，而细菌α-淀粉酶的最适温度可达85℃以上。α-淀粉酶的对热稳定性高，这一特性在食品加工中极为重要。在工业生产中，为了降低淀粉糊化时的黏度，可选用热稳定性高的α-淀粉酶。使用时先将需要量的细菌淀粉酶制剂调入淀粉浆液中，加热搅拌，α-淀粉酶随着温度的升高而发挥作用，当达到淀粉糊化温度时，糊化的淀粉颗粒已经成为低分子的糊精了，淀粉浆液变为黏度小的溶液。若用其他α-淀粉酶，在淀粉糊化温度时，早已失去活性。

（3）毒性　小鼠经口 LD_{50} 7375mg/kg。FAO/WHO（1990）规定，来自枯草芽孢杆菌的α-淀粉酶其ADI无需规定。α-淀粉酶在体内无明显蓄积作用，无致突变作用。

（4）制法及质量指标　α-淀粉酶可由米曲霉、嗜酸性普鲁士蓝杆菌、淀粉液化杆菌、地衣芽孢杆菌和枯草杆菌分别经发酵、精制、干燥而成。

根据我国食品添加剂α-淀粉酶质量标准（GB 8275—1987）的要求，应符合下列质量指标：外观粉状，不结块；酶活力5000U/g、6000U/g、8000U/g、10000U/g；水分≤8.0%；细度通过40目铜网筛≥80%；酶活力保存率（室温半年）≥85%；重金属（以Pb计）≤0.004%；铅≤0.001%；砷（以As计）≤0.0003%；黄曲霉毒素 B_1 ≤0.0000005%；大肠杆菌≤30个/100g；沙门菌不得检出。

（5）应用　按我国《食品添加剂使用卫生标准》（GB 2760—1996）中规定：①来自米曲霉的α-淀粉酶，可在焙烤、淀粉工业、酒精酿造和果汁工业中按生产需要适量使用；②来自嗜酸性普鲁士蓝杆菌的α-淀粉酶，可在酿造、果酒生产中按生产需要适量使用；③来自淀粉液化杆菌的α-淀粉酶，可在淀粉、酒精、焙烤制品、酿造生产中，按生产需要适量使用；④来自地衣芽孢杆菌的α-淀粉酶，可在酿造、酒精、淀粉生产中，按生产需要适量使用；⑤来自枯草芽孢杆菌的α-淀粉酶，可在淀粉、焙烤生产中，按生产需要适量使用。

2. 糖化酶

糖化酶，亦称糖化淀粉酶、淀粉葡萄糖苷酶、葡萄糖淀粉酶和糖化型淀粉酶。

（1）性状　糖化酶的特征因菌种而异，大部分制品为液体。由黑曲霉而得的液体制品呈黑褐色，含有若干蛋白酶、淀粉酶或纤维素酶；在室温下最少可稳定4个月；最适pH为4.0～4.5，最适温度为60℃。由根霉而得的液体制品需要冷藏，粉末制品在室温下可稳定1年；最适pH为4.5～5.0，最适温度为55℃。

（2）性能　糖化酶作用于淀粉时，能从淀粉分子的非还原性末端逐一地将葡萄糖分子切下，并将葡萄糖分子的构型由α-型转变为β-型。它既可分解α-1,4-糖苷键，也可分解α-1,6-糖苷键。因此，糖化酶作用于直链淀粉和支链淀粉时，能将它们全部分解为葡萄糖。

糖化酶既可催化淀粉和低聚糖水解，亦可加速复合反应。复合反应的产物主要是麦芽糖和异麦芽糖。如果底物的浓度高，反应时间长，也会形成其他的二糖和低聚糖。

（3）毒性　小鼠经口LD_{50} 11700mg/kg。FAO/WHO（1994）规定，来自黑曲霉的糖化酶其ADI无限制性规定。

糖化酶在体内无明显蓄积作用，无致突变作用。

（4）制法及质量指标　我国采用黑曲霉菌（As3.4309）经深层培养、提取、精制而得。

根据我国食品添加剂糖化酶制剂质量标准（GB 8276—1987）的要求，符合下列质量指标：酶活力，固体制品 $3×10^4$U/g、$4×10^4$U/g、$5×10^4$U/g、$6×10^4$U/g、$8×10^4$U/g、$10×10^4$U/g、$15×10^4$U/g、$20×10^4$U/g，液体制品 $2000×10^4$U/L、$3000×10^4$U/L、$4000×10^4$U/L、$5000×10^4$U/L、$6000×10^4$U/L、$8000×10^4$U/L；水分（固体制品）≤8.0%；细度（通过40目铜网筛，固体制品）≥80%；酶活力保存率（室温，半年）≥80%；重金属（以Pb计）≤0.004%；铅≤0.001%；砷（以As计）≤0.0003%；黄曲霉毒素B_1≤0.0000005%；大肠菌群≤30个/100g（mL）；沙门菌不得检出。

（5）应用　根据我国《食品添加剂使用卫生标准》（GB 2760—1996）中规定：来自黑曲霉的糖化酶可在淀粉生产、酿造、果汁加工中按生产需要适量使用。

糖化酶用于白酒、酒精生产中，先将原料粉碎，打浆，用α-淀粉酶液化、蒸煮，将醪液冷却至60℃，加入用水调匀的糖化酶，用量80～100U/g原料，于58～60℃糖化即可。

另外，在味精生产、双酶法制糖中也常使用糖化酶。

二、其他淀粉酶

1. 真菌淀粉酶

真菌淀粉酶，又名真菌α-淀粉酶、1,4-α-D-葡聚糖水解酶。为褐色透明液体，相对密度约为 1.25。也有为淡琥珀色粉末状或微颗粒状。活力适宜 pH 为 4.7，温度 50℃。可分散于水中。可水解直链淀粉和支链淀粉中的 α-1,4-糖苷键，生产大量的麦芽糖。

真菌淀粉酶可由米曲霉菌株经发酵、精制而成。FAO/WHO（1994）规定来自米曲霉真菌淀粉酶其 ADI 无需规定。

真菌淀粉酶用来生产高麦芽糖浆、麦芽糖或者高转化率糖浆。用于焙烤制品，将改善面包的结构和体积；用于酒精生产，有利于低温（50~60℃）液化，液化酒精糖化醪中的淀粉。用于啤酒生产，可提高麦芽汁的可发酵性，可提高 2%~5% α-1,6-极限糊精保留在啤酒中。

2. β-淀粉酶

β-淀粉酶是一种外切型淀粉酶，又称淀粉-1,4-麦芽糖苷酶，淡黄至深褐色粉末、颗粒、块状或透明至深褐色液体。最适 pH5.0~6.0，最适温度 57~65℃，溶于水，不溶于乙醇，吸湿性强，钙离子能激活酶，提高其稳定性。β-淀粉酶作用淀粉是从淀粉分子的非还原性末端依次间隔地切开 α-1,4-键，遇到 α-1,6-键时作用受阻，其水解产物为 β-极限糊精和麦芽糖，作用于直链淀粉产物为麦芽糖，作用支链淀粉能得到 50%~65% 的麦芽糖、40% 左右极限糊精。

β-淀粉酶主要是由米曲霉、链霉菌、淀粉液化杆菌、多糖芽孢杆菌、枯草杆菌发酵制备。

在啤酒工业上 β-淀粉酶处理辅料，可取代部分大麦芽，增加辅料比，并能改善麦芽质量，促进糖化完全。一般加酶量 200~300U/g。同时 β-淀粉酶还广泛应用于饴糖工业，代替大麦芽，以降低成本，以及能够以淀粉为原料制备高麦芽糖浆。ADI 不作特殊规定。

3. 脱支酶

脱支酶是水解支链淀粉、糖原等大分子化合物中 α-1,6-糖苷键的酶，脱支酶可分为直接脱支酶和间接脱支酶两大类，前者可水解未经改性的支链淀粉或糖原中的 α-1,6-糖苷键，后者仅可作用于经酶改性的支链淀粉或糖原。

根据水解底物专一性的不同，直接脱支酶可分为异淀粉酶和普鲁兰酶两种。异淀粉酶只能水解支链结构中的 α-1,6-糖苷键，不能水解直链结构中的 α-1,6-糖苷键；普鲁兰酶不仅能水解支链结构中的 α-1,6-糖苷键，也能水解直链结构中的 α-1,6-糖苷键，因此它能水解含 α-1,6-糖苷键的葡萄糖聚合物。

脱支酶在食品工业上主要应用在淀粉制糖生产上，它和 β-淀粉酶或葡萄糖淀粉酶协同糖化，提高淀粉转化率，提高麦芽糖或葡萄糖得率。商品化的脱支酶中以丹麦 Novo 公司生产的普鲁兰酶（Pro-mozyme）应用较广泛。

第四节 蛋 白 酶

蛋白酶是用于分解蛋白质和多肽的肽键的一类酶。

食品添加剂中蛋白酶的分类按其来源分可分为动物蛋白酶、植物蛋白酶、微生物蛋白酶；按其作用 pH 不同可分为酸性蛋白酶（pH<4）、中性蛋白酶（pH6~7）、碱性蛋白酶（pH8~10）；按作用方式不同可分为内肽酶、外肽酶、氨肽酶、羟肽酶。

一、常用蛋白酶

1. 凝乳酶

凝乳酶，又名皱胃酶，是含约 323 个氨基酸残基的单链多肽，相对分子质量为 35600。

(1) 性状　凝乳酶为澄清的琥珀至暗棕色液体，或白色至浅棕黄色无定形粉末。味微咸。有吸湿性。干燥品活性稳定，在溶液中不稳定。稍溶于水、稀乙醇。

(2) 性能　凝乳酶是以无活性的酶原形式从犊牛第四胃中分泌出来的。从无活性的酶原转变成活酶时经受了部分水解。pH和盐浓度影响着酶原激活的过程。pH为5时，酶原主要通过自身催化作用激活；在pH为2时，激活过程进行得非常快，自身催化起次要作用。凝乳酶在pH为5.3～6.3区间最稳定，在2时仍相当稳定。在pH为3.5～4.5区间内，凝乳酶由于自我消化，而较快地失活；pH在中间和碱性区间，凝乳酶很快失去凝乳的活力。以血红蛋白为底物时，其最适pH为3.7。

凝乳酶催化酪蛋白沉淀是干酪制造中非常重要的一步。在凝乳酶的作用下，牛乳形成凝块或凝胶结构的过程包括两个阶段；第1阶段是酶作用阶段，第2阶段包括经酶作用而改变的酪蛋白胶粒聚集成凝胶结构。

(3) 毒性　美国食品与药物管理局将凝乳酶列为一般公认安全物质。动物性凝乳酶一般是安全的，而微生物凝乳酶，需经过毒性试验才能确定是否可用作食品添加剂。

FAO/WHO（1971）规定，其ADI不作特殊规定。

(4) 制法及质量指标　凝乳酶的制法一般是从犊牛第四胃的黏膜中提取。将皱胃黏膜洗净，盐腌后干燥、切片，在食盐中浸渍提取，将提取液用食盐饱和，沉淀物干燥后即得粉状制品；或切片后在4%硼酸水溶液中于30℃下浸渍5天抽提而得。

此外，还可由蜡状芽孢杆菌、栗疫菌的非致病菌菌种或毛霉或小毛霉在受控条件下发酵而制得。

根据FAO/WHO（1984）规定，通用质量标准如下：酶活力为所标值的85%～115%；砷（以As计）≤0.0003%；大肠杆菌数≤30个/g；重金属（以Pb计）≤0.004%；铅≤0.001%；沙门菌阴性；总杂菌数≤5×10^4/g；凡由真菌制得的酶制剂，不得有黄曲霉毒素B、棕曲霉毒素A、杂色曲霉毒素、F_2毒素或玉米烯酮检出。

(5) 应用　凝乳酶广泛用于干酪制造，它也可用于酶凝干酪素及凝乳布丁的制造。用量视生产需要而定，一般液体凝乳酶剂商品活力为1∶10000～1∶15000之间，粉状凝乳酶的活力为液体的10倍左右，使用量为0.002%～0.004%。液体酶使用时要用2倍的水稀释后使用；粉末凝乳酶使用时，用1%的盐水将其配成2%的溶液，添加凝乳酶时应注意沿干酪槽边缘慢慢加入并进行搅拌，搅拌时注意避免产生泡沫，添加完毕后继续搅拌2min，使之与原料充分混合后静置。

2. 木瓜蛋白酶

木瓜蛋白酶，又名木瓜酶。纯木瓜蛋白酶系由212个氨基酸组成的单链蛋白质。由木瓜制得的酶制剂含有如下3种酶：①木瓜蛋白酶，相对分子质量为21000，约占可溶性蛋白质的10%；②木瓜凝乳蛋白酶，相对分子质量为36000，约占可溶性蛋白质的45%；③溶菌酶，相对分子质量为25000，约占可溶性蛋白质的20%。

(1) 性状　木瓜蛋白酶为白色至浅棕色粉末或液体。粉末状体有一定吸湿性。溶于水和甘油，几乎不溶于乙醇、氯仿和乙醚等有机溶剂。水溶液为无色至浅黄色，有时为乳白色。

(2) 性能　木瓜蛋白酶结构中至少有3个氨基酸残基存在于酶的活性部位，它们是Cys25、His159和Asp158。当Cys25被氧化剂氧化或与重金属离子结合时，酶的活力被抑制，而还原剂半胱氨酸（或亚硫酸盐）或EDTA能恢复酶的活力。这是由于还原剂可使

—SH 从—S—S—键再生,而 EDTA 的作用是螯合金属离子的结果。

木瓜蛋白酶溶液在 pH 为 5 时,酶具有良好的稳定性,如果溶液的 pH 低于 3 和高于 14 时,酶很快失活。木瓜蛋白酶的最适 pH 随底物而变动,以明胶为底物时为 5,以蛋清蛋白和酪蛋白为底物时则为 7。因此其最适 pH 为 5～7。木瓜蛋白酶具有较高的热稳定性,其最适作用温度为 65℃。

除蛋白质外,木瓜蛋白酶对酯和酰胺类底物也表现出很高的活力。木瓜蛋白酶还具有从蛋白质的水解物再合成蛋白质类物质的能力。这种活力有可能被用来改善植物蛋白质的营养价值或功能性质,例如将蛋氨酸并入到大豆蛋白质中。

(3) 毒性　木瓜酶是木瓜果实的组分,无毒,其 ADI 不作特殊规定。

(4) 制法及质量指标　木瓜蛋白酶由木瓜的未成熟果实,提取出乳液,经凝固、干燥得粗制品。一般工业上的应用以粗制品为主,可不精制,如有需要再行精制。

木瓜蛋白酶应符合下列质量指标:酶活力$\geqslant 60\times 10^4$ U/g,水分$\leqslant 7.0\%$,灰分$\leqslant 12\%$,铁(以 Fe 计)$\leqslant 0.002\%$,重金属(以 Pb 计)$\leqslant 0.0002\%$,砷(以 As 计)$\leqslant 0.0002\%$,大肠杆菌群$\leqslant 30$ 个/100g,致病菌不得检出。

(5) 应用　根据我国《食品添加剂使用卫生标准》(GB 2760—1996)中规定:木瓜蛋白酶用于水解动、植物蛋白、饼干、肉禽制品,可按生产需要适量使用。

木瓜蛋白酶用于啤酒澄清(水解啤酒中蛋白质,避免冷藏时产生浑浊),使用量 0.5～5mg/kg;肉类嫩化(水解肌肉蛋白中的胶原蛋白),使用量为宰前注射 0.5～5mg/kg;用于饼干、糕点松化,可代替亚硫酸盐,既有降筋效果,又提高了安全性,可使产品疏松、不缩身,降低碎饼率。

在动、植物蛋白食品加工方面,如用于蛋白水解产物和高蛋白饮料,可提高产品质量和营养价值,提高产品消化吸收率;在酱油酿造中加入木瓜蛋白酶和其他酶,可提高产率和氨基酸含量;在制造啤酒麦芽汁时,加入木瓜蛋白酶和其他酶,可减少麦芽的用量,降低成本,使用量为 0.1%。木瓜蛋白酶也可作凝乳酶的代用品和干酪的凝乳剂。

二、其他蛋白酶

1. 胃蛋白酶

胃蛋白酶为白色至淡棕黄色粉末,无臭,或为琥珀色糊状,或为澄清的琥珀色液体。已从猪、牛、羊、鲸、鲔、鳕等的胃液中制得精品。溶于水,不溶于乙醇,有吸湿性。主要作用是使多肽类水解为低分子的肽类。在酸性环境中有极高的活性,pH 为 1 时仍具有活性,最适作用 pH 为 1.8～2.0。酶溶液在 pH5.0～5.5 时非常稳定,pH2 时可发生自身消化,变得不稳定。猪胃获得的胃蛋白酶相对分子质量为 33000,是由 321 个氨基酸组成的一条多肽链。天然的胃蛋白酶抑制剂、聚 L-赖氨酸、脂肪醇能抑制其活性,胃蛋白酶含有一个磷酸,如果失去磷酸活性不受影响。

胃蛋白酶由猪胃的腺体层(黏膜)或禽鸟类嗉囊用稀盐酸提取后再用乙醇或丙酮处理而制得。作用最适温度为 40～65℃,胃蛋白酶分解酪蛋白、球蛋白、麸质、弹性硬蛋白、骨胶原、组蛋白及角蛋白。

胃蛋白酶对人体没有限量使用,其 ADI 不作限量性规定。

作为消化剂,胃蛋白酶用于谷类的前处理(在方便食品的制造上使用淀粉酶和胃蛋白酶)及婴儿食品,也可应用于口香糖,还与凝乳酶混合制造奶酪等。

2. 菠萝蛋白酶

菠萝蛋白酶为—SH蛋白酶之一。其活化和活性的机理与木瓜蛋白酶相似，它们对底物有着类似的特性。为白色至浅棕黄色无定形粉末颗粒或块状，或为透明至褐色液体。溶于水，水溶液无色至浅黄色，有时乳白色，不溶于乙醇、氯仿和乙醚。属糖蛋白，优先水解碱性氨基酸（如精氨酸）或芳香族氨基酸（如苯丙氨酸，酪氨酸）的羧基侧上的肽键，使多肽类水解为低分子的肽类，尚有水解酰氨基和酯类的作用。

菠萝蛋白酶的相对分子质量为28000~33000，对酪蛋白，血红蛋白BAEE的最适pH是6~8，对明胶最适作用pH为5.0，最适作用温度为55℃。菠萝蛋白酶是由菠萝果实及茎（主要利用其外皮），经压榨提取，盐析（丙酮、乙醇沉淀）再分离，干燥而制备。也可用水提取然后再处理制得。菠萝蛋白酶的ADI不作限量性规定。

菠萝蛋白酶主要用于啤酒抗冷（水解啤酒中的蛋白质，以避免冷浑浊）、肉类嫩化（水解肌肉蛋白和胶原蛋白，使肉类嫩化）、水解蛋白的生产以及面包、葡萄酒等生产。用于分割肉的处理液或注射液中含量不超过3%（以原料计）。

3. 微生物蛋白酶

微生物蛋白酶主要包括枯草芽孢杆菌生产的蛋白酶（Nentrase）、地衣芽孢杆菌生产的蛋白酶（Alcalase type FG）和米曲霉生产的蛋白酶（Flavourzyme）三种蛋白酶。

微生物蛋白酶是近乎白色至浅棕色粉末或液体。溶于水呈淡黄色，几乎不溶于乙醇、氯仿和乙醚。其作用是将蛋白质水解为低分子蛋白胨、多肽及氨基酸。

Neutrase是由淀粉液化芽孢杆菌（以前属枯草芽孢杆菌）族生产的内蛋白酶制剂；Alcalase是由地衣型芽孢杆菌生产的内蛋白酶制剂；Flavourzyme是由米曲霉生产的内蛋白酶和外蛋白酶混合制剂（内蛋白酶切割多肽链内部的肽键；外蛋白酶则切割多肽链一端的肽键）。将上述淀粉液化芽孢杆菌、地衣型芽孢杆菌、米曲霉，分别接种在培养基中，用发酵法生产各种蛋白酶。

FAO/WHO（1994）规定，米曲霉生产的蛋白酶其ADI不作特殊规定。

根据我国《食品添加剂使用卫生标准》（GB 2760—1996）中规定：来自地衣芽孢杆菌的蛋白酶用于蛋白质水解、精炼、加工，调味品工业，乳制品，按生产需要适量使用；来自米曲霉的蛋白酶用于蛋白质水解、精炼、加工，调味品工业，乳制品，酿造工业，按生产需要适量使用；来自枯草芽孢杆菌的蛋白酶用于酿造工业，焙烤工业，蛋白质水解、精炼、加工，调味品工业，乳制品，按正常生产需要适量使用。

第五节　其他酶制剂

在食品工业中，除广泛使用淀粉酶、蛋白酶外，还使用其他的酶制剂。

1. 果胶酶

果胶酶为灰白色或微黄色粉末。存在于高等植物和微生物中，有3种类型：原果胶酶、果胶酯酶和聚半乳糖醛酸酶。在低温和干燥条件下失活较慢，保存1年至数年活力不减。

原果胶酶分解原果胶即长链状的甲基聚半乳糖醛酸，形成稍短的并具有可溶性的直链甲基聚半乳糖醛酸即果胶，也能分解积累于细胞壁的原果胶。果胶酯酶能催化甲酯果胶脱去甲酯基，生成聚半乳糖醛酸苷链和甲醇。聚半乳糖醛酸酶能分解果胶酸（聚半乳糖醛酸），形成半乳糖醛酸。

果胶酶的最适 pH 因底物而异，以果胶为底物时，pH 为 3.5；以多聚半乳糖醛酸为底物时，pH 为 4.5。最适温度为 40~50℃。铁、铜、锌等离子能明显抑制其活性，多酚物质对其也有抑制作用。

果胶酶的毒性对人体没有限量使用，其 ADI 不作特殊规定。

工业上，果胶酶主要是采用发酵法由曲霉菌生产。将宇佐美曲霉或黑曲霉在含有豆渣、苹果渣、蔗糖等的固体培养基中培养，然后用水抽取，在有机溶剂中沉积下来，经分离、干燥粉碎即得。我国已用这两种曲霉菌以原层通风培养法进行生产。

果胶酶主要用于果汁澄清，提高果汁过滤速率，降低果汁黏度，防止果泥和浓缩果汁胶凝化，提高果汁得率，以及用于果蔬脱内皮、内膜和囊衣等。

苹果可加工成含果肉果汁和具有大颗粒悬浮物的浑浊果汁，但采用酶处理法生产的澄清苹果汁，则更受消费者欢迎。澄清苹果汁经浓缩后得到的浓缩汁，可用于配制各种饮料。在苹果汁加工中使用果胶酶，便于果汁的提取和果汁中悬浮物的分离。苹果汁加果胶酶澄清过程，是将果胶酶溶于水或果汁后加于浑浊果汁中，不断地搅拌果汁，其黏度逐渐下降，果汁中的细小颗粒聚结成絮凝物而沉积下来。由于上清液中仍然含有少量的悬浮物，故还需要加入硅藻作为助凝剂，然后以离心或过滤的方法即得到稳定的澄清果汁。

2. 乳糖酶

能分解乳糖及其他 β-半乳糖苷的酶称作乳糖酶，其学名为 β-半乳糖酶，β-D-半乳糖苷半乳糖水解酶。

乳糖酶分布在植物（主要是杏仁、桃及苹果），细菌（乳酸菌、大肠杆菌），真菌（米曲霉、黑曲霉等），脆壁酵母和哺乳期动物的肠内。牛乳中有乳糖合成酶，但不含乳糖酶。

微生物乳糖酶是诱导酶。存在于细胞内。某些乳糖酶在 pH 为 1~4 稳定，pH>5 以上逐渐失活。在 4℃冷藏 12 个月时活力不下降。乳糖酶的来源不同，最适温度和最适 pH 和热稳定性有一些差别。另外，Mn^{2+}、K^+、Mg^{2+} 可使酶活力稳定和激活作用，高浓度无机盐、重金属及 EDTA 对酶有抑制作用，但半胱氨酸、亚硫酸钠能恢复其活性，这可能是由于酶活性与—SH 基有关。

生产干酪时所得的乳清，在 pH 为 4.5、85~105℃条件下加热凝固，在凝固物中加入 0.1% 的氨水，接入脆壁酵母，30℃下通风培养，收集酵母菌体，用温水洗净后在 −18℃下急速冷却，使其中所含的其他酶失活，然后用 2 倍的乙醇进行处理，经硫酸铵脱盐制得商品乳糖酶。

乳糖酶主要用于乳品工业、发酵和焙烤工业，可以改良浓缩乳和浓缩乳清的质量，防止冷冻及浓缩乳清中的乳糖结晶而引起的乳酪蛋白的凝固。在冰淇淋生产上，可以抑制其贮藏及销售中产生乳糖结晶，还使其甜度增加，可以减少砂糖 1%~2%，并且冰箱放置四个月仍稳定。在面包生产中，面包中添加脱脂奶粉及乳糖，酵母不能很好发酵、甜度不够，但经乳糖酶解后，可生成葡萄糖，使酵母发酵并产生气体，使面团膨大，同时产生的半乳糖还可以提高烘烤面包的色泽。

3. 葡萄糖异构酶

葡萄糖异构酶，又名木糖异构酶，相对分子质量 16 万~18 万。为近似白色至浅棕黄色，或棕色、粉红色颗粒或粉末，或者为液体。粉末和液体可溶于水，颗粒不溶于水；不溶于乙醇、氯仿和乙醚。

葡萄糖异构酶的作用是使 D-葡萄糖转化为 D-果糖，使木糖转化为木酮糖。来自不同菌体的葡萄糖异构酶在性质上有差异。如从放线菌得到的葡萄糖异构酶，激活和稳定酶的活性需要 Co^{2+} 和 Mg^{2+}，它们的最适浓度为 $10^{-2}mol/L\ Mg^{2+}$ 和 $10^{-3}mol/L\ Co^{2+}$；最适 pH 为 7.5～8.5；最适温度为 60℃，在 40～65℃时活性良好。而来自乳酸短杆菌的葡萄糖异构酶，Mn^{2+} 和 K^+ 对其热活性起保护作用，最适 pH 值为 6～7，有 Mn^{2+} 存在时最适温度为 60℃；无 Mn^{2+} 时为 45℃。

在实际工业生产中，主要是使用固定化葡萄糖异构酶。酶经固定化后，其稳定性显著提高，其他性质也有所改善。如固定化酶适宜于在连续反应器中大规模使用，生产简便，使用后易处理等。

FAO/WHO（1982）规定，其 ADI 不作特殊规定。

产生葡萄糖异构酶的细菌有凝结芽孢杆菌、节杆菌属的一种节杆菌、米苏里游动放线菌、链霉菌等。上述任何一种菌在受控条件下发酵培养。本酶因属胞内酶，故培养的菌体须经高渗自溶，即在 25℃下转化 30h，用丙酮分离，水洗除去培养液附着物，再经喷雾干燥或冻结干燥而制得。

葡萄糖异构酶主要用于由淀粉、葡萄糖制造高果糖浆和果糖。

4. 纤维素酶

纤维素酶是由内切葡聚糖酶（C_x）、外切葡聚糖酶（C_1）、β-葡萄糖苷酶（βG）组成的复合酶。①C_1-酶：这是对纤维素最初起作用的酶，它破坏纤维素链的结晶结构，起水化作用。即 C_1-酶是作用于不溶性纤维素表面，使结晶纤维素链开裂、长链纤维素分子末端部分游离，从而使纤维素链易于水化。②C_x-酶：这是作用于经 C_1-酶活化的纤维素、分解 β-1,4-键的纤维素酶。主要包括内切-1,4-β-葡聚糖酶和外切-1,4-β-葡聚糖酶。前者是从高分子聚合物内部任意位置切开 β-1,4-键，主要生成纤维二糖、纤维三糖等。后者作用于低分子多糖，从非还原性末端游离出葡萄糖。③β-葡萄糖苷酶：将纤维二糖、纤维三糖及其他低分子纤维糊精分解为葡萄糖。上述三种纤维素酶在分解纤维素时，任何一种酶都不能裂解晶体纤维素，只有三种酶共同存在并协同作用时，才能完成水解过程。

商品纤维素酶为灰白色无定形粉末或液体，相对分子质量在 45000～76000，作用最适 pH 为 4.5～5.5，对热稳定。100℃下保持 10min 可维持原活性的 20%。葡萄糖酸内酯、重金属离子 Cu^{2+}、Hg^{2+} 能抑制纤维素酶，半胱氨酸能消除它们的抑制作用，甚至进一步激活纤维素酶。

纤维素酶一般用黑曲霉或李氏木霉来生产。主要用于谷类、豆类等植物性食品的软化、脱皮，酿造原料的预处理。饲料发酵剂中用纤维素酶来软化饲料稻草秸秆的纤维，以利乳酸菌、酵母菌的进一步发酵。

由黑曲霉及李氏木霉生产的纤维素酶在毒性方面 ADI 不作特殊规定。

第十三章 其他食品添加剂

第一节 消 泡 剂

消泡剂，也称消沫剂，是在食品加工过程中降低表面张力，抑制泡沫产生或消除已产生泡沫的食品添加剂。我国许可使用的消泡剂有乳化硅油、高碳醇脂肪酸酯复合物、聚氧乙烯聚氧丙烯季戊四醇醚、聚氧乙烯聚氧丙醇胺醚、聚氧丙烯甘油醚和聚氧丙烯聚氧乙烯甘油醚、聚二甲基硅氧烷等 7 种。

食品加工中常用的消泡剂，有些能消除已产生的气泡，如低级醇、山梨糖醇、天然油脂等，这些消泡剂分子的亲水端与溶液的亲和力较强，在溶液中分散较快，随着时间的推移或温度的上升，消泡能力会迅速降低；有些则能抑制气泡的形成，如乳化硅油、聚醚等，这类消泡剂通常是与溶液亲和性很弱的难溶或不溶的分子，具有比起泡剂更大的表面活性；当溶液产生气泡时，能首先吸附到泡膜上，抑制起泡分子的吸附，从而抑制了起泡，使用量大时常常兼有破泡与抑泡的双重作用。因此按用途将消泡剂分为破泡剂和抑泡剂。

1. 乳化硅油

乳化硅油，是以聚甲基硅氧烷为主体组成的有机硅消泡剂，由硅油（聚甲基硅氧烷）乳化而成，其活性组分结构式如下：

$$H_3C-\underset{\underset{CH_3}{|}}{\overset{\overset{CH_3}{|}}{Si}}-O-\left[\underset{\underset{CH_3}{|}}{\overset{\overset{CH_3}{|}}{Si}}-O\right]_m-\left[\underset{\underset{CH_2-CH_3}{|}}{\overset{\overset{CH_3}{|}}{Si}}-O\right]_n-\underset{\underset{CH_3}{|}}{\overset{\overset{CH_3}{|}}{Si}}-CH_3$$

（1）性状　乳化硅油为乳白色、黏稠液体，相对密度 0.98～1.02，无臭。理化性能稳定，不挥发，不易燃烧，对金属无腐蚀性，久置空气中也不发生胶化。不溶于水（但可分散于水中）、乙醇、甲醇，溶于苯、四氯化碳等芳香族碳氢化合物和氯代脂肪族化合物中。

（2）性能　乳化硅油为亲油性表面活性剂，表面张力小，消泡能力很强。

（3）毒性　美国食品与药物管理局将乳化硅油列为一般公认安全物质。

（4）制法及质量指标　乳化硅油的制法是将硅油与气相二氧化硅辊辗成硅脂，配入聚乙烯醇、吐温 80 及去离子水等，乳化即得。

按我国食品添加剂乳化硅油质量标准（GB 1906—1980）的要求，乳化硅油应符合下列质量指标：pH 为 6～8；稳定性（3000r/min，30min），不分层；不挥发物≥30%；砷（以 As 计）≤0.0002%；重金属（以 Pb 计）≤0.0005%。

（5）应用　根据我国《食品添加剂使用卫生标准》（GB 2760—1996）中规定：乳化硅油可用于发酵工艺，最大使用量为 0.2g/kg。

实际生产中，乳化硅油在谷氨酸发酵过程中添加用来消除泡沫，按发酵液计，用量为

0.02%，发酵后经离子交换处理，不残留于成品中；也可用于消除豆浆中的微细气泡，用量为 0.1%。

2. 高碳醇脂肪酸酯复合物

高碳醇脂肪酸酯复合物，商品名称为 DSA-5，是我国自行研制比较理想的消泡剂，广泛用于各种食品的加工，安全性高。其主要成分是表面活性剂，由十八碳醇的硬脂酸酯、液体石蜡、硬脂酸三乙醇胺和硬脂酸组成。

（1）性状　DSA-5 为白色至淡黄色稠状液体，相对密度 0.78～0.88。理化性能稳定，不挥发，无腐蚀性，黏度高，流动性差。温度升高，黏度变小，易于流动。1% 水溶液的 pH 为 8～9。

（2）性能　DSA-5 能显著降低泡沫液壁的局部表面张力，加速排液过程使泡沫破裂消除，消泡率可达 96%～98%。

（3）毒性　大鼠经口 LD_{50} 大于 15000mg/kg。DSA-5 组成除三乙醇胺和液体石蜡外，其余成分均为天然物。液体石蜡是我国允许使用的食品添加剂。三乙醇胺，大鼠经口 LD_{50} 为 5000～9000mg/kg。

（4）制法及质量指标　DSA-5 的制法是将十八醇硬脂酸酯、液体石蜡、硬脂酸三乙醇胺和硬脂酸加以混合而成。

根据某企业自定的质量标准要求，DSA-5 应符合下列质量指标：酸值为 27～31mgKOH/g；皂化值为 24～42mg/kg；羟值 6～18mg/kg；铅≤0.001%；砷（以 As 计）≤0.0003%；镍定性实验为阴性。

（5）应用　根据我国《食品添加剂使用卫生标准》（GB 2760—1996）中规定：DSA-5 可用于酿造工艺，最大使用量为 1.0g/kg；豆制品工艺，1.6g/kg；制糖工艺及发酵工艺，3.0g/kg。

3. 聚氧乙烯聚氧丙烯季戊四醇醚

聚氧乙烯聚氧丙烯季戊四醇醚，又名季戊四醇聚氧乙烯聚氧丙烯醚，简称 PPE，平均相对分子质量为 4000～5000，结构式如下：

$$C[CH_2O(C_3H_6O)_n(C_2H_4O)_mH]_4$$

n—氧化丙烯聚合度，10～20

m—氧化乙烯聚合度，0～5

（1）性状　PPE 为无色透明或微黄色油状液体，能与低级脂肪醇、乙醚、丙酮、苯、甲苯及芳香族化合物混溶，难溶于水，不溶于矿物油，与酸、碱不发生化学反应，热稳定性良好。

（2）性能　PPE 属于非离子型表面活性剂，具有良好的消泡、抑泡性能。

（3）毒性　大鼠经口 LD_{50} 10800mg/kg（雌性）；14700mg/kg（雄性）。Ames 试验及骨髓微核试验均无致突变作用。90 天喂养试验，无作用剂量为 4000mg/kg。

（4）制法及质量指标　PPE 是以季戊四醇为原料，氢氧化钾为催化剂，与环氧丙烷开环聚合，再与环氧乙烷聚合后经脱色、中和、压滤而成。

根据浙江某企业自定的质量标准要求，PPE 应符合下列质量指标：相对密度（d_{20}^{20}）为 1.021～1.030；折射率（n_D^{20}）为 1.4550～1.4560；黏度（40℃）为 230～300mPa·s；浊点为 12～25℃；酸值≤0.5mgKOH/g；灰分≤0.002%；水分≤1.00%；铅≤0.0004%；砷

(以 As 计)≤0.0001%。

(5) 应用　根据我国《食品添加剂使用卫生标准》(GB 2760—1996) 中规定：PPE 可用于发酵工艺，按生产需要适量使用。

在谷氨酸发酵过程中，影响 PPE 消泡效果的因素有相对分子质量、HLB 值、使用浓度及温度。相对分子质量在 3000 以上时有良好的消泡效果；HLB 值在 3.5 以下，使用浓度为 40mg/L，使用温度在 18℃时，其效果最好。通常加入量为体积的 0.03% 以下。

4. 聚二甲基硅氧烷（乳液）

聚二甲基硅氧烷，又名聚二甲基硅醚、二甲基硅油，平均相对分子质量 13500～30000，结构式如下：

$$H_2C-\underset{\underset{CH_3}{|}}{\overset{\overset{CH_3}{|}}{Si}}-O-[\underset{\underset{CH_3}{|}}{\overset{\overset{CH_3}{|}}{Si}}-O]_n-\underset{\underset{CH_3}{|}}{\overset{\overset{CH_3}{|}}{Si}}-CH_3$$

n 平均为 180～350

(1) 性状　聚二甲基硅氧烷为无色透明黏稠液体，无臭无味。不溶于水和乙醇，能溶于乙醚、氯仿、四氯化碳、苯、甲苯及其他有机溶剂。

(2) 性能　聚二甲基硅氧烷在实际应用中通常是配制成 4%～5% 的硅胶水溶液或配成含有硅胶、乳化剂和防腐剂的乳化液，其消泡性能与乳化硅胶相同。

(3) 毒性　聚二甲基硅氧烷无毒。FAO/WHO (1983) 规定，ADI 为 0～1.5mg/kg。

(4) 制法及质量指标　聚二甲基硅氧烷是由高纯的二甲基二氯硅烷经水解后缩聚而成。根据 FAO/WHO (1982) 的要求，聚二甲基硅氧烷应符合下列质量指标：聚硅氧烷含量为 37.3%～38.5%；运动黏度（25℃）(300～1050)×10^{-6} m²/s；干燥失重（150℃，4h）≤0.5%；砷（以 As 计）≤0.0003%；重金属（以 Pb 计）≤0.001%；相对密度 (d_{25}^{25}) 为 0.964～0.977；折射率 (n_D^{25}) 为 1.400～1.405。

(5) 应用　聚二甲基硅氧烷未列入 GB 2760—1996，而列于 2003 年增补品种中。在果汁、浓缩果汁、饮料、速溶食品、冰淇淋、调味品、果酱中最大使用量为 50mg/kg；在发酵工艺、焦糖色素工艺中最大使用量为 100mg/kg；在食用油脂中最大使用量为 10mg/kg；在豆制品中最大使用量为 300mg/kg。

第二节　酸　碱　剂

碱性剂是指在食品加工过程中，所用的具有碱性的物质，它不一定是化学药品的碱类，常用的多是显碱性的盐类。因在食品加工中利用其碱性，故称为碱性剂。碱性剂大体可分作面条品质改良剂配合原料的碱性剂，以及作为提高食品 pH 及中和用的碱性剂两大类。有的碱性剂还具有提高果蔬制品的硬度和保持其脆度的作用。

酸剂是指除去作为调味用的酸味剂以外的酸类。食品加工在水解或中和的操作中，常需使用酸剂。

一般用的碱性剂和酸剂有无水碳酸钠、碳酸钠、氢氧化钙、氢氧化钠和盐酸等。

1. 盐酸

盐酸，又名氢氯酸，分子式为 HCl，相对分子质量为 36.46。

（1）性状　盐酸为无色或微黄色发烟的透明液体（19.6%以上的盐酸在潮湿空气内发烟，损失氯化氢），有强烈的刺激臭，用大量水稀释后仍显酸性反应，3.6%水溶液的pH为0.10。易溶于水、乙醇、乙醚、甘油等。

（2）性能　盐酸对皮肤、眼睛和黏膜有腐蚀性刺激，并可在进行试验时因吸入而中毒。食品级盐酸为含氯化氢31%以上的水溶液，用于食品加工时必须将其稀释到适当浓度后使用，切勿直接加入。盐酸作为蛋白质水解、水果脱皮等加工助剂使用时，必须将其从食品的最终成品中除去。

（3）毒性　兔经口 LD_{50} 900mg/kg。FAO/WHO（1994）规定，ADI无需规定。

（4）制法及质量指标　盐酸可由电解食盐所得氯和氢气合成制得，也可用水吸收食盐与硫酸反应产生的氯化氢制得。

根据我国食品添加剂盐酸质量标准（GB 1897—1995）的要求，应符合下列质量指标：总酸度（以HCl计）$\geqslant$31.0%；铁$\leqslant$0.001%；硫酸盐（以SO_4计）$\leqslant$0.007%；灼烧残渣$\leqslant$0.05%；重金属（以Pb计）$\leqslant$0.0005%；砷（以As计）$\leqslant$0.0001%；氧化物（以Cl_2计）$\leqslant$0.003%；还原物（以SO_3计）$\leqslant$0.007%。

（5）应用　根据我国《食品添加剂使用卫生标准》（GB 2760—1996）中规定：盐酸可作加工助剂按生产需要适量使用。

实际生产中，盐酸可作为酸度调节剂、中和剂、加工助剂使用。

在加工橘子罐头时，常用盐酸中和去橘络、囊衣时残留的氢氧化钠。加工化学酱油时，用约20%浓度的盐酸水解脱脂大豆粕（水解大豆蛋白质）。

用于制造淀粉糖浆时，通常将淀粉精制后加水，使成为20~21°Bé的淀粉乳，加盐酸，使之成为pH1.9~2.0的酸性淀粉乳，再加热煮沸使淀粉水解。水解完成后用5%碳酸钠溶液中和，经过滤、脱色、浓缩即得。盐酸用量按无水淀粉计为0.3%~0.35%。

2. 碳酸钠

碳酸钠，又名纯碱、苏打，分子式为Na_2CO_3，相对分子质量为105.99（无水物），124.00（一水物）。

（1）性状　碳酸钠有无水物和一水物（结晶）以及含更多水分子的水合物。无水纯品为白色粉末或细粒，无臭，有碱味，相对密度2.509（0℃）。吸湿性强，可因吸湿结块，并能从潮湿空气中逐渐吸收二氧化碳而成碳酸氢钠。易溶于水，水溶液呈强碱性，不溶于乙醇和乙醚。

（2）性能　碳酸钠主要作为碱性剂使用，可以增加食品的弹性和延展。

（3）毒性　大鼠经口 LD_{50} 4090mg/kg。

FAO/WHO（1994）规定，ADI无需规定。

（4）制法及质量指标　碳酸钠可采用氨碱法制取，通氨气于食盐溶液，饱和后再加压通入二氧化碳生成碳酸氢钠沉淀，过滤、洗涤、焙烧制得。也可用联合制碱法制得。

按我国食品添加剂碳酸钠质量标准（GB 1886—1992）的要求，应符合下列质量指标：总碱量（以Na_2CO_3计）$\geqslant$99.2%；氯化物（以NaCl计）$\leqslant$0.70%；铁$\leqslant$0.004%；重金属（以Pb计）$\leqslant$0.001%；砷（以As计）$\leqslant$0.0002%；水不溶物$\leqslant$0.04%；灼烧残渣$\leqslant$0.80%。

（5）应用　根据我国《食品添加剂使用卫生标准》（GB 2760—1996）中规定：碳酸钠可在面制食品及糕点中按生产需要适量使用。

实际生产中，碳酸钠通常广泛用于制作馒头、面条。制作馒头时添加于发酵面团中，以中和其酸性。制作面条时加入面粉（小麦粉）中，则可使面条增加弹性和延展性，且可抑制面条发酵，易煮熟，爽口，有独特风味。其用量一般为 0.5%～1%。

3. 氢氧化钠

氢氧化钠，又名苛性钠、烧碱、火碱，分子式为 NaOH，相对分子质量为 40.00。

（1）性状　氢氧化钠的纯品是无色透明晶体，相对密度 2.130，熔点 318.4℃，沸点 1390℃。暴露于空气中易吸湿，且最后完全溶解成液体。易溶于水并强烈放热，4% 水溶液的 pH 为 14。也可溶于甲醇、乙醇、甘油等，不溶于乙醚、丙酮。易从空气中吸收二氧化碳而逐渐变成碳酸钠。

（2）性能　氢氧化钠水溶液呈强碱性，有强腐蚀性。对皮肤、眼睛和黏膜有腐蚀性刺激，使用时应严格注意安全。氢氧化钠用作柑橘、桃子脱皮（1%～2%溶液）等加工助剂时，必须用水洗等方式将其从成品中除去。

（3）毒性　小鼠腹腔注射 LD_{50} 40mg/kg。

FAO/WHO（1994）规定，ADI 无需规定。

（4）制法及质量指标　氢氧化钠可采用隔膜法，由电解食盐制得。也可采用苛化法，将碳酸钠与石灰乳作用，除去碳酸钙后浓缩制得。

按我国食品添加剂固体氢氧化钠质量标准（GB 5175—1985）的要求，应符合下列质量指标：氢氧化钠（以 NaOH 计）≥96.0%；碳酸钠（以 Na_2CO_3 计），苛化法≤2.5%，隔膜法≤1.4%；氯化钠（以 NaCl 计），苛化法≤1.4%，隔膜法≤2.8%；三氧化二铁（以 Fe_2O_3 计）≤0.01%；砷（以 As 计）≤0.0005%；重金属（以 Pb 计）≤0.003%。

（5）应用　根据我国《食品添加剂使用卫生标准》（GB 2760—1996）中规定：氢氧化钠可作加工助剂，按生产需要适量使用。

实际生产中，常作为酸度调节剂、中和剂、加工助剂使用。氢氧化钠用于水果罐头加工的水果去皮（碱液去皮），其溶液浓度依不同水果及所采用温度、时间的不同而异，如生产糖水桃罐头时，去皮的碱液浓度为 13%～16%，温度 80～85℃，时间 50～80s。生产全去囊衣糖水橘子罐头时，可将去橘囊衣的橘瓣先经盐酸处理后，再置于浓度为 0.07%～0.09% 的氢氧化钠溶液中，于 40～44℃ 处理 5min，以大部分囊衣脱落，橘肉不起毛、不松散、软烂为准。然后以盐酸中和，流水漂洗以除尽碱液及囊面果胶物质。氢氧化钠在食品加工时还常用于容器具的洗涤、消毒，可配成 1%～2% 的氢氧化钠水溶液使用。

4. 氢氧化钙

氢氧化钙，又名消石灰、熟石灰，分子式为 $Ca(OH)_2$，相对分子质量为 74.09。

（1）性状　氢氧化钙为白色粉末，无臭。具碱味，相对密度（d_4^{20}）为 2.24。在 580℃ 时失去水。易潮解。难溶于水，不溶于乙醇，但溶于甘油。露置空气中能渐渐吸收二氧化碳而成碳酸钙。

（2）性能　氢氧化钙的结构疏松，水溶液呈碱性，有腐蚀性。其澄清水溶液称为石灰水，氢氧化钙与水组成的乳状悬浮液称作石灰乳。石灰水中的钙离子可以和果蔬中的果胶反应形成果胶酸钙。这种凝胶凝聚在果蔬细胞的间隙中，可使细胞互相黏结，防止细胞解体，这样就使得果蔬的组织不致变软，达到保脆的目的。

（3）毒性　氢氧化钙因难溶于水，其水溶液腐蚀皮肤、织物的作用也较弱。其 ADI 无需规定。

（4）制法及质量指标　氢氧化钙可由氧化钙加水消化而得。

食品级氢氧化钙应符合下列质量指标：氢氧化钙（以干基计）含量≥95.0%；水分≤1.0%；盐酸不溶物含量≤0.03%；铁含量≤0.030%；重金属（以 Pb 计）含量≤0.002%；铅含量≤0.0003%；镁和碱金属含量≤0.50%；砷含量≤0.0002%；硫化物（以 SO_4 计）含量≤0.50%。

（5）应用　氢氧化钙广泛应用于加工助剂、中和剂以及食品添加剂的合成。

果蔬加工时，常以石灰水浸泡果蔬，以达到保持脆性的目的。在蔬菜腌渍中，石灰水还有保绿的作用。制造糖衣果脯类白糖冬瓜时，也用石灰水浸。还可用于鲜蛋的保存（如制作松花蛋）及生产传统蜜饯类的蜜李片、蜜桃片等产品。

第三节　被膜剂

在某些食品表面涂布一层薄膜，不仅增加食品外表的明亮、美观，而且可以延长食品保存期。这些涂抹于食品外表形成薄膜，起保质、保鲜、上光、防止水分蒸发等作用的物质称为被膜剂。被膜剂根据其来源分为两类：天然被膜剂和人工被膜剂。

在水果表面使用被膜剂，可以抑制水分蒸发，防止微生物侵入，并形成气调层，吸收和调节食物的呼吸作用，达到延长水果保鲜时间的目的。有些糖果如巧克力等，使用被膜剂后，不仅外观光亮、美观，而且还可以防止粘连，保持质量稳定。在粮食的贮藏过程中，被膜剂能有效隔离病菌和虫害，同时也能在一定程度上抑制粮食的呼吸作用，具有良好的保鲜作用。被膜剂用于冷冻食品和固体粉状食品，可防止其表面吸潮而避免因此产生的产品质量下降。在稻米加工中，被膜剂不仅能使米粒具有晶莹的光泽，而且可以向被膜剂中添加不同的营养成分，使稻米的营养得到强化。如果在被膜剂中加入一些防腐剂、抗氧化剂和乳化剂等，还可以制成复合型的保鲜被膜剂。

目前，我国允许使用的被膜剂有紫胶、石蜡、白油（液体石蜡）、吗啉脂肪酸盐（果蜡）、松香季戊四醇酯盐、二甲基聚硅氧烷、巴西棕榈蜡硬脂酸 7 种，主要应用于水果、蔬菜、软糖、鸡蛋等食品的保鲜，在粮油食品加工中应用也具有很好的效果。

1. 紫胶

紫胶，又名虫胶，为寄生于豆科或桑科植物上的紫胶虫所分泌的树脂状物质（称紫梗）的提取物。其主要成分为紫胶酸（约 40%）、油桐酸（约 40%）、虫蜡酸（约 20%）以及少量的棕榈酸、肉豆蔻酸等。紫胶酸分子式为 $C_{15}H_{20}O_6$，结构式如下：

$$\text{HOOC}\diagup\!\!\!\diagdown\diagup\!\!\!\diagdown\text{COOH, OH; HOCH}_2\text{C—CH}_3$$

（1）性状　紫胶为暗褐色透明薄片或粉末，脆而坚，无味，稍有特殊气味。熔点 115～120℃，软化点 70～80℃，相对密度 1.02～1.12。溶于乙醇、乙醚，不溶于水，溶于碱性水溶液。

（2）性能　紫胶在 125℃加热 3h 变为不溶于乙醇的物质，有一定的防潮能力。涂于水果表面有抑制水分蒸发，调节果实呼吸作用，还能有效防止病菌入侵，起保鲜作用。涂于食品表面可以形成光亮的膜,不仅隔离水分、保持食品质量稳定,而且美观。

(3) 毒性　鼠经口 LD_{50} 大于 15g/kg。

原料紫梗为天然的动物性药品,具有清热解毒功效,未发现有害作用,安全性高。

(4) 制法及质量指标　紫胶的制法是将紫梗粉碎、过筛、洗色后干燥成颗粒状,用酒精溶解,过筛,真空浓缩后压成片状。如果将紫胶溶解在碳酸钠水溶液中,用次氯酸钠漂白,稀硫酸沉淀(如需脱蜡先冷却使蜡释出),经分离、干燥则制得漂白紫胶。此外,尚可进一步滤除蜡后制成漂白无蜡紫胶。

根据我国食品添加剂紫胶质量标准（GB 4093—1983）的要求,不同产品的质量指标见表 13-1。

表 13-1　紫胶的质量标准（GB 4093—1983）

项　目		紫胶片	脱色紫胶片	漂白紫胶
颜色指数号	≤	18	2.0	1.0
热乙醇不溶物/%	≤	1.0	0.5	1.0
冷乙醇不溶物/%	≤	—	—	92.0
热硬化时间（170℃±0.5℃）/min	≥	3.0	2.0	1.0
氯/%	≤	—	—	1.5
铅/%	≤	0.0005	0.0005	0.0005
砷（以 As 计）/%	≤	0.0001	0.0001	0.0001
汞/%	≤	0.0003	0.0003	0.0003
水分/%	≤	2.0	2.0	3.0
水溶物/%	≤	0.5	0.5	1.0
灰分/%	≤	0.4	0.3	0.5
蜡/%	≤	5.5	5.5	5.5
软化点/℃	≥	72	72	—
酸值/(mg KOH/g)	≤	—	—	85

(5) 应用　根据我国《食品添加剂使用卫生标准》(GB 2760—1996) 中规定:紫胶可用于巧克力、威化饼干,最大使用量为 0.2g/kg。

将紫胶溶解于酒精中配成 10% 浓度溶液可作为水果的被膜剂。也可用于糖果包衣。

2. 石蜡

石蜡,又名固体石蜡、矿蜡、微晶蜡,为石蜡碳氢化合物的混合物。

(1) 性状　石蜡为无色或白色蜡状物,无臭、无味,有滑腻感,室温下质地很硬。熔点依制造方法而异,精制微晶石蜡为 48～93℃;可燃,不溶于水,易溶于芳香烃类,微溶于酮、醚和醇类。性质稳定,一般不与强酸、强碱、氧化剂、还原剂反应。紫外线照射下可逐渐变黄。

(2) 性能　石蜡的化学性质十分稳定,具有良好的隔离性能。多用于水果被膜剂和胶姆糖基础剂。

(3) 毒性　FAO/WHO（1995）规定,高硫石蜡、高熔点石蜡的微晶蜡,其 ADI 为 0～20mg/kg。

石蜡不被机体消化吸收。少量的石蜡几乎是无毒的。大量长期服用则食欲减退,脂溶性维生素的吸收减少,发生消化器官及肝脏的障碍。若含有不纯物（硫化物、多环芳烃等）时对健康不利。

(4) 制法及质量指标　精制石蜡是由天然石油含蜡馏分经冷榨或溶剂脱蜡制得。

根据我国食品添加剂石蜡质量标准（GB 7189—1994）的要求,石蜡的质量指标见表 13-2。

表 13-2 石蜡的质量标准 (GB 7189—1994)

项 目		食品石蜡						食品包装石蜡					
		52号	54号	56号	58号	60号	62号	52号	54号	56号	58号	60号	62号
熔点范围/℃		52~54	54~56	56~58	58~60	60~62	62~64	52~54	54~56	56~58	58~60	60~62	62~64
含油量/% ≤		0.5						1.2					
颜色/号		+28	+28	+28	+28	+25	+25	+22					
光安定性/号		4	4	4	4	5	5	6					
针入度(25℃,1/10min)		18	18	18	18	16	16	20	20	20	20	18	18
运动黏度(100℃)		依据报告						依据报告					
臭、味/号		1						1					
水溶性酸或碱		无						无					
机械杂质及水分		无						无					
易炭化物		通过						—					
稠环芳烃紫外吸光度	280~289nm ≤	0.15						0.15					
	290~299nm	0.12						0.12					
	300~359nm	0.08						0.08					
	360~400nm ≤	0.02						0.02					

(5) 应用　根据我国《食品添加剂使用卫生标准》(GB 2760—1996) 中规定：石蜡可用于胶姆糖基础剂，最大使用量为 50g/kg。

实际生产中还用于糯米纸生产的防黏 (6g/kg) 和食品包装材料的防潮、防黏、防油等。

3. 吗啉脂肪酸盐 (果蜡)

吗啉脂肪酸盐 (果蜡)，又名 CFW 型果蜡，含 10%~12% 的天然棕榈蜡、2.5%~3% 的吗啉脂肪酸盐。

(1) 性状　吗啉脂肪酸盐 (果蜡) 为淡黄色至黄褐色油状或蜡状物质 (视所连接脂肪基的碳链长度而异，高级脂肪酸为固体，低级脂肪酸为液体)，微有氨臭。混溶于丙酮、苯和乙醇，可溶于水，在水中溶解量多时呈凝胶状。

(2) 性能　吗啉脂肪酸盐 (果蜡) 具有良好的成膜性能，其所形成的半透气性膜可抑制果品呼吸，延缓衰老，防止蒸发，防止细菌侵入，减少腐烂和失重，并可改善外观，提高商品价值，延长货架期。吗啉脂肪酸盐 (果蜡) 仅供涂膜，不直接食用。

(3) 毒性　大鼠经口 LD_{50} 1600mg/kg (吗啉)。无蓄积、致畸、致突变作用。

(4) 制法及质量指标　吗啉脂肪酸盐是由二乙醇胺加盐酸并加热脱水，冷却后加入过量氧化钙进行干馏。馏出液脱水后蒸馏得吗啉，然后加入等物质的量的脂肪酸，静置后馏去水分即得。吗啉脂肪酸盐果蜡由吗啉脂肪酸盐加蜡和乳化剂制成。

按我国食品添加剂吗啉脂肪酸盐 (果蜡) 质量标准 (GB 12489—1990) 的要求，应符合下列质量指标：固形物含量为 12%~13%；黏度为 $0.0004~0.001 m^2/s$；灼烧残渣≤0.2%；砷 (以 As 计)≤0.0001%；重金属 (以 Pb 计)≤0.002%。

(5) 用途　根据我国《食品添加剂使用卫生标准》(GB 2760—1996) 中规定：吗啉脂

肪酸盐（果蜡）可用于水果保鲜，用量可根据生产需要适量添加。

实际使用中，本品可喷雾、可涂刷、浸渍，常用剂量为 0.1%。

第四节 水分保持剂和面粉处理剂

一、水分保持剂

水分保持剂为有助于保持食品中的水分而加入的物质，多指用于肉类和水产品加工中增强其水分的稳定性和具有较高持水性的磷酸盐类。我国规定许可使用的有：磷酸三钠、六偏磷酸钠、三聚磷酸钠、焦磷酸钠、磷酸二氢钠、磷酸氢二钠、磷酸二氢钙、磷酸钙、焦磷酸二氢二钠、磷酸氢二钾、磷酸二氢钾共 11 种。

磷酸盐在肉类制品中可保持肉的持水性，增强结着力，保持肉的营养成分及柔嫩性。提高肉的持水性的机理为：①提高肉的 pH，使其偏离肉蛋白质的等电点（pH5.5）；②螯合肉中的金属离子，使肌肉组织中蛋白质与钙、镁离子螯合；③增加肉的离子强度，有利于肌肉蛋白转变为疏松状态；④解离肌肉蛋白质中肌动球蛋白。

除了持水性作用外，磷酸盐还可具有防止啤酒、饮料浑浊的作用；用于鸡蛋外壳的清洗，防止鸡蛋因清洗而变质；在蒸煮果蔬时，用以稳定果蔬中的天然色素。使用磷酸盐时，应注意钙、磷比例，一般以 1∶1.2 较好。

1. 磷酸二氢钙

磷酸二氢钙，又名磷酸一钙、二磷酸钙、酸性磷酸钙，分子式为 $Ca(H_2PO_4)_2 \cdot H_2O$，相对分子质量为 257.07（一水物），234.05（无水物）。

（1）性状及性能　磷酸二氢钙为无色或白色结晶性粉末，相对密度 2.22，有吸湿性，略溶于水，水溶液呈酸性（pH3），加热至 105℃失去结晶水，203℃分解成偏磷酸盐。

（2）毒性　FAO/WHO（1994）规定，ADI 为 70mg/kg（以各种来源的总磷计）。

（3）制法及质量指标　磷酸二氢钙可采用 2mol/L 磷酸与 1mol/L 氢氧化钙或碳酸钙作用，冷却至 0℃，过滤后结晶制得。也可由磷矿石（正磷酸钙）与盐酸反应制得。

根据我国食品添加剂磷酸二氢钙质量标准（GB 10619—1989）的要求，应符合下列质量指标：磷酸二氢钙（以 Ca 计）为 15.2%～17.2%；砷（以 As 计）≤0.0003%；重金属（以 Pb 计）≤0.002%；氟化物（以 F 计）≤0.0025%；水分≤1.0%。

（4）应用　磷酸二氢钙作为水分保持剂，根据我国《食品添加剂使用卫生标准》（GB 2760—1996）中规定：可用于面包、饼干、发酵粉，最大使用量 4.0g/kg（以磷酸计）；固体饮料，8.0g/kg；小麦粉、饮料，可按生产需要适量使用。

2. 焦磷酸二氢二钠

焦磷酸二氢二钠，又名酸性焦磷酸钠、焦磷酸二钠，分子式为 $Na_2H_2P_2O_7$，相对分子质量为 221.94。

（1）性状及性能　焦磷酸二氢二钠为白色结晶性粉末，相对密度 1.862，加热到 220℃以上分解成偏磷酸钠。易溶于水，水溶液呈酸性，1% 水溶液 pH 为 4～4.5。可与 Mg^{2+}、Fe^{2+} 形成螯合物，水溶液与稀无机酸加热可水解成磷酸。

焦磷酸二氢二钠为酸性盐，一般不单独使用。而焦磷酸钠是碱性盐，与肉中蛋白质有特异作用，可显著增强肉的持水性，故常与焦磷酸二氢二钠或其他 pH 低的磷酸盐混合使用。

焦磷酸二氢二钠与碳酸氢钠反应生成二氧化碳，所以还可以用作快速发酵粉的原料。

（2）毒性　小鼠经口 LD_{50} 2650mg/kg。FAO/WHO（1994）规定，ADI 为 70mg/kg（以各种来源的总磷计）。

（3）制法及质量指标　焦磷酸二氢二钠可由磷酸二氢钠加热到 200℃ 脱水制得；也可用磷酸加入碳酸钠，再加热到 200℃ 脱水制得。

根据我国食品添加剂焦磷酸二氢二钠质量标准（GB 10620—1989）的要求，应符合下列质量指标：含量（以 $Na_2H_2P_2O_7$ 计）≥95.0%；水不溶物≤1.0%；砷（以 As 计）≤0.0003%；重金属（以 Pb 计）≤0.002%；氟化物（以 F 计）≤0.005%；pH 为 4.0±5。

（4）应用　根据我国《食品添加剂使用卫生标准》（GB 2760—1996）中规定：焦磷酸二氢二钠可用于面包、饼干，最大用量 3.0g/kg。

3. 磷酸三钠

磷酸三钠，又名磷酸钠、正磷酸钠，分子式为 $Na_3PO_4 \cdot 12H_2O$，相对分子质量为 380.16。

（1）性状及性能　磷酸三钠为无色至白色的六方晶系结晶，可溶于水，不溶于乙醇，在水溶液中几乎全部分解为磷酸氢二钠和氢氧化钠，呈强碱性。1% 的水溶液 pH 为 11.5～12.1。它具有持水结着、乳化、络合金属离子、改善色调和色泽、调整 pH 和组织结构等作用。

（2）毒性　FAO/WHO（1994）规定，ADI 为 70mg/kg（以各种来源的总磷计）。

（3）制法及质量指标　磷酸三钠是将磷酸用水稀释后，按计算加入氢氧化钠或碳酸钠中和成磷酸钠溶液，过滤，浓缩，冷却结晶，分离而得。

根据美国《食品用化学品法典》的要求，磷酸三钠（十二水物）应符合下列质量指标：含量≥92.0%；氟化物≤0.005%；水不溶物≤0.2%；灼烧残渣≤45.0%；砷（以 As 计）≤0.0003%；重金属（以 Pb 计）≤0.001%。

（4）应用　根据我国《食品添加剂使用卫生标准》（GB 2760—1996）中规定：磷酸三钠作为水分保持剂，用于罐头，果汁饮料、乳制品等，其最大用量为 3.0g/kg；用于奶酪，其最大使用量为 5.0g/kg。

磷酸三钠使用于各类食品，可作肉制品的品质改良剂，也可作为疏松剂的酸性盐使用。

4. 六偏磷酸钠

六偏磷酸钠，又名偏磷酸钠玻璃体、四聚磷酸钠、格兰汉姆盐。为一类由几种无定形水溶性线状偏磷酸单位$(NaPO_3)_x$所组成的聚磷酸盐，式中 x 大于或等于 2，以 Na_2PO_4 终止。它们通常以其 Na_2O 与 P_2O_5 之比，或其 P_2O_5 含量来鉴别。Na_2O 与 P_2O_5 之比，对于四聚磷酸钠约 1.3，式中 x 约为 4；对于六偏磷酸钠（即格兰汉姆盐）约 1.1，式中 x 等于 13～18；对于更高相对分子质量的聚磷酸钠约 1.0，式中 x 等于 20～100 或更大。

（1）性状及性能　六偏磷酸钠为无色透明的玻璃状片或粒状或者粉末状。潮解性强，能溶于水，不溶于乙醇及乙醚等有机溶剂。水溶液可与金属离子形成配合物。二价金属离子的配合物较一价金属离子的配合物稳定，在温水、酸或碱溶液中易水解为正磷酸盐。具有较强的分散性、乳化性、高黏度性及与金属离子络合的作用。

（2）毒性　大鼠经口 LD_{50} 7250mg/kg。FAO/WHO（1994）规定，ADI 为 70mg/kg（以各种来源的总磷计）。

（3）制法及质量指标　六偏磷酸钠可由磷酸酐和碳酸钠或由磷酸和氢氧化钠经聚合制

成；也可由磷酸二氢钠经高温（600～650℃）聚合制成。

根据我国食品添加剂六偏磷酸钠质量标准（GB 1890—1989）的要求，应符合下列质量指标：总磷酸盐（以 P_2O_5 计）$\geqslant 68.0\%$；非活性磷酸盐（以 P_2O_5 计）$\leqslant 7.5\%$；pH 为 5.8～6.5；铁$\leqslant 0.05\%$；水不溶物$\leqslant 0.06\%$；砷（以 As 计）$\leqslant 0.0003\%$；重金属（以 Pb 计）$\leqslant 0.001\%$；氟（以 F 计）$\leqslant 0.003\%$。

（4）应用 根据我国《食品添加剂使用卫生标准》（GB 2760—1996）中规定：可用于罐头、果汁（果味）型饮料、植物蛋白饮料，最大使用量为 1.0g/kg；乳制品、禽肉制品、肉制品、冰淇淋、方便面，最大使用量为 5.0g/kg；果味型（不含果汁）饮料，0.15g/kg。

六偏磷酸钠可单独使用，也可与其他磷酸盐配制成复合磷酸盐使用，但总磷酸盐不能超过国家规定。

二、面粉处理剂

面粉处理剂是使面粉增白和提高焙烤制品质量的一类食品添加剂。我国许可使用的面粉处理剂包括面粉漂白剂、面粉增筋剂、面粉还原剂和面粉填充剂。

目前，国内外广泛使用的面粉漂白剂是过氧化苯甲酰（BP），BP 添加到面粉中在 1～2 天内就可完成对面粉的漂白作用。它能够使影响面粉色泽的色素氧化退色而漂白面粉。过氧化苯甲酰在国际上大多数国家允许使用，有些国家禁止使用或限量使用，其安全性也受到关注。

新磨制的面粉，特别是用新小麦磨制的面粉，筋力小、弹性弱、无光泽，其面团吸水率低，黏性大，发酵耐力、醒发耐力差，极易塌陷，面包体积小，易收缩变形，组织不均匀。因此，新面粉必须经过后熟或促熟过程。现在，国内外均采用加入促熟剂的办法来增强新面粉的筋力，克服上述缺点。这类促熟剂亦称增筋剂，化学名称是氧化剂。溴酸钾是使用最广泛的面粉增筋剂，已有 70～80 年的使用历史。溴酸钾在面包的制作中发挥着极其重要的作用，特别是对新面粉的促熟更加有效。溴酸钾尽管有良好的效果，但近年发现其安全性有问题。1992 年世界卫生组织确认溴酸钾是一种致癌物质，不宜加在面粉和面包中；FAO/WHO 联合食品添加剂专家委员会（JECFA）于 1994 年撤消了溴酸钾在面粉中使用的 ADI 值。目前，欧盟、澳大利亚、新西兰等国家已禁止使用；美国、日本等国也大幅度减少其使用量。我国食品添加剂标准化技术委员会已于 1996 年建议卫生部将溴酸钾从 GB 2760—1996 名单中删除，于 2005 年 7 月 1 日全面禁止在面粉中使用。从今后的发展来看，有必要开发适当的代用品来弥补溴酸钾的特殊作用。

L-半胱氨酸盐酸盐是一种面粉还原剂，用于发酵面制品，与面粉增筋剂配合使用时，主要在面筋的网状结构形成后发挥作用，其作用具有时间的滞后性，能够提高面团的持气性和延伸性，加速谷蛋白的形成，防止面团筋力过高引起的老化，从而缩短面制品的发酵时间。L-抗坏血酸也被用作面粉还原剂，具有促进面包发酵的作用。

面粉填充剂又称分散剂，是一种面粉处理剂的载体，包括碳酸镁、碳酸钙等，除具有使微量的面粉处理剂分散均匀的作用外，尚具有抗结剂、膨松剂、酵母养料、水质改良剂的作用。

1. 过氧化苯甲酰

过氧化苯甲酰，又名过氧化二苯酰，简称 BP，分子式为 $C_{14}H_{10}O_4$，相对分子质量为 242.23，结构式如下：

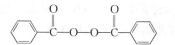

(1) 性状及性能　过氧化苯甲酰为无色或白色结晶或粉末，微带苯甲醛气味，无味。加热至 103～106℃ 熔化并分解。具有强氧化性，易还原为苯甲酸，受冲击或摩擦易发生爆炸。溶于二硫化碳、苯、氯仿、乙醚，难溶于乙醇，不溶于水。为防止爆炸，一般用碳酸钙、磷酸钙、硫酸钙等不溶性盐或滑石粉、皂土等将其稀释至 20% 左右时使用。

过氧化苯甲酰具有强氧化性能，可漂白小麦粉，且有杀菌性能，但对小麦粉中 β-胡萝卜素、维生素 A、维生素 E 和维生素 B_1 等均有较强的破坏作用。

(2) 毒性　小鼠经口 LD_{50} 3950mg/kg。FAO/WHO（1994）规定，ADI 为 0～40mg/kg，在特殊条件下可为 40～75mg/kg。

(3) 制法及质量指标　过氧化苯甲酰可由苯甲酰氯与过氧化氢在碱性催化剂存在反应而成。在反应器内加入氢氧化钠溶液，在冷却下加入过氧化氢，然后在 10℃、搅拌下滴入苯甲酰氯。生成物呈微粒状，最后用丙酮或苯等适宜溶剂进行重结晶即得。

根据美国《食品用化学品法典》的要求，过氧化苯甲酰应符合下列质量指标：含量≥96.0%；水不溶物≤0.10%；重金属（以 Pb 计）≤0.002%；铅≤0.001%。

(4) 应用　根据我国《食品添加剂使用卫生标准》（GB 2760—1996）中规定：过氧化苯甲酰用作面粉改良剂，在小麦粉中最大使用量为 0.06g/kg。

我国已研制出以过氧化苯甲酰为主成分，并配以硫酸镁、磷酸钙、硫酸钙等面粉品质改良剂。按每 100kg 面粉添加 25～30g，可获得满意的效果。

2. L-半胱氨酸盐酸盐

L-半胱氨酸盐酸盐，分子式为 $C_3H_7NO_2S \cdot HCl \cdot H_2O$、相对分子质量为 175.64，结构式如下：

$$HS-CH_2-CH-COOH \cdot H_2O$$
$$|$$
$$NH_2 \cdot HCl$$

(1) 性状及性能　L-半胱氨酸盐酸盐为无色至白色结晶或结晶性粉末，有轻微特殊气味和酸味，熔点 175℃（分解）。溶于水，水溶液呈酸性，1% 溶液的 pH 约 1.7。亦可溶于醇、氨水和乙酸，不溶于乙醚、丙酮、苯等。具有还原性，有抗氧化和防止非酶褐变的作用。

(2) 毒性　小鼠经口 LD_{50} 3460mg/kg。美国食品与药物管理局将其列为一般公认安全物质。

(3) 制法及质量指标　L-半胱氨酸盐酸盐制法是头发中加入盐酸，加热水解 6～8h，然后减压蒸馏出盐酸，再加活性炭脱色、过滤，滤液用氨水中和，得 L-胱氨酸粗结晶，再用氨水溶解并中和，经重结晶后，再用盐酸溶液溶解，并进行电解还原，然后经浓缩、冷却、结晶、干燥即得。

根据美国《食品用化学品法典》的要求，L-半胱氨酸盐酸盐应符合下列质量指标：含量（干燥后）为 98.0%～101.5%；干燥失重为 8.0%～12.0%；灼烧残渣≤0.1%；重金属（以 Pb 计）≤0.002%；铅≤0.001%；金≤0.001%。

(4) 应用　根据我国《食品添加剂使用卫生标准》（GB 2760—1996）中规定：L-半胱氨酸盐酸盐可用于发酵面制品，用量为 0.06g/kg。

除用于面制品外，还可用于天然果汁防止维生素 C 被氧化和变褐，用量为 0.02%～0.08%；在饮料、焙烤食品、肉类制品、乳制品、调味品和谷类中亦可使用，用量为 0.01%左右。

3. 碳酸镁

碳酸镁有轻质和重质之分，用于添加剂的一般为轻质。轻质碳酸镁的分子式为 $MgCO_3 \cdot H_2O$，相对分子质量为 102。

(1) 性状及性能　轻质碳酸镁为白色松散粉末或易碎块状，无臭，在空气中稳定，几乎不溶于水，可被稀酸溶解并冒泡。

(2) 毒性　FAO/WHO（1994）规定，ADI 无需规定。

(3) 制法及质量指标　碳酸镁是由菱镁矿（$MgCO_3$）或白云石（$MgCO_3 \cdot CaCO_3$）经处理、精制而成；或者将硫酸镁和碳酸钠反应后所得沉淀精制制成。

根据美国《食品用化学品法典》的要求，碳酸镁应符合下列质量指标：含量（MgO）为 40.0%～43.5%；酸不溶物≤0.05%；砷（以 As 计）≤0.0003%；氧化钙≤0.6%；重金属（以 Pb 计）≤0.002%；铅≤0.001%；可溶性盐≤1%。

(4) 应用　根据我国《食品添加剂使用卫生标准》（GB 2760—1996）中规定：碳酸镁可用于小麦粉，最大使用量为 1.5g/kg。

实际生产中，可用作面粉处理剂、抗结剂、膨松剂、胶姆糖配料。

第五节　稳定和凝固剂

稳定和凝固剂是使食品结构稳定或使食品组织结构不变，增强黏性固形物的一类食品添加剂。列入 GB 2760—1996 中的稳定和凝固剂共有 8 种产品，按其用途的不同，可将稳定和凝固剂细分为以下 6 个小类。

① 凝固剂，主要作用是使豆浆凝固为不溶性凝胶状物的豆腐。包括钙盐凝固剂（石膏和氯化钙）、镁盐凝固剂（盐卤和卤片）和酸内酯凝固剂（葡萄糖酸-δ-内酯），用它们制作的豆腐分别俗称嫩豆腐（石膏豆腐）、老豆腐（盐卤豆腐）和内酯豆腐。

② 果蔬硬化剂，包括氯化钙等钙盐类物质，主要作用是使果蔬中的可溶性的果胶酸与钙离子反应生成凝胶状不溶性果胶酸钙，加强果胶分子的交联作用，从而保持了果蔬加工制品的脆度和硬度。

③ 螯合剂，主要作用是能与多价金属离子结合形成可溶性配合物，在食品中主要用于消除易引起有害氧化作用的金属离子，以提高食品的质量和稳定性。EDTA 和葡萄糖酸-δ-内酯都可用作螯合剂。

④ 罐头除氧剂，主要专指柠檬酸亚锡二钠，用于蘑菇等果蔬罐头中，能逐渐与罐中的残留氧发生作用，Sn^{2+} 氧化成 Sn^{4+}，而表现出良好的抗氧化性能。可起到保护食品色泽、抗氧化、防腐蚀的作用，并且不影响罐头的风味。

⑤ 保湿剂，丙二醇作为食品中许可使用的有机溶剂，可用于糕点中，能增加糕点的柔软性、光泽和保水性。

⑥ 澄清剂，不溶性聚乙烯吡咯烷酮（PVPP）作为啤酒、果酒和高级果酒的澄清剂，能对食品的产品质量起到稳定和提高的作用。

1. 氯化钙

氯化钙，分子式为 $CaCl_2$ 或 $CaCl_2 \cdot 2H_2O$，相对分子质量分别为 110.99 和 147.02。

（1）性状及性能　氯化钙为白色坚硬的碎块状结晶，无臭，微苦，易溶于水，可溶于乙醇。吸湿性强，干燥的氯化钙置于空气中会很快吸收空气中的水分，成为潮解性的$CaCl_2 \cdot 6H_2O$。5%水溶液的pH为4.5～8.5，水溶液的冰点可降至－55℃。

氯化钙主要是使可溶性果胶凝固为凝胶状不溶性果胶酸钙，以保持果蔬加工制品的脆度和硬度。此外，钙是人体内重要无机成分，故氯化钙可作为食品强化剂。此外，也可用作豆制品生产中的凝固剂。

（2）毒性　大鼠经口LD_{50} 1000mg/kg。美国食品与药物管理局将氯化钙列为一般公认安全物质。FAO/WHO（1994）规定，ADI无需规定。

（3）制法及质量指标　氯化钙可由碳酸钙与盐酸反应而得。也可由氨碱法制纯碱时的母液后经蒸发、浓缩、冷却、固化而成。还可由生产次氯酸钠的副产品经精制而得。

根据日本《食品添加物公定书》规定，氯化钙应符合下列质量指标：含量（$CaCl_2$）≥70%；砷（以As_2O_3计）≤0.0004%；镁和碱金属盐≤5.0%；重金属（以Pb计）≤0.002%。

（4）应用　根据我国《食品添加剂使用卫生标准》（GB 2760—1996）中规定：氯化钙可按生产需要适量用于豆制品中。

实际生产中，氯化钙一般不用作豆腐凝固剂，而用作低甲氧基果胶和海藻酸钠的凝固剂。另外可用于制作乳酪，可使牛乳凝固，用量可达0.02%；用于冬瓜硬化处理，可将冬瓜去皮，泡在0.1%物$CaCl_2$溶液中，抽真空，使Ca^{2+}渗入组织内部，渗透20～25min，经水煮、漂洗后备用；同样可用作什锦菜、番茄、莴苣等的硬化剂。

2. 硫酸钙

硫酸钙，又名石膏，分子式为$CaSO_4 \cdot 2H_2O$，相对分子质量为172.18。

（1）性状及性能　硫酸钙为白色晶体粉末，无臭，有涩味，相对密度2.32，微溶于水，难溶于乙醇；溶于强酸；水溶液呈中性。加热至100℃以上，失去部分结晶水而成为煅石膏$CaSO_4 \cdot \frac{1}{2}H_2O$；加热至194℃以上，失去全部结晶水而成为无水硫酸钙。石膏加水后形成可塑性浆状物，很快固化。

（2）毒性　FAO/WHO（1994）规定，ADI无需规定。

钙和硫酸根是人体内正常成分，且硫酸钙的溶解度亦较小，放在消化道内难以吸收。所以硫酸钙对人体无害。

（3）制法及质量指标　硫酸钙有天然产品。也可由可溶性钙盐的水溶液加稀硫酸或加碱金属硫酸盐制成，还可由氧化钙加三氧化硫制成。

按我国食品添加剂硫酸钙质量标准（GB 1892—1980）的要求，应符合下列质量指标：硫酸钙含量（$CaSO_4$）≥95.0%，重金属（以Pb计）≤0.001%，砷（以As计）≤0.0002%，氟化物（以F计）<0.005%。

（4）应用　根据我国《食品添加剂使用卫生标准》（GB 2760—1996）中规定：硫酸钙作凝固剂用于罐头和豆制品生产中，用量按正常生产需要添加。

石膏主要用作蛋白质凝固剂。用于豆制品生产，在熟豆浆中加入石膏，使热变性后的大豆蛋白质凝固，此过程称为点脑或点浆。

用于制造豆腐，豆浆中加入量为2～14g/L，过量会产生苦味，即夏季用石膏约为原料的2.25%，冬季约为原料的4.1%。用于制造干豆腐时，夏季用石膏量约为原料的2%，冬季约为原料的 4.3%。

在生产番茄和马铃薯罐头时，硫酸钙可用作组织强化剂，按生产配方需添加 0.1%～0.3%。

3. 氯化镁

氯化镁盐凝固剂主要是指含氯化镁为主的 2 种物质：盐卤和卤片。盐卤的主要成分为氯化钠（2%～6%）、氯化钾（2%～4%）、氯化镁（15%～19%）、溴化镁（0.2%～0.4%）等。卤片，分子式为 $MgCl_2 \cdot 6H_2O$，相对分子质量为 203.30。

(1) 性状及性能　盐卤为 31～35°Bé。卤片为无色至白色结晶或粉末，无臭，味苦，极易溶于水和乙醇，常温下为六水合物，加热到 100℃ 失去 2 分子结晶水，极易吸潮。氯化镁盐主要用作蛋白质凝固剂

(2) 毒性　卤片，大鼠经口 LD_{50} 大于 800mg/kg。

FAO/WHO（1994）规定，ADI 无需规定。

以高剂量对小鼠灌胃 2～5min，小鼠出现腹痛、后肢摇摆、四肢无力、瘫痪、眼珠突出、呼吸困难等症状。人经口 4～15g，能引起腹泻。属低毒物质。

(3) 制法及质量指标　盐卤是由海水或咸湖水经浓缩、结晶制取食盐后所残留的母液。卤片是由盐卤浓缩成光卤石（$KCl \cdot MgCl_2 \cdot 6H_2O$），冷却后除去氯化钾，再经浓缩、过滤、冷却、结晶而制得。

根据 FAO/WHO（1992）的要求，卤片应符合下列质量指标：含量（$MgCl_2 \cdot 6H_2O$ 及其等同物）为 95.0%～100.5%；铵盐≤0.005%；砷（以 As 计）≤0.0003%；铅≤0.001%；重金属（以 Pb 计）≤0.003%。

(4) 应用　根据我国《食品添加剂使用卫生标准》（GB 2760—1996）中规定：盐卤和卤片用于豆制品生产中，用量按正常生产需要添加。

盐卤和卤片可用做豆制品的凝固剂，以及乳制品、婴幼儿食品的营养强化剂；还用作风味剂、防水剂等。因氯化镁具有较强的苦味，用量一般小于 0.1%。乳制品用量 3000～7000mg/kg；婴幼儿食品 2300～5800mg/kg。

4. 葡萄糖酸-δ-内酯

葡萄糖酸-δ-内酯，又名 1,5-葡萄糖酸内酯、葡萄糖酸内酯，简称 GDL。分子式为 $C_6H_{10}O_6$，相对分子质量为 178.14，结构式如下：

(1) 性状及性能　葡萄糖酸-δ-内酯为白色结晶或结晶性粉末，几乎无臭，味先甜后酸。易溶于水，稍溶于乙醇，几乎不溶于乙醚。在水中缓慢水解形成葡萄糖酸及其 δ-内酯和 γ-内酯的平衡混合物。新配制 1% 水溶液的 pH 为 3.5，2h 后变为 2.5。热稳定性低，在 153℃ 左右分解。

葡萄糖酸-δ-内酯在水中发生离解生成葡萄糖酸，它能使蛋白质溶胶凝结而形成蛋白质凝胶，其效果优于硫酸钙、氯化钙、盐卤和卤片。对霉菌和一般细菌均有抑制作用，且能增强防腐剂和护色剂的作用效果，用于鱼、肉、禽等保鲜时，可使食物外观光泽，保持肉质的弹性。

(2) 毒性　兔静脉注射 LD_{50} 7630mg/kg。FAO/WHO（1994）规定，ADI 无需规定。

(3) 制法及质量指标　葡萄糖酸-δ-内酯是以硫酸、草酸或离子交换树脂对葡萄糖酸钙进行脱钙，得葡萄糖酸溶液，然后在 70℃下真空浓缩至 85%，再加入葡萄糖酸-δ-内酯的晶种，于 40～45℃继续真空蒸发至原溶液的一半，葡萄糖酸以内酯的形式析出结晶时，停止蒸发，离心分离，以冷水洗涤，干燥，即得。此外，亦可将葡萄糖酸溶液在 40～45℃下进行减压浓缩制取。

按我国食品添加剂葡萄糖酸-δ-内酯质量标准（GB 7657—1987）的要求，应符合下列质量指标：含量≥99.0%；砷（以 As 计）≤0.0003%，重金属（以 Pb 计）≤0.002%，铅≤0.001%；还原性物质（D 葡萄糖）≤0.5%；硫酸盐（以 SO_4 计）≤0.03%，钙≤0.03%，氯化物（以 Cl 计）≤0.02%。

(4) 应用　根据我国《食品添加剂使用卫生标准》（GB 2760—1996）中规定：葡萄糖酸-δ-内酯用于鱼虾保鲜，最大使用量为 0.1g/kg；鱼糜制品、葡萄汁、豆制品，最大使用量为 3.0g/kg；用于发酵粉，可按生产需要适量使用。

葡萄糖酸-δ-内酯作为食品添加剂应用范围很广，可用作膨松剂、酸味剂、螯合剂和 pH 调节剂等，主要用作凝固剂。

用作凝固剂时，相对豆浆的最适用量为 0.25%～0.26%，内酯盒装豆腐是当今唯一能连续化生产的豆腐。用葡萄糖酸-δ-内酯作凝固剂生产豆腐，制得的产品质地细腻，滑嫩可口，保水性及防腐性好，保存期长，一般在夏季放置 2～3 天不变质。

作为酸味剂，可用于果汁饮料和果冻。

作为螯合剂，可用于葡萄汁或其他浆果酒，能防止生成酒石；用于奶制品，可防止生成乳石；用于啤酒生产中，可防止产生啤酒石。

5. 乙二胺四乙酸二钠

乙二胺四乙酸二钠，简称 EDTA 二钠，分子式为 $C_{10}H_{14}N_2Na_2O_8 \cdot 2H_2O$，相对分子质量为 372.24，结构式如下：

$$\begin{bmatrix} NaOOCH_2C & & CH_2COONa \\ & NCH_2CH_2N & \\ HOOCH_2C & & CH_2COOH \end{bmatrix} \cdot 2H_2O$$

(1) 性状及性能　EDTA 二钠为白色结晶性颗粒和粉末，无臭，无味。易溶于水，微溶于乙醇，不溶于乙醚。2%水溶液的 pH 为 4.7。在常温下稳定，加热至 100℃时结晶水开始挥发，至 120℃时失去结晶水而成为无水物，有吸湿性，熔点为 240℃（分解）。

EDTA 二钠可与铁、铜、钙、镁等多价离子螯合成稳定的水溶性配合物，并可与放射性物质发生螯合，除去重金属离子，消除由其引起的有害作用，提高食品的质量。还可用作抗氧化剂，利用其络合作用，来防止由金属引起的变色、变质、变浊及维生素 C 的氧化损失。EDTA 二钠与磷酸盐有协同作用。

(2) 毒性　大鼠经口 LD_{50} 2000mg/kg。美国食品与药物管理局将其列为一般公认安全物质。FAO/WHO（1994）规定，ADI 为 0～2.5mg/kg。

(3) 制法及质量指标　EDTA 二钠可由乙二胺四乙酸与氢氧化钠反应，经脱水、过滤、中和制得。也可由乙二胺与一氯乙酸反应，再与甲醛、氰化钠反应，然后由碳酸钠中和制得。

根据 FAO/WHO（1977）的要求，EDTA 二钠应符合下列质量指标：含量≥99.0%；1%水溶液的 pH 值为 4.3～4.7；砷（以 As 计）≤0.0003%；铅≤0.001%；重金属（以 Pb

计）≤0.002%。

(4) 应用　根据我国《食品添加剂使用卫生标准》（GB 2760—1996）中规定：EDTA二钠可用于酱菜、罐头，最大使用量为 0.25g/kg。

6. 丙二醇

丙二醇，分子式为 $C_3H_8O_2$，相对分子质量为 76.10。

(1) 性状及性能　丙二醇为无色、清亮、透明黏稠液体，无臭。略有辛辣味和甜味，外观与甘油相似，有吸湿性，能与水、醇等多数有机溶剂任意混合。对光热稳定，有可燃性。可溶于挥发性油类，但与油脂不能混合。相对密度 1.035～1.039，沸点 187.3℃，流动点 −56℃。

(2) 毒性　小鼠经口 LD_{50} 22～23mg/kg；大鼠经口 LD_{50} 21.0～33.5mg/kg。

FAO/WHO（1994）规定，ADI 为 0～25mg/kg。

(3) 制法及质量指标　丙二醇由环氧丙烷水解制得，将环氧丙烷配制成 10%～15% 的水溶液，加入 0.5%～1% 的稀硫酸，在水解槽温度为 50～70℃ 下进行水解，然后经中和、减压浓缩、精制即得成品，得率为 85%。

根据美国《食品用化学品法典》的要求，丙二醇应符合下列质量指标：含量≥99.5%；重金属（以 Pb 计）≤0.0005%；水分≤0.2%；灼烧残渣≤0.007%；相对密度为 1.035～1.037；馏程为 185～189℃。

(4) 用途　根据我国《食品添加剂使用卫生标准》（GB 2760—1996）中规定：丙二醇可用于糕点，最大使用量为 3.0g/kg。

丙二醇主要用作难溶于水的食品添加剂的溶剂，也可用作糖果、面包、包装肉类、干酪等的保湿剂、柔软剂。

加工面条添加丙二醇，能增加弹性，防止面条干燥崩裂，增加光泽，添加量为面粉的 2%。加工豆腐添加丙二醇 0.06%，可增加风味、白度及光泽，油煎时体积膨大。还可用作抗冻液，对食品有防冻作用。

第六节　抗结剂

抗结剂又称抗结块剂，是加入颗粒或粉末食品中以防止食品结块的食品添加剂。抗结剂的基本特点是颗粒细小（2～9μm），比表面积大（310～615m²/g），比容高（80～465m³/kg）。有的呈微小多孔性，以利用其高度的孔隙率吸附导致结块的水分。主要用于涂覆用蔗糖粉、葡萄糖粉、发酵粉、食盐、面粉及汤料。也可用于奶粉、可可粉等，使之成为自由流动的固体。

我国 GB 2760—1996 许可的抗结剂有 5 种，分别是亚铁氰化钾、硅铝酸钠、磷酸钙、二氧化硅、微晶纤维素。不同的品种具有不同的抗结特性，如精制的硅酸钙在吸收其本身质量 2.5 倍的液体后仍能保持分散，常用于发酵粉、食盐等食品。国外许可使用的还有硅酸铝、硅铝酸钙、硅酸钙、硬脂酸钙、碳酸镁、氧化镁、硬脂酸镁、磷酸镁、硅酸镁、高岭土、滑石粉、亚铁氰化钠等。

1. 亚铁氰化钾

亚铁氰化钾，又名黄血盐、黄血盐钾，分子式为 $K_4Fe(CN)_6 \cdot 3H_2O$，相对分子质量为 422.39。

(1) 性状及性能　亚铁氰化钾为浅黄色单斜晶颗粒或结晶性粉末，无臭、味咸。在空气中稳定，加热至70℃时失去结晶水并变成白色，100℃时生成白色粉状无水物，强烈灼烧时分解，放出氮并生成氰化钾和碳化铁。遇酸生成氢氰酸，遇碱生成氰化钠。因其氰根与铁结合牢固，故属于低毒性。可溶于水，水溶液遇光则分解为氢氧化铁，不溶于乙醇、乙醚。

亚铁氰化钾具有抗结性能，可用于防止细粉、结晶性食品板结。它能使食盐的正六面体结晶转变为星状结晶，而不易发生结块。

(2) 毒性　大鼠经口 LD_{50} 1600～3200mg/kg。

FAO/WHO（1994）规定，ADI 为 0～0.025mg/kg（按亚铁氰化钠计）。

(3) 制法及质量指标　亚铁氰化钾的制法是将氰熔体（氰化钠和氰化钙的混合物）与硫酸亚铁反应，过滤后将滤液与氯化钾作用生成亚铁氰化钾钙复盐，然后以碳酸钠脱钙而得。也可由亚铁氰化钠溶液与氯化钾作用，转化为亚铁氰化钾而得。

按我国食品添加剂亚铁氰化钾质量标准（GB 1899—1984）的要求，应符合下列质量指标：含量≥98.5%；氯化物（以 Cl 计）≤0.40%；水不溶物≤0.03%；砷（以 As 计）≤0.0001%。

(4) 应用　根据我国《食品添加剂使用卫生标准》（GB 2760—1996）中规定：亚铁氰化钾可用于食盐的抗结，最大使用量为 0.01g/kg（以亚铁氰根计）。具体使用时，将亚铁氰化钾 0.5g 溶于 100～200mL 水中，然后喷入 100kg 食盐中。

2. 微晶纤维素

微晶纤维素，又名纤维素胶、结晶纤维素，是以 β-1,4-糖苷键相结合而成的直链式多糖类，聚合度为 3000～10000 个葡萄糖分子，分子式为 $(C_6H_{10}O_5)_n$。

(1) 性状及性能　微晶纤维素为白色细小结晶性粉末，无臭，无味。由可自由流动的非纤维颗粒组成，并可由于自身黏合作用而压缩成可在水中迅速分散的片剂。不溶于水、稀酸、稀碱溶液和大多数有机溶剂，可吸水溶胀。

(2) 毒性　小鼠经口 LD_{50} 大于 21500g/kg。FAO/WHO（1994）规定，ADI 无需规定。

(3) 制法及质量指标　微晶纤维素的制法是将纤维性植物材料与无机酸捣成浆状，经处理使之降解后漂洗、研磨、脱水、烘干、粉碎制成。

根据美国《食品用化学品法典》的要求，微晶纤维素应符合下列质量指标：含量为 97.0%～102.0%；重金属（以 Pb 计）≤0.001%；pH 为 5.0～7.5；灼烧残渣≤0.05%；水溶性物质≤0.24%。

(4) 应用　根据我国《食品添加剂使用卫生标准》（GB 2760—1996）中规定：微晶纤维素用于植脂性粉末、稀奶油，最大使用量为 20g/kg；用于冰淇淋，最大使用量为 40g/kg；还可用于面包、高纤维食品，最大使用量为 50g/kg。

实际生产中，微晶纤维素可用做抗结剂、乳化剂、黏结剂、分散剂、无营养的疏松剂等。

3. 二氧化硅

二氧化硅，又名无定形二氧化硅、合成无定形硅，分子式为 SiO_2，相对分子质量为 60.08。

(1) 性状及性能　食品用的二氧化硅物质按制法不同分胶体硅和湿法硅两种形式。胶体硅为白色、蓬松、无砂、吸湿、粒度非常细小的粉末；湿法硅为白色、蓬松、吸湿或能从空气中吸取水分的粉末或似白色的微空泡状颗粒。相对密度 2.2～2.6，熔点 1710℃。不溶于水、酸和有机溶剂，溶于氢氟酸和热的浓碱液。

(2) 毒性　大鼠经口 LD_{50} 大于 5g/kg。微核试验，未见有突变性。FAO/WHO（1994）规定，ADI 无需规定。

(3) 制法及质量指标　二氧化硅的制法分干法和湿法两种。干法是在铁硅合金中通入氯化氢制成四氯化硅，然后在氢氧焰中加热分解而得。湿法是由硅酸钠与硫酸或盐酸反应，凝固形成硅胶，再用水洗涤，除去杂质，干燥而成。

根据美国《食品用化学品法典》的要求，二氧化硅应符合下列质量指标：含量（灼烧后）≥94.0%；重金属（以 Pb 计）≤0.001%；灼烧残渣（干燥后）≤8.5%；铅≤0.0005%；干燥失重≤7.0%；砷（以 As 计）≤0.0003%；可溶性电离盐（以 Na_2SO_4 计）≤5.0%。

(4) 应用　根据我国《食品添加剂使用卫生标准》（GB 2760—1996）中规定：二氧化硅可用于蛋粉、奶粉、可可粉、可可脂、糖粉、植脂性粉末、速溶咖啡、粉状汤料，最大用量为 15g/kg；粉末香精，最大用量为 80g/kg；固体饮料，最大用量 0.2g/kg；粮食，最大用量 1.2g/kg。

实际生产中，二氧化硅常用做抗结剂、悬浮剂、消泡剂等，也可用作麦精饮料、果酒、酱油、清凉饮料等的助滤剂、澄清剂。

第七节　胶姆糖基础剂

胶姆糖基础剂是赋予胶姆糖起泡、增塑、耐咀嚼等作用的物质。一般以高分子胶状物质如天然橡胶、合成橡胶等为主，加上软化剂、填充剂、抗氧化剂和增塑剂等组成。其基本要求是能长时间咀嚼而很少改变它的柔韧性，并不致降解成为可溶性物质。

胶姆糖（香口胶、泡泡糖）是由胶基、糖、香精等制成，胶基占胶姆糖 20%～30%。胶姆糖基础剂分天然的和合成的两大类。天然的有各种树胶（糖胶树胶、小蜡烛树蜡、达马树脂、马来乳胶等）；合成的有各种树胶（丁苯树胶、丁基树胶）和松香酯（松香甘油酯、氢化或部分氢化松香酯、歧化松香酯、聚合松香酯），以及各类软化剂、填充剂、乳化剂等。各种胶基很少单独使用，而是相互配合使用以取长补短，如以酯胶为主（40%），配以各种增塑剂（硬脂酸、脂肪酸甘油酯）、抗氧化剂（BHA、BHT）等组合而成。

1. 聚乙酸乙烯酯

聚乙酸乙烯酯，又名乙酸乙酯树脂，分子式为 $(C_4H_6O_2)_n$，相对分子质量为 20000～50000，结构式如下：

$$\mathrm{+CH_2-CH+_n}\\\mathrm{\ \ \ \ \ \ \ \ \ |}\\\mathrm{\ \ \ \ OCOCH_3}$$

(1) 性状及性能　聚乙酸乙烯酯为白色黏稠液体或淡黄色细粉或玻璃状块，无臭、透明、韧性强。不溶于水、脂肪，溶于乙醇、乙酸乙酯等醇类或酯类。遇光、热不易变色，不易老化。相对密度（d_{20}^{20}）1.19，熔点 100～250℃，吸水性为 2%～3%（25℃，24h）。软化点随聚合度而异，约为 38℃。对酸、碱比较稳定。

(2) 毒性　小鼠经口 LD_{50} 10000mg/kg。ADI 为 0～20mg/kg。

聚乙酸乙烯酯作为胶姆糖咀嚼剂使用，不进入体内，无毒。而且，该产品属于不溶于水及油等高分子物质，无法被人体吸收利用。

(3) 制法及质量指标　聚乙酸乙烯酯的制法有两种，一种是以乙烯、乙酸与氧为原料，合成乙酸乙烯酯单体，以过氧化物为催化剂再聚合生成聚乙酸乙烯树脂。另一种是乙酸乙烯酯单体以过氧化苯甲酰为引发剂进行聚合，以聚乙烯醇为分散剂，于70~90℃聚合2~4h制得。

聚乙酸乙烯酯的质量指标，按美国《食品用化学品法典》规定应为：相对分子质量≥2000；游离酸（以HAC计）≤0.05%；干燥失重≤1.0%；重金属（以Pb计）≤0.002%；铅≤0.003%。

(4) 应用　根据我国《食品添加剂使用卫生标准》（GB 2760—1996）中规定：聚乙酸乙烯酯可用于胶姆糖和乳化香精，最大使用量为60.0g/kg。

实际生产中，聚乙酸乙烯酯主要作为胶姆糖基础剂、乳化剂使用，还可用于果实被膜剂，可防止水分蒸发，起到保鲜作用。

2. 丁苯橡胶

丁苯橡胶，又名丁二烯-苯乙烯共聚物，为丁二烯与苯乙烯的共聚物。按所含丁二烯和苯乙烯比例的不同，分为BSR75/25和BSR50/50两种。

(1) 性状及性能　丁苯橡胶不完全溶于汽油、苯、氯仿。极性小，黏附性差，耐磨性及耐老化性较优，耐酸碱。相对密度0.9~0.95。BSR50/50胶乳的pH为10.0~11.5，固形物含量为41%~63%。BSR75/25胶乳的pH为9.5~11.0，固形物含量为26%~42%。

(2) 毒性　美国食品与药物管理局将其列为一般公认安全物质。

丁二烯、苯乙烯蒸气有刺激性，共聚体橡胶无刺激性。苯乙烯刺激阈值TLV为100mg/kg。当为375mg/kg时，接触1h，可出现轻度功能性损伤，没有苯样血液障碍。丁二烯TLV为1000mg/kg，只有在高浓度时有麻醉作用，实际无害。

(3) 制法及质量指标　液体丁苯橡胶以丁二烯、苯乙烯为原料，加入脂肪酸皂乳化剂、过硫酸盐催化剂，必要时加入调节剂、适量的速止剂制成乳化共聚体。固体丁苯橡胶以丁二烯、苯乙烯在己烷溶液、丁基锂催化剂作用下共聚，加热除去挥发物制得。

根据美国《食品用化学品法典》的要求，丁苯橡胶的质量指标见表13-3。

表13-3　丁苯橡胶的质量指标

项　目		BSR75/25	BSR50/50	项　目		BSR75/25	BSR50/50
结合性苯乙烯/%		22.0~26.0	45.0~50.0	重金属（以Pb计）/%	≤	0.0010	0.0010
己烷残留量/%	≤	0.01	0.01	铅/%	≤	0.0003	0.0003
苯乙烯残留量/%	≤	0.002	0.003	锂/%	≤	0.0075	0.0075
砷（以As计）/%	≤	0.0003	0.0003	苯醌/%	≤	0.002	0.002

(4) 应用　根据我国《食品添加剂使用卫生标准》（GB 2760—1996）中规定：丁苯橡胶可按生产需要适量用于胶姆糖。

3. 糖胶树胶

(1) 性状及性能　糖胶树胶为白色或棕色固体，硬而易碎，不带任何异物，不受氧化。

(2) 毒性　大鼠饲以含有3%~5%糖胶树胶的饲料8周，无异常；饲以含糖胶树胶0.1%~6%的饲料6个月与食用含糖胶树胶0.4%~1.4%的饲料2年，无副作用。对大鼠进行三代繁殖试验，无异常。

(3) 制法及质量指标　糖胶树胶的制法是将从人心果（Manilkare Zapotilla Gilly）或Manilkara Chicle Gilly树中提取出来的凝固胶乳装在袋子中烧煮，通过排放蒸汽，使水分蒸发约50%而制得。

糖胶树胶的质量指标，按美国《食品用化学品法典》规定应为：重金属（以Pb计）≤0.002%；铅≤0.0003%；砷（以As计）≤0.0003%。

（4）应用　根据我国《食品添加剂使用卫生标准》（GB 2760—1996）中规定：糖胶树胶作为胶姆糖胶基物质，按生产需要适量使用。

4. 海藻酸铵

海藻酸铵，又名藻朊酸铵、藻酸铵，分子式为$(C_6H_7O_6NH_4)_n$，结构单元相对分子质量为193.16（计算值）、217.00（平均实测值）。

（1）性状及性能　海藻酸铵为白色至浅黄色纤维状或颗粒状粉末，溶液可溶于水形成黏稠状胶状溶液。不溶于乙醇和乙醇含量高于30%的水溶液。不溶于氯仿、乙醚及pH低于3的溶液。在酸度较高的果汁饮料及酸性食品中不宜使用。

（2）毒性　FAO/WHO（1994）规定，ADI无需规定。

（3）制法及质量指标　海藻酸铵是由海藻酸加入碳酸铵或氢氧化铵制成。

海藻酸铵的质量指标，按美国《食品用化学品法典》规定应为：含量（以干基计，相当于海藻酸铵）为88.7%～103.6%，CO_2产量18%～21%；砷（以As计）≤0.0003%；重金属（以Pb计）≤0.002%；灰分（干燥后）≤4.0/%；铅（以Pb计）≤0.0005%；干燥失重≤15.0%；

（4）应用　根据我国《食品添加剂使用卫生标准》（GB 2760—1996）中规定：海藻酸铵可用于胶姆糖配料。

实际生产中，海藻酸铵可作为增稠剂、稳定剂、乳化剂使用。用于糖果制品、调味汁、果酱、果冻，用量约0.4%；用于油脂、明胶布丁、甜沙司约0.5%；用于其他食品约0.1%。

第八节　助滤剂

在食品加工过程中，能提高滤液过滤效率的食品添加剂称为助滤剂。是在过滤液体物质时加入的一种辅助性粉状物质，借助这种粉状物质可以滤除液体中的固体颗粒、悬浮物质、胶体粒子及细菌，起到促进液体滤清和净化的作用。

食品加工所使用的助滤剂主要有：活性炭、硅藻土、凹凸棒黏土和高岭土等。此外我国列为加工助剂的一些产品如纤维素粉、珍珠岩等也可作为助滤剂，用于啤酒的净化等。

1. 活性炭

活性炭是含碳物质制成的多孔性物质。由少量氢、氧、硫等与碳原子化合而成的络合物，商品活性炭含碳量约90%。

（1）性状　活性炭为黑色微细粉末，无臭无味，有多孔结构。总表面积可达1000～1500m^2/g。真相对密度为1.9～2.1，表观相对密度为0.08～0.45。不溶于任何有机溶剂。

（2）性能　活性炭有很强的吸附性能，能在它的表面上吸附气体、液体或胶态固体；对于气体、液体，吸附物质的质量可接近于活性炭本身的质量。其吸附作用具有选择性，非极性物质比极性物质更易于吸附。在同一系列物质中，沸点越高的物质越容易被吸附，压强越大温度越低浓度越大，吸附量越大。反之，减压、升温有利于气体的解吸。

(3) 毒性　以含10%活性炭的饲料喂小鼠12～18个月，与对照组没有差异。ADI无特殊规定（植物性食用活性炭）。

(4) 制法及质量指标　活性炭是由竹、木、果壳等原料，经炭化、活化、精制等工序制备而成。

不同用途的活性炭有不同的质量标准，如木质精用颗料活性炭（GB/T 13803.1—1999）；木质净水用活性炭（GB/T 13803.2—1999）；糖液脱色用活性炭（GB/T 13803.3—1999）等。

根据我国糖液脱色用活性炭质量标准（GB/T 13803.3—1999）的要求，活性炭产品分为优级品、一级品和二级品三种。其水分都低于10%；焦糖脱色率分别高于100%、90%和80%，灰分分别低于3%、4%和5%（用磷酸法生产的活性炭可在7%～9%，不分等级），酸溶物分别低于1%、1.5%和2%，还有铁含量和氯含量的规定。它们的pH都在3～5之间。

(5) 应用　活性炭一般用于蔗糖、葡萄糖、饴糖等的脱色，也可用于油脂和酒类的脱色、脱臭。还可用于吸附油脂中残留的黄曲霉毒素或3,4-苯并芘。

用活性炭对淀粉糖浆进行脱色之前，必须将糖液中的胶黏物滤去，然后将其蒸发至浓度为48%～52%，在加入一定量的活性炭进行脱色，并压滤以便将残存糖液中的一些微量色素脱除干净，得到无色澄清的糖液。活性炭除去糖液中的焦糖色素、单宁色素、皮渣色素等效果较好，而对糖液中的氨基酸等含氮色素，即离子型色素、金属类阳离子型色素效果不好，可采用阳离子交换树脂进行脱色。

2. 硅藻土

硅藻土是由硅藻的硅质细胞壁组成的一种沉积岩，主要成分为二氧化硅的水合物。

(1) 性状　硅藻土为白色至浅灰色或米色多孔性粉末，质轻，有强吸水性，能吸收其本身质量1.5～4.0倍的水。不溶于水、酸（氢氟酸除外）、稀碱，溶于强碱。真相对密度为1.9～2.35，表观相对密度为0.15～0.45。硅藻土的化学成分是硅酸，纯度高的呈白色。但几乎所有的硅藻土都含铝、钙、镁、铁等盐类。含铁盐多的呈褐色。

(2) 性能　硅藻土密度小，而表面积却很大，为$10000～20000m^2/kg$，粒度2～$100\mu m$。此种颗粒提供了极大的吸附和渗透能力，能沉降$0.1～1.0\mu m$的粒子，化学性能稳定，悬浮性能好。

(3) 毒性　硅藻土不被消化吸收，其精制品毒性低。ADI未作规定。

(4) 制法及质量指标　商品硅藻土用硅藻土原料干燥、粉碎，再经过酸洗等工序精制而成。

按硅藻土卫生标准（GB 14936—1994）的要求，应符合下列质量指标：砷（以As计）≤4.0mg/kg；铅≤5.0mg/kg；非硅物质（干基计）≤2%；含量≥75%；水可溶物≤0.5%；盐酸可溶物≤3.0%。

(5) 应用　硅藻土常作为砂糖精制、葡萄酒、啤酒、饮料等加工的助滤剂，若与活性炭并用可提高脱色效果和吸附胶质作用。但与高岭土等不溶性矿物质一样，除必不可少的情况外，不得用于食品加工，在成品中应将这些物质除去。

使用硅藻土时，先将硅藻土放在水中搅匀，然后流经过滤机网片，使其在网片上形成硅藻土薄层，厚度达1cm左右时即可过滤得到澄清的制品。

3. 凹凸棒黏土

凹凸棒黏土，又名凹土、凹凸棒石黏土，是一种富镁黏土矿物。起作用部分主要是凹凸

棒石，以晶体结构存在，其典型化学分子式为：$Mg_5Si_8O_{20}(OH_2)_4 \cdot 4H_2O$

(1) 性状　凹凸棒黏土为灰白、微黄或浅绿色晶状粉末，有油脂光泽，无臭，无味。密度较小，一般 $1.6g/cm^3$ 左右。潮湿时显黏性，有可塑性，干燥后收缩少，不产生龟裂。吸水性强，一般可达 150% 以上，化学性质十分稳定。

(2) 性能　凹凸棒黏土有较强的吸附能力和脱色能力，并有吸毒作用，能除去食油中黄曲霉毒素、农药等有害成分。

(3) 毒性　大鼠经口 LD_{50} 大于 $24000mg/kg$。小鼠经口 LD_{50} 小于 $24700mg/kg$。Ames 试验、骨髓微核试验均无致突变作用。ADI 值为 $99.1mg/kg$。

(4) 制法及质量指标　凹凸棒黏土的制法是凹土矿经选矿、晾晒、脱水，使水分在 15% 以下后进行粉碎，在回转炉中于 350～400℃ 焙烧 30～40min，活化，经粉碎、过筛分级而成。

根据江苏产品企业标准的要求，凹凸棒黏土符合下列质量指标：砷（以 As 计）≤ 0.00005%；铅≤0.0001%；汞≤0.00001%

(5) 应用　根据我国《食品添加剂使用卫生标准》(GB 2760—1996)中规定：凹凸棒黏土用作食品工业过滤助剂、吸附剂，按生产需要适量使用。

实际生产中，淀粉糖脱色采用凹凸棒黏土，则可提高糖的质量，减少工艺，降低成本。凹凸棒黏土还可以去除植物油中黄曲霉素 B_1，又可脱色，脱臭。

第九节　其　他

1. 6-苄基腺嘌呤

6-苄基腺嘌呤，分子式为 $C_{12}H_{11}N_5$，相对分子质量为 225.25。为白色微针状结晶或类白色粉末，难溶于水，可溶于酸、碱。在酸性、碱性条件下均稳定。

6-苄基腺嘌呤是以丙二乙酯加甲酰氯合成环状物，加硝酸酸化，经冰解氨化成腺嘌呤，再加苄胺盐酸盐缩合、精制而成。

大鼠经口 LD_{50} $2965mg/kg$（雄性）。Ames 试验、骨髓微核试验、小鼠睾丸染色体畸变试验，均未见有致突变作用。

实际生产中，6-苄基腺嘌呤作为无根豆芽的生长调节剂使用。

根据我国《食品添加剂使用卫生标准》(GB 2760—1996)中规定：用于发黄豆芽、绿豆芽，最大使用量 $0.01g/kg$，残留量应不大于 $0.2mg/kg$。

2. 咖啡因

咖啡因，又名茶碱，分子式为 $C_8H_{10}N_4O_2$，相对分子质量为 194.19（无水物）。为白色粉末或无色至白色针状结晶，无臭，味苦，有无水物和一水物之不同。1% 溶液的 pH 为 6.9。含水物易风化，80℃ 时失去结晶水。可溶于水、乙醇、丙酮、氯仿、乙醚、苯，也溶于吡咯、乙酸乙酯，微溶于石油醚。有提神、醒脑等刺激中枢神经系统作用，易上瘾。

咖啡因可由茶叶、咖啡等天然物中提取，用升华法或有机溶剂抽提制取。也可采用尿素法、二甲脲法等化学合成法。

大量资料证明，正常情况下饮用含咖啡因饮料，不会引起上瘾、致畸、致癌作用。1987年 FDA 通过对大量人群调查，认为找不到可说明在饮料中所含咖啡因对人体有害的证据，并规定可乐中的咖啡因加入量不大于 $20mg/L$。咖啡因属一般公认安全物质。

根据我国《食品添加剂使用卫生标准》（GB 2760—1996）中规定：咖啡因用于可乐型饮料，最大使用量 0.15g/kg。

实际生产中，咖啡因主要作为饮料的调味剂（苦味）使用。

3. 高锰酸钾

高锰酸钾，又名过锰酸钾，分子式为 $KMnO_4$，相对分子质量为 158.03。为深紫色颗粒状或针状结晶，有金属光泽，味甜而涩，有收敛性。熔点 240℃（分解），并释放出氧，溶于水。遇乙醇即分解，在酸、碱和有机溶剂中均有分解，进行氧化反应，在空气中稳定。无臭，不透光，由折射光产生蓝色金属光泽。有强氧化作用。

高锰酸钾可由软锰矿与氢氧化钾共熔得锰酸钾，再在碱性溶液中电解氧化而得。也可将氢氧化钾、二氧化锰与氯酸钾作用，然后通入氯气或二氧化碳或臭氧于其溶液中而制得。

高锰酸钾具有强氧化性，浓溶液对皮肤，黏膜有腐蚀作用，稀溶液作为消毒防腐药，0.01%～0.02%溶液用于创面、腔道冲洗及洗胃。致死量为狗 0.4g/kg；兔 0.6g/kg。

实际生产中，高锰酸钾可作为氧化剂、脱臭剂、消毒剂、漂白剂使用。由于高锰酸钾为强氧化剂，接触浓硫酸易发生爆炸，与有机物或易氧化物接触、摩擦、碰撞时引起燃烧，故在使用时，先将本品完全溶于水后再用。

根据我国《食品添加剂使用卫生标准》（GB 2760—1996）中规定：高锰酸钾可用于酒、淀粉工作中，最大使用量为 0.5g/kg（酒中残留量以锰计应小于 2mg/kg）。还可作制造糖精、维生素C、苯甲酸等产品的氧化剂，饮料用二氧化碳的精制剂。在食品加工中除作消毒用外，不应在成品中残存。

4. 氯化钾

氯化钾，分子式为 KCl，相对分子质量为 74.55。为无色细长菱形或立方晶体或白色颗粒状粉末，无臭，有咸味，在空气中稳定，水溶液呈中性。易溶于水，微溶于乙醇，不溶于乙醚和丙酮。对热、光和空气均稳定，但有吸湿性，易结块。

氯化钾可由含钾矿岩经溶解、精制、结晶制成；也可由海水析出氯化钠后的母液，经浓缩、结晶、精制制得。

小鼠腹腔注射 LD_{50} 552mg/kg。FAO/WHO（1994）规定，ADI 无需规定。

根据我国《食品添加剂使用卫生标准》（GB 2760—1996）中规定：氯化钾可用于矿物质饮料，最大使用量为 0.052g/kg；运动饮料，0.2g/kg；低钠盐酱油，60g/kg；低钠盐，350g/kg。

实际生产中，氯化钾可作为代盐剂、营养增补剂、胶凝剂使用。

氯化钾 20% 与食品盐 78% 的混合盐（即低钠盐），其风味、咸度与食盐相同，可用于各种食品或配制运动员饮料。在食品加工中也用于卡拉胶中提高胶凝度。

5. 4-氯苯氧乙酸钠

4-氯苯氧乙酸钠，又名对氯苯氧乙酸钠，分子式为 $C_8H_6O_3ClNa$，相对分子质量为 208.60。为白色针状或棱状结晶，略有酚味。易溶于水，性质稳定，长期存放不变质。酸化后生成对氯苯氧乙酸，溶于乙醚、乙醇等有机溶剂。

4-氯苯氧乙酸钠的制法是将对氯苯酚、氢氧化钠和氯乙酸缩合，除杂后精制而成。

大鼠经口 LD_{50} 200mg/kg；小鼠经口 LD_{50} 794mg/kg。

Ames 试验等各项致突变试验未发现明显的致突变性。累积剂量 1000mg/kg 未见对亲代繁殖及子代的不良影响。此剂量约相当无作用量（16mg/kg）持续给药 9 周的总量。若按豆芽中最大残留量 0.1mg/kg 计，每人每日能摄入 0.05mg，为无作用量的 1/30，故认为此物质比较安全。ADI 暂定为 0～0.8mg/kg。

根据我国《食品添加剂使用卫生标准》（GB 2760—1996）中规定：用于豆芽，最大残留量为 1.0mg/kg。

实际生产中，4-氯苯氧乙酸钠可作为豆芽的生长调节剂使用。主要用于培育无根黄豆芽和无根绿豆芽，提高豆芽产量和质量，所生豆芽肥嫩、粗壮、爽口。浓度高时，可使豆芽色泽灰暗，根部发红，皮层发泡，应立即降低溶液的浓度。

6. 酪蛋白钙肽

酪蛋白钙肽，又名 CCP，为酪蛋白中由磷酸丝氨酸组成的肽链。相对分子质量为 1000～5000，平均约 3000。为白色或淡黄色粉末，具有独特芳香味，溶于水呈透明状，水溶液加热 120℃、30min 无沉淀。

酪蛋白钙肽可由牛乳中酪蛋白的钙盐（酪蛋白钙）经酶处理制取。

小鼠经口 LD_{50} 大于 15000mg/kg。小鼠嗜多染红细胞微核试验，未见诱变作用。

根据我国《食品添加剂使用卫生标准》（GB 2760—1996）中规定：用于饮料、乳饮料、谷类及其制品，最大使用量为 1.6g/kg；用于婴幼儿食品为 3.0g/kg。

实际生产中，酪蛋白钙肽可作为钙的吸收促进剂使用。可通过与钙络合，保持钙在小肠弱碱性环境中的溶解度并促进其吸收，添加量为钙含量的 35%～50%。

参 考 文 献

[1] 侯振建．食品添加剂及其应用技术．北京：化学工业出版社，2004．
[2] 刘志皋．食品添加剂基础．北京：中国轻工业出版社，1997．
[3] 刘程．食品添加剂实用大全．修订版．北京：北京工业大学出版社，2004．
[4] 陈正行．食品添加剂新产品与新技术．江苏：江苏科学出版社，2002．
[5] 刘程．食品添加剂实用大全．北京：北京工业大学出版社，1994．
[6] 孙平．食品添加剂使用手册．北京：化学工业出版社，2004．
[7] 郝利平．食品添加剂．北京：中国农业大学出版社，2002．
[8] 刘钟栋．食品添加剂原理及应用技术．北京：中国轻工业出版社，2000．
[9] 马同江．新编食品添加剂．北京：农村读物出版社，1989．
[10] 周家华．食品添加剂．北京：化学工业出版社，2001．
[11] 刘树兴．食品添加剂．北京：中国石化出版社，2001．
[12] [日] 郡司笃孝．食品添加剂手册．刘纯洁，张娟婷编译．北京：中国展望出版社，1988．
[13] 杨超．食品添加剂及应用技术．郑州：中原农民出版社，1989．
[14] 中国食品添加剂生产工业协会．食品添加剂手册．北京：中国轻工业出版社，2001．
[15] 天津进出口商品检验局．各国食品添加剂．天津：天津科学技术出版社，1989．
[16] 郝利平．食品添加剂．北京：中国农业出版社，2004．
[17] 天津轻工业学院食品工业教学研究室．食品添加剂．北京：中国轻工业出版社，2000．
[18] 范继善．实用食品添加剂．天津：天津科学技术出版社，1995．
[19] 刘钟栋．食品添加剂．南京：东南大学出版社，2006．
[20] 凌关庭．食品添加剂手册．北京：化学工业出版社，1997．
[21] 凌关庭．天然食品添加剂手册．北京：化学工业出版社，2000．
[22] 杜荣标．食品添加剂使用手册．北京：中国轻工业出版社，2003．
[23] 中国食品添加剂生产工业协会．英汉食品添加剂词汇．北京：中国轻工业出版社，2001．
[24] 刘莲芳．食品添加剂分析方法．北京：中国轻工业出版社，1989．
[25] 于信令．食品添加剂检验方法．北京：中国轻工业出版社，1992．
[26] [日] 西冈一．食品添加剂与人体健康．陈文麟译．北京：中国食品出版社，1989．
[27] 马自超．天然食用色素化学及生产工艺学．北京：中国林业出版社，1994．
[28] 周立国．食用天然色素及其提取应用．济南：山东科学技术出版社，1993．
[29] 张树政．酶制剂工业．北京：科学出版社，1984．
[30] 孙宝国．食用香料手册．北京：中国石化出版社，2004．
[31] 洪文生．食品增稠剂．北京：中国轻工业出版社，2004．
[32] 刘艳群．食品乳化剂的发展趋势．食品科技，2005，(2)：32-38．
[33] 刘钟栋．我国食品乳化剂的发展趋势．食品科技，2005，(2)：42-46．
[34] 牟冠文．食品防腐剂的概况及其检测方法．食品与发酵工业，2006，(10)：103-107．
[35] 郭新竹．食品防腐剂作用机理的研究进展．食品科技，2001，(5)：40-42．
[36] 何唯平．食品防腐概念．中国食品添加剂，2004，(5)：38-40．

[37] 刘丽娅. 植物天然食用色素的功能及其制备工艺. 食品与发酵工业, 2006, (9): 96-100.
[38] 林文庭. 常用色素的护色剂选择研究. 饮料工业, 2006, (10): 6-9.
[39] 李湘洲. 不同方法提取姜黄色素的研究. 林产化学与工业, 2006, (4): 83-86.
[40] 邓祥元. 天然色素的资源和应用. 中国调味品, 2006, (10): 49-53.
[41] 李晓瑜. 食用香料及其标准化趋势. 中国食品添加剂, 2002, (1): 44-46.
[42] 刘玉平, 孙宝国. 我国食用香料香精的基本状况与发展趋势, 食品科学, 2004, (10): 373-375.
[43] 方元超, 马胜学, 王玮. 乳化香精及其应用. 中国食品添加剂, 2005, (2): 90-43.
[44] 寿庆丰 膨松剂及其应用. 食品科技, 1999, (1): 35-36.